钢结构
设计原理

主　编　沈　璐　马　玥　张俊生
副主编　卢　珊　李　洋　詹　颉
　　　　张清芳　鸿鹤轩

华中科技大学出版社
http://press.hust.edu.cn
中国·武汉

图书在版编目(CIP)数据

钢结构设计原理 / 沈璐,马玥,张俊生主编. -- 武汉 : 华中科技大学出版社,2025. 1. -- ISBN 978-7 -5772-1643-0

Ⅰ. TU391.04

中国国家版本馆 CIP 数据核字第 2025DM5791 号

钢结构设计原理
Gangjiegou Sheji Yuanli

沈 璐 马 玥 张俊生 主编

策划编辑:康 序

责任编辑:刘艳花

封面设计:曹安珂

责任校对:谢 源

责任监印:周治超

出版发行:华中科技大学出版社(中国·武汉) 电话:(027)81321913

武汉市东湖新技术开发区华工科技园 邮编:430223

录 排:武汉三月禾文化传播有限公司

印 刷:武汉市洪林印务有限公司

开 本:787mm×1092mm 1/16

印 张:19.5

字 数:500 千字

版 次:2025 年 1 月第 1 版第 1 次印刷

定 价:58.00 元

在当今快速发展的建筑行业中,钢结构作为一种重要的建筑结构形式,凭借其独特的优势,如强度高、重量轻、施工速度快、抗震性能好等,已经广泛应用于各类建筑中,从高耸入云的摩天大楼到跨度巨大的桥梁,从现代化的工业厂房到精巧的雕塑艺术品,钢结构都展现出了无与伦比的魅力与潜力。为了满足土建类专业应用型本科教育对钢结构教学的需求,并响应教育部《高等学校课程思政建设指导纲要》等相关文件全程育人、全方位育人号召,我们精心编写了这本融合了工程软件应用和课程思政理念的教材。

本书致力于传授钢结构的基本理论、设计原理、计算方法以及施工技术,同时特别注重将 SAP2000 这一专业钢结构分析软件的应用融入其中。SAP2000以其强大的结构建模、荷载定义、分析计算及图形输出功能,在钢结构工程的设计、分析和优化中发挥着重要作用。通过本书的学习,学生能够掌握 SAP2000软件的基本操作与高级应用,既体现了应用型本科的教学特点,也为学生未来的职业生涯奠定坚实的技术基础。

在课程思政方面,我们深入挖掘了钢结构领域的思政元素,如介绍我国钢结构建筑的发展历程、展示具有国际影响力的地标性钢结构建筑、分析钢结构领域的创新发展与科研成果等。这些内容旨在培养学生的民族自豪感、文化自信、科学精神以及社会责任感,使他们在学习专业知识的同时,树立正确的世界观、人生观和价值观。

作为一本面向应用型本科的教材,我们注重理论与实践结合,通过丰富的案例分析、实例设计和工程应用,帮助学生将所学知识转化为解决实际问题的能力。我们也相信,通过本书的学习,学生将能够更好地适应未来钢结构领域的发展需求,成为具有创新精神和实践能力的高素质人才。

此外,本书还是教育部产学合作协同育人项目(220406527232244)、辽宁省应用型本科示范专业建设项目(辽教函[2017]779 号)、辽宁省一流专业建设项目(辽教函[2019]200 号)、大连海洋大学课程思政示范课程"钢结构""土木工程CAD"建设项目(大海大校发[2023]122 号)的建设成果。在本书编写过程中,我们得到了行业内多家知名企业(北京筑信达工程咨询有限公司等)和专家的支持

与指导,确保了本书内容的前沿性和实用性。同时,我们也鼓励学生积极参与课外实践活动和科研项目,与企业和科研机构进行深度合作,提升自己的创新能力和团队协作精神。

本书由沈璐、马玥、张俊生担任主编,卢珊、李洋、詹颉、张清芳、洪鹤轩担任副主编。编写安排如下:大连海洋大学沈璐编写第 1 章,大连海洋大学李洋编写第 2 章及附录,大连海洋大学应用技术学院马玥编写第 3 章,大连海洋大学张俊生编写第 4 章,大连海洋大学卢珊编写第 5 章,青岛工学院张清芳编写第 6 章,苏州科技大学天平学院洪鹤轩编写第 7 章,大连海洋大学詹颉编写第 8 章。同时,研究生冯鑫雨、张李唯、王煜东、尹富坤、钟钰、于添翼、岳跃、杨宸、林仲勇、张君平、杜瀚翔、王腾蛟、李先河、刘宏通、张婉军、王仙、兰锦涛、张超凡对本书的编写和插图绘制提供了帮助。全书由沈璐负责统稿。

为了方便教学,本书还配有电子课件等资料,任课教师可以发邮件至 husttujian@163.com 索取。

最后,我们衷心希望本书能够成为应用型本科生学习钢结构知识的得力助手,也期待广大师生在使用本书过程中提出宝贵意见和建议,共同推动本书的不断完善。

编　者
2025 年 1 月

目录 Contents

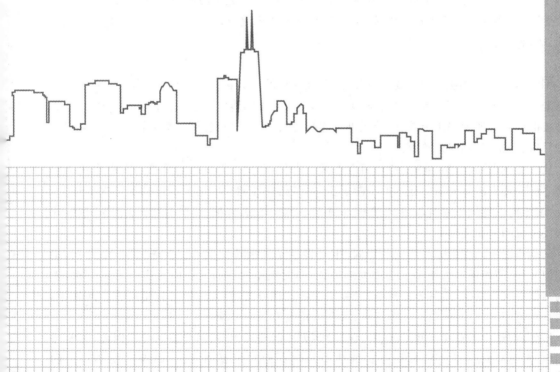

第1章

绪论

XULUN

新中国钢铁工业的腾飞

建筑业是我国的支柱产业之一,而钢结构产业是建筑业目前的主体。新中国成立后,钢铁工业在战争的废墟上开始了艰苦的创业。尤其在改革开放后,中国钢铁工业走上了持续、快速、健康的发展道路。

1949年,我国钢产量只有15.8万吨,不足当时美国半天的钢产量;2023年,我国钢产量101908万吨,占据了世界的半壁江山,有力地支撑了国民经济腾飞和国防现代化建设,为中国成长成世界第二大经济体立下了汗马功劳。如今,中国钢铁技术、装备、管理实现整体输出,行业国际组织掌门人开始有了中国人的身影,中国钢铁国际交流日益频繁,国际合作日益深化,国际地位不断提高。

新中国钢铁工业发展史是一部艰苦创业、发奋图强的大国钢铁励志史。从"老英雄""高炉卫士"孟泰,"走在时间前面的人"王崇伦,到"工人阶级主人翁"李双良,"中国知识分子的光辉典范"曾乐,国企改革"邯钢经验"创造者、改革开放40周年先锋人物刘汉章,全国道德模范、"当代雷锋"鞍钢郭明义,"时代楷模"李超,再到"一带一路"杰出代表、"时代楷模"河钢塞钢管理团队,一代又一代钢铁劳模薪火相传、生生不息,用伟大的劳模精神引领百万钢铁大军,铸就我国钢铁工业的辉煌。

2000年以后,我国陆续建成了一批大跨度钢结构场馆和高层建筑。特别是在2008年的北京奥运会,"鸟巢"、"水立方"、中央电视台新址、首都机场第三航站楼这些个性鲜明的建筑吸引了全世界的目光。它们让人过目不忘的庞大"身躯"里矗立着大量我国自主研制的"钢筋铁骨"——高性能钢的生产和使用,渗透了新中国几代建筑工作者的心血,也印证了中国钢铁业的腾飞!

钢结构作为现代建筑的重要组成部分,以其独特的优势和广泛的应用领域,成为建筑业不可或缺的一部分。钢结构主要由型钢和钢板等制成的钢梁、钢柱、钢桁架等构件组成,各构件或部件之间通常采用焊缝、螺栓或铆钉连接,因其自重较轻且施工简便而被大量应用于大型厂房、场馆、超高层建筑等。

从历史发展来看,钢结构的应用可以追溯到古代,但真正的发展和普及是在近现代工业革命之后。随着冶炼和加工技术的不断进步,钢结构的性能和应用范围得到了极大的提升。如今,钢结构不仅用于建筑领域,还广泛应用于桥梁、船舶、机械、锅炉、压力容器等领域,成为国民经济的重要支柱。

钢结构之所以受到如此广泛的青睐,主要得益于其独特的优点。首先,钢材强度高、塑性和韧性好,使得钢结构能够承受较大的荷载,同时钢结构具有良好的抗震性能。其次,钢结构构件在工厂制作,质量容易控制,且施工现场安装方便,大大缩短了施工周期。此外,钢结构具有可回收利用、绿色环保等优点,符合可持续发展的要求。

然而,钢结构也存在一些挑战和问题,如防火性能相对较弱、易受腐蚀等。因此,在实际应用中,需要采取一系列措施来提高钢结构的耐火性和耐腐蚀性,以确保其长期稳定的性能。

综上所述,钢结构作为一种重要的建筑结构形式,具有广泛的应用前景和独特的研究价值。在未来的发展中,随着新材料、新技术的不断涌现,钢结构的应用领域和性能将得到进一步的拓展和提升。因此,深入研究钢结构的性能、设计方法和施工技术,对推动建筑业的可持续发展具有重要意义。

1.1 钢结构的主要结构体系

用于房屋建筑的主要结构体系如下。

1. 平面承重结构体系

平面承重结构体系由承重体系和附加构件两部分组成,其中承重体系是由一系列相互平行的平面结构组成,承担该结构平面内的竖向荷载和横向水平荷载,并传递到基础。附加构件由纵向构件及支撑组成,将各个平面结构连接成整体,同时也承受结构平面外的纵向水平力。例如,工业厂房由平面桁架系统的钢屋盖和柱构成框(排)架平面结构(见图1-1),由斜梁与柱构成轻型门式钢架结构(见图1-2)等。轻型门式钢架结构最近几年被广泛应用,除厂房建筑外,还有商业建筑(如超市等)、汽车展厅、体育馆等。常用的钢架有两铰钢架、三铰钢架及无铰钢架,梁柱截面有等截面及变截面两种形式。

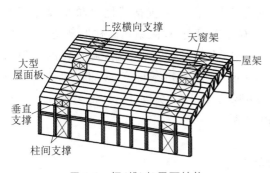

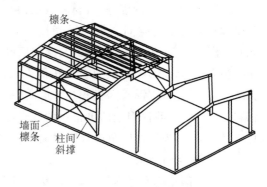

图1-1 框(排)架平面结构   图1-2 轻型门式钢架结构

2. 空间受力结构体系

空间受力结构体系分为刚性空间结构、柔性空间结构等。

1)刚性空间结构

刚性空间结构的网格结构有网架结构和网壳结构。

(1)网架结构是一种空间杆系结构,受力杆件通过节点有机地结合。节点一般设计成铰接,材料主要承受轴向力作用,杆件截面尺寸相对较小。这些空间交会的杆件又互为支撑,将受力杆件与支撑系统有机地结合起来,因而用料经济。网架结构一般是多次超静定结构,具有较多的安全储备,能较好地承受集中荷载、动力荷载和非对称荷载,抗震性能好。网架结构能够满足不同跨度、不同支承条件的公共建筑和工业厂房的要求,也能满足不同建筑平面及其组合的要求。1964年,我国第一座平板网架,即上海师范学院球类房,首先采用钢管板节点。1966年,天津大学成功研制我国第一座用于天津科学宫(现科协礼堂)的焊接空心球节点斜放四角锥网架。此后网架逐渐发展起来,特别是焊接球节点网架带动了整个空间结构行业的发展,如首都机场机库,总面积为 90 m×306 m,采用三层斜放四角锥平板网架结构,只有大门中间一个柱子,中梁下无柱子,作为四机位波音 747 大跨度机库,其在网架大门边梁和中梁采用大跨度空间桁架栓焊钢桥。首都机场机库剖面图如图 1-3 所示。

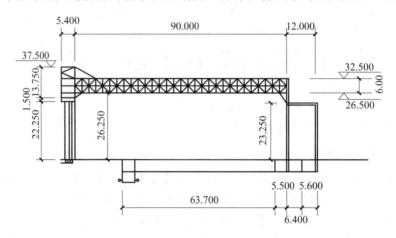

图 1-3 首都机场机库剖面图(单位:m)

(2) 网壳结构属于一种曲面形网格结构,分单层网壳结构和双层网壳结构两类,是主要承受薄膜内力的壳体,具备杆系结构构造简单和薄壳结构受力合理的特点。因此网壳结构是一类跨越能力大、刚度好、省材料、杆件单一、制作安装方便、有广阔应用和发展前景的大跨度和特大跨度的空间结构。网壳按曲面形式分为柱面网壳(包括圆柱面和非圆柱面网壳)、回转面网壳(包括锥面、球面与椭球面网壳)、双曲扁网壳、双曲抛物面鞍形网壳(包括单块扭网壳,三块、四块、六块组合型扭网壳)等。据不完全统计,我国已建成和在建的各种网壳结构建筑近 200 幢,覆盖面积达 200000 m²,如 1995 年天津市举行第 43 届世界乒乓球锦标赛的体育馆是我国目前跨度最大的网壳结构,其跨度 108 m、矢高 15.4 m、悬臂 13.5 m、总直径 135 m,为正放四角锥双层球面网壳结构体系。

2) 柔性空间结构

柔性空间结构有悬索结构、弦支结构及索膜结构。

(1)悬索结构通过索的轴向拉伸来抵抗外荷作用,是以一系列受拉钢索为主要承重构件,按照一定规律布置,并悬挂在边缘构件或支承结构上形成的一种空间结构。这些索是由高强度钢丝组成的钢绞线、钢丝绳或钢丝束等,可以最充分地利用钢索的抗拉强度,大大减轻结构自重。边缘构件或支承结构用于锚固钢索,并承受悬索的拉力,可采用圈梁、拱、桁架、框架等,也可采用柔性拉索作为边缘构件。例如,北京工人体育馆,1961 年建成,此馆屋盖结构由双层索、中心钢环和周边钢筋混凝土外环梁三个主要部分组成,悬索屋盖直径为96 m(见图 1-4)。

(2)弦支结构(张弦梁及弦支穹顶)是由下弦索、上弦梁和竖腹杆组成的索杆、梁结构体系。通过对下弦的张拉,竖腹杆的轴压力使上弦梁产生与外荷载作用相反的内力和变位,起卸载作用。上海浦东机场航站楼屋盖是一项有代表性的大跨度张弦梁结构工程,横向跨度(支点的水平投影)分别为进厅 49.3 m、售票厅 82.6 m、商场 44.4 m、登机廊 54.3 m;四大空间纵向总长度进厅、售票厅、商场为 402 m,登机廊为 1374 m。张弦梁上弦由三根平行的方

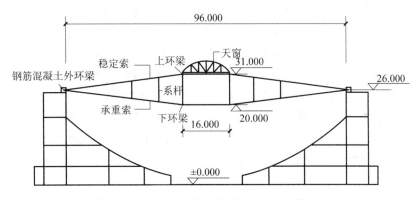

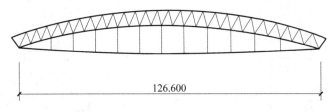

图 1-4 北京工人体育馆结构剖面图（单位：m）

钢管以短管相连而成，腹杆为圆钢管，下弦为高强冷拔镀锌钢丝束。张弦梁中的梁如果采用空间桁架，则可能跨越更大的空间，如广州会展中心就是一个典型工程（见图 1-5）。

图 1-5 广州会展中心张弦立体桁架结构（单位：m）

弦支穹顶是日本法政大学川口卫教授 1993 年研制成功的，其特点是通过对拉索施加预应力使上层单层壳中产生与荷载反向的变形和内力，这样较单纯单层网壳杆件内力及节点位移小得多，既解决了单层网壳的稳定性问题，又减小甚至完全消除了对下部结构产生的水平推力。

（3）索膜结构是 20 世纪中期发展起来的一种新型建筑结构，是由多种高强薄膜材料（PVC 或 Telon）及加强物件（钢架、钢柱或钢索）通过一定方式使其内部产生一定的预张应力以形成一种空间结构作为覆盖结构，并能承受一定外荷载作用的空间结构。膜结构可分为充气膜结构和张拉膜结构两大类，充气膜结构是靠室内不断充气使室内外产生一定的压力差（一般在 10～30 mm 汞柱之间），室内外的压力差使屋盖膜布受到一定的向上浮力，从而实现较大的跨度。张拉膜结构通过柱及钢架支撑或钢索张拉成型，造型非常优美、灵活。例如，1998 年建成的深圳欢乐谷中心表演场是张拉膜结构，曾获结构设计优秀工程奖。该建筑结构布置平面呈圆形，钢柱、钢拱梁和外拉索的支座分别位于直径为 63 m、86 m 和 98 m 的同心圆上，膜水平投影面积为 5800 m²，整个建筑由 15 个锥形膜单元组成，锥形膜单元的顶点由一根钢柱支撑，从而形成脊谷式膜单元布置。青岛颐中体育场罩棚也为张拉整体式索膜结构，它是由 60 个锥形膜单元组成的脊谷式张拉膜结构，长轴 266 m，短轴180 m，覆盖面积达 30000 m²，可容纳观众 60000 人。

3. 多层、高层及超高层建筑结构体系

多层、高层钢结构体系主要有框架结构体系、框架-支撑结构体系（框架-中心支撑、框架-偏心支撑和框架-屈曲约束支撑）、框架-内筒体系、外筒体系（包括框筒、筒中筒、桁架筒和束筒结构）以及巨型框架结构。

框架结构体系是沿纵横方向由多榀框架构成并承担水平荷载的抗侧力结构,它也是承担竖向荷载的结构,梁柱连接常采用刚性连接,如北京长富宫中心为框架结构体系(见图 1-6)。框架-支撑结构体系是由框架和带多列柱间支撑的支撑框架构成的抗侧力结构,其中支撑框架是承担水平剪力的主要抗侧力结构,框架承担少部分水平剪力,如北京京广中心大厦(见图1-7)。框架-内筒体系的内筒是由带多列柱间支撑和框架组成局部开口的支撑筒,内筒外侧为一圈框架,它与内筒构成一抗侧力结构,并且内筒为主要抗侧力结构;带伸臂格架的框架内筒体系在受力特性和水平位移方面有所改善,通过设置伸臂桁架加强外框架与内筒更好地共同工作。外筒体系的外筒是承担全部水平剪力的抗侧力结构,内筒仅承担竖向荷载而不承担水平剪力。

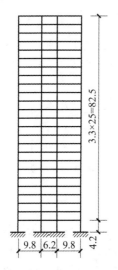

图 1-6   北京长富宫中心部分结构

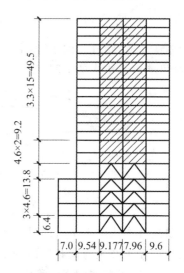

图 1-7   北京京广中心大厦 R1 轴剖面

1.2   特点与应用

钢结构与其他结构(如钢筋混凝土结构、砌体结构、木结构等)相比,有以下特点。

(1) 材料强度高,塑性、韧性好。

与混凝土、砖石、木材及铝合金等材料相比,钢材具有很高的强度,因此,特别适用于建造跨度大、高度高以及荷载重的结构。但由于强度高,一般所需要的构件截面小、壁薄,在受压时容易发生失稳破坏或受刚度控制,强度有时难以得到充分利用。

钢材的塑性好,在承受静力荷载时,材料吸收变形能的能力强,因此,一般情况下结构不会由于偶然超载而突然断裂,只会增大变形,故易于被发现。同时,塑性好还能将局部高峰应力重分配,使应力变化趋于平缓。

钢材的韧性能反映承受动力荷载时材料吸收能量的多少,韧性好说明材料具有良好的动力工作性能,适宜在动力荷载下工作。

(2) 钢结构的重量轻、抗震性能好。

钢材的重度虽然比混凝土大,但由于强度高、构件截面小,做成的结构比较轻且柔。结构的轻质性可以用材料的质量密度 ρ 和强度 f 的比值 a 衡量，a 值越小，结构相对越轻。钢材的 a 值为 $1.7 \times 10^{-4} \sim 3.7 \times 10^{-4}$ m^{-1}，木材为 5.4×10^{-4} m^{-1}，钢筋混凝土约为 18×10^{-4} m^{-1}。大跨度结构体系中，在跨度及承载力相同的条件下，钢屋架的重量仅是钢筋混凝土屋架的 $1/4 \sim 1/3$，冷弯薄壁型钢屋架甚至接近 $1/10$。

钢结构自重轻，且结构比较柔，地震作用相对较小，因此在地震区采用钢结构较为有利。

（3）材质均匀，与力学计算的假定比较符合。

钢结构的材料采用单一的钢材，由于冶炼和轧制过程的科学控制，钢材的组织比较均匀，其材质接近匀质和各向同性体。钢材的力学性能接近理想的弹性塑性体，其弹性模量和韧性均较大，因此，钢结构实际受力情况与工程力学计算结果比较符合，在设计中采用的经验公式不多，计算上的不确定性较小，计算结果比较可靠。

（4）工业化程度高、施工周期短。

钢结构所有材料皆已轧制成各种型材，加工简易且迅速。钢结构构件一般在专业加工厂制作，然后再运至现场安装，装配化率比较高，因此准确度和精确度较高，质量也易于控制。由于钢构件较轻，连接简单，运输和安装方便，且施工采用机械化，可以大大缩短现场的施工周期。小量钢结构和轻型钢结构还可在现场制作、简易吊装。

同时，采用螺栓连接的钢结构在结构加固、改建和可拆卸结构中具有不可被其他结构替代的优势。

（5）钢结构的密闭性好。

钢结构水密性和气密性较好，不易渗漏，适合制作各种压力容器、油罐、气柜、管道等水密性、气密性要求较高的结构。

（6）钢结构耐腐蚀性差。

钢材容易锈蚀，在使用期间必须注意防护，特别是薄壁构件更应注意防护，如定期除锈和涂刷油漆，以提高其耐久性。这也造成了钢结构的维护费用较高，因此，处于强腐蚀性介质内的建筑物不宜采用钢结构。

钢结构的防腐蚀措施一般采用涂刷防锈油漆或镀锌、镀铝锌等方法。钢结构在涂刷油漆前应彻底除锈，油漆质量和涂层厚度均应符合要求。

（7）钢结构耐热但不耐火。

钢材受热，当温度在 200 ℃以下时，其主要力学性能（屈服点和弹性模量）无太大变化；在温度超过 200 ℃后，钢材不仅强度总趋势呈逐渐下降趋势，还有蓝脆和徐变现象；在温度达到 600 ℃时，钢材进入塑性状态，强度降为零，已不能继续承载。因此，《钢结构设计标准》GB 50017—2017 规定构件表面温度超过 100 ℃时应进行结构温度作用验算，并应根据不同情况采取隔热防护措施，对有防火要求的结构，还必须进行抗火设计或采取必要的防火保护措施。

（8）钢材的脆断。

钢结构在低温工作环境下和其他条件下可能发生脆性断裂，在设计中应特别注意。

1.2.1 钢结构的应用

钢结构的合理应用范围不仅取决于材料及结构本身的特性，还与国家经济发展水平紧密相关。新中国成立初期，我国年钢产量只有十几万吨，远不能满足国民经济各部门的需求,因此钢结构的应用受到一定的限制。近几年来,我国钢产量有了很大发展,到 2017 年,我国以约 8.32 亿吨的钢年生产量再次成为全球第一大粗钢生产国,钢结构在建筑、桥梁上的应用也逐年上升。

钢结构的应用领域十分广泛,主要如下。

(1)多层和高层建筑。

我国过去钢材比较短缺,多层和高层建筑的骨架大多采用钢筋混凝土结构。近年来,钢结构在此领域已逐步得到发展,特别是在高层、超高层建筑领域。因为钢材的抗拉、抗压、抗剪强度高,因此钢结构构件结构断面小、自重轻。采用钢结构承重骨架可比采用钢筋混凝土结构减轻自重三分之一以上。结构自重轻可以减少运输和吊装费用,基础的负载也相应减少,在地质条件较差的地区可以降低基础造价。此外,钢结构自重轻也可显著减少地震作用,一般情况下,地震作用可减少 40%左右。钢材因良好的弹塑性性能,还可使承重骨架及节点等在地震作用下具有良好的延性。

我国现代高层建筑钢结构自 20 世纪 80 年代中期起步,第一幢高层建筑钢结构为 43层、165 m 高的深圳发展中心大厦。此后,在北京、上海、深圳、大连等地陆续有高层建筑钢结构建成。较具代表性的有 69 层、383.95 m 高的深圳地王大厦(见图 1-8),北京中央电视台总部大楼(高 234 m,见图 1-9),楼高 492 m、地上 101 层的上海环球金融中心(见图 1-10右),以及目前国内最高的超高层建筑——上海中心大厦(建筑主体为 127 层,总高 632 m,见图 1-10 左)。

图 1-8 深圳地王大厦

图 1-9 北京中央电视台总部大楼

(2)大跨度及大悬挑结构。

公共建筑中的大会堂、影剧院、展览馆、体育馆、加盖体育场、航空港等由于建筑使用空间的要求,常常需要采用大跨度或大悬挑结构。大跨度及大悬挑结构主要是在自重荷载下工作,为了减轻结构自重,需要采用高强度轻质材料,因此最适宜采用钢结构,如 2008 年北京奥运会修建的国家体育中心"鸟巢"(见图 1-11,跨度 296 m×333 m)、广州大剧院(见

图 1-12)、可容纳 6 万余人的天津奥林匹克中心体育场(见图 1-13)、北京新机场候机楼(见图 1-14)等就是大跨度钢结构在公共建筑领域应用的代表。

图 1-10　上海环球金融中心及上海中心大厦

图 1-11　国家体育中心"鸟巢"

图 1-12　广州大剧院

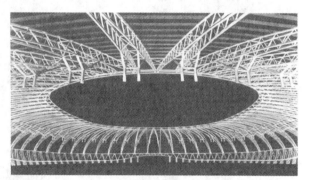

图 1-13　天津奥林匹克中心体育场

图 1-14　北京新机场候机楼

(3) 工业厂房。

吊车起重量较大或工作较繁重的车间(如冶金厂房的平炉、转炉车间,混铁炉车间,初轧车间),重型机械厂的铸钢车间、水压机车间、锻压车间等,因为承受的荷载较大,抗疲劳强度的要求较高,多采用钢骨架。此外,设有较大锻锤的车间,其骨架直接承受动力荷载,尽管不大,但间接的振动却极为强烈,也多采用钢结构。

近年网架结构及轻型门式钢架结构的大量应用使一般空间及跨度要求较大的工业厂房

也采用钢结构。

（4）高耸结构。

高耸结构要求具备较强的抗风及抗地震能力，同时又希望有较轻的结构自重。高耸结构包括塔架和桅杆结构，如电视塔、微波塔、输电线塔、钻井塔、环境大气监测塔、无线电天线桅杆、广播发射桅杆等，高达 600 m 的广州新电视塔（见图 1-15）就是其中的代表。高耸结构有时也用于一些城市巨型雕塑及纪念性建筑，如美国纽约的自由女神像、法国巴黎的埃菲尔铁塔（见图 1-16）等。

图 1-15　广州新电视塔

图 1-16　法国巴黎的埃菲尔铁塔

（5）桥梁钢结构。

近几年，随着城市建设的高速发展，为解决城市的交通拥堵问题，各种人行天桥、城市高架桥、跨江及跨海大桥的需求也日益增长，桥梁结构通常需要特别大的跨度，采用钢结构可以减轻自重，实现跨越道路、大江大海的功能。

图 1-17 为杭州湾跨海大桥，大桥设南、北两个航道，其中北航道桥为主跨 448 m 的钻石形双塔双索面钢箱梁斜拉桥；南航道桥为主跨 318 m 的 A 形单塔双索面钢箱梁斜拉桥。

图 1-18 为重庆千厮门嘉陵江大桥，主桥为单塔单索面钢桁梁斜拉桥，跨径布置为 88 m＋312 m（主跨）＋240 m＋80 m＝720 m。

图 1-17　杭州湾跨海大桥

图 1-18　重庆千厮门嘉陵江大桥

（6）轻型结构。

轻型结构包括轻型门式钢架结构（见图1-19）、冷弯薄壁型钢结构以及钢管结构。这类结构主要用于使用荷载较轻或跨度较小的建筑，其特点是屋面及墙面均采用轻质围护材料，自重及竖向荷载较小，因此结构的用钢量很低，甚至低于钢筋混凝土结构中的钢筋用量。

图 1-19 轻型门式钢架结构

近年来轻型钢结构已广泛应用于仓库、办公室、工业厂房及体育设施，并向住宅楼和别墅方向发展。

（7）板壳结构。

由于钢材良好的密闭性能，钢结构常用于制作各种板壳结构，如油库、油罐、煤气库、高炉、热风炉、漏斗、烟囱、水塔，以及各种管道等。

（8）可拆卸或移动的结构。

采用螺栓连接的钢结构拆卸方便，可用于建筑工地的生产、生活附属用房，临时展览馆等。移动结构（如塔式起重机、履带式起重机的吊臂、龙门起重机等）也常用钢结构制作。

（9）其他特种结构。

其他特种结构包括栈桥、管道支架、井架和海上采油平台等。

1.2.2 钢结构的发展

钢结构的发展始终伴随着科学的进步与技术的创新，主要体现在材料、连接形式、结构体系、设计计算方法及施工技术等领域。

从所用材料看，早期的金属结构主要是采用铸铁、锻铁，后来发展到以普通碳素钢和低合金钢作为承重结构材料，近年来又发展了铝合金，并逐步发展高强度、低合金钢材。现行国家标准《钢结构设计标准》GB 50017—2017，就是在推荐传统 Q235 钢、Q345 钢、Q390 钢和 Q420 钢的基础上，又增加了 Q460 钢，钢的品种也有所增加，如 Q345GJ 高性能钢，其性能明显好于同牌号的普通低合金钢。

从钢结构连接方式的发展看，在生铁和熟铁时代主要采用的是销钉连接，19 世纪初发展到铆钉连接，20 世纪初有了焊接连接，后期发展了高强度螺栓连接。

从结构形式看，早期钢结构主要用于桥梁、铁塔和储气库等。我国在公元前 200 多年秦始皇时代就曾用铁造桥墩。公元 60 年左右汉明帝时代建造了铁链悬桥（兰津桥）。山东济宁寺铁塔和江苏镇江甘露寺铁塔也是很古老的建筑。1925 年始建沈阳皇姑屯机车厂钢结构厂房,1931 年建成广州中山纪念堂钢结构圆屋顶,1934 年始建钱塘江大铁桥。新中国成立后,钢结构应用日益扩大,如 1957 年建成武汉长江大桥,1968 年建成南京长江大桥。近 20 年,我国过江及跨海大桥的建设更是突飞猛进,最具代表性的如港珠澳跨海大桥,它连接香港大屿山、澳门半岛和广东省珠海市,全长为 55 km,是世界上最长的跨海大桥;位于长江中下游湖北省武汉市的天兴洲长江大桥,跨江主桥长 4657 m,主跨 504 m,是目前世界上最长的公铁两用桥;还有被称世界第一拱桥的重庆朝天门长江大桥,大桥采用钢桁架拱的结构形式,主跨达 552 m,比世界著名拱桥——澳大利亚悉尼港湾大桥的主跨还长。

钢结构后来逐步发展到工业与民用建筑、水土结构以及板壳结构,如高炉、储液库等。在房屋建筑中,高层和大跨成为钢结构的主要发展方向。我国高层建筑钢结构自 20 世纪 80 年代末、90 年代初从北京、上海、深圳等地起步,陆续兴建了一批高层钢结构,如深圳发展中心大厦(高 165 m)、北京京广中心大厦(高 208 m)、上海金贸大厦(88 层、高 420 m)、上海环球金融中心大厦(地上 101 层,地下 3 层,主体高度 492 m)、深圳平安金融中心(主体高度 592.5 m)等,这些高层及超高层钢结构的建成表明了我国高层建筑发展的新趋势。

结构体系的革新也是今后钢结构研究的方向,如钢结构住宅项目的推广实施,以及在大跨度、空间结构、网壳结构、悬索结构、膜结构等方面的运用。

由于钢构件受压时的稳定问题比较突出,常不能发挥高强度钢材的作用,而混凝土结构具有良好的受压性能,采用钢和混凝土组合构件可以充分发挥两种材料的优势,近年来,组合梁、组合楼板、钢管混凝土以及型钢混凝土等组合结构体系在各类建筑中也得到了广泛应用。

我国现行《钢结构设计标准》GB 50017—2017 与《钢结构设计规范》GB 50017—2003 相比,除在设计方法上有改进和提高外,还增加了一些新的内容,这些改进和新增内容也表明了钢结构今后的发展方向。

目前钢结构的设计方法采用考虑分布类型的二阶矩概率法计算结构可靠度,从而制定了以概率理论为基础的极限状态设计法(简称概率极限状态设计方法)。这个方法的特点主要表现在不是用经验的安全系数,而是用各种不定性分析所得的失效概率(或可靠指标)去度量结构可靠性,并使所计算的结构构件的可靠度达到预期的一致性和可比性。但是这个方法还有待发展,因为它计算的可靠度还只是构件或某一截面的可靠度,而不是结构体系的可靠度,不适合用于疲劳计算的反复荷载或动力荷载作用下的结构。

近年来,钢结构抗震性能优化设计、抗连续倒塌设计、抗火设计以及直接分析法在结构设计上得到成功应用,国内外钢结构设计软件也日趋成熟,计算机辅助设计及绘图等都得到很大发展。

最近几年,我国成品钢材朝着品种齐全、材料标准化方向发展。国产建筑钢结构用钢在数量、品种和质量上都有了较大改进,热轧 H 型钢、彩色钢板、冷弯型钢的年生产量大大提高,为钢结构发展创造了重要条件。

我国近年来钢结构制造工业的机械化水平已有了较大提高,但在现场质量控制、吊装安装技术以及技术工人水平等方面还需要进一步提高。

1.3 破坏形式与失效形式

建筑钢结构选用的钢材主要根据其强度或要求的特殊性予以分类。钢材有两种完全不同的破坏形式,即塑性破坏和脆性破坏。由于钢材具备良好的塑性性能,钢结构的理想破坏形式一般为塑性破坏。

1.3.1 塑性破坏

塑性破坏是由于结构或构件的变形过大,超过了材料或构件的应变能力而产生的破坏。塑性破坏仅在构件的应力达到了钢材的抗拉强度 f_u 后才发生,破坏前构件产生较大的塑性变形,断裂后的断口呈纤维状,色泽发暗。塑性破坏前,由于总有较大的塑性变形发生,且变形发展的时间较长,容易及时发现并采取补救措施,不致引起严重后果。另外,塑性变形后出现内力重分布,使结构中的应力分布趋于饱满,因而提高了结构的承载能力。

建筑钢材的塑性性能在一定条件下可以加以利用,如简支钢梁可以容许塑性在最大弯矩截面上有一定的发展,连续梁以及钢框架结构按塑性方法设计时允许结构中出现塑性铰等。

1.3.2 脆断

钢材在拉应力状态下没有出现警示性的塑性变形而突然发生的断裂称为脆断。钢结构所用的材料虽然有较高的塑性和韧性,但在一定的条件下仍然有脆性破坏的可能。

构件脆性破坏前塑性变形很小,甚至没有塑性变形,计算应力可能小于钢材的屈服点 f_y,断裂从应力集中处开始。影响钢材脆性的因素有很多,如钢材的质量(如硫、磷、碳等的含量)、钢材的硬化、应力集中、使用温度和力的作用性质等。冶金和机械加工中产生的缺陷,特别是缺口和裂纹处,常是断裂的发源地。结构或构件脆性破坏前没有明显的预兆,无法及时察觉和采取补救措施,同时由于个别构件的破坏常引起整个构件的倒塌,后果严重。在设计、施工和使用钢结构时,要特别注意防止出现脆性破坏。《钢结构设计标准》GB 50017—2017规定,在低温(通常指不高于−20 ℃)下工作或制作和安装钢结构构件应进行防脆断设计。对于厚板及高强度钢材,在高于−20 ℃时,也宜进行防脆断设计。

1.3.3 强度不足

材料在外力作用下抵抗破坏的能力称为材料的强度,其值为在一定的受力状态或工作条件下材料所能承受的最大应力。在建筑钢结构设计中,为避免出现不适于继续承载的过大变形,常将屈服强度 f_y 作为钢材强度的极限,以应力达到屈服强度 f_y 作为其承载能力的临界控制条件,屈服强度 f_y 与抗拉强度 f_u 之间的差值被视为结构的安全储备。

1.3.4　失稳

与其他建筑结构材料(如木材、天然石材、混凝土)相比,钢材的强度要高得多,因此在相同的结构体系和荷载情况下,钢结构构件相对细长,组成钢构件的板件相对纤薄。纤薄而细长的构件存在受压区时,有可能在强度仍有盈余的情况下,由于内、外力间平衡的稳定性不足,导致几何形状的急剧改变而丧失承载能力,称为失稳。根据失稳变形形式的不同,钢构件的失稳有整体失稳、局部失稳、畸变失稳等类型,例如整体失稳时构件发生弯曲、扭转等变形(见图 1-20(a)),而局部失稳时,构件纵轴位无变形,但组成构件的板件发生鼓曲(见图 1-20(b))。不同类型失稳的性质存在显著区别,如果整体失稳一旦发生,则构件承载能力迅速丧失;但局部失稳发生后,在一定条件下,构件承载能力仍有可能继续发展。

(b) 构件的局部失稳

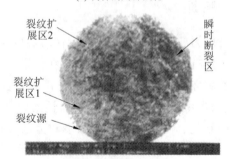

(a) 受压构件的整体失稳　　(c) 疲劳断裂面电镜图

图 1-20　破坏类型举例

1.3.5　损伤累积及疲劳

钢结构的疲劳破坏是指在重复或交变荷载作用下,裂纹不断发展,最终达到其临界尺寸而产生的脆性断裂。例如,工业建筑中供厂房内桥式吊车行走的吊车梁就有可能出现结构疲劳问题。

疲劳破坏是累积损伤的结果。疲劳破坏一般要经历裂纹形成、裂纹缓慢扩展、瞬时断裂三个阶段(疲劳断裂面见图 1-20(c))。建筑钢结构不可避免地存在微观缺陷,这些缺陷包含或类似于微裂纹,在反复荷载作用下,材料先在其缺陷处产生塑性变形和硬化,从而生成一些极小的裂痕,此后这种微观裂痕逐渐发展成宏观裂纹,致使构件截面削弱,且在裂纹根部出现应力集中现象,使材料处于三向拉应力状态,塑性变形受到限制。当反复荷载达到一定的循环次数时,材料最终破坏,并表现为突然的脆性断裂。因此,建筑钢结构疲劳破坏过程实际上只经历后两个阶段。

1.3.6 刚度不足

结构或结构件由于刚度设计不恰当可能造成受荷后变形过大、在动力荷载作用下振动并削弱结构或结构件的稳定性能。刚度不足不一定必然导致结构破坏而"不能使用",其直接影响主要是与结构适用性有关的"不好使用"问题,如吊车车梁变形过大导致卡轨、楼板振动显著导致舒适性不足等。钢结构由于材料强度高,在跨度比较大、层高比较高的情况下,由强度设计所选择的构件往往较细长,因而刚度不足的问题比较突出。

1.4 设计方法

结构计算的目的是保证所设计的结构和结构构件在施工期间及使用过程中,能满足预期的安全性、经济性、适用性、耐久性要求。因此,结构设计准则可以这样表述:结构由各种荷载所产生的效应(内力和变形)不大于结构(包括连接)由材料性能和几何因素等所决定的抗力或规定限值。假如影响结构功能的各种因素,如荷载大小、材料强度、截面尺寸、计算模式、施工质量等都是确定性的,则按上述准则进行结构计算应该是非常容易的。但是,这里提到的影响结构功能的诸因素都不同程度地具有不确定性。要想恰当地描述这些变量,目前首选的数学工具是随机变量(或随机过程)。因此,在一定条件下,荷载效应存在超越设计抗力的可能性,那么结构的安全只能在一定的概率意义下作出保证。

遵照现行国家标准《建筑结构可靠性设计统一标准》GB 50068—2018,钢结构的设计除疲劳计算外,一般采用以概率理论为基础的极限状态设计方法。至于钢结构的疲劳计算,由于疲劳极限状态的概念还不够确切,对各种有关因素研究不充分,只能沿用过去传统的容许应力设计法。

本节介绍钢结构设计计算所采用的概率极限状态设计方法。

1.4.1 极限状态

参照国际标准《General principles on reliability for structures》ISO 2394:2015,我国现行工程类国家标准《建筑结构可靠性设计统一标准》GB 50068—2018 给出了极限状态的概

念:结构或其组成部分超过某一特定状态就不能满足设计规定的某一功能要求,此特定状态称为该功能的极限状态。

结构的极限状态一般分为下面两类。

(1)承载能力极限状态,对应结构或结构构件达到最大承载能力或出现不适合用于继续承载的变形,包括:构件或连接的强度破坏、脆性断裂,因过度变形而不适合用于继续承载,结构或构件丧失稳定,结构转变为机动体系和结构倾覆。

(2)正常使用极限状态,对应结构或结构构件达到正常使用或耐久性能的某项规定限值,包括:影响结构、构件、非结构构件正常使用或外观的变形,影响正常使用的振动,影响正常使用或耐久性能的局部损坏。

在处理某些问题时,极限状态还可以描述为不可逆极限状态与可逆极限状态两类。不可逆极限状态是指产生超越极限状态的作用被移去后仍将永久地保持超越效应(如结构损坏或功能失常)状态,除非结构被重新修复,承载能力极限状态一般被认为是不可逆的,正常使用极限状态若被超越,如结构产生永久性局部损坏和永久性不可接受的变形,也是不可逆的。可逆极限状态是指产生超越极限状态的作用被移去后不再保持超越效应状态,正常使用极限状态若被超越后并无永久性局部损坏和永久性不可接受的变形产生,则其是可逆的。

1.4.2　概率极限状态设计方法

结构设计问题一直为人们所重视,是因为一个建筑物的破坏很可能带来生命和财产的重大损失。在人类建造历史上,关于结构需要进行设计以及怎样进行设计,大体经历了由直接经验阶段、安全系数阶段,逐步向基于现代概率统计学理论的概率方法阶段过渡的一个过程。依靠直接经验进行建造并力图避免结构倒塌的可能是早期相当粗略的选择,也是唯一的选择;用一个安全系数综合考虑建造及使用过程面对的风险,尚属以经验为基础的定性处理措施;当前世界多数国家采用的概率极限状态设计方法通过对结构安全可能产生影响的各个设计变量统计特征的计算分析,以一个概率(计算值)来刻画和衡量结构的安全工作性能。

结构的工作性能可以用结构的功能函数进行描述。设影响结构可靠性的设计变量(随机变量)有 n 个,写成 $x_1,x_2,\cdots,x_n$,分别表示材料强度、构件的截面尺寸及力学特征、荷载效应及其组合等,则在这 n 个随机变量之间通常可以建立起某种特定的函数关系:

$$Z = g(x_1,x_2,\cdots,x_n) \tag{1-1}$$

式(1-1)通常称为结构的功能函数。该式还可表示为仅考虑结构构件抗力 R 和荷载效应 S 两个基本变量的形式:

$$Z = g(R,S) = R - S \tag{1-2}$$

上式中 R 和 S 与随机变量 $x_1,x_2,\cdots,x_n$ 相关,所以 R 和 S 也是随机变量,其函数 Z 也是一个随机变量。在工程实践中,可能出现下列三种情况。

(1)$Z=g(R,S)=R-S>0$,结构处于安全状态。

(2)$Z=g(R,S)=R-S=0$,结构达到临界状态,即极限状态。

(3)$Z=g(R,S)=R-S<0$,结构处于失效状态。

由于设计基本变量普遍具有程度不一的不确定性,如作用于结构的荷载存在出现潜在高值的可能,材料性能也存在出现潜在低值的可能,即使设计者采用了相当保守的结构设计方案,但在结构建造期或投入使用后,也不能保证其绝对安全可靠。因此,对所设计结构的安全性能只能给出一定的概率保证。这与进行其他有风险的工作一样,只要安全的概率足够大,或者说,失效概率足够小,便可以认为所设计的结构是安全的。

按照概率极限状态设计方法,结构的可靠度定义为"结构在规定的时间内,在规定的条件下,完成预定功能的概率"。这里所说的"完成预定功能"就是对结构设计规范规定的设计必须考虑的某种功能(如强度条件、裂纹宽度、整体稳定等)来说,结构处于安全状态($Z \geqslant 0$)的概率要足够大。这样若以 P_s 表示结构的安全概率(结构的可靠度),则上述定义可表达为

$$P_s = P(Z \geqslant 0) \tag{1-3}$$

若用 P_f 表示结构的失效概率(结构的不可靠度),则

$$P_f = P(Z < 0) \tag{1-4}$$

由于事件 $Z<0$ 与事件 $Z \geqslant 0$ 是对立的,所以结构可靠度 P_s 与结构的失效概率 P_f 之间存在以下关系:

$$P_s + P_f = 1 \tag{1-5}$$

或写成

$$P_s = 1 - P_f \tag{1-6}$$

因此,结构可靠度的计算可以转换为结构失效概率的计算。而可靠的结构设计是指设计控制目标要使结构的失效概率"足够小",小到人们普遍可以接受的程度。实际上,绝对安全可靠的结构,即安全概率 $P_s = 1$ 或失效概率 $P_f = 0$ 的结构是没有的。

为了方便地计算结构的失效概率 P_f,需要获得关于功能函数随机变量 Z 的分布信息。以图 1-21 所示概率密度 $f_Z(Z)$ 曲线为例,在纵坐标左边区域($Z<0$),结构处于失效状态;在纵坐标右边区域($Z>0$),结构处于安全状态;而在 $Z=0$ 处,结构处于极限状态。图中阴影部分面积的值表示事件 $Z<0$ 的概率,即结构的失效概率 P_f,理论上可用下式求得:

$$P_f = P(Z < 0) = \int_{-\infty}^{0} f_Z(Z) \mathrm{d}Z \tag{1-7}$$

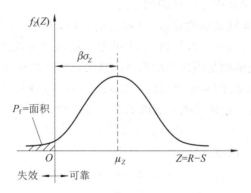

图 1-21　Z 的概率密度 $f_Z(Z)$ 曲线

就工程实践的大多数情况来说,Z 的分布规律很难求出。这使得概率极限状态设计方法一直不能付诸实用。20 世纪 60 年代末期,美国学者康奈尔(C. A. Cornell)提出比较系统的一次二阶矩计算方法,才使得概率设计方法变通进入了实用阶段。

一次二阶矩方法不直接计算结构的失效概率 P,而是将图 1-21 中 Z 的平均值 μ_Z 用 Z 的标准差 σ_Z 度量,引进 β,则有

$$\mu_Z = \beta \sigma_Z \tag{1-8}$$

由此得

$$\beta = \mu_Z / \sigma_Z \tag{1-9}$$

式中：β——结构的可靠指标或安全指标。

显然，只要 Z 的分布一定，β 与 P_f 就有一一对应的关系，并且 β 增大，P_f 减小；β 减小，P_f 增大。

特别地，当 Z 服从正态分布时，β 与 P_f 的关系式为

$$\beta = \Phi^{-1}(1 - P_f) \tag{1-10}$$

$$P_f = \Phi(-\beta) \tag{1-11}$$

式中：$\Phi(\cdot)$——标准正态分布函数；

$\Phi^{-1}(\cdot)$——标准正态分布反函数。

正态分布条件下 β 与 P_f 的对应关系如表 1-1 所示。

表 1-1   正态分布条件下 β 与 P_f 的对应关系

可靠指标 β	4.2	4.0	3.7	3.5	3.2	3.0	2.7
失效概率 P_f	1.34×10^{-6}	3.17×10^{-5}	1.08×10^{-4}	2.33×10^{-4}	6.87×10^{-4}	1.35×10^{-3}	3.47×10^{-3}

如果 Z 为非正态分布变量，目前国际上通行的解决办法是用"当量正态化方法"将非正态变量转化为正态变量，然后再按上述同样方法处理或进行相关计算。

可靠指标 β（或失效概率 P_f）的计算避开了 Z 的全分布的推求，只利用其分布的特征值，即一阶原点矩（均值）μ_Z 和二阶中心矩（方差）σ_Z^2，这两者对任何分布皆可按下式求得（设 R 和 S 是统计独立的）：

$$\mu_Z = \mu_R - \mu_S \tag{1-12}$$

$$\sigma_Z^2 = \sigma_R^2 + \sigma_S^2 \tag{1-13}$$

式中：μ_R、μ_S——抗力 R 和荷载效应 S 的平均值；

σ_R、σ_S——抗力 R 和荷载效应 S 的均方差。

按一定要求经实测取得足够的数据，便可通过统计分析，获得 R 和 S 各自的均值 μ_R、μ_S 及方差 σ_R^2、σ_S^2，进而由式(1-9)～式(1-11)求得可靠指标 β（或失效概率 P_f）的计算值。

式(1-2)表示的功能函数是线性的较简单的情形，当 Z 为非线性函数时，可将此函数展开成泰勒级数而只保留其线性项，由式(1-15)、式(1-16)计算有关均值和方差，再用式(1-9)～式(1-11)求得可靠指标 β 或失效概率 P_f。非线性函数

$$Z = g(x_1, x_2, \cdots, x_n) \tag{1-14}$$

展成泰勒级数且只保留一次项，则

$$\mu_Z = g(\mu_{x_1}, \mu_{x_2}, \cdots, \mu_{x_n}) \tag{1-15}$$

$$\sigma_Z^2 = \sum_{i=1}^{n} \left(\frac{\partial g}{\partial x_i} \Big|_{\mu} \right)^2 \sigma_{x_i}^2 \tag{1-16}$$

式中：μ_{x_i}——随机变量 x_i 的均值；

μ——计算偏导数时各个变量均用各自的平均值赋值。

仍然考虑两个设计变量情况，有

$$\beta = \frac{\mu_Z}{\sigma_Z} = \frac{\mu_R - \mu_S}{\sqrt{\sigma_R^2 + \sigma_S^2}} \tag{1-17}$$

将式(1-17)写成

$$\mu_R = \mu_S + \beta \sqrt{\sigma_R^2 + \sigma_S^2} \tag{1-18}$$

令

$$\alpha_R = \frac{\sigma_R}{\sqrt{\sigma_R^2 + \sigma_S^2}} \tag{1-19}$$

$$\alpha_S = \frac{\sigma_R}{\sqrt{\sigma_R^2 + \sigma_S^2}} \tag{1-20}$$

得

$$\mu_R - \alpha_R\beta\sigma_R = \mu_S + \alpha_S\beta\sigma_S \tag{1-21}$$

如果令

$$R^* = \mu_R - \alpha_S\beta\alpha_R \tag{1-22}$$

$$S^* = \mu_S + \alpha_S\beta\sigma_S \tag{1-23}$$

则式(1-21)写成设计式为

$$R^* \geqslant S^* \tag{1-24}$$

式(1-24)就是概率极限状态方法的设计式,式中 R^*、S^* 分别为变量 R 和 S 的设计验算点坐标。由于这种设计(处理方式)不需要考虑 Z 的全分布,而只用到设计变量的二阶矩,对非线性功能函数采用泰勒级数展开,仅保留一次项进行线性化,故此法称为一次二阶矩法。

对可靠指标的合理取值,各国均倾向用校准法求得。所谓"校准法"就是对现有结构构件进行反演计算和综合分析求得其平均可靠指标,以此作为确定今后设计时应采用的目标可靠指标的基础。我国《建筑结构可靠性设计统一标准》GB 50068—2018 按破坏类型(延性或脆性破坏)与安全等级(根据破坏后果和建筑物类型分为一、二、三级,级数越高,破坏后果越不严重)规定了结构构件承载能力极限状态的可靠指标 β(见表1-2)。

表 1-2 结构构件承载能力极限状态的可靠指标 β

破坏类型	安全等级		
	一级	二级	三级
延性破坏	3.7	3.2	2.7
脆性破坏	4.2	3.7	3.2

1.4.3 设计表达式

现行《钢结构设计标准》GB 50017—2017 除疲劳计算外,采用以概率理论为基础的极限状态设计方法,用分项系数的设计表达式进行计算。这是考虑到用概率法的设计式,许多基本统计参数还不完善,不能列出,因此,《建筑结构可靠性设计统一标准》GB 50068—2018 建议采用分项系数设计表达式。但这与以往的安全系数设计方法不同,这些分项系数不是凭经验确定的,而是以可靠指标为基础用概率方法求出的,也就是将式(1-21)或式(1-24)转化为等效的以基本变量标准值和分项系数表达的形式。

现以简单的荷载($G+Q$)组合情况为例,分项系数设计式(1-24)可写成

$$R^* \geqslant S_G^* + S_Q^* \tag{1-25}$$

即

$$\frac{R_K}{\gamma_R} \geqslant \gamma_G S_{GK} + \gamma_Q S_{QK} \tag{1-26}$$

式中：R_K——抗力标准值（按规范设计公式由材料强度标准值和截面公称尺寸计算而得）；

S_{GK}——永久荷载（G）效应标准值；

S_{QK}——可变荷载（Q）效应标准值；

γ_R——抗力分项系数；

γ_G——永久荷载的荷载分项系数；

γ_Q——可变荷载的荷载分项系数。

为使式(1-25)与式(1-26)等价，必须满足

$$\gamma_R = R_K / R^* \tag{1-27}$$

$$\gamma_G = S_G^* / S_{GK} \tag{1-28}$$

$$\gamma_Q = S_Q^* / S_{QK} \tag{1-29}$$

根据式(1-21)可知 R^*、S_G^*、S_Q^* 的值不仅与可靠指标 B 有关，而且与各设计基本变量的统计参数（平均值、标准值）有关。因此，对每一种基本构件来说，在给定 B 目标值的情况下，γ_R、γ_G、γ_Q 值将随荷载效应比值 $\rho = S_{QK}/S_{GK}$ 变动而变动，这对于设计来说显然是不方便的。如果分别取 γ_G、γ_Q 为定值，γ_R 也按各基本构件取不同的值，则所设计的结构构件的实际可靠指标就不可能与给定的目标 β 值完全一致。因此，可用优化法寻求最佳的分项系数值，使这两个 β 的差值最小，并考虑工程经验来确定。

在荷载分项系数确定后，按照使所设计的结构构件的实际 β 值与规范规定的目标 β 值总体差值最小的要求，对钢结构构件抗力分项系数进行分析，结合工程经验，《钢结构设计标准》GB 50017—2017 规定：Q235 钢的抗力分项系数 $\gamma_R = 1.090$；Q345 和 Q390 钢的抗力分项系数 $\gamma_R = 1.125$；Q420、Q460 钢根据厚度分组不同，γ_R 取为 1.125（6 mm$\leqslant t \leqslant$40 mm）和 1.180（40 mm$< t \leqslant$100 mm）；Q345GJ 钢根据厚度分组不同，γ_R 取为 1.059（6 mm$\leqslant t \leqslant$50 mm）和 1.120（50 mm$< t \leqslant$100 mm）。

《钢结构设计标准》GB 50017—2017 规定，在按承载能力极限状态设计钢结构时，应考虑荷载效应的基本组合，必要时还应考虑荷载效应的偶然组合。在按正常使用极限状态设计钢结构时，应考虑荷载效应的标准组合。

（1）对于持久设计状况和短暂设计状况，承载能力极限状态设计表达式为

$$\gamma_0 S \leqslant R \tag{1-30}$$

式中：γ_0——结构重要性系数，对安全等级为一级、二级、三级的结构构件分别取不小于 1.1、1.0、0.9 的值；

S——荷载组合的效应设计值；

R——结构构件的承载力设计值。

荷载基本组合的效应设计值 S 应从下列荷载组合值中取最不利的效应设计值进行计算：

$$S = \sum_{j=1}^{m} \gamma_{G_j} S_{G_jK} + \gamma_{Q_1} \gamma_{L_1} S_{Q_1K} + \sum_{i=2}^{n} \gamma_{Q_i} \gamma_{L_i} \psi_{C_i} S_{Q_iK} \tag{1-31}$$

式中：S_{G_jK}——按第 j 个永久荷载标准值 G_{jk} 计算的荷载效应值；

S_{Q_1K}——按起控制作用的第一个可变荷载标准值 Q_{iK} 计算的荷载效应值；

S_{Q_iK}——按其他第 i 个可变荷载标准值 Q_{iK} 计算的荷载效应值;

γ_{G_j}——第 j 个永久荷载的分项系数,当永久荷载效应对结构构件的承载能力不利时取1.3,当永久荷载效应对结构构件的承载能力有利时,取值不应大于1.0;

γ_{Q_1}、γ_{Q_i}——可变荷载分项系数,当可变荷载效应对结构构件的承载能力不利时取1.5,有利时取0;

γ_{L_1}、γ_{L_i}——可变荷载考虑设计使用年限的调整系数,结构设计使用年限为5时取0.9,为50时取1.0,为100时取1.1;

ψ_{C_i}——可变荷载的组合值系数。

（2）对于多遇地震的地震设计状况,承载能力极限状态的设计表达式为

$$S \leqslant R/\gamma_{R_E} \tag{1-32}$$

式中:γ_{R_E}——承载力抗震调整系数,按现行国家标准《建筑抗震设计标准》GB/T 50011—2010 的规定取值;

S——按作用的地震组合计算的效应设计值。

结构构件的地震作用效应和其他荷载效应的基本组合 S 应按下式计算:

$$S = \gamma_G S_{G_E} + \gamma_{E_h} S_{E_hK} + \gamma_{E_v} S_{E_vK} + \psi_w \gamma_w S_{wK} \tag{1-33}$$

式中:γ_G——重力荷载分项系数,一般情况应采用1.3,当重力荷载效应对构件承载能力有利时,不应大于1.0;

γ_{E_h}、γ_{E_v}——水平、竖向地震作用分项系数,当仅计算水平地震作用或竖向地震作用时,分别应采用1.3,当同时计算水平与竖向地震作用时,其中主要作用的该系数应采用1.3,另一作用的该系数应采用0.5;

γ_w——风荷载分项系数,应采用1.4;

S_{G_E}——重力荷载代表值的效应,当有吊车时,还应包括悬吊物重力标准值的效应;

S_{E_hK}、S_{E_vK}——水平、竖向地震作用标准值的效应,当有规定时还应乘以相应的效应调整系数（如突出屋面的小建筑、天窗架、高低跨厂房交接处的柱子、框架柱等）;

S_{wK}——风荷载标准值的效应;

ψ_w——风荷载组合值系数,一般结构取0.0,风荷载起控制作用的建筑应采用0.2。

（3）对于偶然状况,用于承载能力极限状态计算的效应设计值表达式及其各种系数应符合专门规范的规定。

（4）对于正常使用极限状态,按《建筑结构可靠性设计统一标准》GB 50068—2018 的规定要求分别采用荷载的标准组合、频遇组合和准永久组合进行设计,并使变形等设计不超过相应的规定限值。钢结构只考虑荷载的标准组合,其设计式为

$$\sum_{j=1}^{m} \upsilon_{G_jK} + \upsilon_{Q_1K} + \sum_{i=2}^{n} \psi_{C_i} \upsilon_{Q_iK} \leqslant [\upsilon] \tag{1-34}$$

式中:υ_{G_jK}——第 j 个永久荷载的标准值在结构或结构构件中产生的变形值;

υ_{Q_1K}——起控制作用的第一个可变荷载的标准值在结构或结构构件中产生的变形值;

υ_{Q_iK}——其他第 i 个可变荷载标准值在结构或结构构件中产生的变形值;

$[\upsilon]$——结构或结构构件变形的容许值,按《钢结构设计标准》GB 50017—2017 相关规定采用。

1.4.4　容许应力设计法

容许应力设计法是以结构构件的计算应力 σ 不大于有关规范所给定的材料容许应力 $[\sigma]$ 的原则进行设计的方法,一般的设计表达式为 $\sigma \leqslant [\sigma]$。结构构件的计算应力按荷载标准值以线性弹性理论计算;容许应力 $[\sigma]$ 由规定的材料弹性极限除以大于 1 的安全系数而得。

容许应力设计法以线性弹性理论为基础,以构件危险截面的某一点或某一局部的计算应力小于或等于材料的容许应力为准则。在应力分布不均匀的情况下,如受弯构件、受扭构件,用这种设计方法比较保守。

容许应力设计法应用简便,是工程结构中的一种传统设计方法,目前仍应用在公路、铁路工程设计中。它的主要缺点:单一安全系数是一个笼统的经验系数,给定的容许应力不能保证各种结构具有比较一致的安全水平,也未考虑荷载增大的不同比率或具有异号荷载效应情况对结构安全的影响。

1.4.5　钢材疲劳的特点及其计算思路

在连续反复荷载作用下,应力远低于抗拉强度时,构件发生的突然破坏现象称为钢材疲劳,其特点表现为破坏前没有明显的塑性变形。

钢材的疲劳断裂是微观裂纹在连续重复荷载作用下不断扩展直至断裂的脆性破坏。钢材的疲劳强度取决于应力集中(或缺口效应)和应力循环次数。截面几何形状突然改变处的应力集中对疲劳很不利。在高峰应力处形成双向或三向同号拉应力场,在反复应力作用下,首先在应力高峰出现微观裂纹,然后逐渐开展形成宏观裂缝。在反复荷载的继续作用下,裂缝不断开展,有效截面面积相应减小,应力集中现象越来越严重,这就促使裂缝继续开展。同时,由于是双向或三向同号拉应力场,材料的塑性变形受到限制。因此,当反复循环荷载达到一定的循环次数时,裂缝的开展使截面削弱过多、经受不住外力作用,就会发生脆性断裂,出现钢材的疲劳破坏。如果钢材中存在残余应力,在交变荷载作用下将加剧疲劳破坏的倾向。

观察表明,钢材疲劳破坏后的截面断口一般具有光滑的和粗糙的两个区域(见图 1-20(c)),光滑部分表现出裂缝的扩张,闭合过程是由裂缝逐渐发展引起的,说明疲劳破坏也经历了一个缓慢的转变过程,而粗糙部分表明钢材最终断裂一瞬间的脆性破坏性质,与拉伸试验的断口颇为相似,破坏是突然的,几乎以 2 km/s 的速度断裂,因而比较危险。

通常钢结构的疲劳破坏属高周低应变疲劳,即总应力幅小,破坏前荷载循环次数多。疲劳强度的大小与应力循环的次数有关,参见图 1-22。《钢结构设计标准》GB 50017—2017 规定,对直接承受动力荷载重复作用的钢结构构件及其连接,当应力变化的循环次数 n 等于或大于 5×10^4 次时,应进行疲劳强度计算。

根据应力循环中应力幅是否发生变化,将疲劳问题分为常幅疲劳和变幅疲劳两种。如果在所有应力循环内的应力幅保持常量,则称为常幅疲劳。下面以常幅疲劳为对象,介绍钢结构疲劳计算的基本思路。

由于现阶段对基于可靠度理论的疲劳极限状态设计方法的基础性研究还比较缺乏，所以仍沿用传统的按弹性状态计算"容许应力幅"的设计方法计算疲劳强度。应力幅 $\Delta\sigma$ 为应力谱（如图 1-22 中的实线所示，拉应力为正、压应力为负）中最大应力 σ_{max} 与最小应力 σ_{min} 之差，即 $\Delta\sigma=\sigma_{max}-\sigma_{min}$，$\sigma_{max}$ 为每次应力循环中的最大拉应力，σ_{min} 为每次应力循环中的最小应力。

应力循环特征也可用应力比 ρ 表示，其含义为 σ_{max} 和 σ_{min} 两者（拉应力取正值，压应力取负值）中绝对值较小者与绝对值较大者之比。图 1-22(a) 的 $\rho=-1$ 称为完全对称循环；图 1-22(b) 的 $\rho=0$ 称为脉冲循环；图 1-22(c)(d) 的 ρ 在 0 与 -1 之间，称为不完全对称循环，但图 1-22(c) 以拉应力为主，而图 1-22(d) 以压应力为主。

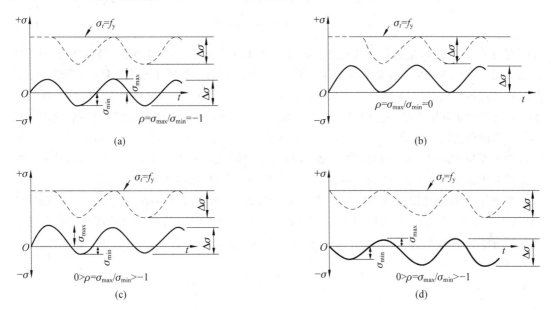

图 1-22 循环应力谱

对轧制钢材或非焊接结构，在循环次数 N 一定的情况下，根据试验资料可绘出 N 次循环的疲劳图，即 σ_{max} 和 σ_{min} 的关系曲线。由于此曲线的曲率不大，可近似用直线代替，所以只要求得两个试验点便可决定疲劳图。

图 1-23 为 $N=2\times10^6$ 次的疲劳图。$\rho=0$ 和 $\rho=-1$ 时的疲劳强度分别为 σ_0 和 σ_{-1}，由此便可确定 $B(-\sigma_{-1},\sigma_{-1})$ 和 $C(0,\sigma_0)$ 两点，并确定通过 B、C 两点的直线 BC。D 点的水平线代表钢材的屈服强度，即使 σ_{max} 不超过 f_y。当坐标为 σ_{max} 和 σ_{min} 的点落在直线 BC 上或其上方，即这组应力循环达到 N 次时，将发生疲劳破坏，线段 BD 以受拉为主，线段 AB 以受压为主，AD 直线的方程为

$$\sigma_{max}-k\sigma_{min}=\sigma_0 \tag{1-35}$$

或

$$\sigma_{max}(1-k\rho)=\sigma_0 \tag{1-36}$$

式中：k——直线 $ABCD$ 的斜率，$k=(\sigma_0-\sigma_{-1})/\sigma_{-1}$。

从上面的推导可知，对轧制钢材或非焊接结构，疲劳强度与最大应力、应力比、循环次数和缺口效应（构造类型的应力集中情况）有关。

对焊接结构并不是这样，焊接加热及随后的冷却会在截面上产生垂直于截面的残余应力。

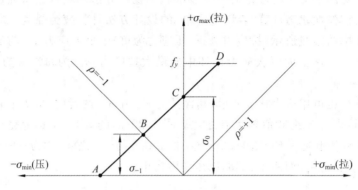

图 1-23　非焊接结构的疲劳图

在焊缝及其附近,主体金属残余拉应力通常达到钢材的屈服点 f_y,而此部位正是形成和发展疲劳裂纹最为敏感的区域。在重复荷载作用下,当循环内应力开始处于增大阶段时,焊缝附近的高峰应力将不再增加(只是塑性范围加大),最大实际应力为 f_y,之后循环应力下降到最低 $f_y-\Delta\sigma_0$,再之后的实际应力循环范围仍在这两个值之间。因此,不论应力比 ρ 值如何,焊缝附近的实际应力循环情况均形成在$(f_y-\Delta\sigma_0)\sim f_y$ 之间的拉应力循环(如图 1-22 中的虚线所示)。所以疲劳强度与名义最大应力和应力比无关,而与应力幅 $\Delta\sigma_0$ 有关。此观点已为国内外的大量疲劳试验所证实。图 1-22 中的实线为名义应力循环应力谱,虚线为实际应力谱。

　　根据试验数据可以画出构件或连接的应力幅 Δc 与相应的致损循环次数 N 的关系曲线(见图 1-24(a)),按试验数据回归的 $\Delta\sigma\text{-}N$ 曲线为平均值曲线。目前国内外都常用双对数坐标轴的方法使曲线改为直线(或分段直线)以便于简化(见图 1-24(b))。在双对数坐标图中,疲劳直线方程为

$$\lg N = b_1 - \beta\lg(\Delta\sigma) \tag{1-37}$$

或

$$N(\Delta\sigma)^\beta = 10^{b_1} = C \tag{1-38}$$

式中:β——疲劳直线对纵坐标的斜率;

　　　b_1——疲劳直线在横坐标轴上的截距;

　　　N——循环次数。

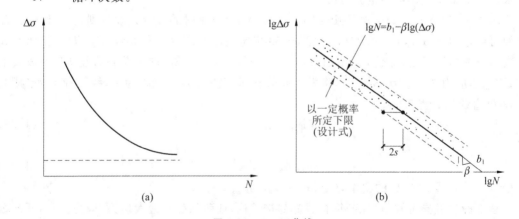

图 1-24　$\Delta\sigma\text{-}N$ 曲线

考虑到试验数据的离散性,取平均值减去 2 倍 $\lg N$ 的标准差$(2s)$作为疲劳强度下限值(图 1-24(b)实线下方的虚线),如果 $\lg\Delta\sigma$ 为正态分布,则从构件或连接抗力方面来讲,保证率为 97.7%。下限值的直线方程为

$$\lg N = b_1 - \beta\lg(\Delta\sigma) - 2s = b_2 - \beta\lg(\Delta\sigma) \tag{1-39}$$

或

$$N(\Delta\sigma)^\beta = 10^{b_2} = C \tag{1-40}$$

取此 $\Delta\sigma$ 作为容许应力幅:

$$[\Delta\sigma] = \left(\frac{C}{N}\right)^{1/\beta} \tag{1-41}$$

疲劳计算的基本计算思路就是保证构件或连接所计算部位的应力幅不得超过容许应力幅,容许应力幅根据构件和连接类别、结构使用寿命期内应力循环次数等因素确定。

1.4.6 正应力常幅疲劳的计算

对于不同焊接构件和连接形式,按试验数据回归的直线方程的斜率不尽相同。为了设计的方便,我国《钢结构设计标准》GB 50017—2017 按连接方式、受力特点和疲劳强度,再适当考虑 S-N 曲线(即应力幅值与该应力幅下发生疲劳破坏时所经历的应力循环次数的关系曲线)簇的等间距布置、归纳分类,将正应力作用下的构件和连接分为 14 类(见附录 5),各类别的 S-N 曲线如图 1-25 所示,对应的疲劳计算参数如表 1-3 所示。

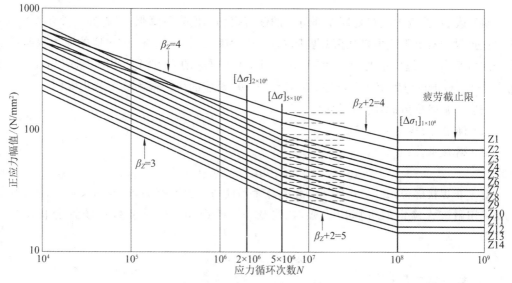

图 1-25 关于正应力幅的疲劳强度 S-N 曲线

表 1-3 正应力幅的疲劳计算参数

构件与连接类别	构件与连接相关系数		循环次数 n 为 2×10^6 次的容许正应力幅 $[\Delta\sigma]_{2\times10^6}$ /(N/mm²)	循环次数 n 为 5×10^6 次的容许正应力幅 $[\Delta\sigma]_{5\times10^6}$ /(N/mm²)	疲劳截止限 $[\Delta\sigma]_{2\times10^6}$ /(N/mm²)
	C_Z	β_Z			
Z1	1920×10^{12}	4	176	140	85

构件与连接类别	构件与连接相关系数		循环次数 n 为 2×10^6 次的容许正应力幅 $[\Delta\sigma]_{2\times10^6}/(\text{N}/\text{mm}^2)$	循环次数 n 为 5×10^6 次的容许正应力幅 $[\Delta\sigma]_{5\times10^6}/(\text{N}/\text{mm}^2)$	疲劳截止限 $[\Delta\sigma]_{2\times10^6}/(\text{N}/\text{mm}^2)$
	C_z	β_z			
Z2	861×10^{12}	4	144	115	70
Z3	3.91×10^{12}	3	125	92	51
Z4	2.81×10^{12}	3	112	83	46
Z5	2.00×10^{12}	3	100	74	41
Z6	1.46×10^{12}	3	90	66	36
Z7	1.02×10^{12}	3	80	59	32
Z8	0.72×10^{12}	3	71	52	29
Z9	0.50×10^{12}	3	63	46	25
Z10	0.35×10^{12}	3	56	41	23
Z11	0.25×10^{12}	3	50	37	20
Z12	0.18×10^{12}	3	45	33	18
Z13	0.13×10^{12}	3	40	29	16
Z14	0.09×10^{12}	3	36	26	14

研究表明,低应力幅在高周循环阶段的疲劳损伤程度有所降低,且存在一个不会疲劳损伤的截止限。对于正应力幅疲劳强度问题,当应力幅大于 $N=5\times10^6$ 对应的应力幅时,$S\text{-}N$ 曲线的斜率为 β_z,应力幅处于 $N=5\times10^6 \sim 1\times10^8$ 对应的应力幅之间时,斜率为 β_z+2(见图 1-25)。对于正应力幅疲劳问题,取 $N=1\times10^8$ 对应的应力幅为疲劳截止限。

正应力常幅疲劳的计算步骤如下。

(1) 确定应力幅 $\Delta\sigma$。

对于焊接部位:

$$\Delta\sigma = \sigma_{\max} - \sigma_{\min} \tag{1-42}$$

对于非焊接部位,式(1-35)表明,疲劳寿命不仅与应力幅有关,也与名义最大应力有关。因此采用由该式确定的折算应力幅,以考虑 $\sigma_{\max}$ 的影响。经试验数据统计分析,取 $k=0.7$,即

$$\Delta\sigma = \sigma_{\max} - 0.7\sigma_{\min} \tag{1-43}$$

(2) 疲劳强度快速计算。

当应力幅较低时,可采用下式进行疲劳强度的快速验算:

$$\Delta\sigma < \gamma_t [\Delta\sigma_1]_{1\times10^8} \tag{1-44}$$

低于疲劳截止限的应力幅一般不会导致疲劳破坏,因此若式(1-44)得到满足,则疲劳强度满足要求,无需做进一步计算。

式(1-44)中的 γ_t 是考虑厚板效应对焊缝疲劳强度影响及大直径螺栓尺寸效应对螺栓疲劳强度影响的修正系数,按下面规定计算。

对于横向角焊缝或对接焊缝连接,当连接板厚 t 大于 25 mm 时,按下式计算:

$$\gamma_t = \left(\frac{25}{t}\right)^{0.25} \tag{1-45}$$

对于螺栓轴向受拉连接，当螺栓的公称直径 d 大于 30 mm 时，按下式计算：

$$\gamma_t = \left(\frac{30}{d}\right)^{0.25} \tag{1-46}$$

（3）应力幅高于疲劳截止限的计算。

若式(1-44)不满足，则表明应力幅高于疲劳截止限，需进一步根据结构预期使用寿命，按下式进行计算：

$$\Delta\sigma \leqslant \gamma_t \left[\Delta\sigma\right] \tag{1-47}$$

式(1-47)中，常幅疲劳的容许正应力幅 $[\Delta\sigma]$ 计算如下：

当 $N \leqslant 5\times10^6$ 时

$$\left[\Delta\sigma\right] = \left(\frac{C_Z}{N}\right)^{1/\beta_Z} \tag{1-48}$$

当 $5\times10^6 < N \leqslant 1\times10^8$ 时

$$\left[\Delta\sigma\right] = \left[\left(\left[\Delta\sigma\right]_{5\times10^6}\right)\frac{C_Z}{N}\right]^{1/(\beta_Z+2)} \tag{1-49}$$

当 $N > 1\times10^8$ 时

$$\left[\Delta\sigma\right] = \left[\Delta\sigma_L\right]_{1\times10^8} \tag{1-50}$$

1.4.7 剪应力常幅疲劳的计算

剪应力作用下的构件和连接分为三类（见附录5），各类别的 $S\text{-}N$ 曲线如图 1-26 所示，对应的疲劳计算参数如表 1-4 所示。剪应力常幅疲劳的计算方法与前述正应力常幅疲劳的计算方法基本一致，简要说明如下。

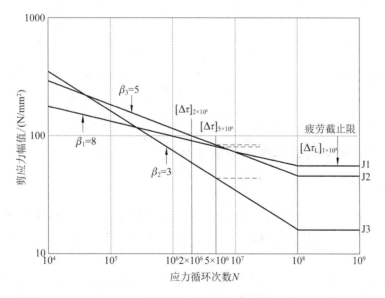

图 1-26 关于剪应力幅的疲劳强度 $S\text{-}N$ 曲线

表 1-4　剪应力幅的疲劳计算参数表

构件与连接类别	构件与连接相关系数		循环次数 n 为 2×10^6 次的容许剪应力幅 $[\Delta\tau]_{2\times10^6}/(\text{N/mm}^2)$	疲劳截止限 $[\Delta\tau_L]_{1\times10^8}/(\text{N/mm}^2)$
	C_J	β_J		
J1	4.10×10^{11}	3	59	16
J2	2.00×10^{10}	5	100	46
J3	8.61×10^{21}	8	90	55

（1）确定剪应力幅 $\Delta\tau$ 对应焊接部位：

$$\Delta\tau = \tau_{\max} - \tau_{\min} \tag{1-51}$$

对应非焊接部位：

$$\Delta\tau = \tau_{\max} - 0.7\tau_{\min} \tag{1-52}$$

（2）疲劳强度快速计算。

对于剪应力幅疲劳问题，仍取 $N = 1 \times 10^8$ 对应的应力幅为疲劳截止限。当应力幅低于剪应力幅疲劳截止限时，即

$$\Delta\tau < [\Delta\tau]_{1\times10^8} \tag{1-53}$$

则认为不会产生疲劳损伤，疲劳强度满足要求。

（3）应力幅高于疲劳截止限时的计算。

当剪应力幅不满足式(1-53)的要求时，需进一步按下式验算：

$$\Delta\tau \leqslant [\Delta\tau] \tag{1-54}$$

式(1-54)中，常幅疲劳的容许剪应力幅 $[\Delta\tau]$ 根据应力循环次数 N 及构件和连接的类别计算如下。

当 $N \leqslant 1 \times 10^8$ 时

$$[\Delta\sigma] = \left(\frac{C_J}{N}\right)^{1/\beta_J} \tag{1-55}$$

当 $N > 1 \times 10^8$ 时

$$[\Delta\tau] = [\Delta\tau_L]_{1\times10^8} \tag{1-56}$$

对于剪应力幅疲劳强度问题，当应力幅大于 $N = 1 \times 10^8$ 对应的应力幅时，斜率保持不变，为 β_J 角（见图 1-26）。

1.4.8　变幅疲劳和吊车梁的欠载效应系数

1. 变幅疲劳

上面的分析皆属于常幅疲劳的情况，实际结构（如厂房吊车梁）所受荷载常小于计算荷载，且各次应力循环中，应力幅并非固定值，即性质为变幅的称为随机荷载。变幅疲劳的应力谱如图 1-27 所示。

变幅疲劳问题同样可以按式(1-44)和式(1-54)进行快速计算，变幅疲劳式中的 $\Delta\sigma$ 和 $\Delta\tau$ 为最大正应力幅和最大剪应力幅。当计算不满足时，可将变幅疲劳等效为常幅疲劳问题计算疲劳强度。

欲将常幅疲劳的研究结果推广到变幅疲劳，必须引入累积损伤法则。当前通用的是

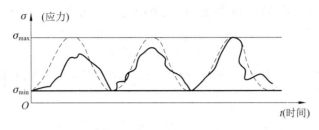

图 1-27 变幅疲劳的应力谱

Palmgren-Miner 方法,简称 Miner 方法。

从设计应力谱可知应力幅水平 $\Delta\sigma_1,\Delta\sigma_2,\cdots,\Delta\sigma_i,\cdots$ 和对应的循环次数 $n_1,n_2,\cdots,n_i,\cdots$,假设应力幅水平分别为 $\Delta\sigma_1,\Delta\sigma_2,\cdots,\Delta\sigma_i,\cdots$ 的常幅疲劳寿命分别是 $N_1,N_2,\cdots,N_i,\cdots$。其中 N_i 表示在常幅疲劳中 $\Delta\sigma_i$ 循环作用 N_i 次后,构件或接连发生疲劳破坏,则在应力幅 $\Delta\sigma_i$ 作用下的一次循环所引起的损伤为 $1/N$,n_i 次循环为 n_i/N_i。按累积损伤法则,将总的损伤按线性叠加计算,则得发生疲劳破坏的条件为

$$\frac{n_1}{N_1}+\frac{n_2}{N_2}+\cdots+\frac{n_i}{N_i}+\cdots=\sum\frac{n_i}{N_i}=1 \tag{1-57}$$

或写成

$$\sum\frac{n_i}{\sum n_i}\cdot\frac{\sum n_i}{N_i}=1 \tag{1-58}$$

若认为变幅疲劳与同类常幅疲劳有相同的曲线,则根据式(1-40),任一级应力幅水平均有

$$N_i(\Delta\sigma_i)^\beta=C \tag{1-59}$$

或

$$N_i=\frac{C}{(\Delta\sigma_i)^\beta} \tag{1-60}$$

按照图 1-25 与图 1-26 及 Miner 损伤定律,可将变幅疲劳问题换算成应力循环总次数为 2×10^6 的等效常幅疲劳进行计算。以变幅疲劳的等效正应力幅为例(见图 1-25),推导过程如下。

设有一变幅疲劳,其应力谱由 $(\Delta\sigma_i,n_i)$ 和 $(\Delta\sigma_j,n_j)$ 两部分组成,分别对应于应力谱中 $\Delta\sigma\geqslant[\Delta\sigma]_{5\times10^6}$ 和 $[\Delta\sigma]_{1\times10^8}\leqslant\Delta\sigma<[\Delta\sigma]_{5\times10^6}$ 范围内的正应力幅(单位为 N/mm^2)及频次。总的应力循环 $\sum n_i+\sum n_j$ 次后发生疲劳破坏,则按照 S-N 曲线的方程,分别对每 i 级的应力幅 $\Delta\sigma_i$、频次 n_i,以及 j 级的应力幅 $\Delta\sigma_j$、频次 n_j 有

$$N_i=C_Z/(\Delta\sigma_i)^{\beta_Z} \tag{1-61}$$

$$N_j=C_Z'/(\Delta\sigma_j)^{\beta_Z+2} \tag{1-62}$$

$$\sum\frac{n_i}{N_i}+\sum\frac{n_j}{N_j}=1 \tag{1-63}$$

式中:C_Z、C_Z'——斜率 β_Z 和 β_Z+2 的 S-N 曲线参数。

由于斜率 β_Z 和 β_Z+2 的两条 S-N 曲线在 $N=5\times10^6$ 处相交,则满足下式:

$$C_Z'=\frac{(\Delta\sigma_{5\times10^6})^{\beta_Z+2}}{(\Delta\sigma_{5\times10^6})^{\beta_Z}}C_Z=(\Delta\sigma_{5\times10^6})^2C_Z \tag{1-64}$$

设想上述的变幅疲劳破坏与常幅疲劳(应力幅为 $\Delta\sigma_e$,循环 2×10^6 次)的疲劳破坏具有等效的疲劳损伤效应,则

$$C_z = 2\times10^6\,(\Delta\sigma_e)^{\beta_z} \tag{1-65}$$

将式(1-61)、式(1-62)、式(1-64)和式(1-65)代入式(1-63),可得到常幅疲劳 2×10^6 次的等效正应力幅表达式

$$\Delta\sigma_e = \left[\frac{\sum n_i\,(\Delta\sigma_i)^{\beta_z} + (\left[\Delta\sigma\right]_{5\times10^6})^{-2}\sum n_j\,(\Delta\sigma_j)^{\beta_z+2}}{2\times10^6}\right]^{1/\beta_z} \tag{1-66}$$

对于剪应力变幅疲劳,根据图 1-19,采用类似方法,经简单推导可得常幅疲劳 2×10^6 次的等效剪应力幅表达式为

$$\Delta\tau_e = \left[\frac{\sum n_i\,(\Delta\tau_i)^{\beta_j}}{2\times10^6}\right]^{1/\beta_j} \tag{1-67}$$

算得变幅疲劳的等效正应力幅和等效剪应力幅后,可分别按下式进行疲劳计算:

$$\Delta\sigma_e \leqslant \gamma_t\,\left[\Delta\sigma\right]_{2\times10^6} \tag{1-68}$$

$$\Delta\tau_e \leqslant \left[\Delta\sigma\right]_{2\times10^6} \tag{1-69}$$

2. 吊车梁的欠载效应系数

为方便计算,《钢结构设计标准》GB 50017—2017 在计算重级工作制吊车梁和重级、中级工作制吊车桁架的变幅疲劳时,以 $n=2\times10^6$ 次的疲劳强度为基准,计算出变幅疲劳等效应力幅与应力循环中最大应力幅之比(称为欠载效应系数 α_f),采用等效应力幅进行疲劳验算,从而将变幅疲劳问题等效为常幅疲劳问题。正应力幅和剪应力幅的疲劳计算应分别满足式(1-70)和式(1-71)的要求:

$$\alpha_f\Delta\sigma_{max} \leqslant \gamma_t\,\left[\Delta\sigma\right]_{2\times10^6} \tag{1-70}$$

$$\alpha_f\Delta\tau_{max} \leqslant \gamma_t\,\left[\Delta\tau\right]_{2\times10^6} \tag{1-71}$$

式中:$\Delta\sigma_{max}$——正应力变幅疲劳中的最大应力幅;

$\quad\Delta\tau_{max}$——剪应力变幅疲劳中的最大应力幅;

$\quad\left[\Delta\sigma\right]_{2\times10^6}$——循环次数 n 为 2×10^6 的容许正应力幅,根据构件和连接的类别,按表 1-3 取值;

$\quad\left[\Delta\tau\right]_{2\times10^6}$——循环次数 n 为 2×10^6 的容许剪应力幅,根据构件和连接的类别,按表 1-4 取值;

$\quad\alpha_f$——变幅荷载的欠载效应系数,按表 1-5 采用。

表 1-5　吊车梁和吊车桁架欠载效应的等效系数 α_f

吊车类型	α_f
A6、A7 工作级别(重级)的硬钩吊车	1.0
A6、A7 工作级别(重级)的软钩吊车	0.8
A4、A5 工作级别(中级)吊车	0.5

在疲劳强度计算中,应注意下列问题。

(1)目前,按概率极限状态方法进行疲劳强度计算尚处于研究阶段,因此,疲劳强度计算用容许应力幅法,容许应力幅 $\Delta\sigma$ 是根据试验结果得到的,故应采用荷载标准值进行计算。另外,疲劳计算中采用的计算数据大部分是根据实测应力或疲劳试验所得,已包含了荷载的

动力影响，因此，不应再乘以动力系数。

（2）对于非焊接的构件和连接，在完全压应力（不出现拉应力）循环作用下，可不计算疲劳强度。焊接部位由于存在较大的残余拉应力，造成名义上受压应力的部位仍旧会疲劳开裂，只是裂纹扩展的速度比较缓慢，裂纹扩展的长度有限，当裂纹扩展到残余拉应力释放后便会停止。考虑到疲劳破坏通常发生在焊接部位，而鉴于钢结构连接节点的重要性和受力的复杂性，一般不容许开裂，因此《钢结构设计标准》GB 50017—2017 规定完全压应力循环作用下的焊接部位仍需计算疲劳强度。

（3）根据试验，不同钢种的不同静力强度对焊接部位的疲劳强度无显著影响，只是轧制钢材（因其残余应力较小）、经焰切的钢材和经过加工的对接焊缝（其残余应力因加工而大为改善）的疲劳强度有随钢材强度提高而稍微增加的趋势，但这些连接和主体金属一般不在构件疲劳计算中起控制作用，故可认为疲劳容许应力幅与钢种无关，即疲劳强度所控制的构件采用强度较高的钢材是不经济的。

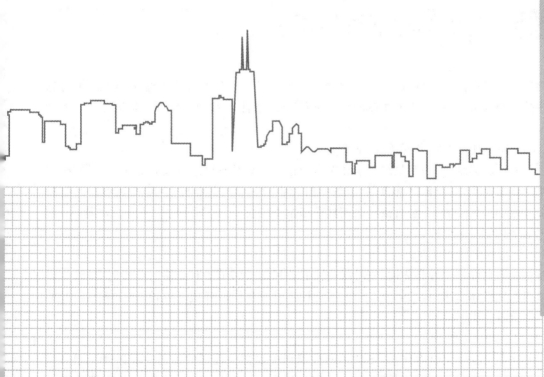

第2章

钢结构的材料

GANGJIEGOU DE CAILIAO

思政小贴士

《钢铁是怎样炼成的》

　　《钢铁是怎样炼成的》是奥斯特洛夫斯基所著的一部长篇小说,于 1933 年写成。小说通过记叙保尔·柯察金的成长道路告诉人们,一个人只有在革命的艰难困苦中战胜敌人战胜自己,只有在把自己的追求与祖国、人民的利益联系在一起的时候,才会创造出奇迹,才会成长为钢铁战士。

　　目前,我国正在开展"一带一路"建设,许多土建行业的从业人员奋战在"一带一路"的第一线,他们也正在把自己的青春与国家战略相结合,服务国家战略,奉献青春豪情,在"一带一路"上锤炼意志,增长才干,践行新时代的钢铁炼成之路,谱写着青春之歌。

　　《钢铁是怎样炼成的》由(苏)奥斯特洛夫斯基著,张文郁译,北岳文艺出版社 2011 年 2 月出版,ISBN:9787537834865。

2.1　钢结构对钢材的要求

　　钢材是钢结构的主要材料,钢的种类繁多,性能差别也很大,适用于建筑结构的钢材只是其中的一小部分。建筑用钢材必须具有良好的力学性能及加工性能,即必须符合下列要求。

　　(1) 较高的抗拉强度 f_u 和屈服强度 f_y。

　　钢材的屈服强度 f_y 是衡量结构承载能力的指标,在相同条件下,较高的 f_y 可以使结构有较小的截面面积,以减轻结构自重、节约钢材和降低造价。抗拉强度 f_u 衡量钢材经过较大变形后极限抗拉的能力,它直接反映钢材内部组织的优劣,同时作为一种安全储备,f_u 高可以增加结构的安全保障。

　　(2) 较好的塑性和韧性。

　　钢材具有良好的塑性和韧性,使得结构在静载和动载作用下有足够的应变能力,既可以减轻结构脆性破坏的倾向,又能通过较大的塑性变形调整局部峰值应力,同时还具有较好的抵抗重复荷载作用的能力。

　　(3) 良好的工艺性能。

　　工艺性能主要指钢材冷加工、热加工的性能和可焊性。良好的工艺性能保证了钢材易于加工成各种形式的结构或构件,并且不会因加工而对材料的强度、塑性、韧性等造成较大的不利影响。

　　根据结构的具体工作条件,有时还要求钢材具有适应低温、高温和腐蚀性环境的能力。

2.2　钢材性能

2.2.1　钢材在单向均匀受拉时的工作性能

钢材的主要力学性能指标一般通过标准试件的单向拉力试验获得。在常温静载情况下,普通碳素钢标准试件单向均匀受拉试验的应力-应变(σ-ε)曲线如图 2-1 所示。由此试验曲线可获得有关钢材的主要力学性能指标。

1. 强度性能

图 2-1 中 σ-ε 曲线的 OP 段为直线,表示钢材具有完全弹性性质,这时应力与应变成正比,其比值定义为弹性模量 E,即 $E = \sigma/\varepsilon$,E 也为该段直线斜率,$E = \tan\alpha$。此段应力的最高点 P 所对应的应力值 f_p 称为比例极限。

曲线的 PE 段仍具有弹性性质,但非线性,即为非线性弹性阶段。这时应力与应变之间的增量关系可以表示为 $E_t = \mathrm{d}\sigma/\mathrm{d}\varepsilon$,$E_t$ 称为切线模量。此段上限 E 点的应力 f_e 称为弹性极限。弹性极限和比例极限相距很近,实际上很难区分,故通常只提比例极限。

应力超过弹性极限后,随着荷载的增加,曲线在 ES 段出现非弹性性质,即应变 ε 与应力 σ 不再成正比,此时的变形包括了弹性变形和塑性变形两部分,表现在卸荷曲线上,成为与 OP 平行的直线(图 2-1 中的虚线),留下永久性的残余变形。此段上限 S 点的应力 f_y 称为屈服点,对于低碳钢,此时出现明显的屈服台阶 SC 段,此阶段在应力保持不变的情况下,应变继续增加。

在屈服台阶的末端(C 点),结构将产生很大的残余变形(对低碳钢,此时的应变 ε_e 约为 2.5%),过大的残余变形在使用上是不容许的,表明钢材的承载能力达到了最大限度。因此,在设计时取屈服点为钢材可以达到的最大应力。

对于没有缺陷和残余应力影响的试件,比例极限和屈服点比较接近,且屈服点前的应变很小(对低碳钢约为 0.15%)。为了简化计算,通常假定屈服点以前钢材为完全弹性,屈服点以后为完全塑性,这样就可把钢材视为理想的弹塑性体,其应力-应变曲线可以用双直线近似代替,如图 2-2 所示。

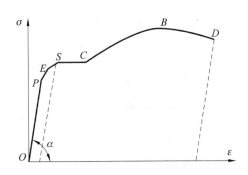

图 2-1　碳素钢的应力-应变曲线

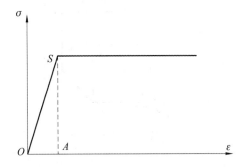

图 2-2　理想弹塑性体的应力-应变曲线

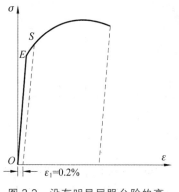

图 2-3   没有明显屈服台阶的高
强钢的应力-应变曲线

超过屈服台阶的末端 C 点后，材料出现应变硬化，曲线上升，直至曲线最高处的 B 点，这点的应力 f_u 称为抗拉强度或极限强度。当应力达到 B 点时，试件发生颈缩现象，至 D 点断裂。当以屈服点的应力 f_y 作为强度限值时，抗拉强度 f_u 成为材料的强度储备。

没有明显屈服台阶的高强钢的屈服条件是根据试验分析结果而人为规定的，故称为条件屈服点（或屈服强度）。条件屈服点是以卸荷后试件中残余应变为 0.2% 时所对应的应力定义的，一般用 $f_{0.2}$ 表示，如图 2-3 所示。这类钢材由于不具有明显的塑性平台，设计中不宜利用它的塑性。

2. 塑性性能

钢材的塑性性能可以用伸长率衡量，试件被拉断时原始标距的残余伸长值与原标距之比的百分率称为断后伸长率。当试件标距长度与试件直径 d（圆形试件）的比为 10 时，以 δ_{10} 表示，当该比值为 5 时，以 δ_5 表示。伸长率代表材料在单向拉伸时的塑性应变的能力。

2.2.2   钢材在复杂应力作用下的工作性能

在单向拉力试验中，钢材屈服强度 f_y 可视为弹性与塑性工作的标志，当正应力 $\sigma < f_y$ 时，钢材在弹性状态下工作，当正应力 $\sigma \geqslant f_y$ 时，钢材在塑性状态下工作。在实际钢结构中，钢材常是在双向或三向的复杂应力状态下工作，这时钢材的屈服并不取决于某一方向的应力，而是由反映各方向综合应力影响的"屈服条件"确定的。在复杂应力，如平面或立体应力（见图 2-4）作用下，钢材由弹性状态转入塑性状态的屈服条件是按折算应力 σ_{red} 与单向应力下的屈服点相比较来判断的。对于接近理想弹塑性材料的钢材，试验证明折算应力 σ_{red} 的计算采用能量强度理论（或第四强度理论）较为合适。根据能量强度理论，在三向应力作用下，折算应力 σ_{red} 以主应力表示时可按下式计算：

$$\sigma_{red} = \sqrt{\frac{1}{2}\left[(\sigma_1 - \sigma_2)^2 + (\sigma_2 - \sigma_3)^2 + (\sigma_3 - \sigma_1)^2\right]} \tag{2-1}$$

式中：σ_1、σ_2、σ_3——单元体主应力，方向以受拉为正。

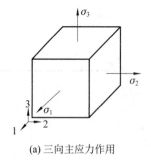

(a) 三向主应力作用

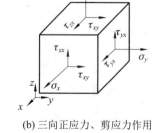

(b) 三向正应力、剪应力作用

图 2-4   复杂应力作用下的单元体

以应力分量表示时可按下式计算：

$$\sigma_{red} = \sqrt{\sigma_x^2 + \sigma_y^2 + \sigma_z^2 - (\sigma_x\sigma_y + \sigma_y\sigma_z + \sigma_z\sigma_x) + 3(\tau_{xy}^2 + \tau_{yz}^2 + \tau_{zx}^2)} \tag{2-2}$$

式中：σ_x、σ_y、σ_z——单元体正应力，方向以受拉为正；

$\quad\quad$ τ_{xy}、τ_{yz}、τ_{zx}——剪应力，剪应力产生的力偶相对于单元体在逆时针时为正。

$\sigma_{red} < f_y$ 时为弹性状态，$\sigma_{red} \geqslant f_y$ 时为塑性状态。

如果三向应力中有一向应力很小（如厚度较小，厚度方向的应力可忽略不计）或为零，则属于平面应力状态，式(2-2)所定义的屈服条件成为

$$\sigma_{red} = \sqrt{\sigma_x^2 + \sigma_y^2 - \sigma_x\sigma_y + 3\tau_{xy}^2} = f_y \tag{2-3}$$

在一般的梁中，只存在正应力 σ 和剪应力 τ，则

$$\sigma_{red} = \sqrt{\sigma^2 + 3\tau^2} = f_y \tag{2-4}$$

对只有剪应力作用的纯剪状态，令式(2-4)中的 $\sigma = 0$，则由此得钢材的剪切屈服强度为

$$\tau_y = \frac{f_y}{\sqrt{3}} \approx 0.58f_y \tag{2-5}$$

我国现行国家标准《钢结构设计标准》GB 50017—2017 对钢材抗剪强度的取值即基于式(2-5)，取钢材的抗剪设计强度为抗拉设计强度的 0.58 倍。

由式(2-1)可见，当 σ_1、σ_2、σ_3 为同号应力且数值接近时，即使它们都远远大于 f_y，折算应力仍小于 f_y，说明材料很难进入塑性状态。当平面或立体应力皆为拉应力时，材料破坏时不会有明显的塑性变形产生，即材料处于脆性状态。

2.2.3 钢材在单轴反复应力作用下的工作性能

图 2-5(a)表示反复应力（高周期）作用下钢材的应力-应变曲线，钢材在很多次（约万次级）重复加载和卸载作用下，在其强度还低于钢材抗拉强度甚至低于钢材屈服点的情况下突然断裂，这种现象称为钢材疲劳破坏。这主要是因为在生产和制造过程中，内部或表面可能存在一些肉眼不能发现的微观裂纹或其他缺陷，在使用过程中应力高峰区也有可能产生一些新的微细裂纹，在多次重复荷载作用下，微细裂纹缓慢发展，经扩展后削弱了原有受力截面，最终因净截面强度不足而突然破坏。疲劳破坏属脆性断裂，事先无征兆，危害性较大，对承受重复性荷载的钢结构，特别是吊车梁、吊车桁架等承受动力荷载作用的钢结构要予以注意。

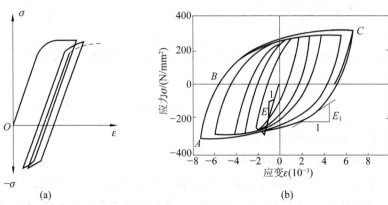

图 2-5 循环荷载作用下钢的 σ-ε 曲线

如图 2-5(b)所示，钢材在多次重复的循环荷载（低周期）作用下，会出现弹塑性的应力循环。由于材料的弹塑性性质，当荷载大于一定程度后，在卸荷时产生残余变形，即荷载为零而变形不回到零，称为"滞后"现象，这样经过一个拉、压荷载循环，应力-应变曲线就形成了一个环，称为滞回环，多个滞回环就组成了滞回曲线。滞回曲线反映结构在反复受力过程中的变形特征、刚度退化及能量消耗，是进行非线性地震反应分析的依据。

2.3 钢材性能指标

2.3.1 钢材的强度和变形指标

以低碳钢为例，Q235 钢在试验中明显表现出弹性、屈服、强化和颈缩四个阶段，各个阶段的应力和应变大致如下。

(1) 弹性阶段，比例极限 $f_p \approx 200$ N/mm^2，应变 $\varepsilon_p \approx 0.1\%$。

(2) 屈服阶段，屈服点 $f_y \approx 235$ N/mm^2，应变 $\varepsilon_y \approx 0.15\%$。

(3) 强化和紧缩阶段，抗拉强度 f_u 为 370～460 N/mm^2，应变 ε_u 为 21%～26%。

2.3.2 钢材的塑性性能指标

钢材的塑性性能可以用断后伸长率 δ 和断面收缩率 ψ 衡量。试件被拉断时的绝对变形值与试件原标距之比的百分数称为断后伸长率。断后伸长率代表材料在单向拉伸时的塑性应变的能力。δ 值按下式计算：

$$\delta = \frac{l_1 - l_2}{l_0} \times 100\% \tag{2-6}$$

式中：δ——断后伸长率；

　　　l_1——试件拉断后标距间的长度；

　　　l_0——试件原标距长度。

断面收缩率 ψ 是指试件拉断后，颈缩区的断面面积缩小值与原断面面积比值的百分比，按下式计算：

$$\psi = \frac{A_0 - A_1}{A_0} \times 100\% \tag{2-7}$$

式中：A_0——试件原来的断面面积；

　　　A_1——试件拉断后颈缩区的断面面积。

断面收缩率 ψ 是一个比较真实和稳定衡量钢材塑性的指标，不过难以测量到精确值，因而钢材塑性指标仍然采用伸长率作为保证要求，断面收缩率在要求更严格的情况下作为一个重要补充指标。

屈服强度、抗拉强度和断后伸长率是钢材最重要的三项力学性能指标。

2.3.3　钢材物理性能指标

钢材在单向受压(保证试件不失稳)时,受力性能基本上与单向受拉时相同,受剪的情况也相似,但剪变模量 G 低于弹性模量 E 。

钢材和钢铸件的弹性模量 E 、剪变模量 G 、线性膨胀系数 α 和质量密度 ρ 如表 2-1 所示。

表 2-1　钢材和钢铸件的物理性能指标

弹性模量 $E/(\text{N/mm}^2)$	剪变模量 $G/(\text{N/mm}^2)$	线性膨胀系数 $\alpha/(1/℃)$	质量密度 $\rho/(\text{kg/m}^3)$
$206×10^3$	$79×10^3$	$12×10^{-6}$	7850

2.3.4　钢材的韧性

钢材的强度和塑性指标是由静力试验得到的,不能反映材料防止脆性断裂的能力。韧性是钢材在塑性变形和断裂过程中吸收能量的能力,它是钢材强度和塑性的综合性能,是判断钢材是否出现脆性破坏最主要的指标。韧性指标一般由冲击试验获得,称为冲击韧性指标,用 A_{kv} 表示。

冲击试验的试件一般采用带 V 形缺口的夏比(Charpy)试件,尺寸为 10 mm×10 mm×55 mm(见图 2-6),在一种专门的夏比试验机上进行。当摆锤在一定高度落下,试件被冲断后,摆锤所做的冲击功为冲击韧性 A_{kv} ,单位为 J(焦耳)。A_{kv} 值越大,说明试件所代表的钢材断裂前吸收的能量越大,韧性越好,强度和塑性综合性能越优越。通常情况下当钢材强度提高时,韧性降低,钢材趋于脆性。

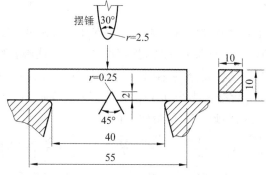

图 2-6　冲击韧性试验示意图

冲击韧性 A_{kv} 与环境温度有关。温度越低,冲击韧性值越低。我国钢材标准中将试验分为四档,即+20 ℃时的 A_{kv} 、0 ℃时的 A_{kv} 、-20 ℃时的 A_{kv} 、-40 ℃时的 A_{kv} 。当结构的工作环境很恶劣时,对材料的要求就比较高,需要满足比结构工作温度更低的冲击韧性值。

需要指出的是,钢材的韧性虽然是用冲击试验值测量的,但是韧性不足的钢材并非只在动荷载作用下才产生破坏。静载、低温等情况都有可能发生脆性破坏,特别是在应力集中比较严重的厚钢板脆性破坏倾向很严重时,工程中需要特别注意这种情况。

2.3.5 钢材的冷弯性能

冷弯性能是判别钢材塑性变形能力及冶金质量的综合指标。对于重要的结构，需要有良好的冷热加工工艺性能保证。钢材的冷弯性能用常温下的冷弯试验确定（见图 2-7）。试验时按照规定的弯心直径在试验机上用冲头缓慢加压，使试件弯成 180°，如果试件外面、里面和侧面均不出现裂纹或分层，即为合格。冷弯试验不仅能直接检验钢材的弯曲变形能力和塑性性能，还能暴露钢材内部的冶金缺陷。硫磷偏析和硫化物与氧化物的掺杂情况都会降低钢材的冷弯性能。冷弯试验是鉴定钢材质量（主要是塑性和可焊性）的一种良好方法，常作为静力拉伸试验和冲击试验的补充试验。

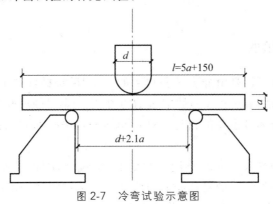

图 2-7 冷弯试验示意图

2.3.6 钢材的可焊性

钢结构的焊接是最常见的连接形式。钢材满足可焊性要求指的是焊缝及其附近金属的焊接安全可靠，不产生或者少产生焊接裂缝，其塑性和力学性能都不低于母材。

（1）对于低碳钢，以下化学成分的钢材具有较好的可焊性：含碳量控制在 0.12% ~ 0.20%，含锰量小于 0.7%，含硅量小于 0.4%，含硫量和含磷量小于 0.045%。

（2）对于低合金钢，用碳当量（C_E）衡量钢材的可焊性：

$$C_E = C + \frac{Mn}{6} + \left(\frac{Cr + Mo + V}{5}\right) + \left(\frac{Ni + Cu}{15}\right) \tag{2-8}$$

当钢材的碳当量小于 0.45% 时，其可焊性是好的，超出该范围的幅度越大，焊接性能变差的程度越大。

需要指出的是，用碳当量确定钢材的可焊性并不能完全保证钢材焊接的安全可靠。是否产生裂缝与焊缝和焊缝附近金属的性能、焊接方法、所使用的焊条、施焊温度等诸多因素有关。可焊性稍差的钢材必须保证更加严格的工艺措施。

2.3.7 钢材沿厚度方向的性能

由较厚钢板组成的焊接承重结构在焊接过程中或者在厚度方向受拉作用时，常常会产生与厚度方向垂直(称为 Z 方向)的裂纹,出现层状撕裂。为了避免这种情况发生,采用"厚度方向性能钢板"是必要的。现行国家标准《厚度方向性能钢板》GB/T 5313——2023 把钢板分为 Z15、Z25、Z35 三个级别,这种钢板被严格控制含硫量和断面收缩率:三个级别钢板的含硫量分别不大于 0.01%、0.007% 和 0.005%;单个试件的断面收缩率分别不小于 10%、15% 和 25%;三个试件断面收缩率的平均值分别不小于 15%、25% 和 35%,Z15、Z25、Z35 的命名由此而来。

2.4 影响因素

2.4.1 化学成分的影响

钢材的化学成分直接影响钢材的力学性能。铁(Fe)是钢材的基本元素,纯铁质软,在碳素结构钢中约占 99%。其他元素虽然仅占 1%,但对钢材的力学性能有着决定性的影响。在一定含量的情况下,有益的元素有碳(C)、硅(Si)、锰(Mn)等,有害的元素包括硫(S)、磷(P)、氮(N)、氧(O)等。低合金钢中合金元素含量不超过 5%,如铜(Cu)、钒(V)、钛(Ti)、铌(Nb)、铬(Cr)等。

碳是碳素结构钢的主要微量元素,它直接影响钢材的强度、塑性、韧性和可焊性等。碳含量增加,钢的强度(屈服点和抗拉强度)提高,而塑性、韧性和低温冲击韧性下降,同时恶化钢的可焊性和抗腐蚀性。因此,尽管碳是使钢材获得足够强度的主要元素,但对含碳量仍要加以限制,钢结构用钢的含碳量一般不大于 0.22%,在用作焊接结构的钢材中,含碳应控制在 0.12%~0.20% 之间。

硫和磷都是钢材中的杂质,属于有害成分,它们降低了钢材的塑性、韧性、可焊性和疲劳强度。硫能生成易于熔化的化合物硫化铁,当热加工或焊接温度达到 800~1200 ℃时,硫化铁熔化使钢材变脆出现裂纹,称为"热脆"。此外,硫还会降低钢材的冲击韧性和抗锈蚀性能,因此,一般硫的含量应不超过 0.05%,在焊接结构中不超过 0.045%。磷以固溶体的形式溶解于铁素体中,这种固溶体很脆,同时磷的偏析比硫严重得多,富磷区促使钢材变脆(冷脆),降低钢材的塑性、韧性及可焊性。磷的含量一般应控制不超过 0.05%,焊接结构不超过 0.045%。但是,磷可提高钢材的强度和抗锈性。工程中高磷钢的含磷量达到了 0.12%,是通过减少含碳量来保持一定的塑性和韧性的。

氧和氮也是钢中的有害杂质,它们使钢变得极脆;氧的作用与硫类似,使钢材发生热脆;氮的作用与磷类似,使钢冷脆。由于氧、氮容易在熔炼过程中逸出,一般不会超过极限含量,故通常不要求进行含量分析。

硅和锰是都是炼钢的脱氧剂,它们使钢材的强度提高,含量不过高时,对塑性和韧性无显著的不良影响。在碳素结构钢中,硅的含量应不大于 0.3%,锰的含量为 0.3%~0.8%。对于低合金高强度结构钢,锰的含量可达 1.2%~1.6%,硅的含量可达 0.1%~0.3%。

钒和钛是钢中的合金元素,能提高钢的强度和抗腐蚀性能,又不显著降低钢的塑性。

铜在碳素结构钢中属于杂质成分。它可以显著提高钢的抗腐蚀性能,也可以提高钢的强度,但对可焊性有不利影响。

2.4.2　冶金缺陷

常见的冶金缺陷有偏析、非金属夹杂、气孔、裂纹及分层等。偏析是钢中化学成分的不一致和不均匀性,特别是硫、磷的偏析会严重恶化钢材的塑性、冷弯性能、冲击韧性及焊接性能。非金属夹杂是指钢中含有的硫化物与氧化物等杂质,浇铸时非金属夹杂物在轧制后能造成钢材的分层,会严重降低钢材的冷弯性能。气孔是在浇铸钢锭时氧化铁与碳作用所生成的一氧化碳气体不能充分逸出而形成的孔隙。这些缺陷都影响钢材的力学性能。

冶金缺陷对钢材性能的影响在结构或构件受力工作时表现出来,有时在加工制作过程中也表现出来。

2.4.3　钢材硬化的影响

冷拉、冷弯、冲孔、机械剪切等冷加工使钢材产生很大的塑性变形,从而提高了钢的屈服点,同时降低了钢的塑性和韧性,这种现象称为冷作硬化(或应变硬化)。

在高温时熔化于铁中的少量碳和氮随着时间的增长逐渐从纯铁中析出,形成自由碳化物和氮化物,对纯铁体的塑性变形起遏制作用,从而使钢材的强度提高,塑性、韧性下降。这种现象称为时效硬化,俗称老化。时效硬化的过程一般很长,但如果在材料塑性变形后均匀加热并保温一段时间,可使时效硬化发展特别迅速,这种方法称为人工时效。

由于硬化的结果要降低钢材的塑性和韧性,因此,在普通钢结构中,不利用硬化提高强度,有些重要结构还要求对钢材进行人工时效后检验其冲击韧性是否合格。另外,对于加工所形成的局部应变硬化部分,还应刨边或扩钻予以消除,以保证结构具有足够的抗脆性破坏能力。

2.4.4　温度的影响

钢材性能随温度变化而有所变化。总的趋势是:温度升高,钢材强度降低,应变增大;温度降低,钢材强度会略有增加,塑性和韧性却会降低,从而使钢材变脆(见图 2-8)。

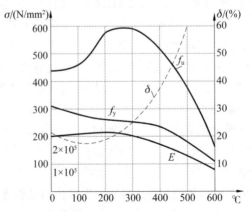

图 2-8　温度对钢材力学性能的影响

温度在 200 ℃ 以内,钢材性能没有很大变化;温度在 430～540 ℃之间,钢材强度急剧下降;温度在 600 ℃时,钢材强度很低,不能承担荷载;温度在 250 ℃左右,钢材的强度反而略有提高,同时塑性和韧性均下降,材料有转脆的倾向,钢材表面氧化膜呈现蓝色,称为蓝脆现象。钢材应避免在蓝脆温度范围内进行热加工。当温度在 260～320 ℃时,在应力持续不变的情况下,钢材以很缓慢的速度继续变形,此种现象称为徐变现象。

当温度从常温开始下降,特别是接近或达到负温度时,钢材强度虽有提高,但其塑性和韧性降低,材料逐渐变脆,这种性质称为低温冷脆。图 2-9 是钢材冲击韧性与温度的关系曲线。由图 2-9 可见,随着温度的降低,冲击韧性值迅速下降,材料将由塑性破坏转变为脆性破坏。这一转变是在温度区间 $T_1 \sim T_2$ 内完成的,此温度区间 $T_1 \sim T_2$ 称为钢材的脆性转变温度区,在此区间内曲线的反弯点所对应的温度 T_0 称为转变温度。如果把低于 T_0 完全脆性破坏的最高温度 T_1 作为钢材的脆断设计温度,则可保证钢结构低温工作的安全。每种钢材的脆性转变温度区及脆断设计温度需要由大量的试验资料和使用经验统计分析确定。

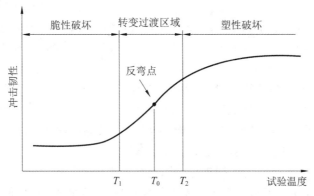

图 2-9　钢材冲击韧性与温度的关系曲线

2.4.5　应力集中的影响

钢材的工作性能和力学性能指标都是以轴心受拉杆件中应力沿截面均匀分布的情况作为基础的。实际上钢构件中经常存在截面改变、孔洞、槽口、凹角以及钢材内部缺陷等。此时,构件中的应力分布将不再保持均匀,而是在某些区域产生局部高峰应力,在另外一些区域应力降低,形成所谓应力集中现象(见图 2-10 的 1-1 剖面)。高峰区的最大应力与净截面的平均应力之比称为应力集中系数。研究表明,在应力高峰区域总是存在同号的双向或三向应力,这是因为由高峰拉应力引起的截面横向收缩受到附近低应力区的阻碍而引起垂直于内力方向的拉应力 σ_y,在较厚的构件里

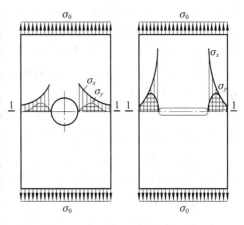

图 2-10　孔洞和槽孔处的应力集中

还产生厚度方向的应力 σ_z,使材料处于复杂受力状态。由能量强度理论得知,这种同号的平面或立体应力场有使钢材变脆的趋势。应力集中系数越大,变脆的倾向越严重。

土木工程中使用的钢材塑性较好,在一定程度上能促使应力进行重分配,使应力分布严重不均的现象趋于平缓,故受静荷载作用的构件在常温下工作时,在计算中可不考虑应力集中的影响。但在负温或动力荷载作用下工作的结构,应力集中的不利影响将十分突出,往往是引起脆性破坏的根源,故在设计中应采取措施避免或减小应力集中,并选用质量优良的钢材。

2.5　钢结构用钢材的种类和规格

2.5.1　钢材的种类

　　钢材的种类繁多,性能差别很大。按冶炼方法,钢可分为平炉钢和转炉钢,二者质量相差不大。平炉钢冶炼时间长,故成本较高。氧气转炉钢生产效率高,成本低,已成为炼钢的主要方式。

　　按脱氧方法,钢可分为沸腾钢(代号为 F)、半镇静钢(代号为 b)、镇静钢(代号为 Z)和特殊镇静钢(代号为 TZ)。沸腾钢脱氧较差,镇静钢脱氧充分,半镇静钢介于镇静钢和沸腾钢之间。结构用钢一般采用镇静钢,尤其是近年轧制钢材的钢坯推广采用连续铸锭法生产,钢材必然为镇静钢。沸腾钢质量差,已逐渐退出市场。

　　按成型方法分类,钢可分为轧制钢(热轧、冷轧)、锻钢和铸钢。

　　在土木工程中使用的钢材主要有碳素结构钢(也称普通碳素钢)和低合金钢两类。普通碳素钢主要成分是铁和碳。低合金钢含有锰、钒等合金元素,具有较高的强度。

1. 碳素结构钢

　　钢的牌号由代表屈服点的字母 Q、屈服点数值、质量等级符号(A、B、C、D)和脱氧方法符号四个部分按顺序组成。根据钢材厚度(直径)不大于 16 mm 时的屈服点数值,普通碳素钢分为 Q195、Q215、Q235、Q255、Q275 五种牌号。按质量等级,钢分为 A、B、C、D 四级,A 级钢只保证抗拉强度、屈服点、伸长率,必要时还可附加冷弯试验的要求,化学成分对碳、锰可以不作为交货条件。B、C、D 级钢除了保证抗拉强度、屈服点、伸长率和冷弯试验合格外,还分别要求在 +20 ℃、0 ℃、−20 ℃时冲击功不小于 27 J。不同质量等级的钢对碳、硫、磷的化学成分极限含量有不同的要求。

　　钢结构一般用 Q235,因此钢的牌号根据需要可采用 Q235A、Q235B、Q235C 和 Q235D 等。对 Q235 来说,A、B 两级钢的脱氧方法可以是 Z、b 或 F,C 级钢只能是 Z,D 级钢只能是 TZ。若常用 Z 和 TZ,其代号可以省去。冶炼方法一般由供方自行决定,设计者不再另行提出,如果需方有特殊要求,则可在合同中加以注明。

2. 低合金钢

　　低合金钢也称低合金高强度钢,具有较好的屈服强度和抗拉强度,也具有良好的塑性和冲击韧性,尤其是低温冲击韧性,并具有耐腐蚀、耐低温的优良性能。根据屈服点大小,低合金钢分为 Q295、Q345、Q390、Q420、Q460 五种牌号,按质量等级分为 A、B、C、D、E 五级,交货时供应方应提供力学性能质保书,其内容为抗拉强度、屈服点、伸长率和冷弯试验;提供化学成分质保书,其内容为碳、锰、硅、硫、磷、铌和钛等含量。A 级钢没有冲击功要求;B、C、D 级分别要求在＋20 ℃、0 ℃、－20 ℃时冲击功不小于 34 J,E 级要求在－40 ℃时冲击功不小于 27 J。低合金钢的脱氧方法为 Z 或者 TZ,应以热轧、冷轧、正火及回火状态交货。

采用低合金钢能够减轻结构重量,达到节约钢材和延长使用寿命的目的。

3. 优质碳素结构钢

优质碳素结构钢是碳素钢经过热处理,如调质处理和正火处理得到的,综合性能较好。它与碳素钢的主要区别在于杂质元素少,其他缺陷也受到严格限制。用于高强度螺栓的 8.8 级优质碳素钢(45 号钢)和 10.9 级低合金高强度钢的强度较高,塑性和韧性比较优越。

4. 耐候钢和耐火钢

在钢冶炼过程中,加入少量特定的合金元素,如铜(Cu)、铬(Cr)、镍(Ni)、钼(Mo)、铌(Nb)、钛(Ti)、锆(Zr)、钒(V)等,使之在金属基体表面上形成保护层,以提高钢材耐大气腐蚀的性能,这类钢称为耐候钢。耐候钢比碳素结构钢的力学性能高,低温冲击韧性好,冷/热成型性能和可焊性也都好。

耐火钢是在钢加入少量的贵金属钼(Mo)、铬(Cr)、铌(Nb)等,使其具有较好的抗高温性能,特别是在高温下具有较高强度。

2.5.2 钢材的选择

1. 选用原则

钢材的选择在钢结构设计中是首要环节,正确选择钢材的目的是保证结构安全可靠、经济合理;在钢结构施工和管理中,钢材进场后的调配、运输、储存、焊接、维护等,都涉及钢材的性能指标和使用要求;在钢结构加固维修时,对服役多年的原结构以及加固所用的钢材,都必须有全面的了解才能使加固维修的方案正确、有效。所以,对于结构工程师来说,正确选用和合理使用钢材是十分重要的。

选择钢材时应综合考虑的主要因素如下。

(1) 结构的重要性。

为满足安全可靠和经济合理的双重要求,对重要结构、某些结构的重要部位和工作环境差的结构应考虑选用质量好的钢材,而对一般工业与民用建筑结构,可按工作性质选用普通质量的钢材。结构安全等级不同,要求的钢材质量也应不同。例如,大跨度屋架、重级工作制吊车梁、钢桥主梁是重要结构,普通梁柱、钢桥的次梁是一般结构,楼梯扶手、桥梁走道围栏等是非承重结构,应根据情况选择不同牌号的钢材。

(2) 荷载情况。

结构上作用的荷载可分为静力荷载和动力荷载两种。承受动力荷载的结构或构件中,荷载分成经常满载和不经常满载两种情况。直接承受动力荷载的结构和强烈地震区的结构,应选用综合性能好的钢材。一般承受静力荷载的结构可选用价格较低的 Q235 或 Q345 钢。

(3) 连接方法。

钢结构的连接方法分为焊接和非焊接,两种方法对钢材质量的要求不一样。由于在焊接过程中会产生焊接变形、焊接应力以及其他焊接缺陷,如咬肉、气孔、裂纹、夹渣等,有导致结构产生裂缝或脆性断裂的可能。因此,焊接结构对材质的力学性能、可焊性和化学成分都有较高的要求。例如,焊接结构必须严格控制碳、硫、磷的极限含量,而非焊接结构对含碳量要求降低。

(4) 钢材厚度。

钢材厚度较大时,辊轧次数少,材料的压缩比小,板中存在的缺陷较多,容易产生与厚度方向垂直的裂缝,称为层状撕裂;厚板往往处于平面应力状态,沿厚度方向变形受到限制,容易产生脆断。厚度大的钢材不仅强度较低,而且塑性、冲击韧性和焊接性能较差。因此,厚度大的焊接结构应采用材质较好的钢材。当焊接承重结构钢板的厚度大于 40 mm 时,应该有 Z 向性能要求。

对于重要的焊接受拉和受弯构件,荷载引起的拉应力与多向焊接残余拉应力叠加,使构件的工作环境更加不利,材质要求应该更高一些。

(5) 结构所处的温度和环境。

钢材处于低温时容易冷脆,因此在低温条件下工作的结构,尤其是焊接结构,应选用具有良好抗低温脆断性能的镇静钢。此外,露天结构的钢材容易产生失效,有害介质作用的钢材容易腐蚀、疲劳和断裂,也应注意选择优质的钢材。

2. 钢材选择建议

承重结构所用的钢材应具有屈服强度、抗拉强度、断后伸长率,以及碳、磷含量的合格保证,对焊接结构还应具有碳当量的合格保证。

焊接承重结构以及重要的非焊接承重结构采用的钢材应具有冷弯试验的合格保证,直接承受动力荷载或需验算疲劳的构件所用的钢材还应具有冲击韧性的合格保证。

实际上,钢材的选用除了要考虑验算疲劳的结构对冲击韧性的敏感性,还要考虑低温和钢板厚度对不承受疲劳荷载结构的重要影响。《钢结构设计标准》GB 50017—2017 扩大了前一版规范的规定,增加了低温和板厚对所有钢材质量等级要求的影响,采用质量等级要求的方式替代以往根据使用温度提出钢材冲击韧性指标的要求,使钢材的选择更加合理,如表 2-2 所示。

表 2-2　钢材质量等级选用表

		工作温度		
		$T>0$ ℃	-20 ℃$<T\leqslant0$ ℃	-40 ℃$<T\leqslant-20$ ℃
不需验算疲劳	非焊接结构	B(允许使用 A)	B	B
	焊接结构	B(允许使用 Q345A~Q420A)		
需验算疲劳	非焊接结构	B	Q235B Q390C Q345GIC Q420C Q345B Q460C	Q235C Q390D Q345GJC Q420D Q345C Q460D
	焊接结构	B	Q235C Q390D Q345GJC Q420D Q345C Q460D	Q235D Q390E Q345GJD Q420E Q345D Q460E

受拉构件及承重结构的受拉板件:
① 板厚或直径小于 40 mm:C;
② 板厚或直径不小于 40 mm:D;
③ 重要承重结构的受拉板材宜选用建筑结构用板材

对焊条、焊丝、普通螺栓和高强度螺栓用材的选择,要符合相应的规定。

一些复杂或大跨度的建筑钢结构有时需要用到铸钢。铸钢是指含碳量在 2.11% ~ 6.69%之间的铁碳合金,铸钢应符合国家标准《一般工程用铸造碳钢件》GB/T 11352—2009 的规定。

如前所述,钢结构工程中使用的钢材牌号为 Q235、Q345、Q390、Q420 和 Q460 等。 Q420 钢和 Q460 钢厚板已在我国大型钢结构工程中批量应用,成为关键受力部位的主选材料。当然,调研和试验结果表明,其整体质量水平还有待提高,在工程应用中应加强监督。 Q345GJ 钢与 Q345 的力学性能指标相近,前者的优点是微量元素含量得到更好的控制,塑性性能较好,屈服强度变化范围小。有冷加工成型要求(如方短管)或抗震要求的构件优先采用 Q345GJ 钢,一般情况下采用 Q345 钢比较经济。

鉴于实际工程中钢材供应的复杂情况,对于已有国家材料标准但尚未列入《钢结构设计标准》GB 50017—2017 的钢材,以及国外进口且满足国际材料标准的钢材,在满足《钢结构设计标准》GB 50017—2017 的相应规定后可视为合格钢材,可用于工程设计。

需要说明的是,钢材的强度与韧性、可焊性往往是逆向的关系,强度高则韧性低、焊接性能变坏,选用钢材时应特别注意。但随着轧制工艺的不断革新,钢材的这些性能有可能得到改善。例如,国外现在已能生产屈服强度高达 500 MPa、焊接性能良好的控轧 H 型钢。另外,其他一些因素(如钢材的工艺性能、加工费用等)都成为是否选用高强度钢材的重要前提因素。随着我国经济实力的不断增强和技术的不断进步,高强度钢材会越来越多地运用在国内大型工程中。

2.5.3 钢材的规格

钢结构采用的钢材主要有钢板、型钢、圆钢、薄壁型钢和焊接钢管等。其中型钢有 H 型钢、T 型钢、角钢、工字钢、槽钢和钢管(见图 2-11)。除了冷弯薄壁型钢、焊接成型的 H 型钢和钢管外,大部分型钢都是热轧成型的。

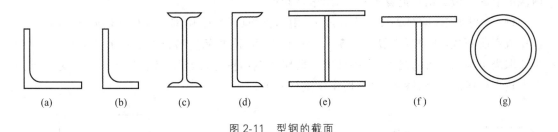

(a)　　　　(b)　　　　(c)　　　　(d)　　　　(e)　　　　(f)　　　　(g)

图 2-11　型钢的截面

(1)厚钢板(厚度为 4.5~60 mm,宽度为 700~3000 mm),热轧成型。主要用作梁、柱、实腹式框架等构件的腹板和翼缘,以及桁架中的节点板。

(2)薄钢板(厚度为 0.35~4 mm,宽度为 500~1800 mm),冷轧成型。主要用于制造冷弯薄壁型钢。

也可以把钢板分为薄板(0.35~4 mm)、中板(4.5~20 mm)、厚板(22~60 mm)和特厚板(>60 mm)。

(3) 扁钢（厚度为 4～60 mm，宽度为 12～200 mm）。主要用于组合梁的翼缘板、各种构件的连接板、桁架节点板和零件等。

钢板的表示方法为在符号"—"后加"宽度×厚度×长度"，如—600×10×1200，单位为"mm"。

(4) 角钢，热轧成型，分不等边和等边两种。不等边角钢（见图 2-11(b)）的表示方法为在符号"L"后加"长边宽×短边宽×厚度"，如L100×80×8，等边角钢（见图 2-11(a)）以边宽和厚度表示，如L100×8，单位皆为"mm"。角钢用来组成独立的受力构件，或作为受力构件之间的连接零件。

(5) 工字钢（见图 2-11(c)），热轧成型，有普通工字钢和轻型工字钢之分，用号数表示，号数即为其截面高度的厘米数。20 号以上的工字钢同一号数有三种腹板厚度，分别为 a、b、c 三类，如 I30a、I30b、I30c。a 类腹板较薄，用作受弯构件较为经济。轻型工字钢的腹板和翼缘均较普通工字钢薄，因此在相同重量下其截面模量和回转半径均较大。

(6) 槽钢（见图 2-11(d)），热轧成型，有普通槽钢和轻型槽钢两种，也以其截面高度的厘米数编号，如[30a。号码相同的轻型槽钢翼缘较普通槽钢宽而薄，腹板也较薄，回转半径较大，重量较轻。

(7) H 型钢（见图 2-11(e)）和剖分 T 型钢（见图 2-11(f)）有热轧成型和焊接两种，是世界各国使用非常广泛的型钢。与普通工字钢相比，其翼缘内外两侧平行，便于与其他构件相连。它做成的柱子可以达到截面绕两个主轴的回转半径相等，使钢材最大限度发挥潜力。H 型钢分为宽翼缘H型钢（代号 HW，翼缘宽度 B 与截面高度 H 相等）、中翼缘 H 型钢（代号 HM，$B \approx 2/3H$）和窄翼缘 H 型钢[代号 HN，$B = (1/3～1/2)H$]。各种 H 型钢均可剖分为 T 型钢供应，对应于宽翼缘、中翼缘、窄翼缘，其代号分别为 TW、TV 和 TN。H 型钢和剖分 T 型钢的规格标记均采用高度 H×宽度 B×腹板厚度 t_1×翼缘厚度 t_2 表示。例如，H 型钢 HM340×250×9×14 剖分 T 型钢为 TM170×250×9×14，单位均为"mm"。

(8) 钢管（见图 2-11(g)）有热轧无缝钢管和焊接钢管两种，用符号"Φ"后面加"外径×厚度"表示，如Φ400×6，单位为 mm。钢管常用于网架和网壳结构的受力构件，也可以在钢管内浇灌混凝土做成钢管混凝土构件，用于柱和拱。

(9) 薄壁型钢（见图 2-12），冷轧成型，用薄钢板（一般采用 Q215、Q235 或 Q345 钢），经模压或弯曲制成，其壁厚一般为 1.5～5 mm。其实，冷弯薄壁型钢的壁厚并无特别的限制，主要取决于加工设备的能力，在国外冷弯薄壁型钢的壁厚已经用到了 25 mm。冷弯薄壁型钢多用于厂房的檩条、墙梁，也可用作承重柱和梁。

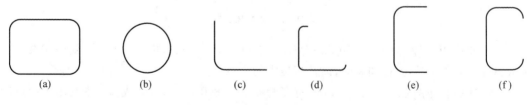

图 2-12　薄壁型钢截面

冷弯薄壁型钢的使用要符合《冷弯薄壁型钢结构技术规范》GB 50018—2002 的有关规定。

（10）压型钢板（见图 2-13），冷轧成型，带有防锈涂层的彩色薄板，所用钢板厚度为 0.4～1.6 mm，一般用作轻型屋面及墙面等维护结构。

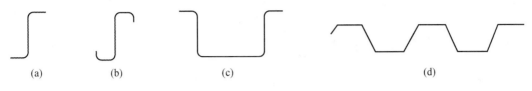

(a)　　　　(b)　　　　(c)　　　　　　　　(d)

图 2-13　压型钢板截面

思 考 题

2-1　试述影响钢材力学性能的主要因素。

2-2　试述碳、硫、磷、氮对钢材性能的影响。

2-3　温度对钢材性能有什么影响？

2-4　什么是疲劳破坏？简述其特点。

2-5　应力集中如何影响钢材的性能？

2-6　选用钢材时应考虑哪些因素？

2-7　指出下列各符号的意义：① Q235BF；② Q390NDZ25；③ Q345GJD。

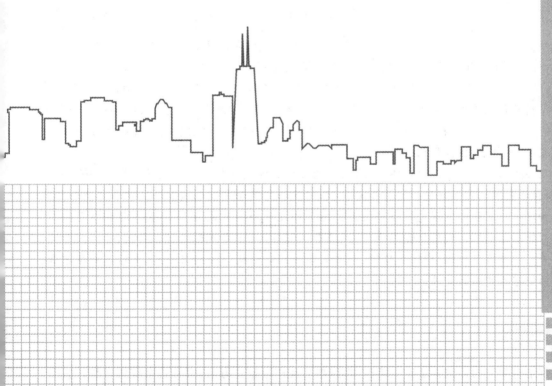

第3章

钢结构的连接

GANGJIEGOU DE LIANJIE

"钢铁裁缝"争做"大国工匠"

　　焊花飞溅铸匠心。2000年,23岁的白新涛拿着中专文凭从老家河南洛阳来到深圳打工,入职中建钢构,从最基础的电焊工做起。多年来,白新涛扎扎实实完成各项工作任务,在工作之余努力学习各类焊接知识,钻研各种焊接工艺。在注重产品质量和生产效率的同时,白新涛致力于技术创新与设备工艺改造,创造性地攻克多个技术难题,先后获得"全国优秀农民工""广东省五一劳动奖章""第九届全国工程建设系统优秀焊工""惠州市首席技师""惠州市金牌工人"等荣誉。

白新涛在车间作业

　　参建中央援港应急医院项目,白新涛和2万余名建设者奋战51天,在荒滩建起"生命之舟"。白新涛主要负责项目各工区与制造厂的沟通协调。"有段时间连续下雨,工地到处是泥泞,道路坑坑洼洼,一脚插进泥里就拔出不来,穿着雨鞋在工地上每走一步都很困难"。为了能够确保每天的构件分配到位,不影响整体工程进度,白新涛冒雨在工地上观察路面情况,发现并收集掉落的构件,及时送回相应区域。"再辛苦也要坚持! 大家看到工程一步步顺利完成,觉得很欣慰、很值得"。

　　近些年来,钢结构智能制造是钢结构制造由传统模式向"智造"模式转型升级的重要方向,白新涛和团队将实践和理论深度融合,推动传统工艺向智能制造转变。白新涛表示,将钢结构焊接与智能制造深度融合将极大提高工作效率和生产效益,实现大批量和重复性焊接的智能化、流程化、规范化和标准化。"只有与时俱进,才能不断提升自身技能"。白新涛说他将不断学习新知识,增强新技能,和团队奋战在钢结构焊接的第一线,用精湛的技艺和执着的坚守诠释工匠精神。

　　钢结构常用的连接方法及其特点;焊缝缺陷及质量检验方法;焊接残余应力和焊接残余变形;全焊透对接焊缝连接的构造和计算;直角角焊接连接的构造和计算;普通螺栓连接的构造和计算;高强度螺栓连接的性能和计算。

【重点】

钢结构连接设计中的主要问题；连接的受力性能、构造要求和计算方法。

【难点】

焊接残余应力、焊接残余变形形成的原因及其对钢结构工作性能的影响。

3.1 概述

在钢结构中，连接占有很重要的地位。连接把板材和型材组合在一起，进而又连接构成整体结构，例如门式钢架中节点连接（见图 3-1）、钢框架梁拼接连接（见图 3-2）、网架节点连接（见图 3-3）、钢桥节点连接（见图 3-4）等。

钢结构连接的方式及其质量优劣直接影响钢结构的工作性能，所以钢结构的连接必须符合安全可靠、传力明确、构造简单、制作方便和节约钢材的原则，在传力过程中，连接应有足够的强度，被连接件间应保持正确的位置，以满足传力和使用要求。由于连接的加工和安装比较复杂且费工，因此选定合适的连接方案和节点构造是钢结构设计的重要环节。连接设计不合理会影响结构的造价、安全和寿命。

图 3-1 门式钢架中节点连接（钢架梁翼缘与柱焊接，梁腹板与柱用螺栓连接）

图 3-2 钢框架梁拼接连接（钢梁翼缘间焊接连接，腹板采用高强度螺栓连接）

图 3-3 网架节点连接（采用焊接空心球节点连接）

图 3-4 钢桥节点连接（采用焊接连接）

钢结构的连接方法有焊接连接(见图 3-5(a))、螺栓连接(见图 3-5(b))和铆钉连接(见图 3-5(c))。在工程中同一连接部位不得采用普通螺栓或承压型高强度螺栓与焊缝共同受力。在工程改建或修复时作为加固补强措施采用的栓焊并用连接的计算与构造应符合相关规定。

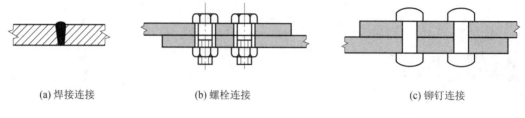

| (a) 焊接连接 | (b) 螺栓连接 | (c) 铆钉连接 |

图 3-5　钢结构的连接方法

1. 焊接连接

在实际工程中,焊接连接是钢结构最主要的连接方式,除在建筑结构中广泛使用外,桥梁结构中钢板件间的工厂连接更是优先选用焊接。焊接是通过加热将焊条熔化后,在被连接的焊件之间形成液态金属,再经冷却和凝结形成焊缝,使焊件连成一体。焊接连接的优点是经济、不削弱焊件截面、构造简单、加工方便、易于采用自动化作业。另外,焊接的刚度大,连接的密封性好,但是焊件内有较大的残余应力,焊接结构对裂纹很敏感,局部裂纹一旦发生,就容易扩展到整体。所以焊缝质量易受材料、焊接工艺的影响,低温冷脆问题也较为突出。

2. 螺栓连接

螺栓连接需要先在构件上开孔,然后通过拧紧螺栓产生紧固力将被连接板件连成一体。螺栓连接的优点是安装方便、易于拆卸,特别适用于工地安装和拼接。其缺点是需要在板件上开孔,对构件截面有一定的削弱,有时还需增加辅助连接件,故用料增加,构造较繁。

螺栓连接分为普通螺栓连接和高强度螺栓连接两种。对次要构件、结构构造性连接和临时连接,可以采用普通螺栓连接。对主要受力结构,应采用高强度螺栓连接。

3. 铆钉连接

铆钉连接需要先在构件上开孔,用加热的铆钉进行铆合,有时也可用常温的铆钉进行铆合,但需要较大的铆合力。铆钉连接由于费钢费工,现在很少采用。但是,铆钉连接传力可靠、韧性和塑性较好、质量易于检查,对经常受动力荷载作用、荷载较大和跨度较大的结构,有时仍然采用铆钉连接。

除上述常用连接外,在薄钢结构中还经常采用射钉、自攻螺钉和焊钉等连接方式。射钉和自攻螺钉主要用于薄板之间的连接,如压型钢板与梁连接,具有安装操作方便的特点。焊钉用于混凝土与钢板连接,使两种材料能共同工作。

3.2 焊接连接的方法及特性

3.2.1 焊接连接的方法及焊缝的形式

1. 焊接连接的方法

钢结构常用的焊接方法有电弧焊、电渣焊、气体保护焊和电阻焊等。

1）电弧焊

电弧焊利用通电后焊条和焊件之间产生的强大电弧提供热源，熔化焊条，滴落在焊件上被电弧吹向小凹槽的熔池中，与焊件熔化部分结成焊缝，将两焊件连接成一整体。电弧焊的焊缝质量比较可靠，是最常用的一种焊接方法。电弧焊分为手工电弧焊（见图 3-6）和自动或半自动埋弧焊（见图 3-7）。

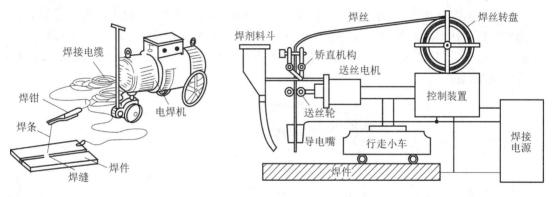

图 3-6　手工电弧焊示意图　　　　　图 3-7　自动或半自动埋弧焊示意图

手工电弧焊在通电后，焊剂随焊条熔化形成熔渣覆盖在焊缝上，同时产生气体，防止空气与熔化的液体金属接触，保护焊缝不受空气中有害元素的影响。钢结构中常用的焊条型号有 E43、E50、E55 和 E60 系列，其中字母"E"表示焊条，后两位数字表示熔敷金属抗拉强度的最小值，单位为 N/mm^2，例如 E43 型焊条的抗拉强度为 430 N/mm^2。焊条应与主体金属强度相适应，当不同强度的钢材连接时，可采用与较低强度钢材相适应的焊条。

手工电弧焊具有设备简单、适应性强的优点，适用于短焊缝或曲折焊缝的焊接，或施工现场的焊接。

自动或半自动埋弧焊时，没有涂层的焊丝插入从漏斗中流出的焊剂中，通电后由于电弧作用焊丝及焊剂熔化，熔化后的焊剂浮在熔化金属表面起保护作用，使熔化的金属不与外界空气接触，焊剂还可提供焊缝必需的合金元素以改善焊缝质量。在焊接进行时，焊接设备或焊体自行移动或人工移动，焊剂不断由漏斗漏下，电弧完全被埋在焊剂之内，焊丝也不断下降、熔化并完成焊接。自动或半自动埋弧焊所采用的焊丝和焊剂要保证熔敷金属的抗拉强度不低于相应手工焊焊条的数值。

自动焊或半自动焊的焊缝质量均匀、内部缺陷少、塑性好、冲击韧性高、抗腐蚀性强，适用于直长焊缝。

2) 电渣焊

电渣焊是电弧焊的一种,常用于高层建筑等钢结构中箱形柱或构件的内部横隔板与柱的焊接。

电渣焊又分为消耗熔嘴式电渣焊和非消耗熔嘴式电渣焊。消耗熔嘴式电渣焊以电流通过液态熔渣所产生的电阻热作为热源的熔化焊方法。

电渣焊焊接时在焊缝部位直接插入熔嘴,通过熔嘴直接连续送入焊丝,用电阻热将焊丝和熔嘴熔融。随着熔嘴和不断送入焊丝的熔化,渣池逐步上升形成焊缝(见图3-8)。

3) 气体保护焊

气体保护焊是利用二氧化碳气体或其他惰性气体作为保护介质的一种电弧熔焊方法。它直接依靠惰性气体在电弧周围形成局部保护层,以防止有害气体的侵入并保证焊接过程的稳定。

气体保护焊的焊缝熔化区没有熔渣,焊工能够清楚地看到焊缝成型的过程。保护气体呈喷射状有助于熔滴的过渡,适用于全位置的焊接。由于焊接时热量集中,焊件熔深大,形成的焊缝质量比手工电弧焊好,但风较大时保护效果不好。

4) 电阻焊

电阻焊的原理是电流通过焊件接头的接触面及邻近区域产生电阻热,将被焊金属加热到局部熔化或达到高温塑性状态,在外力的作用下形成牢固的焊接接头。例如工程中薄壁型钢的焊接常采用电阻焊(见图3-9)。电阻焊按其完成焊缝的方式又可分为电阻对焊、电阻点焊和电阻线焊。

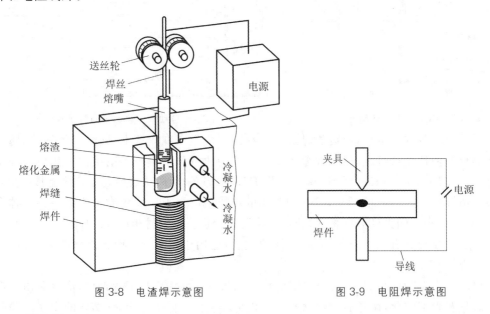

图3-8　电渣焊示意图　　　　　　　　图3-9　电阻焊示意图

2. 焊缝的形式

焊缝可按不同方法进行划分。

按构件的相对位置,焊缝分为平接焊缝、搭接焊缝、顶接焊缝和角接焊缝(见图3-10)。

按受力特性的不同,焊缝可分为对接焊缝和角焊缝两种形式。在图3-10中(a)和(e)为对接焊缝;(b)(c)(d)(f)为角接焊缝。

按施焊位置,焊缝分为俯焊、横焊、立焊和仰焊(见图3-11)。俯焊操作方便、生产效率

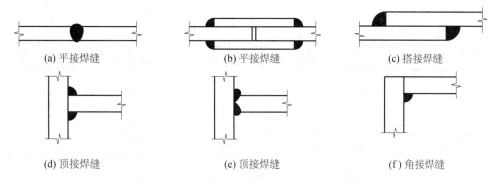

图 3-10 按构件相对位置划分的焊缝

高、质量易于保证。立焊和横焊的质量及生产效率比俯焊稍差一些。仰焊的操作条件最差，焊缝质量不易保证，应尽量采用便于俯焊的焊接构造，避免采用仰焊。

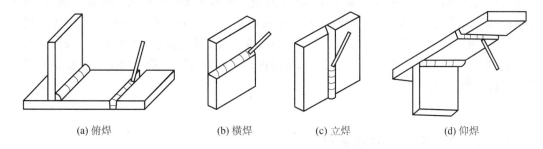

图 3-11 按施焊位置划分的连接

3.2.2 焊缝的缺陷及质量检查标准

在焊接过程中，焊缝金属及其附近热影响区钢材的表面或内部会产生各种焊缝缺陷。焊缝缺陷种类很多，其中裂纹（见图 3-12(a)(b)）是焊缝连接中最危险的缺陷，分为热裂纹和冷裂纹，前者是在焊接时产生的，后者是在焊缝冷却的过程中产生的。气孔（见图 3-12(c)）是由空气侵入或受潮的药皮熔化时产生的气体形成的，也可能是焊件金属上的油、锈、垢物等引起的。焊缝的其他缺陷有烧穿、夹渣、未焊透、未熔合、咬边、焊瘤（见图 3-12(d)(e)(f)(g)(h)(i)(j)），以及焊缝尺寸不符合要求、焊缝成型不良等。这些缺陷的存在削弱了焊缝的截面面积，不同程度地降低了焊缝强度，在缺陷处容易造成应力集中，对结构和构件产生不利的影响，成为连接破坏的隐患和根源，因此施工时应引起足够的重视。

为了避免并减少上述缺陷，保证焊缝连接的可靠性，除了采用合理的焊接工艺和措施外，对焊缝进行质量检查非常重要。

焊缝依其质量检查标准分为三级，其中三级焊缝只要求通过外观检查，即检查焊缝实际尺寸是否符合设计要求和有无看得见的裂纹、咬边等缺陷。对重要结构或要求焊缝金属强度等于被焊金属强度的对接焊缝，必须在外观检查的基础上，再做一级或二级质量检验（无损检验），并满足相应的要求。其中二级质量检验要求用超声波检验每条焊缝长度的 20%，且不小于 200 mm；一级质量检验要求用超声波检验每条焊缝全部的长度，以便揭示焊缝内部缺陷。当超声波探伤不能对缺陷作出判断时，应采用射线探伤，探伤比例与超声波检验的比例相同。

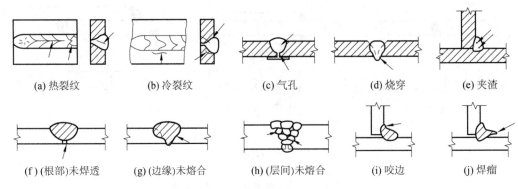

(a) 热裂纹　　　　(b) 冷裂纹　　　　(c) 气孔　　　　(d) 烧穿　　　　(e) 夹渣

(f) (根部)未焊透　　(g) (边缘)未熔合　　(h) (层间)未熔合　　(i) 咬边　　　　(j) 焊瘤

图 3-12　焊缝缺陷

　　焊缝的质量等级应根据结构的重要性、荷载特性、焊缝形式、工作环境以及应力状态等情况进行选用，所有的工程设计规范和标准对焊缝的质量等级都有明确的规定。例如，在承受动荷载且需要进行疲劳验算的构件中，在作用力垂直于焊缝长度方向的横向对接焊缝受拉时，焊缝质量应为一级，受压时不应低于二级；在工作环境温度等于或低于 −20 ℃的地区，构件对接焊缝的质量不得低于二级；承受动荷载但不需要疲劳验算的搭接连接角焊缝的质量等级可为三级。

3.2.3　焊接应力和焊接变形

　　钢结构在焊接过程中，局部区域受到高温作用，引起不均匀的加热和冷却，使构件产生焊接变形。由于在冷却时，焊缝和焊缝附近的钢材不能自由收缩，受到约束而产生焊接应力。焊接变形和焊接应力是焊接结构的主要问题之一，它会影响结构的实际工作。

1. 焊接应力的产生原因和对钢结构的影响

　　焊接应力有纵向焊接应力、横向焊接应力和厚度方向焊接应力。纵向焊接应力指沿焊缝长度方向的应力，横向焊接应力是垂直于焊缝长度方向且平行于构件表面的应力，厚度方向焊接应力是垂直于焊缝长度方向且垂直于构件表面的应力。这三种焊接应力都是收缩变形引起的。

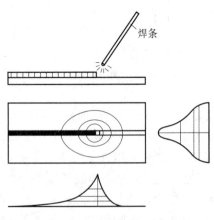

图 3-13　焊接时焊缝附近的温度场

1) 纵向焊接应力

　　在两块钢板上施焊时，钢板上产生不均匀的温度场，焊缝附近温度达 1600 ℃以上，其邻近区域温度较低，并且下降很快（见图 3-13）。

　　由于不均匀温度场产生了不均匀的膨胀，焊缝附近高温处的钢材膨胀最大，稍远区域温度稍低，膨胀较小。膨胀大的区域受到周围膨胀小的区域的限制，产生了热塑性压缩。冷却时钢材收缩，焊缝区受到两侧钢材的限制而产生纵向拉力，两侧因中间焊缝收缩而产生纵向压力，这就是纵向收缩引起的纵向应力，如图 3-14(a)所示。

　　三块钢板拼成的工字钢（见图 3-14(b)），腹板与翼缘用焊缝顶接,翼缘与腹板连接处因焊缝收缩受到两边钢板的阻碍而产生纵向拉应力,两边因中间收缩而产生压应力,因而形成中部焊缝区受拉而两边钢板受压的纵向应力。腹板纵向应力分布则相反,由于腹板上下翼缘焊缝收缩受到腹板中间钢板的阻碍而受拉,腹板中间受压,因而形成中间钢板受压而两边焊缝区受拉的纵向应力。

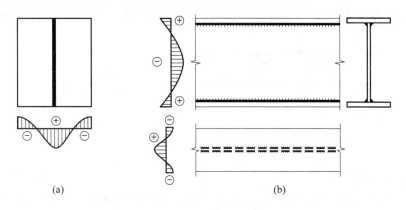

图 3-14　焊缝纵向收缩引起纵应力

2)横向焊接应力

垂直于焊缝的横向焊接应力由两部分组成:一部分是焊缝纵向收缩,使两块钢板趋向于形成反方向的弯曲变形,实际上焊缝将两块板连成整体,在两块板的中间产生横向拉应力,两端产生压应力(见图 3-15(a));另一部分是由于焊缝在施焊过程中冷却时间的不同,先焊的焊缝已经凝固,且具有一定强度,会阻止后焊的焊缝在横向自由膨胀,使它发生横向塑性压缩变形,当先焊部分凝固后,中间焊缝部分逐渐冷却,后焊部分开始冷却,这三部分产生杠杆作用,结果后焊部分因收缩而受拉,先焊部分因杠杆作用也受拉,中间部分受压(见图 3-15(b))。这两种横向应力叠加成最后的横向应力(见图 3-15(c))。

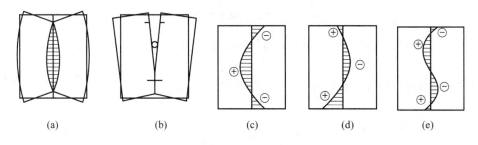

图 3-15　焊缝的横向应力

横向收缩引起的横向应力与施焊方向和先后次序有关,这是由于焊缝冷却时间不同,产生不同的应力分布(见图 3-16)。

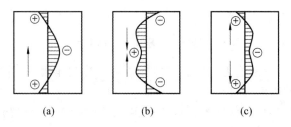

图 3-16　不同施焊方向,横向收缩引起的横向应力

3) 厚度方向焊接应力

焊接厚钢板时,焊缝与钢板接触面以及与空气接触面因散热较快而先冷却结硬,从而导致焊缝中间部分的冷却收缩受到阻碍,形成中间焊缝受拉、四周受压的状态。因此焊缝除了纵向和横向应力 σ_x、σ_y 之外,在厚度方向还出现应力 σ_z(见图 3-17)。当钢板厚度<25 mm 时,厚度方向的应力不大,但板厚≥50 mm 时,厚度方向应力可达 50 N/mm² 左右。

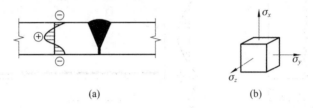

图 3-17 厚度方向的焊接应力

4) 焊接应力的影响

焊接应力对在常温下承受静力荷载结构的承载能力没有影响,因为焊接应力加上外力引起的应力达到屈服点后,应力不再增大,外力由两侧弹性区承担,直到全截面达到屈服点为止。这可用图 3-18 作简要说明。

图 3-18(b)表示一受拉构件中的焊接应力情况,σ_r 为焊接压应力。

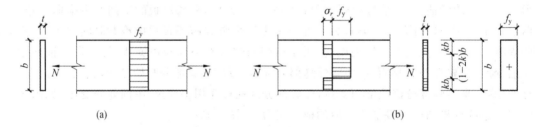

图 3-18 有焊接应力截面的强度

当构件无焊接应力时,由图 3-18(a)可得其承载力值为

$$N = btf_y$$

当构件有焊接应力时,由图 3-18(b)可得其承载力值为

$$N = 2kbt(\sigma_r + f_y) \tag{3-1}$$

由于焊接应力是自平衡应力,故

$$2kb\sigma_r = (1 - 2k)btf_y$$

解得

$$\sigma_r = \frac{1 - 2k}{2k}f_y$$

将 σ_r 代入式(3-1)得

$$N = 2kbt\left(\frac{1 - 2k}{2k}f_y + f_y\right) = btf_y \tag{3-2}$$

这与无焊接应力的钢板承载能力相同。虽然在常温和静载作用下,焊接应力对构件的强度没有什么影响,但对其刚度有影响。

由于焊缝中存在三向应力(见图 3-17(b)),阻碍了塑性变形,使裂缝易发生和发展,因此焊接应力将使疲劳强度降低。此外,焊接应力还会降低压杆稳定性和使构件提前进入塑性工作阶段。

2. 焊接变形的产生和防止

焊接变形与焊接应力相伴而生。在焊接过程中,由于焊区的收缩变形,构件总要产生一些局部鼓起、歪曲、弯曲或扭曲等,这是焊接结构很大的缺点。焊接变形包括纵向收缩、横向收缩、弯曲变形、角变形、波浪变形、扭曲变形(见图3-19)等。

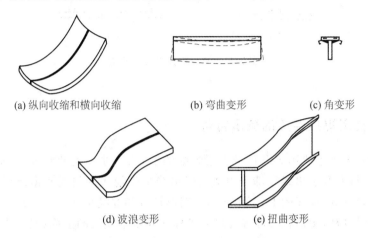

(a) 纵向收缩和横向收缩　　(b) 弯曲变形　　(c) 角变形

(d) 波浪变形　　　(e) 扭曲变形

图 3-19　焊接变形

减少焊接变形和焊接应力的方法如下。

(1) 采取适当的焊接次序,例如钢板对接时采用分段焊(见图 3-20(a))、厚度方向分层焊(见图 3-20(b))、钢板分块拼焊(见图 3-20(c))、工字形截面的 T 形连接对角跳焊(见图 3-20(d))。

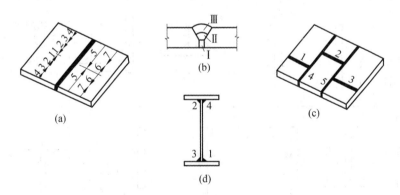

图 3-20　合理的焊接次序

(2) 尽可能采用对称焊缝,使其变形相反而相互抵消,并在保证安全的前提下,避免焊缝厚度过大。

(3) 施焊前使构件有一个与焊接变形相反的预变形。例如在 T 形连接中将翼缘预弯,使焊接后产生的焊接变形与预变形抵消(见图 3-21(a))。在对接中使接缝处预变形(见图 3-21(b)),以便在焊接后产生的焊接变形与之抵消。采用预变形方法可以减少焊接后的变形量,但不会根除焊接应力。

(4) 对于小尺寸的杆件,在焊前预热,或在焊后回火加热到 600 ℃左右,然后缓慢冷却,可消除焊接应力。焊接后对焊件进行锤击,也可减少焊接应力与焊接变形。此外,也可采用机械法校正来消除焊接变形。

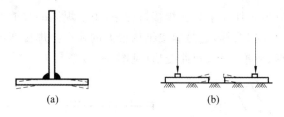

图 3-21　减少焊接变形的措施

3.2.4　常用焊接连接的表示符号

在钢结构施工图上要用焊缝符号表明焊缝的形式、尺寸和辅助要求。焊缝符号主要由图形符号、辅助符号和引出线等部分组成。引出线由带箭头的斜线和横线组成。箭头指到图形上相应的焊缝处,横线的上、下用来标注图形符号和焊缝尺寸。当引出线的箭头指向焊缝所在的一面时,应将图形符号和焊缝尺寸等标注在水平横线的上面;当引出线的箭头指向焊缝所在的另一面时,应将图形符号和焊缝尺寸等标注在水平横线的下面。必要时,可在水平横线的末端加一尾部作其他辅助说明。表 3-1 中列出了一些常用焊缝符号。

表 3-1　常用焊缝符号

	角焊缝				对接焊缝	塞焊缝	三边围焊缝
	单面焊缝	双面焊缝	现场焊缝	相同焊缝			
形式							
标注方法							

3.2.5　焊接结构的优缺点

与铆钉、螺栓连接相比,焊接连接有以下优点。

(1) 不需要在钢材上打孔钻眼,既省工省时,又不使材料的截面面积受到减损,使材料得到充分利用。

(2) 任何形状的构件都可直接连接,一般不需要辅助零件,使连接构造简单、传力路线短、适应面广。

(3)焊接连接的气密性和水密性都较好,结构刚性也较大,结构的整体性较好。

焊缝连接存在以下缺点。

(1)由于高温作用在焊缝附近形成热影响区,钢材的金相组织和机械性能发生变化,材质变脆。

(2)焊接的残余应力会使结构发生脆性破坏和降低压杆稳定的临界荷载,同时残余变形还会使构件尺寸和形状发生变化。

(3)焊接结构具有连续性,局部裂缝一旦发生便容易扩展到整体。

由于以上原因,焊接结构的低温冷脆问题就比较突出。在设计焊接结构时,应经常考虑焊接连接的上述特点,要扬长避短。遇到重要的焊接结构,结构设计与焊接工艺要密切配合,取得一个相对完美的设计和施工方案。

3.3 对接焊缝连接的构造和计算

根据焊透的程度,对接焊缝可分为焊透和不焊透两种。焊透的对接焊缝强度高,受力性能好,故实际工程中均采用此种焊缝。只有当板件较厚而内力较小或不受力时,才可以采用不焊透的对接焊缝。

3.3.1 对接焊缝连接的构造

焊透的对接焊缝在连接处是完全熔透焊,为了保证把较厚的焊件焊透,焊件一边或两边需形成坡口(见图 3-22)。其中斜坡口和根部间隙 c 共同组成一个焊条能够运转的施焊空间,使焊缝易于焊透;钝边 p 有托住熔化金属的作用。

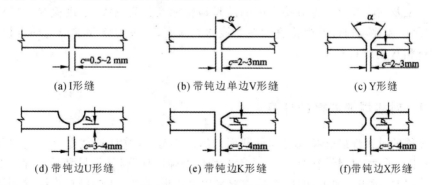

(a)I形缝 (b)带钝边单边V形缝 (c)Y形缝

(d)带钝边U形缝 (e)带钝边K形缝 (f)带钝边X形缝

图 3-22 对接焊缝的坡口形式

对接焊缝的坡口形式宜根据板厚和施工条件按现行国家标准选用。当焊件厚度较小($t \leqslant 10$ mm)时,可采用不切坡口的直边 I 形缝(见图 3-22(a))。对于一般厚度($t = 10 \sim 20$ mm)的焊件,可采用有斜坡口的带钝边单边 V 形缝或 Y 形缝(见图 3-22(b)(c)),以形成一个足够的施焊空间,使焊缝易于焊透。对于较厚的焊件(Q220 mm),应采用带钝边 U 形缝、K 形缝或 X 形缝(见图 3-22(d)(e)(f))。

在对接焊缝的拼接处,当钢板宽度或厚度相差 4 mm 以上时,为了减少应力集中,应分别从板的宽度方向或厚度方向将一侧或两侧做成图 3-23 所示的斜坡,形成平缓过渡。《钢结构设计标准》GB 50017—2017 规定,斜坡的坡度不大于 1∶2.5(当需要进行疲劳计算时,坡度不大于 1∶4)。《公路钢结构桥梁设计规范》JTG D64—2015 规定斜坡的坡度不大于 1∶5。当板厚相差不大于 4 mm 时,可不做斜坡,将焊缝打磨平顺,焊缝的计算厚度取较薄板件的厚度。

对接焊缝的优点是用料经济、传力平顺均匀、没有明显的应力集中,对承受动力荷载作用的焊接结构,采用对接焊缝最为有利。但对接焊缝的焊件边缘需要进行剖口加工,焊件长度必须精确,施焊时焊件要保持一定的间隙。对接焊缝的起点和终点常因不能熔透而出现凹形的焊口,受力后易出现裂缝及应力集中。为避免出现这种不利情况,施焊时常将焊缝两端施焊至引弧板上,然后将多余的部分割掉(见图 3-24)。采用引弧板是很麻烦的,在工厂焊接时可采用引弧板。在工地焊接时,除了受动力荷载的结构外,一般不用引弧板,而是在计算时将焊缝两端各减去连接板件最小厚度 t。

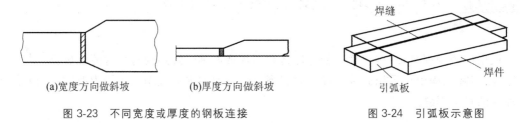

(a)宽度方向做斜坡　　　　(b)厚度方向做斜坡

图 3-23　不同宽度或厚度的钢板连接　　　　图 3-24　引弧板示意图

3.3.2　对接焊缝的强度

由于对接焊缝形成了被连接构件截面的一部分,一般希望焊缝的强度不低于母材的强度,对接焊缝的抗压强度能够做到,但抗拉强度就不一定能够做到,因为焊缝中的缺陷(如气泡、夹渣、裂纹等)对焊缝抗拉强度的影响随焊缝质量检验标准的要求不同而有所不同。我国钢结构施工及验收规范中将对接焊缝的质量检验标准分为三级:三级检验只要求通过外观检查,二级检验要求通过外观检查和超声波探伤检查,一级检验要求通过外观检查、超声波探伤检查和 X 射线检查。

3.3.3　对接焊缝连接的计算

由于焊透的对接焊缝已经成为焊件截面的组成部分,焊缝计算截面上的应力分布和原焊件基本相同,所以对接焊缝的计算方法就和构件的强度计算相同,只是采用焊缝的强度设计值而已。因此,对于重要的构件,对接焊缝采用引弧板,且按一、二级标准检验焊缝质量是否合格,焊缝和构件等强,不必另行计算。在计算三级焊缝的抗拉连接时,强度设计值有所降低,其抗拉强度设计值取母材强度设计值的 85%。

1.钢板对接连接受轴心力作用

在轴心力作用下,对接焊缝承受垂直于焊缝长度方向的轴心力(拉力或压力),如图 3-25

所示,应力在焊缝截面上均匀分布,所以焊缝强度为

$$\sigma = \frac{N}{l_w t} \leqslant f_t^w \text{ 或 } f_c^w \tag{3-3}$$

式中:N——轴心拉力或压力的设计值(单位为 N);

l_w——焊缝计算长度(单位为 mm),采用引弧板施焊的焊缝,其计算长度取焊缝的实际长度,未采用引弧板时,取实际长度减去 $2t$(t 为较薄板件厚度);

t——在对接接头中为连接件的较小厚度(单位为 mm),不考虑焊缝的余高,在 T 形接头中为腹板厚度;

f_t^w、f_c^w——对接焊缝的抗拉、抗压强度设计值(单位为 N/mm²),见附表 2-1。

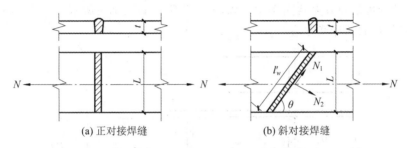

(a) 正对接焊缝   (b) 斜对接焊缝

图 3-25 轴心力作用下对接焊缝连接

当正对接焊缝(见图 3-25(a))连接的强度低于焊件的强度时,为了提高连接承载力,可改用斜对接焊缝(见图 3-25(b)),焊缝计算长度 $= l_w/\sin\theta$。焊缝强度计算如下:

$$N_2 = \frac{N\sin\theta}{l'_w t} \leqslant f_t^w \tag{3-4}$$

$$N_1 = \frac{N\cos\theta}{l'_w t} \leqslant f_v^w \tag{3-5}$$

经计算,当 $\tan\theta \leqslant 1.5$(即 $\theta \leqslant 56.3°$)时,斜焊缝的强度不低于母材强度,焊缝强度不必计算,但较费材料。

2. 钢板对接连接受弯矩和剪力共同作用

钢板采用对接连接,焊缝计算截面为矩形,根据材料力学可知,在弯矩和剪力作用下,矩形截面的正应力与剪应力图形分别为三角形和抛物线形(见图 3-26)。焊缝截面中的最大正应力和最大剪应力不在同一点上,故应分别满足下列强度条件:

$$\sigma_{max} = \frac{M}{W_w} \leqslant f_t^w \tag{3-6}$$

$$\tau_{max} = \frac{VS_w}{I_w t} \leqslant f_v^w \tag{3-7}$$

式中:W_w——焊缝计算截面模量(单位为 mm³);

S_w——焊缝计算截面在计算剪应力处以上或以下部分截面对中和轴的面积矩(单位为 mm³);

I_w——焊缝计算截面惯性矩(单位为 mm⁴);

f_v^w——对接焊缝的抗剪强度设计值(单位为 N/mm²),见附表 2-1。

3. 钢梁对接或梁柱连接受弯矩和剪力共同作用

梁的拼接或梁与柱的连接可以采用对接焊缝,梁的截面形式有 T 形、工字形等,在拼接

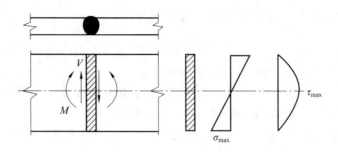

图 3-26　受弯受剪的矩形截面

或连接节点处受弯矩和剪力共同作用。以图 3-27 所示的双轴对称焊接工字形截面梁拼接为例,说明对接焊缝的计算方法。

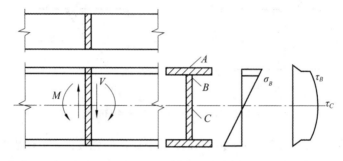

图 3-27　受弯受剪的工字形截面

焊缝计算截面为工字形,其正应力与剪应力的分布较复杂(见图 3-27)。截面中 A 点的最大正应力和 C 点的最大剪应力应按式(3-6)和式(3-7)分别计算。此外,对同时受较大正应力和较大剪应力的位置(例如腹板与翼缘的交接处 B 点),还应按下式验算折算应力:

$$\sigma_{eq} = \sqrt{\sigma_B^2 + 3\tau_B^2} \leqslant \beta f_t^w \tag{3-8}$$

式中:σ_B——翼缘与腹板交界处 B 点焊缝正应力(单位为 N/mm^2);

　　　τ_B——翼缘与腹板交界处 B 点焊缝剪应力(单位为 N/mm^2);

　　　β——系数,取 1.1,因为考虑最大折算应力只在焊缝局部位置出现,故将焊缝强度设计值提高 10%。

当轴力与弯矩、剪力共同作用时,要考虑轴力引起的正应力,焊缝的最大正应力即为轴力和弯矩引起的正应力之和,按式(3-9)验算,最大剪应力按式(3-7)验算,折算应力仍按式(3-8)验算。

$$\sigma_{max} = \frac{M}{W_w} + \frac{N}{A_w} \leqslant f_t^w \tag{3-9}$$

【例题 3-1】　梁柱对接部分采用一条对接焊缝承受弯矩、剪力和轴力的共同作用。如图 3-28 所示,一工字形截面梁与柱翼缘采用焊透的对接焊缝连接,钢材为 Q235B 钢,焊条为 E43 型,手工焊,采用三级焊缝质量等级,施焊时采用引弧板。承受静力荷载设计值 $F = 700$ kN,$N = 760$ kN,试验算该焊缝的连接强度。

【分析】　通过力学分析可得该连接承受轴心拉力、弯矩和轴心剪力的共同作用。由轴向拉应力、弯曲正应力和剪应力分布图,可找出三个危险点 A、B、C,故该焊缝的强度验算需从三个方面进行:① 焊缝计算截面边缘 A 点的最大正应力满足式(3-9);② 形心 C 点的最

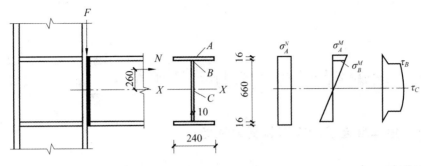

图 3-28　例题 3-1

大剪应力满足式(3-7)；③ 腹板与翼缘的交接处 B 点同时受较大正应力和较大剪应力作用，应满足式(3-8)。

【解】　(1)受力分析得

$$N = 760 \text{ kN}$$
$$M = N \cdot e = 760 \times 260 \times 10^{-3} \text{ kN} \cdot \text{m} = 197.6 \text{ kN} \cdot \text{m}$$
$$V = 700 \text{ kN}$$

(2)焊缝截面的几何特性：

$$A_n = [2 \times 16 \times 240 + 10 \times 660] \text{ mm}^2 = 14280 \text{ mm}^2$$
$$I_x = (240 \times 692^3 - 230 \times 660^3) \text{ mm}^4 = 79528214430 \text{ mm}^4$$
$$W_x = \frac{I_x}{h} = \frac{79528214430}{346} \text{ mm}^3 = 229850331 \text{ mm}^3$$
$$S_C = [(240 \times 16) \times 338 + (330 \times 10) \times 165] \text{ mm}^3 = 1842420 \text{ mm}^3$$
$$S_B = (240 \times 16) \times 338 \text{ mm}^3 = 1297920 \text{ mm}^3$$

(3)各危险点的强度验算。

① 最大拉应力(A 点)为

$$\sigma_{A,\max} = \sigma_A^N + \sigma_A^M = \frac{N}{A_n} + \frac{M}{W_x} = \left(\frac{760 \times 10^3}{14280} + \frac{197.6 \times 10^6}{229850331} \right) \text{ N/mm}^2$$
$$= 6.18 \text{ N/mm}^2 < f_t^w = 185 \text{ N/mm}^2$$

满足。

② 最大剪应力(C 点)为

$$\tau_C = \frac{VS_C}{I_x t_w} = \frac{700 \times 10^3 \times 1842420}{79528214430 \times 10} = 1.62 \text{ N/mm}^2 < f_t^w = 125 \text{ N/mm}^2$$

满足。

③ 折算应力(B 点)为

$$\tau_B = \frac{VS_B}{I_x t_w} = \frac{700 \times 10^3 \times 1297920}{79528214430 \times 10} \text{ N/mm}^2 = 1.14 \text{ N/mm}^2$$
$$\sigma_B = \frac{N}{A_n} + \frac{M}{W_x} \cdot \frac{h_0}{h} = \left(\frac{760 \times 10^3}{14280} + \frac{197.6 \times 10^6}{229850331} \times \frac{330}{346} \right) \text{ N/mm}^2 = 54.04 \text{ N/mm}^2$$
$$\therefore \sqrt{\sigma_B^2 + 3\tau_B^2} = \sqrt{54.04^2 + 3 \times 1.14^2} \text{ N/mm}^2 = 54.08 \text{ N/mm}^2$$
$$54.08 \text{ N/mm}^2 < 1.1 f_t^w = 1.1 \times 185 \text{ N/mm}^2 = 203.5 \text{ N/mm}^2$$

满足。

3.4 角焊缝连接的构造和计算

3.4.1 角焊缝连接的构造和受力性能

1. 角焊缝的形式

角焊缝是最常用的焊缝,按两焊角边的夹角不同,可分为直角角焊缝(见图 3-29(a))和斜角角焊缝(见图 3-29(b))。一般应尽量采用直角角焊缝。除钢管结构外,夹角大于 135°或小于 60°的斜角角焊缝不宜用作受力焊缝。

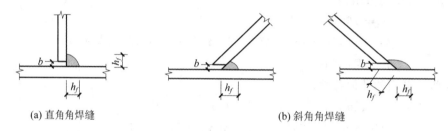

(a) 直角角焊缝   (b) 斜角角焊缝

图 3-29 角焊缝的形式

直角角焊缝通常做成表面微凸的等腰直角三角形,图 3-29 中直角边长 h_f 称为焊脚尺寸。角焊缝截面形式有普通焊缝、平坡焊缝、凹焊缝(见图 3-30)等几种。

一般情况下常用普通焊缝。在直接承受动力荷载的结构中,为使传力平缓,正面角焊缝宜采用图 3-30(b)所示边长比为 1∶1.5 的平坡焊缝;侧面角焊缝可用边长比为1∶1的凹焊缝(见图 3-30(c))。

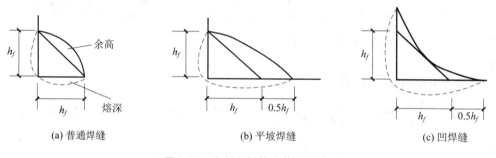

(a) 普通焊缝   (b) 平坡焊缝   (c) 凹焊缝

图 3-30 直角角焊缝的截面形式

2. 角焊缝的构造

1)焊脚尺寸 h_f

角焊缝的焊脚尺寸 h_f 应与焊件的厚度相适应。焊脚尺寸不宜过小,否则施焊时冷却速度过快易产生裂缝;焊脚尺寸也不宜太大,避免焊接时热量过大,使焊缝冷却收缩时产生较大的焊接残余应力和残余变形,且热影响区扩大,容易产生脆性断裂。所以焊脚尺寸的最小值和最大值应满足以下要求。

（1）焊脚尺寸最小值应符合表 3-2 的规定。

表 3-2 角焊缝最小焊脚尺寸

母材厚度 t	角焊缝最小焊脚尺寸/mm
$t \leqslant 6$	3
$6 < t \leqslant 12$	5
$120 < t \leqslant 20$	6
$t > 20$	8

表 3-2 中，母材厚度的取值应按两种情况考虑：当采用不预热的非低氢焊接方法进行焊接时，等于焊接接头中较厚板件的厚度，宜采用单道焊缝；当采用预热的非低氢焊接方法或低氢焊接方法进行焊接时，等于焊接接头中较薄板件的厚度。焊缝尺寸不要求超过焊接接头中较薄件厚度的情况除外；对于承受动荷载的角焊缝，最小焊脚尺寸为 5 mm。

（2）焊脚尺寸衍最大值：搭接焊缝沿母材棱边施焊时，如图 3-31 所示，易产生咬边现象，应控制焊脚尺寸的最大值。

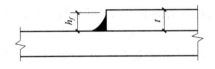

图 3-31 贴边焊示意图

2）焊缝的计算长度 l_w

角焊缝的长度过小，会使焊件局部加热严重，且施焊时起弧、落弧坑相距太近，加上一些可能产生的缺陷，使焊缝不够可靠。另外对搭接连接的侧面角焊缝而言，如果焊缝长度过小，也会造成严重的应力集中。但是侧面角焊缝越长，其应力沿长度分布越不均匀，两端大、中间小，焊缝两端应力可先达到极限强度而破坏，并且这种应力分布的不均匀性对承受动力荷载的构件尤其不利。所以，《钢结构设计标准》GB 50017—2017 对焊缝计算长度的最小值和最大值有以下规定。

（1）侧面角焊缝和正面角焊缝计算长度最小值不小于 $8h_f$ 和 40 mm。

（2）侧面角焊缝计算长度最大值不超过 $60h_f$，当大于上述规定时，其超过部分在计算中不予考虑。

在工程中，工字梁的腹板与翼缘连接焊缝、屋架弦杆与节点板的连接焊缝及梁的支承加劲板与腹板的连接焊缝等内力沿侧面角焊缝全长均匀分布，焊缝计算长度不受此限。

《公路钢结构桥梁设计规范》JTG D64—2015 对上述取值规定略有不同，具体内容可参见该规范。

（3）只采用纵向角焊缝连接型钢杆件端部（见图 3-32(a)）时，为了避免因横向收缩引起型钢拱曲太大，型钢杆件的宽度不应大于 200 mm，当宽度大于 200 mm 时，应加横向角焊或中间塞焊（见图 3-32(b)）；型钢杆件每一侧纵向角焊缝的长度不应小于型钢杆件的宽度。

（4）在搭接连接中，当仅采用正面角焊缝（见图 3-33）时，其搭接长度不得小于焊件较小厚度的 5 倍，且不应小于 25 mm。

（5）杆件端部搭接采用三面围焊时，在转角处截面突变，会产生应力集中，如果在此处

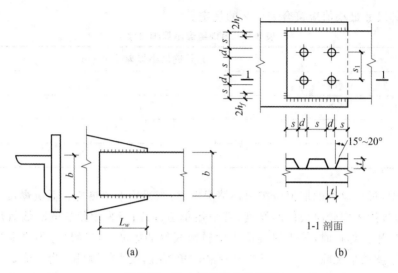

图 3-32　防止板件拱曲的构造

起灭弧,可能出现弧坑或咬边等缺陷,从而加大应力集中的影响,故围焊的转角处必须连续施焊。对于非围焊情况,当角焊缝的端部在构件转角处时,可连续地作长度为 $2h_f$ 的绕角焊(见图 3-34)。

不同的设计规范(标准)对上述规定略有不同,但原理是一样的。

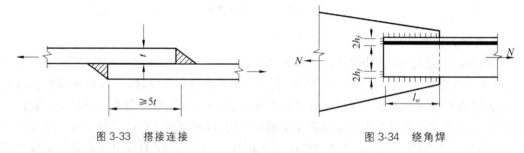

图 3-33　搭接连接　　　　　　　　图 3-34　绕角焊

3. 角焊缝的受力性能

角焊缝按其受力的方向和位置可分为平行于力作用方向的侧面角焊缝和垂直于力作用方向的正面角焊缝,如图 3-35 所示。

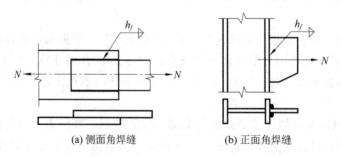

(a) 侧面角焊缝　　　　　(b) 正面角焊缝

图 3-35　侧面角焊缝与正面角焊缝

1) 侧面角焊缝

侧面角焊缝主要承受剪应力作用,应力分布如图 3-36(a)所示。侧面角焊缝弹性模量小,强度较低,但塑性好。在弹性阶段,其应力沿焊缝长度分布并不均匀,呈两端大、中间小的状态,焊缝越长越不均匀。但侧面角焊缝的塑性较好,两端出现塑性变形后,产生应力重分布,可使应力分布不均匀的现象渐趋缓和。

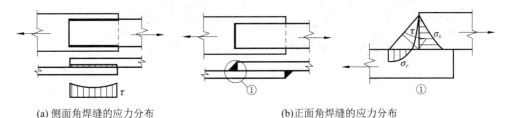

(a) 侧面角焊缝的应力分布   (b)正面角焊缝的应力分布

图 3-36　角焊缝的应力分布

2) 正面角焊缝

正面角焊缝的应力分布如图 3-36(b)所示,正面角焊缝与侧面角焊缝的性能差别较大,在外力作用下其应力状态比侧面角焊缝复杂得多。在正面角焊缝截面中,各面均存在正应力和剪应力,焊根处存在很严重的应力集中。这一方面是因为力线弯折,另一方面是因为在焊根处正好是两焊件接触面的端部,相当于裂缝的尖端。正面角焊缝的受力以正应力为主,因而刚度较大、静力强度较高、静力破坏强度高于侧面角焊缝,但塑性变形差、疲劳强度低,对疲劳要求较高的桥梁结构的重要连接不宜采用正面角焊缝。

3.4.2　直角角焊缝计算的基本公式

1. 角焊缝的有效截面

角焊缝的应力分布比较复杂,要精确计算很困难,因此常采用简化计算方法,假定焊缝的破坏截面在平分角焊缝夹角 α 的截面称为角焊缝的有效截面,有效截面的高度(不考虑焊缝余高)称为角焊缝的有效厚度 h_e(见图 3-37)。直角角焊缝有效厚度 h_e 为当图 3-31 两焊件间隙 $b \leqslant 1.5$ mm 时,$h_e = 0.7 h_f$;当 1.5 mm $< b \leqslant 5$ mm 时,$h_e = 0.7(h_f - b)$。

2. 角焊缝计算的基本公式

下面以受斜向轴心力 N 作用的直角角焊缝为例,推导角焊缝计算的基本公式。

图 3-37　角焊缝的有效截面

斜向轴心力 N 分解为互相垂直的分力 N_x 和 N_y,如图 3-38(a)所示。N_y 垂直于焊缝长度方向,在焊缝有效截面上引起垂直于焊缝的应力 σ_f,该应力又可分解为垂直焊缝有效截面的 $\sigma_\perp$ 和平行焊缝有效截面的 $\tau_{/\!/}$。

由图 3-38(b)知

$$\sigma_\perp = \tau_\perp = \frac{\sigma_f}{\sqrt{2}} \tag{3-10}$$

N_x 平行于焊缝长度方向,在焊缝有效截面上引起剪应力。

$$\tau_{/\!/} = \tau_f \tag{3-11}$$

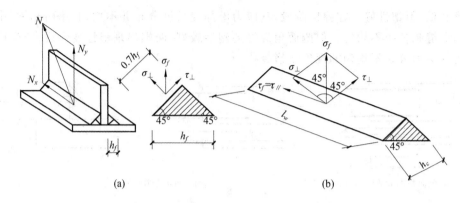

图 3-38   角焊缝有效截面上的应力效应

在外力作用下,直角角焊缝有效截面上产生三个方向的应力,即 $\sigma_\perp$、$\tau_\perp$、$\tau_\parallel$。可用下式表示三个方向应力与焊缝强度间的关系:

$$\sqrt{\sigma_\perp^2 + 3(\tau_\perp^2 + \tau_\parallel^2)} \leqslant \sqrt{3} f_f^w \tag{3-12}$$

式中:$\sigma_\perp$——垂直于角焊缝有效截面上的正应力(单位为 N/mm^2);

$\tau_\perp$——有效截面上垂直于焊缝长度方向的剪应力(单位为 N/mm^2);

$\tau_\parallel$——有效截面上平行于焊缝长度方向的剪应力(单位为 N/mm^2);

f_f^w——角焊缝的强度设计值(单位为 N/mm^2),把它看作为剪切强度,因而乘以 $\sqrt{3}$。

将式(3-10)、式(3-11)代入式(3-12)中,化简后就得到直角角焊缝强度计算的基本公式

$$\sqrt{\left(\frac{\sigma_f}{\beta_f}\right)^2 + \tau_f^2} \leqslant f_f^w \tag{3-13}$$

式中:β_f——正面角焊缝的强度设计值增大系数,对直接承受静力荷载或间接承受动力荷载的结构,$\beta_f = 1.22$,对直接承受动力荷载的结构,$\beta_f = 1.0$;

σ_f——按角焊缝有效截面计算垂直于焊缝长度方向的正应力(单位为 N/mm^2);

τ_f——按角焊缝有效截面计算沿焊缝长度方向的剪应力(单位为 N/mm^2)。

3.4.3   常用连接方式的直角角焊缝的计算

1. 焊缝受轴心力作用

1) 钢板连接

在实际工程中,钢板连接是最常见的一种连接形式。当焊件承受通过连接焊缝形心的轴心力时,可认为角焊缝有效截面上的应力是均匀分布的,下面给出了在轴力作用下的几种典型计算公式。

(1) 轴心力与焊缝长度方向垂直——正面角焊缝,式(3-13)中有 $\tau_f = 0$,所以计算式简化为

$$\sigma_f = \frac{N}{h_e \cdot \sum l_w} \leqslant \beta_f f_f^w \tag{3-14}$$

式中:l_w——角焊缝的计算长度(单位为 mm)。有引弧板时,$l_w = l$(l 为焊缝实际长度);无引弧板时,$l_w = l - 2h_f$。

（2）轴心力与焊缝长度方向平行——侧面角焊缝，式（3-13）中 $\sigma_f = 0$，所以计算式简化为

$$\tau_f = \frac{V}{h_e \cdot \sum l_w} \leqslant f_f^w \tag{3-15}$$

（3）轴心力与焊缝有一夹角（见图 3-39），在角焊缝有效截面上同时存在 σ_f 和 τ_f，所以按式（3-13）计算得

$$\sigma_f = \frac{F \cdot \cos\alpha}{h_e \cdot \sum l_w}; \tau_f = \frac{F \cdot \sin\alpha}{h_e \cdot \sum l_w}$$

【例题 3-2】　柱与牛腿连接——角焊缝群承受剪力和拉力共同作用。如图 3-39 所示，钢板与柱翼缘用直角角焊缝连接。已知焊缝承受的静态斜向力设计值 $F = 280$ kN，$\alpha = 30°$，焊脚尺寸 $h_f = 8$ mm，焊缝实际长度 $l = 155$ mm，钢材为 Q235B，手工焊，焊条为 E43 型，验算角焊缝的强度。

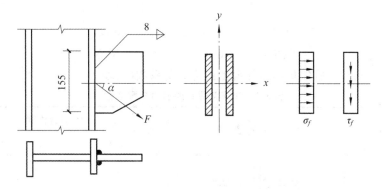

图 3-39　例题 3-2

【解】　此题符合上述的第（3）种情况。

将斜向力 F 分解为垂直于焊缝的分力 N 和平行于焊缝的分力 V，得

$$N = F\cos\alpha = 280 \times \cos30° \text{ kN} = 242.5 \text{ kN}$$

$$V = F\sin\alpha = 280 \times \sin30° \text{ kN} = 140 \text{ kN}$$

则有

$$\sigma_f = \frac{N}{2 \times 0.7 h_f \times l_w} = \frac{242.5 \times 10^3}{2 \times 0.7 \times 8 \times (155 - 2 \times 8)} \text{ N/mm}^2 = 155.8 \text{ N/mm}^2$$

$$\tau_f = \frac{V}{2 \times 0.7 h_f \times l_w} = \frac{140 \times 10^3}{2 \times 0.7 \times 8 \times (155 - 2 \times 8)} \text{ N/mm}^2 = 89.9 \text{ N/mm}^2$$

角焊缝同时承受 σ_f 和 τ_f 的作用，可用基本式（3-13）验算：

$$\sqrt{\left(\frac{\sigma_f}{\beta_f}\right)^2 + \tau_f^2} = \sqrt{\left(\frac{155.8}{1.22}\right)^2 + 89.9^2} \text{ N/mm}^2 = 156.1 \text{ N/mm}^2 < f_f^w = 160 \text{ N/mm}^2$$

满足。

2）角钢与节点板连接

桁架结构中的杆件常采用单角钢或双角钢与钢板焊接的形式，例如钢屋架的弦杆、腹杆与节点板的连接，钢桁架桥的结构杆件与节点板的连接都采用角焊缝。

角钢与钢板用角焊缝连接一般采用两条侧面角焊缝（见图 3-40（a）），也可采用三面围焊（见图 3-40（b）），特殊情况下也允许采用 L 形围焊（见图 3-40（c））。

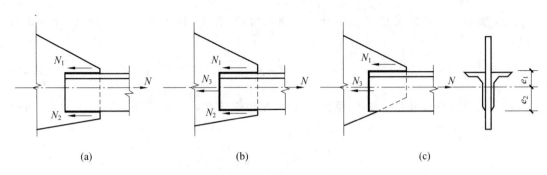

图 3-40   角钢与钢板用角焊缝连接

虽然轴心力通过截面形心,但由于截面形心到角钢肢背和肢尖的距离不等,所以肢背焊缝和肢尖焊缝受力也不相等。由力的平衡关系$(M=0;N=0)$可求出各条焊缝的受力。

(1) 如图 3-40(a)所示,仅采用两条侧面角焊缝连接时,肢背和肢尖角焊缝所受的内力为

$$肢背:N_1 = e_2N/(e_1+e_2) = K_1N \tag{3-16a}$$

$$肢尖:N_2 = e_1N/(e_1+e_2) = K_2N \tag{3-16b}$$

式中:K_1、K_2——肢背、肢尖角钢角焊缝的内力分配系数(见表 3-3)。

表 3-3   角钢角焊缝的内力分配系数

角钢类型	连接形式	内力分配系数	
		肢背 K_1	肢尖 K_2
等肢角钢		0.7	0.3
不等肢角钢短肢连接		0.75	0.25
不等肢角钢长肢连接		0.65	0.35

(2) 如图 3-40(b)所示,采用三面围焊时,正面角焊缝承担的力为

$$N_3 = 0.7h_f \sum l_{w_3} \beta_f f_f^w$$

则

$$肢背:N_1 = e_2N/(e_1+e_2) - N_3/2 = K_1N - N_3/2 \tag{3-17a}$$

$$肢尖:N_2 = e_1N/(e_1+e_2) - N_3/2 = K_2N - N_3/2 \tag{3-17b}$$

式中:l_{w_3}——端部正面角焊缝的计算长度。采用三面围焊时,杆件端部转角处必须连续施

焊,因此 l_{w_3} 等于角钢拼接肢的肢宽 b。

(3) 如图 3-40(c)所示,采用 L 形焊缝时,正面角焊缝承担的力为

$$N_3 = 0.7h_f \sum l_{w_3} \beta_f f_f^w$$

则

$$肢背: N_1 = N - N_3$$

【例题 3-3】　角钢与节点板连接——角焊缝群承受拉力作用。

双角钢与节点板采用三面围焊连接,如图 3-41 所示。已知角钢截面为 $125 \times 80 \times 10$,钢材为 Q235B,手工焊,焊条为 E43 型,$h_f = 8$ mm,肢背和节点板搭接长度为 300 mm。试确定此连接所能承受的静力荷载设计值 N 和肢尖与节点板的搭接长度。

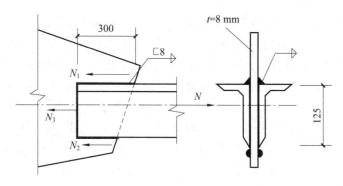

图 3-41　例题 3-3 图

【分析】　本题的连接为三面围焊连接的情况,首先根据已知条件求得端焊缝和肢背焊缝所受的内力,然后得出肢尖焊缝承受的内力,即可求出所能承受的最大静力荷载设计值和肢尖与节点板的搭接长度。

肢背和肢尖焊缝为侧面角焊缝,由式(3-15)可推导出两侧面角焊缝的计算长度:

$$l_{w_1} = \frac{N_1}{2 \times 0.7h_{f_1}f_f^w} \tag{3-18a}$$

$$l_{w_2} = \frac{N_2}{2 \times 0.7h_{f_2}f_f^w} \tag{3-18b}$$

式中:h_{f_1}、l_{w_1}——一个角钢肢背上侧面角焊缝的焊脚尺寸及计算长度;

$\quad\quad h_{f_2}$、l_{w_2}——一个角钢肢尖上侧面角焊缝的焊脚尺寸及计算长度。

【解】　查表 3-3,不等肢角钢长肢相拼,角钢肢背、肢尖焊缝的分配系数 $K_1 = 0.65$、$K_2 = 0.35$。

由附表 2-1 查得:角焊缝的强度设计值为 $f_f^w = 160$ N/mm²。

① 焊缝受力计算。

正面角焊缝承担的力为

$$N_3 = 2h_e l_{w_3} \beta_f f_f^w = 2 \times 0.7 \times 8 \times 125 \times 1.22 \times 160 \times 10^{-3} \text{ kN} = 273.3 \text{ kN}$$

肢背焊缝受力为

$$N_1 = 2h_e l_{w_1} f_f^w = 2 \times 0.7 \times 8 \times (300-8) \times 160 \times 10^{-3} \text{ kN} = 523.3 \text{ kN}$$

因

$$N_1 = K_1 N - \frac{N_3}{2} = 0.65N - \frac{273.3}{2}$$

故

$$N = \left(523.3 + \frac{273.3}{2}\right)/0.65 \text{ kN} = 1015.3 \text{ kN}$$

肢尖焊缝受力为

$$N_2 = K_2 N - \frac{N_3}{2} = \left(0.35 \times 1015.3 - \frac{273.3}{2}\right) \text{kN} = 218.7 \text{ kN}$$

② 缝长度计算。

肢尖焊缝计算长度为

$$l_{w_2} = N_2/(2 \times 0.7 h_f \times f_f^w) = 218.7 \times 10^3/(2 \times 0.7 \times 8 \times 160) \text{ mm} = 122 \text{ mm}$$

因需满足计算长度的构造要求,取肢尖焊缝长度

$$l_2 = l_{w_2} + h_f = (122 + 8) \text{ mm} = 130 \text{ mm}$$

故该连接承载力为 1015.3 kN,肢尖焊缝长度取为 130 mm。

3) 拼接盖板的设计

两块钢板对接,上、下双盖板采用角焊缝连接,这一类问题在实际工程中是经常遇到的。拼接盖板和钢板的连接可采用两面侧焊或三面围焊的方法,盖板尺寸的设计应根据拼接板承载力不小于主板承载力的原则,即拼接板的总截面面积不应小于被连接钢板的截面面积,材料与主板相同,同时满足构造要求,即盖板宽度 $b \leqslant 16t$(当板厚大于 12 mm 时)或 $b = 200$ mm(当板厚小于等于 12 mm 时),而盖板的长度由侧面焊缝的长度确定。

【例题 3-4】 双盖板拼接连接——角焊缝群承受拉力作用。双盖板的拼接连接(见图 3-42),钢材为 Q235B,采用 E43 型焊条,手工焊。已知钢板截面为一12 mm×300 mm,承受轴心力设计值 $N = 650$ kN(静力荷载)。试设计拼接盖板的尺寸。

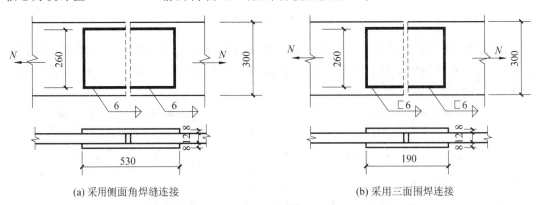

(a) 采用侧面角焊缝连接   (b) 采用三面围焊连接

图 3-42   例题 3-4 图

【解】 ① 采用侧面角焊缝连接(见图 3-42(a))。

先确定焊脚尺寸:

最大焊脚尺寸:$h_{f_{max}} = t - (1 \sim 2) = [8 - (1 \sim 2)] \text{ mm} = 6 \sim 7 \text{ mm}$

最小焊脚尺寸:$h_{f_{min}} = 1.5\sqrt{12} \text{ mm} = 5.2 \text{ mm}$

故取焊脚尺寸:$h_f = 6 \text{ mm}$

根据强度条件选定拼接盖板的截面面积,考虑到拼接板侧面施焊,拼接板每侧应缩进 20 mm,略大于 $27h_f$,取拼接板宽度为 260 mm、厚度为 8 mm。

所以 $A' = 2 \times 260 \times 8 \text{ mm}^2 = 4160 \text{ mm}^2 > A = 300 \times 12 \text{ mm}^2 = 3600 \text{ mm}^2$

焊缝长度按每侧 4 条计算,则每条侧面角焊缝的计算长度为

$$l_w = N/(4 \times 0.7 h_f f_f^w) = 650 \times 10^3/(4 \times 0.7 \times 6 \times 160) \text{ mm} = 241.8 \text{ mm}$$

应满足 $8h_f \leqslant l_w \leqslant 60h_f$,即 48 mm $\leqslant l_w \leqslant$ 360mm,故 $l = l_w + 2h_f = (241.8 + 2 \times 6) \text{ mm} =$

253.8 mm，取 $l = 260$ mm。

故拼接板长度为（考虑板间缝隙 10 mm）

$$L = 2l + 10 = (2 \times 260 + 10) \text{ mm} = 530 \text{ mm}$$

② 采用三面围焊连接（见图 3-42(b)）。

由上述已知，$h_f = 6$ mm，拼接板宽度为 260 mm，故厚度取 8 mm。

正面角焊缝承担的力为

$$N' = 2h_e l'_w \beta_f f_f^w = 2 \times 0.7 \times 6 \times 260 \times 1.22 \times 160 \times 10^{-3} \text{ kN} = 426.3 \text{ kN}$$

侧面角焊缝长度（每侧 4 条）为

$$l = (N - N')/(4h_e f_f^w) + h_f = \left[(650 - 426.3) \times 10^3/(4 \times 0.7 \times 6 \times 160) + 6\right] \text{ mm}$$
$$= 89.2 \text{ mm} < 60h_f$$

取 $l = 90$ mm，故拼接板长度（考虑板间缝隙 10 mm）为

$$L = 2l + 10 = 190 \text{ mm}$$

比较以上两种拼接方案，可见采用三面围焊连接的方案可行，且较为经济。

2. 焊缝受弯矩作用

在弯矩 M 单独作用下，角焊缝有效截面上的应力呈三角形分布，其边缘纤维最大弯曲应力的计算公式为

$$\sigma_f = \frac{M}{W_w} \leqslant \beta_f \cdot f_f^w \tag{3-19}$$

式中：W_w——角焊缝有效截面的截面模量（单位为 mm^2）。

3. 焊缝受扭矩作用

角焊缝受扭矩 T 单独作用时（见图 3-43），假定：①被连接构件是绝对刚性的，而焊缝是弹性的；②被连接板件绕角焊缝有效截面形心 。旋转，角焊缝上任一点的应力方向垂直于该点与形心 O 的连线，应力的大小与其距离 r 的大小成正比。扭矩单独作用时角焊缝应力计算公式为

$$\tau_A = \frac{T \cdot r_A}{J} \tag{3-20}$$

式中：J——角焊缝有效截面的极惯性矩（单位为 mm^2），$J = I_x + I_y$；

　　　r_A——A 点至形心 O 点的距离（单位为 mm）。

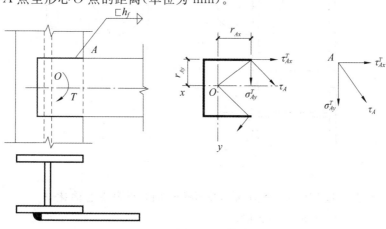

图 3-43 受扭矩作用的角焊缝

上式所给出的应力 τ_A 与焊缝长度方向呈斜角，它分解到 x 轴上和 y 轴上的分应力为

$$\tau_{Ax}^T = \frac{T \cdot r_{Ay}}{J}（侧面角焊缝受力性质） \tag{3-21a}$$

$$\tau_{Ay}^T = \frac{T \cdot r_{Ax}}{J}（正面角焊缝受力性质） \tag{3-21b}$$

【讨论】 在学习过程中，很容易将焊缝所受的弯矩和扭矩作用混淆，我们可以通过下面的分析来加以区别。图 3-44（a）中，力矩与焊缝群的计算截面垂直，则焊缝受弯矩作用；图 3-44（b）中，力矩与焊缝群的计算截面位于同一平面内，则焊缝受扭矩作用。

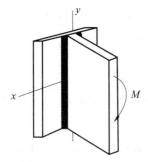 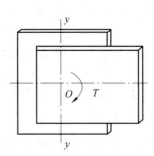

(a) 力矩 M 与焊缝群所在平面相互　　　　(b) 力矩 T 与焊缝群所在平面相互
　　垂直，焊缝群受弯矩作用　　　　　　　　垂直，焊缝群受弯矩作用

图 3-44　弯矩和扭矩的区别

【例题 3-5】 柱与牛腿连接——角焊缝群承受弯矩和剪力共同作用。在柱翼缘上焊接一块钢板，采用两条侧面角焊缝连接（见图 3-45）。已知焊脚尺寸 $h_f = 8$ mm，集中静力荷载 $F = 160$ kN，试验算连接焊缝的强度能否满足要求（施焊时无引弧板）。

【分析】 钢板与柱采用角焊缝连接，承受弯矩、剪力作用。从焊缝计算截面上的应力分布可以看出，图中的 A 点的弯曲应力和剪应力分别按式（3-19）、式（3-15）求得。A 点受力最大，如果该点强度满足要求，则角焊缝连接即可以安全承载。

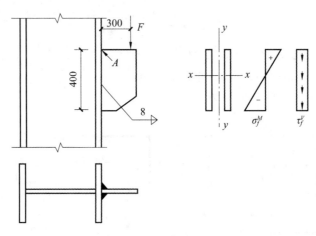

图 3-45　例题 3-5 图

【解】 查附表 2-1，$f_f^w = 160$ N/mm²，将外荷载向焊缝群形心简化，得

$$V = F = 160 \text{ kN}$$

$$M = F_e = 160 \times 300 \text{ kN} \cdot \text{mm} = 4800 \text{ kN} \cdot \text{mm}$$

因施焊时无引弧板，所以

$$l_w = l - 2h_f = (400 - 2 \times 8) \text{ mm} = 384 \text{ mm}$$

$$A_w = 2 \times 0.7h_f \times l_w = (2 \times 0.7 \times 8 \times 384) \text{ mm}^2 = 4300.8 \text{ mm}^2$$

$$W_w = \frac{2h_e l_w^2}{6} = \frac{2 \times 0.7 \times 8 \times 384^2}{6} \text{ mm}^3 = 275251.2 \text{ mm}^3$$

$$\tau_f^V = \frac{V}{A_w} = \frac{160000}{4300.8} \text{ N/mm}^2 = 37.2 \text{ N/mm}^2$$

$$\sigma_f^M = \frac{M}{W_w} = \frac{48 \times 10^6}{275251.2} \text{ N/mm}^2 = 174.4 \text{ N/mm}^2$$

所以 $\sqrt{\left(\dfrac{\sigma_f}{\beta_f}\right)^2 + \tau_f^2} = \sqrt{\left(\dfrac{174.4}{1.22}\right)^2 + 37.2^2} \text{ N/mm}^2 = 147.71 \text{ N/mm}^2 < f_f^w = 160 \text{ N/mm}^2$，故该连接强度满足要求。

【例题 3-6】 柱与工字形梁连接——角焊缝群承受弯矩和剪力共同作用。如图 3-46 所示工字形牛腿与钢柱的连接节点，静态荷载设计值 $N = 365$ kN，偏心距 $e = 250$ mm，焊脚尺寸 $h_f = 6$ mm，钢材为 Q235B，焊条为 E43 型，手工焊，施焊时采用引弧板。试验算角焊缝的强度。

当工字形梁（或牛腿）与钢柱翼缘连接时（见图 3-46(a)），通常承受弯矩 M 和剪力 V 的联合作用。图 3-46(b)为焊缝有效截面的示意图，由于翼缘的竖向刚度较差，一般不考虑其承受剪力，所以假设全部剪力由腹板焊缝承受，且剪应力在腹板焊缝上是均匀分布的，而弯矩由全部焊缝承受（见图 3-46(c)）。

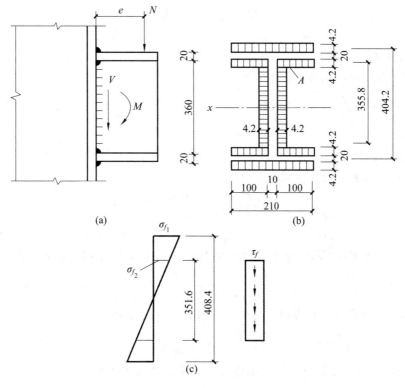

图 3-46 例题 3-6 图

【分析】　由于翼缘焊缝只承受垂直于焊缝长度方向的弯曲应力,最大应力发生在翼缘焊缝的最外边缘纤维处,应满足角焊缝的强度条件:

$$\sigma_{f_1} = \frac{M}{I_w} \cdot \frac{h}{2} \leqslant \beta_f f_f^w \qquad (3\text{-}22)$$

式中:h——上、下翼缘焊缝有效截面最外纤维之间的距离(单位为 mm);

　　　I_w——全部焊缝有效截面对中和轴的惯性矩(单位为 mm⁴)。

腹板焊缝承受垂直于焊缝长度方向的弯曲正应力和平行于焊缝长度方向的剪应力。设计控制点为翼缘焊缝与腹板焊缝的交点处 A,此处的弯曲应力和剪应力分别按下式计算:

$$\sigma_{f_2} = \frac{M}{I_w} \cdot \frac{h_2}{2} \qquad (3\text{-}23)$$

$$\tau_f = \frac{V}{\sum (h_{e_2} l_{w_2})} \qquad (3\text{-}24)$$

式中:h_2——腹板焊缝的实际长度(单位为 mm);

　　　$\sum (h_{e_2} l_{w_2})$——腹板焊缝有效截面面积之和(单位为 mm²)。

腹板焊缝在 A 点的强度验算式为

$$\sqrt{\left(\frac{\sigma_{f_2}}{\beta_f}\right)^2 + \tau_f^2} \leqslant f_f^w \qquad (3\text{-}25)$$

【解】　① 受力分析。

将竖向力 N 向焊缝群形心简化,在角焊缝形心处引起剪力和弯矩,属于承受弯矩 M 和剪力 V 的联合作用的情况,则

$$V = N = 365 \text{ kN}$$

$$M = N_e = 365 \times 0.25 \text{ kN} \cdot \text{m} = 91.25 \text{ kN} \cdot \text{m}$$

② 参数计算。

焊缝有效截面对中和轴的惯性矩为

$$I_x = \left(2 \times \frac{4.2 \times 351.6^3}{12} + 2 \times 210 \times 4.2 \times 202.1^2 + 4 \times 100 \times 4.2 \times 177.9^2\right) \text{ mm}^4$$

$$= 155.64 \times 10^6 \text{ mm}^4$$

③ 焊缝强度计算。

由式(3-22)得翼缘焊缝的最大应力为

$$\sigma_{f_1} = \frac{M}{I_x} \cdot \frac{h}{2} = \frac{91.25 \times 10^6 \times 408.4}{10^6 \times 155.64 \times 2} \text{ N/mm}^2$$

$$= 119.72 \text{ N/mm}^2 < \beta_f f_f^w = 1.22 \times 160 \text{ N/mm}^2 = 195.2 \text{ N/mm}^2$$

由式(3-23)得翼缘焊缝与腹板焊缝的交点处 A 由弯矩 M 引起的最大应力为

$$\sigma_{f_2} = \frac{M}{I_w} \cdot \frac{h_2}{2} = \frac{91.25 \times 10^6}{155.64 \times 10^6} \cdot \frac{351.6}{2} \text{ N/mm}^2 = 103.07 \text{ N/mm}^2$$

由式(3-24)得剪力 V 在腹板焊缝中产生的平均剪应力为

$$\tau_f = \frac{V}{2 \times h_{e_2} \times l_{w_2}} = \frac{365 \times 10^3}{2 \times 0.7 \times 6 \times 351.6} \text{ N/mm}^2 = 123.58 \text{ N/mm}^2$$

将求得的 σ_{f_2}、τ_f 代入式(3-25),验算腹板焊缝 A 点处的折算应力为

$$\sqrt{\left(\frac{\sigma_{f_2}}{\beta_f}\right)^2 + \tau_f^2} = \sqrt{\left(\frac{103.07}{1.22}\right)^2 + 123.58^2} \text{ N/mm}^2 = 149.7 \text{ N/mm}^2 < f_f^w = 160 \text{ N/mm}^2$$

满足强度要求。

【例题 3-7】　柱与牛腿连接——角焊缝群承受扭矩和剪力共同作用。试验算如图 3-47 所示牛腿与钢柱的角焊缝连接。已知采用三围角焊缝，$h_f = 8$ mm，钢材为 Q235B，焊条为 E3 型，手工电弧焊。构件上所受设计荷载值为 $F = 217$ kN，偏心距为 $e = 300$ mm（至柱边缘的距离），搭接尺寸 $l_1 = 400$ mm，$l_2 = 300$ mm。

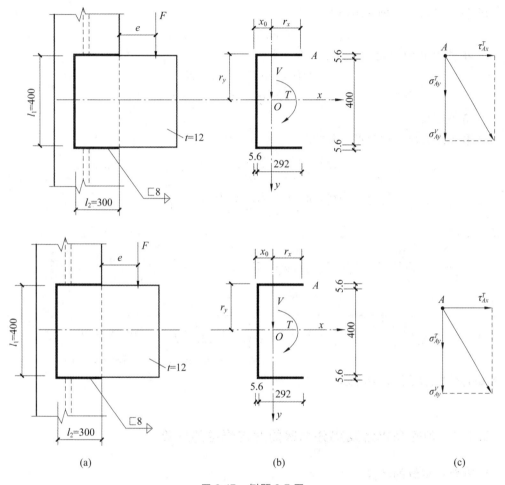

(a)　　　　　　　　　　　　(b)　　　　　　　　　　　　(c)

图 3-47　例题 3-7 图

【分析】　角焊缝承受扭矩 T、剪力 V 共同作用，扭矩作用下 A 点受力最大（距离形心 O 的半径最大），由剪力作用产生的剪应力在焊缝有效截面上是均匀分布的，两者叠加，焊缝边缘 A 点受力最大，对应的应力分量为 τ_{Ax}^T、σ_{Ay}^T（按式（3-21）计算）和 σ_{Ay}^V，然后按下式验算危险点 A 的应力：

$$\sqrt{\left(\frac{\sigma_{Ay}^T + \sigma_{Ay}^V}{\beta_f}\right)^2 + (\tau_{Ax}^T)^2} \leqslant f_f^w \tag{3-26}$$

【解】　① 求几何特性。确定角焊缝有效截面的形心位置

$$x_0 = \frac{2 \times (300 - 8) \times 5.6 \times (146 + 5.6) + (400 + 2 \times 5.6) \times 5.6 \times 2.8}{2 \times 292 \times 5.6 + 411.2 \times 5.6} \text{ cm} = 90 \text{ cm}$$

$$I_x = \left(\frac{1}{12} \times 0.7 \times 0.8 \times 40^3 + 2 \times 0.7 \times 0.8 \times 29.76 \times 20.28^2\right) \text{ cm}^4 = 16695 \text{ cm}^4$$

$$I_y = \left[\frac{2}{12} \times 0.7 \times 0.8 \times 29.76^3 + 2 \times 0.7 \times 0.8 \times 29.76 \times (14.88 - 9)^2 + \right.$$

$$\left. 0.7 \times 0.8 \times 40 \times 8.72^2 \right] \text{cm}^4 = (2460 + 1152 + 1703)\text{cm}^4 = 5315 \text{ cm}^4$$

角焊缝有效截面的极惯性矩为

$$J = I_x + I_y = 22010 \text{ cm}^4$$

焊缝 A 点到 x、y 轴的距离为

$$r_x = 20.76 \text{ cm}, \quad r_y = 20.28 \text{ cm}$$

② 将外力 F 向焊缝形心 O 点简化,得

$$剪力\ V = F = 217 \text{ kN}$$

$$扭矩\ T = F \times (30 + 30.56 - 9)/100 = 111.89 \text{ kN} \cdot \text{m}$$

③ 焊缝强度计算。

焊缝 A 点为设计控制点,应力有

$$\tau_{Ax}^T = \frac{T \cdot r_y}{J} = \frac{111.89 \times 202.8 \times 10^6}{22010 \times 10^4} \text{ N/mm}^2 = 103 \text{ N/mm}^2$$

$$\sigma_{Ay}^T = \frac{T \cdot r_x}{J} = \frac{111.89 \times 207.6 \times 10^6}{22010 \times 10^4} \text{ N/mm}^2 = 106 \text{ N/mm}^2$$

故焊角尺寸

$$\sigma_{Ay}^V = \frac{V}{\sum h_e l_w} = \frac{217 \times 10^3}{0.7 \times 8 \times (2 \times 297.6 + 400)} \text{ N/mm}^2 = 38.9 \text{ N/mm}^2$$

所以

$$\sqrt{\left(\frac{\sigma_{Ay}^T + \sigma_{Ay}^V}{\beta_f} \right)^2 + (\tau_{Ax}^T)^2} = \sqrt{\left(\frac{106 + 38.9}{1.22} \right)^2 + 103^2} \text{ N/mm}^2$$

$$= 157.2 \text{ N/mm}^2 \approx f_f^w = 160 \text{ N/mm}^2$$

取 8 mm 可以满足连接传力要求。

3.4.4　斜角角焊缝及部分焊透的对接焊缝的计算

1. 斜角角焊缝的计算

斜角角焊缝一般用于腹板倾斜的 T 形接头(见图 3-48),采用与直角角焊缝相同的计算公式(式(3-13))进行计算;但是考虑到斜角角焊缝的受力角度分解与直角角焊缝不同,因此对斜角角焊缝不论静力荷载还是动力荷载,一律取 $\beta_f = 1.0$,即计算公式采用以下形式:

$$\sqrt{\sigma_f^2 + \tau_f^2} \leqslant f_f^w \tag{3-27}$$

在确定斜角角焊缝的有效厚度时(见图 3-48),假定焊缝在其所成夹角的最小斜面上发生破坏,因此当两焊边夹角 $60° \leqslant \alpha_2 < 90°$ 或 $90° < \alpha_1 \leqslant 135°$,且根部间隙($b$、$b_1$ 或 b_2)不大于 1.5 mm 时,焊缝有效厚度为

$$h_e = h_f \cos \frac{\alpha}{2}$$

当根部间隙大于 1.5 mm 时,焊缝有效厚度计算应扣除根部间隙,即应取为

$$h_e = \left(h_f - \frac{根部间隙}{\sin \alpha} \right) \cos \frac{\alpha}{2}$$

任何根部间隙不得大于 5 mm，当图 3-48(a)中的 $b_1 > 5$ mm 时，可将板边切割成图 3-48(b)的形式。

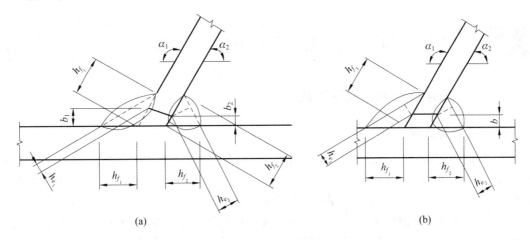

图 3-48 斜角角焊缝

2. 部分焊透的对接焊缝和 T 形对接与角接组合焊缝的计算

在钢结构连接中，有时遇到板件较厚而受力较小的对接焊缝，此时焊缝主要起连接作用，可采用部分焊透的对接焊缝。部分焊透对接焊缝必须在设计图上注明坡口的形式和尺寸。坡口形式分 V 形、单边 V 形、U 形、J 形和 K 形（见图 3-49）。

部分焊透的对接焊缝实际上只起类似于角焊缝的作用，故其强度计算方法与直角角焊缝相同，在垂直于焊缝长度方向的压力作用下，取 $\beta_f = 1.22$，其他受力情况取 $\beta_f = 1.0$，其有效厚度应采用以下值。

对 V 形坡口，当 $\alpha \geqslant 60°$ 时，$h_e = s$；当 $\alpha < 60°$ 时，$h_e = 0.75s$。

对 U 形、J 形坡口，$h_e = s$。

对 K 形和单边 V 形坡口，当时 $\alpha = 45° \pm 5°$，$h_e = s - 3$。

其中，α 是 V 形坡口的夹角；s 为焊缝根部至焊缝表面（不考虑余高）的最短距离；有效厚度的最小值为 1.577，为坡口所在焊件的较大厚度。

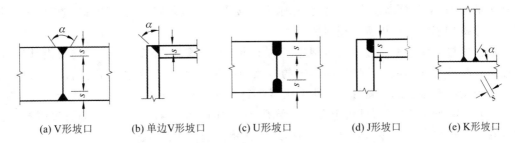

(a) V形坡口 (b) 单边V形坡口 (c) U形坡口 (d) J形坡口 (e) K形坡口

图 3-49 部分焊透对接焊缝和 T 形对接与角接组合焊缝的截面

当熔合线处焊缝截面边长等于或接近于最短距离 s（见图 3-49(b)(d)(e)）时，抗剪强度设计值应按角焊缝的强度设计值乘以 0.9。

在直接承受动力荷载的结构中，垂直于受力方向的焊缝不宜采用部分焊透的对接焊缝。因未施焊的部分总是存在严重的应力集中，易使焊缝脆断。

3.5 螺栓连接的形式和构造要求

3.5.1 螺栓连接的形式及特点

1. 普通螺栓连接

普通螺栓的优点是安装和拆卸便利,不需要特殊的工具。普通螺栓由 35 号钢和优质碳素钢中的 45 号钢制成,按制造方法及精度不同,分为 A、B、C 三级,其中 A 级和 B 级为精制螺栓,C 级为粗制螺栓。工程中常用的螺栓直径有 16 mm、20 mm、22 mm、24 mm 等。

A、B 级螺栓栓杆需机械加工,尺寸准确,被连接构件要求制成 Ⅰ 类孔,螺栓直径与孔径相差 0.2～0.5 mm,A、B 级螺栓间的区别只是尺寸不同,其中 A 级为螺栓杆直径 $d \leqslant 24$ mm 且螺栓杆长度 $l \leqslant 150$ mm 的螺栓,B 级为 $d > 24$ mm 或 $l > 150$ mm 的螺栓。A、B 级螺栓的受力性能较好,受剪工作时变形小,但制造和安装费用较高,目前在工程中已经很少使用了。

C 级螺栓表面粗糙,采用 Ⅱ 类孔,螺杆与螺孔之间接触不够紧密,存在较大的孔隙,螺栓直径与孔径相差 1.0～1.5 mm,当传递剪力时,连接变形较大,工作性能差,但传递拉力的性能较好。C 级螺栓宜用于承受拉力的连接,或用于次要结构和可拆卸结构的受剪连接以及安装时的临时固定。

A、B 级螺栓性能等级有 5.6 级和 8.8 级两种,C 级螺栓性能等级有 4.6 级和 4.8 级两种。螺栓性能等级的含义(以 8.8 级为例):小数点前的数字"8"表示螺栓热处理后的最低抗拉强度为 800 N/mm²,小数点及小数点后面的数字"8"表示其屈强比(屈服强度与抗拉强度之比)为 0.8。

2. 高强度螺栓连接

高强度螺栓在工程上的使用日益广泛。高强度螺栓的螺杆、螺帽和垫圈均采用高强度钢材制作,螺栓的材料 8.8 级为 35 号钢、45 号钢、40B 钢;10.9 级为 20MnTiB 钢和 35VB 钢。高强度螺栓安装时通过拧紧螺帽在杆中产生较大的预拉力把被连接板夹紧,连件间产生很大的压力,从而提高连接的整体性和刚度。按受剪时极限状态的不同,高强度螺栓连接可分为摩擦型连接和承压型连接两种。

高强度螺栓摩擦型连接和承压型连接的本质区别是极限状态不同。在抗剪设计时,高强度螺栓摩擦型连接依靠部件接触面间的摩擦力来传递外力,即外剪力达到板件间最大摩擦力为连接的极限状态。其特点是孔径比螺栓公称直径大 1.5～2.0 mm,故连接紧密,变形小,传力可靠,疲劳性能好;可用于直接承受动力荷载的结构、构件的连接。高强度螺栓摩擦型连接在工程中应用较多,如框架梁柱连接、门式钢架端板连接等。

在抗剪设计时,高强度螺栓承压型连接起初由摩擦传递外力,当摩擦力被克服后,板件产生相对滑动,同普通螺栓连接一样,依靠螺栓杆抗剪和螺栓孔承压来传力,连接承载力比摩擦型高,可节约钢材。但由于孔径比螺栓公称直径大 1.0～1.5 mm,在摩擦力被克服后变形较大,故工程中高强度螺栓承压型连接仅适用于承受静力荷载或间接承受动力荷载的结构、构件的连接。较高温度下的高强度螺栓易产生松弛使摩擦力减少,故当其环境温度为 100～150 ℃时,承载力应降低 10%。

3.5.2　螺栓的排列和构造要求

螺栓的排列应简单、整齐、统一而紧凑,使构造合理、安装方便。螺栓在构件上的排列有并列(见图 3-50(a))和错列(见图 3-50(b))两种。并列简单、整齐,连接板尺寸较小,但对构件截面削弱较大;错列对截面削弱较小,但螺栓排列没有并列紧凑,连接板尺寸较大。

不论采用哪种排列,螺栓的中距(螺栓的中心间距)、端距(顺内力方向螺栓中心至构件边缘的距离)和边距(垂直内力方向螺栓中心至构件边缘的距离)都应满足下列要求。

(1)受力要求:在受力方向,螺栓的端距过小时,钢板有剪断的可能。当各排螺栓距和线距过小时,构件有沿直线或折线破坏的可能。对受压构件,当沿作用力方向的螺栓距过大时,在被连接的板件间易发生张口或臌曲现象。因此,从受力的角度规定了最大和最小的容许间距。

(2)构造要求:当螺栓距及线距过大时,被连接的构件接触面不够紧密,潮气容易浸入缝隙而产生腐蚀,所以规定了螺栓的最大容许间距。

(3)施工要求:为便于转动螺栓扳手,就要保证一定的作业空间,所以施工上要规定螺栓的最小容许间距。

根据以上要求,钢板上螺栓的排列如图 3-50 所示,容许间距如表 3-4 所示。

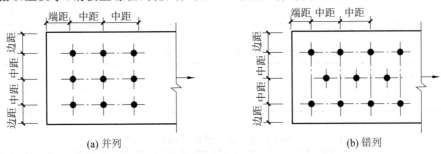

(a) 并列　　　　　　　　(b) 错列

图 3-50　钢板上螺栓的排列

表 3-4　钢板上螺栓的容许间距

名称	位置和方向			最大容许间距 (取两者的较小值)	最小容许间距
中心间距	外排(垂直内力或顺内力方向)			$8d_0$ 或 $12t$	$3d_0$
	中间排	垂直内力方向		$16d_0$ 或 $24t$	
		顺内力方向	构件受拉力	$12d_0$ 或 $18t$	
			构件受压力	$16d_0$ 或 $24t$	
	沿对角线方向			—	
中心至构件边缘距离	顺内力方向			$4d_0$ 或 $8t$	$2d_0$
	垂直内力方向	剪切或手工气割边			$1.5d_0$
		轧制边、自动气割或锯割边	高强度螺栓		$1.5d_0$
			其他螺栓		$1.2d_0$

型钢上螺栓的排列如图 3-51 所示,角钢上螺栓的容许间距、工字钢和槽钢腹板上螺栓

的容许间距、工字钢和槽钢翼缘上螺栓的容许间距如表 3-5～表 3-9 所示。

当钢板与角钢、槽钢等刚性构件相连时，螺栓最大间距可按中间排数值采用。

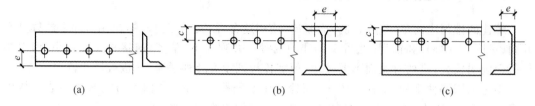

图 3-51　型钢上螺栓的排列

表 3-5　角钢上螺栓的容许间距（单位：mm）

肢宽		40	45	50	56	63	70	75	80	90	100	110	125
单行	e	25	25	30	30	35	40	40	45	50	55	60	70
	d_0	11.5	13.5	13.5	15.5	17.5	20	22	22	24	24	26	26

表 3-6　工字钢腹板上螺栓的容许间距（单位：mm）

工字钢号	12	14	16	18	20	22	25	28	32	36	40	45	50	56	63
线距 c_{min}	40	45	45	45	50	50	55	60	60	65	70	75	75	75	75

表 3-7　槽钢腹板上螺栓的容许间距（单位：mm）

槽钢号	12	14	16	18	20	22	25	28	32	36	40
线距 G_{min}	40	45	50	50	55	55	55	60	65	70	75

表 3-8　工字钢翼缘上螺栓的容许间距（单位：mm）

工字钢号	12	14	16	18	20	22	25	28	32	36	40	45	50	56	63
线距 c_{min}	40	40	50	55	60	65	65	70	75	80	80	85	90	95	95

表 3-9　槽钢翼缘上螺栓的容许间距（单位：mm）

槽钢号	12	14	16	18	20	22	25	28	32	36	40
线距 G_{min}	30	35	35	40	40	45	45	45	50	56	60

螺栓连接除满足排列的容许间距外，根据不同情况还应满足下列构造要求。

（1）为使连接可靠，每一杆件在节点上以及拼接接头的一端，永久性螺栓数不宜少于两个。但根据实践经验，对组合构件的缀条，其端部连接可采用一个螺栓，某些塔桅结构的腹杆也有用一个螺栓的情况。

（2）对直接承受动力荷载的普通螺栓受拉连接，应采用双螺帽或其他能防止螺帽松动的有效措施，如采用弹簧垫圈或将螺帽和螺杆焊死等方法。

（3）C 级螺栓宜用于沿其杆轴方向受拉的连接，在承受静力荷载或间接承受动力荷载结构的次要连接、承受静力荷载的可拆卸结构的连接、临时固定构件用的安装连接中，也可用 C 级螺栓受剪。但在重要的连接中，不宜采用 C 级螺栓，而应优先采用高强度螺栓。

（4）当型钢构件拼接采用高强度螺栓连接时，由于构件本身抗弯刚度较大，为了保证高强度螺栓摩擦面的紧密贴合，应采用高强度螺栓摩擦型连接，拼接件宜采用刚度较弱的钢板。

3.6 螺栓连接的计算

3.6.1 普通螺栓连接的计算

普通螺栓连接按受力情况可分为螺栓承受剪力（简称受剪）连接、螺栓承受拉力（简称受拉）连接和螺栓同时承受剪力和拉力（简称受剪受拉）连接。当外力垂直于螺栓杆时，螺栓承受剪力（见图 3-52(a)）；当外力平行于螺栓杆时，螺栓承受拉力（见图 3-52(b)）；图 3-52(c)所示的是螺栓同时承受剪力和拉力作用。

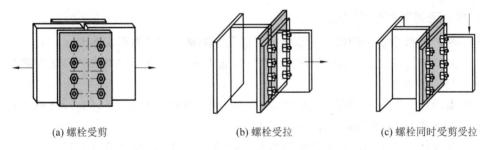

(a) 螺栓受剪　　　　　　　　(b) 螺栓受拉　　　　　　　(c) 螺栓同时受剪受拉

图 3-52　螺栓按受力情况分类

1. 螺栓受剪时的工作性能

图 3-53 是普通螺栓受剪时的工作示意图。当外剪力不大时，首先由构件间的摩擦力抵抗外力，随着外力增大，并超过摩擦力以后，构件间发生相对滑移，使螺栓杆与孔壁接触，螺栓杆受剪，同时孔壁受压。

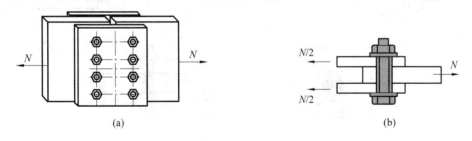

(a)　　　　　　　　　　　　　　　　(b)

图 3-53　普通螺栓受剪时的工作示意图

当连接处于弹性阶段时，螺栓群中各螺栓受力不等，表现为两端螺栓受力大而中间螺栓受力小（见图 3-54）。当连接一侧两端的螺栓距离，即连接长度 $l_1 \leqslant 15d_0$（d_0 为螺孔直径）时，由于连接进入弹塑性工作阶段后内力发生重分布，使各螺栓受力趋于均匀，故可认为轴心力 N 由每个螺栓平均分担。当连接长度 $l_1 > 15d_0$ 时，各螺栓受力严重不均匀，端部的螺栓会因受力过大而首先发生破坏，随后依次向内逐排破坏（即所谓解纽扣现象）。因此当连接长

度 l_1 较大时,应将螺栓的承载力设计值乘以折减系数 β(高强度螺栓连接同样如此)。

$$\begin{cases} \text{当 } l_1 \leqslant 15d_0 \text{ 时}, \beta = 1.0 \\ \text{当 } 15d_0 < l_1 \leqslant 60d_0 \text{ 时}, \beta = 1.1 - l_1/(150d_0) \\ \text{当 } l_1 > 60d_0 \text{ 时}, \beta = 0.7 \end{cases} \tag{3-28}$$

式中:d_0——螺栓孔径。

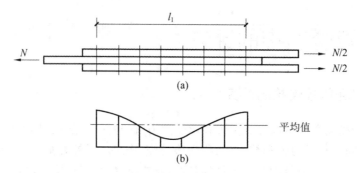

图 3-54   普通螺栓群连接受剪时的内力分布

2. 螺栓受剪时的破坏形式

普通螺栓连接受剪达到极限承载力时可能发生的破坏形式有以下五种。

(1)当螺杆直径较小而板件较厚时,螺杆可能先被剪断(见图 3-55(a)),该种破坏形式称为螺栓杆受剪破坏。

(2)当螺杆直径较大而板件较薄时,板件可能先被挤坏(见图 3-55(b)),该种破坏形式称为孔壁承压破坏,也称螺栓承压破坏。

(3)当板件净截面面积因螺栓孔削弱太多时,板件可能被拉断(见图 3-55(c))。

(4)当螺栓排列的端距太小时,端距范围内的板件有可能被螺杆冲剪破坏(见图 3-55(d))。

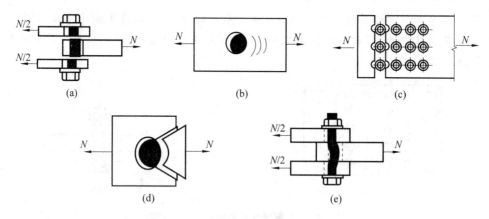

图 3-55   普通螺栓连接受剪的破坏形式

(5)当连接钢板太厚,螺栓杆太长时,可能发生弯曲破坏(见图 3-55(e))。

上述五种破坏形式中,前三种必须通过计算加以防止,其中螺杆被剪断和孔壁承压破坏由计算单个螺栓承载力控制,板件被拉断由验算构件净截面强度控制。后两种通过构造措施加以防止,即控制端距 $e \geqslant 2d_0$;限制板叠厚度 $\sum t \leqslant 5d$(d 为螺杆直径)。

3. 单个普通螺栓的承载力设计值

（1）单个螺栓抗剪承载力设计值为

$$N_v^b = n_v \frac{\pi \cdot d^2}{4} f_v^b \tag{3-29}$$

式中：n_v——螺栓受剪面数（见图 3-56），单剪 $n_v = 1$，双剪 $n_v = 2$，四面剪 $n_v = 4$；

$\quad d$——螺栓杆的直径（单位为 mm）；

$\quad f_v^b$——螺栓的抗剪强度设计值，见附表 3-1。

（2）单个螺栓承压承载力设计值为

$$N_c^b = d \cdot \sum t \cdot f_c^b \tag{3-30}$$

式中：$\sum t$——在同一受力方向的承压构件的较小总厚度，如图 3-56(c) 中 $\sum t$ 取 $(a+c+e)$ 和 $(b+d)$ 的较小值；

$\quad f_c^b$——螺栓的承压强度设计值，见附表 3-1。

单个螺栓的抗剪承载力设计值应取 N_v^b 和 N_c^b 的较小值，即

$$N_{\min}^b = \min\{N_v^b, N_c^b\} \tag{3-31}$$

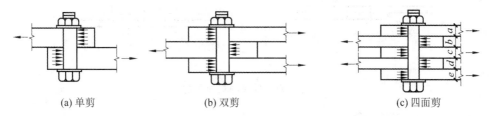

(a) 单剪   (b) 双剪   (c) 四面剪

图 3-56 螺栓连接的受剪面数

（3）单个螺栓的抗拉承载力设计值。

螺栓连接在拉力作用下，螺栓受到沿杆轴方向的作用，构件的接触面有脱开趋势。螺栓连接受拉时的破坏形式表现为螺栓杆被拉断，其部位多在被螺纹削弱的截面处，所以按螺栓的有效截面直径计算抗拉承载力设计值，即

$$N_t^b = \frac{\pi \cdot d_e^2}{4} f_t^b = A_e f_t^b \tag{3-32}$$

式中：d_e、A_e——螺栓杆螺纹处的有效直径和有效面积，见附表 4-1；

$\quad f_t^b$——螺栓的抗拉强度设计值，见附表 3-1。

4. 螺栓群连接计算

1）螺栓群承受轴心剪力作用

（1）所需螺栓数目。

当外力通过螺栓群形心时，在连接长度范围内，计算时假定所有螺栓受力相等，按下式计算所需螺栓数目：

$$n = \frac{N}{\beta \times N_{\min}^b}（取整数） \tag{3-33}$$

式中：N——作用于螺栓群的轴心力设计值。

（2）板件净截面强度计算。

$$\sigma = \frac{N}{A_n} \leqslant f \tag{3-34}$$

式中：A_n——构件净截面面积，计算方法如下。

① 并列式排列时（见图 3-57(a)）。

$$A_1 = A_2 = A_3 = t_1(b - 3d_0)$$

$$N_1 = N; \quad N_2 = N - (N/9) \times 3; \quad N_3 = N - (N/9) \times 6$$

因 $t_1 \leqslant t_2$，故最危险截面在 t_1 板的 1-1 断面。

② 错列式排列时（见图 3-57(b)）。

$$正截面\ A_1 = A_3 = t_1(b - 2d_0)$$

$$齿形截面\ A_2 = t_1(l - 3d_0)$$

式中：l——图 3-57(b)中 2-2 截面的折线长度。危险截面取决于 A_1 和 A_2 的较小值。

$$N_1 = N; \quad N_2 = N; \quad N_3 = N - (N/8) \times 3$$

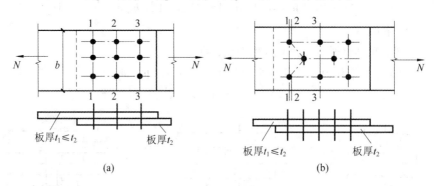

图 3-57　板件净截面示意

· 钢板搭接连接的计算。

钢板搭接连接的形式是很常见的，除了用角焊缝连接外，还可以用螺栓连接（见图 3-58(a)）。

螺栓群承受轴心剪力作用，每个螺栓平均分担剪力。螺栓强度满足下式：

$$\frac{N}{n} \leqslant \beta N_{\min}^b$$

· 钢板对接连接时拼接盖板的设计。

当钢板是对接连接，并采用螺栓连接方法时，需在钢板的上下加双盖板，这种连接形式在工程中是常见的（见图 3-58(b)）。拼接盖板尺寸的设计应根据等强原则，即材料与主板相同，拼接盖板承载力不小于主板承载力，同时拼接盖板的长度由螺栓的排列距离确定。

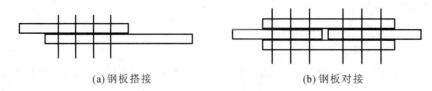

(a)钢板搭接　　　　　　　　　　(b)钢板对接

图 3-58　钢板的螺栓连接

2）螺栓群承受扭矩作用

如图 3-59 所示，螺栓群受到扭矩 T 作用，每个螺栓均受剪，但承受的剪力大小或方向均有所不同。

为了便于设计，分析螺栓群受扭矩作用时采用下列计算假定。

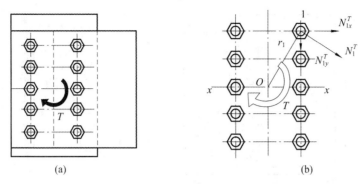

图 3-59 螺栓群承受扭矩作用示意图

① 连接板件为绝对刚性,螺栓为弹性体。

② 连接板件绕螺栓群形心旋转,各螺栓所受剪力大小与该螺栓至形心的距离 r_i 成正比,剪力方向与连线 r_i 垂直。

螺栓 1 距形心 O 最远,其所受剪力 N_1^T 最大。为便于计算,可将 N_1^T 分解为 x 轴和 y 轴上的两个分量:

$$N_{1x}^T = \frac{T \cdot y_1}{\sum x_i^2 + \sum y_i^2} \tag{3-35a}$$

$$N_{1y}^T = \frac{T \cdot x_1}{\sum x_i^2 + \sum y_i^2} \tag{3-35b}$$

故受力最大的螺栓 1 所承受的合力不应大于单个螺栓的抗剪承载力设计值 $N_{\min}^b$,即

$$\sqrt{(N_{1x}^T)^2 + (N_{1y}^T)^2} \leqslant N_{\min}^b \tag{3-36}$$

当螺栓群布置在一个狭长带,例如 $y_1 > 3x_1$ 时,可近似取 $x_1 = 0$ 以简化计算,则上式为

$$N_{1x}^T \leqslant N_{\min}^b \tag{3-37}$$

3) 螺栓群承受轴心拉力作用

当拉力通过螺栓群形心时,假定所有螺栓所受的拉力相等(见图 3-60),则

$$\frac{N}{n} \leqslant N_t^b \text{ 或 } n \geqslant \frac{N}{N_t^b} \text{(取整)} \tag{3-38}$$

式中:N_t^b——单个普通螺栓的抗拉承载力设计值(单位为 N),见附表 3-1。

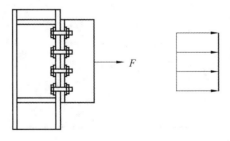

图 3-60 螺栓群受轴心拉力作用示意图

4) 螺栓群受弯矩作用

螺栓群在弯矩作用下,上部螺栓受拉,因而有使连接上部分离的趋势,使螺栓群形心下移。与螺栓群拉力相平衡的压力产生于下部的接触面上,精确确定中和轴的位置比较复杂。为便于计算,通常假定中和轴在最下排螺栓轴线上(见图 3-61)。

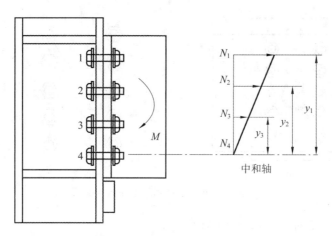

图 3-61 螺栓群受弯矩作用示意图

因此,在弯矩 M 作用下螺栓 1 所受的最大拉力为

$$N_1^M = \frac{M \cdot y_1}{m \sum y_i^2} \tag{3-39}$$

式中:m——螺栓群的列数。

【讨论】 如何正确地判断螺栓受弯矩作用还是受扭矩作用是学习螺栓计算的重要环节,表 3-10 给出了这两种受力的区别。

表 3-10   螺栓受弯矩和扭矩的区别

作用力示意图	作用力和螺栓群的关系	作用力	单个螺栓受力
	作用力与螺栓群在 同一平面内	扭矩	单个螺栓受剪力作用, 按抗剪计算
	作用力与螺栓群 所在的平面垂直	弯矩	单个螺栓受拉,按抗拉计算

【例题 3-8】 双盖板拼接连接——普通螺栓群承受剪力作用。

两块截面为 14 mm×400 mm 的钢板,采用双盖板和 C 级普通螺栓拼接连接,如图 3-62 所示。钢材为 Q235B,螺栓为 4.6 级,M20,承受轴心力设计值 $N=935$ kN(静力荷载),试设计此连接。

【分析】 此连接设计包括以下三个内容。

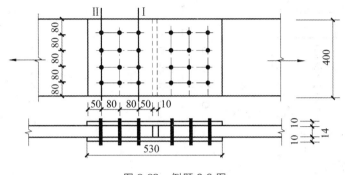

图 3-62　例题 3-8 图

① 确定盖板截面尺寸。由等强原则知，拼接板的总截面面积不应小于被连接钢板的截面面积，材料与主板相同。

② 确定所需螺栓数目并排列。在轴心剪力作用下，单个螺栓所受实际剪力不超过其承载力设计值，假定所有螺栓受力相等，计算连接一侧所需螺栓数目。

③ 验算板件净截面强度。

【解】

① 确定连接盖板的截面。

采用双盖板拼接，截面尺寸为 10 mm×400 mm，盖板截面面积之和大于被连接钢板截面面积，钢材采用 Q235B。

② 确定所需螺栓数目和螺栓排列布置。

单个螺栓抗剪承载力设计值为

$$N_v^b = n_v \frac{\pi \cdot d^2}{4} f_v^b = 2 \times \frac{\pi \cdot 20^2}{4} \times 140 \times 10^{-3} \text{ kN} = 87.92 \text{ kN}$$

单个螺栓承压承载力设计值为

$$N_c^b = d \cdot \sum t \cdot f_c^b = 20 \times 14 \times 305 \times 10^{-3} \text{ kN} = 85.4 \text{ kN}$$

则连接一侧所需螺栓数目为 $n \geqslant \dfrac{N}{N_{\min}^b} = \dfrac{935}{85.4} = 11$ 个，取 $n=12$ 个。

采用如图 3-62 所示的并列布置，连接盖板尺寸为 2—10×400×530，其螺栓的中距、边距和端距均满足构造要求。

③ 验算板件净截面强度。

连接钢板在截面 I-I 受力最大，盖板在截面 II-II 受力最大，但因两者钢材相同，且盖板截面面积之和大于被连接钢板截面面积，故只验算被连接钢板净截面强度。设螺栓孔径 d_0 =21.5 mm。

$$A_n = (b - n_1 d_0)t = (400 - 4 \times 21.5) \times 14 \text{ mm}^2 = 4396 \text{ mm}^2$$

所以 $\sigma = \dfrac{N}{A_n} = \dfrac{935 \times 10^3}{4396} = 212.7 \text{ N/mm}^2 < f = 215 \text{ N/mm}^2$，构件强度满足。

【例题 3-9】　柱与牛腿的连接——普通螺栓群承受偏心剪力作用。验算图 3-63 所示的普通螺栓连接。柱翼缘板厚度为 10 mm，连接板厚度为 8 mm，钢材为 Q235B，荷载设计值 F =150 kN，偏心距 e=250 mm，螺栓为 M22 粗制螺栓。

【分析】　由受力分析得出，螺栓群在偏心剪力作用下可简化为螺栓群同时承受轴心剪力 F 和扭矩 $T = F \cdot e$ 的联合作用。找出最危险的螺栓，该螺栓所受剪力的合力应满足承载力要求。

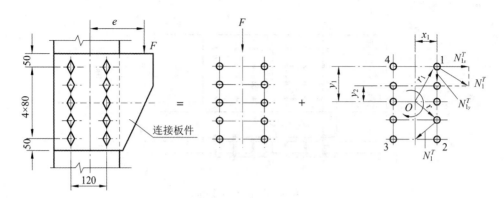

图 3-63　例题 3-9 图

① 受力分析。

将 F 简化到螺栓群形心 O，可得轴心剪力和扭矩分别为

$$V = F = 150 \text{ kN}$$

$$T = F \cdot e = 150 \times 0.25 = 37.5 \text{ kN} \cdot \text{m}$$

② 单个螺栓的设计承载力计算。

$$N_v^b = n_v \frac{\pi d^2}{4} f_v^b = 1 \times \frac{3.14 \times 22^2}{4} \times 140 \times 10^{-3} \text{ kN} = 53.2 \text{ kN}$$

$$N_c^b = d \sum t \cdot f_c^b = 22 \times 8 \times 305 \times 10^{-3} \text{ kN} = 53.7 \text{ kN}$$

所以

$$N_{\min}^b = 53.2 \text{ kN}$$

③ 螺栓强度验算。

$$\sum x_i^2 + \sum y_i^2 = (10 \times 60^2 + 4 \times 160^2 + 4 \times 80^2) \text{ mm}^2 = 164000 \text{ mm}^2$$

$$N_{1x}^T = \frac{T \cdot y_1}{\sum x_i^2 + \sum y_i^2} = \frac{37.5 \times 10^6 \times 160}{0.164 \times 10^6} \text{ N} = 36.6 \text{ kN}$$

$$N_{1y}^T = \frac{T \cdot x_1}{\sum x_i^2 + \sum y_i^2} = \frac{37.5 \times 10^6 \times 60}{0.164 \times 10^6} \text{ N} = 13.7 \text{ kN}$$

$$N_{1F} = \frac{V}{n} = \frac{150}{10} \text{ kN} = 15 \text{ kN}$$

$$N_1 = \sqrt{(N_{1x}^T)^2 + (N_{1F} + N_{1y}^T)^2} = \sqrt{36.6^2 + (13.7 + 15)^2} \text{ kN}$$

$$= 46.5 \text{ kN} < N_{\min}^b = 53.2 \text{ kN}$$

强度满足要求。

【例题 3-10】 柱与牛腿的连接——普通螺栓群承受偏心拉力作用。如图 3-64 所示，牛腿用 M22 的 4.6 级 C 级普通螺栓连接于钢柱上，梁、柱均采用 Q235B 钢材，承受偏心拉力设计值 $F = 150$ kN，$e = 150$ mm，验算此连接是否安全。

【分析】 牛腿用螺栓连接于柱子上，此时螺栓群相当于承受轴心拉力 N 以及弯矩拉力 $M = N \cdot e$ 共同作用。

在轴心拉力作用下，单个螺栓所受的拉力为

$$N_1^N = \frac{N}{n}$$

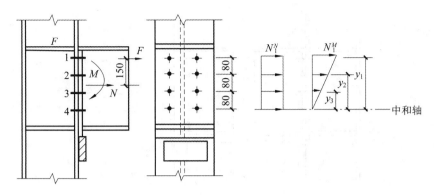

图 3-64 例题 3-10 图

螺栓群在弯矩 M 和轴心力 N 共同作用下,螺栓 1 受到的拉力最大,要求所受的合力 $N_{1,\max}$ 不应大于其抗拉承载力 N_t^b,即

$$N_{1,\max} = \frac{N}{n} + \frac{M \cdot y_1}{m \sum y_i^2} \leqslant N_t^b \qquad (3\text{-}40)$$

【解】 ① 将外力 N 简化到螺栓群形心 O,可得轴心拉力和弯矩分别为

$$N = 150 \text{ kN}$$
$$M = N \cdot e = 150 \times 0.15 \text{ kN} \cdot \text{m} = 22.5 \text{ kN} \cdot \text{m}$$

② 单个螺栓的设计承载力计算。

$$N_t^b = \frac{\pi d_e^2}{4} f_t^b = 303 \times 170 \times 10^{-3} \text{ kN} = 51.5 \text{ kN}$$

③ 螺栓强度验算。

在 N 作用下

$$N_1^N = \frac{N}{n} = \frac{150}{8} \text{ kN} = 18.75 \text{ kN}$$

在 M 作用下,最上排螺栓受力最大。

$$N_{1,\max}^M = \frac{M y_1}{m \sum y_i^2} = \frac{22.5 \times 10^6 \times 240}{2(240^2 + 160^2 + 80^2)} \text{ N} = 30.13 \text{ kN}$$

所以螺栓 1 所受最大拉力的合力为 $N_{1,\max}^{N,M} = N_1^N + N_{1,\max}^M = (18.75 + 30.13)\text{N} = 48.88 \text{ kN} < N_t^b = 51.51 \text{ kN}$,故螺栓连接安全。

5)螺栓群同时受拉力和剪力作用

螺栓群承受拉力和剪力共同作用时,按拉剪螺栓计算,公式如下:

$$\sqrt{\left(\frac{N_v}{N_v^b}\right)^2 + \left(\frac{N_t}{N_t^b}\right)^2} \leqslant 1 \qquad (3\text{-}41)$$

$$N_v = \frac{V}{n} \leqslant N_c^b \qquad (3\text{-}42)$$

式中:N_v、N_t——受力最大的螺栓所受的剪力和拉力。

【例题 3-11】 柱与梁连接——普通螺栓群承受拉力和剪力共同作用。已知梁柱采用普通 C 级螺栓连接,如图 3-65 所示,梁端支座板下设有支托,钢材为 Q235B,螺栓直径为 $d = 20$ mm,焊条为 E43 型,手工焊,此连接承受的静力荷载设计值为 $V = 277$ kN,$M = 38.7$ kN · m,验算此连接强度。

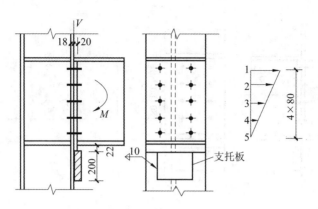

图 3-65   例题 3-11 图

【分析】   此螺栓群受弯矩 M 和剪力 V 共同作用,这种连接可以有两种计算方法。

① 不设置支托,按受拉受剪螺栓计算。

② 对于粗制螺栓,一般不宜受剪(承受静力荷载的次要连接或临时安装连接除外)。此时可设置焊接在柱上的支托,支托焊缝承受剪力,螺栓只承受拉力作用。

支托焊缝计算公式为

$$\tau_f = \frac{\alpha \cdot V}{0.7 h_f \sum l_w} \leqslant f_f^w$$

式中:α——考虑剪力对焊缝的偏心影响系数,可取 $1.25 \sim 1.35$。

【解】   查表得 $f_v^b = 140 \ \text{N/mm}^2$,$f_c^b = 305 \ \text{N/mm}^2$,$f_t^b = 170 \ \text{N/mm}^2$。

(1) 假定不设支托,螺栓群承受拉力和剪力。

① 单个普通螺栓的承载力。

抗剪:$N_v^b = n_v \frac{\pi \cdot d^2}{4} f_v^b = 1 \times \frac{\pi \cdot 20^2}{4} \times 140 \times 10^{-3} \ \text{kN} = 43.96 \ \text{kN}$

抗压:$N_c^b = d \cdot \sum t \cdot f_c^b = 20 \times 18 \times 305 \times 10^{-3} \ \text{kN} = 109.8 \ \text{kN}$

抗拉:$N_t^b = \frac{\pi \cdot d_e^2}{4} f_t^b = A_e f_t^b = 244.8 \times 170 \times 10^{-3} \ \text{kN} = 41.62 \ \text{kN}$

② 螺栓连接强度验算。

螺栓既受剪又受拉,受力最大的螺栓为"1",其受力为

$$N_v = \frac{V}{n} = \frac{277}{10} \ \text{kN} = 27.7 \ \text{kN}$$

$$N_1^M = \frac{M \cdot y_1}{m \sum y_i^2} = \frac{38.7 \times 320 \times 10^6}{2 \times (80^2 + 160^2 + 240^2 + 320^2)} \ \text{N} = 32.25 \ \text{kN}$$

验算"1"螺栓受力

$$\sqrt{\left(\frac{N_v}{N_v^b}\right)^2 + \left(\frac{N_1^M}{N_t^b}\right)^2} = \sqrt{\left(\frac{27.7}{43.96}\right)^2 + \left(\frac{32.25}{41.62}\right)^2} = 0.999 < 1.0$$

$$N_v = 27.7 \ \text{kN} < N_c^b = 109.8 \ \text{kN}$$

满足要求。

(2) 假定支托板承受剪力作用,螺栓只承受弯矩作用。

① 单个螺栓承载力为

$$N_t^b = 41.62 \ \text{kN}$$

② 连接验算包括以下两个内容。

螺栓验算 $N_1^M=32.25$ kN$<N_t^b=41.62$ kN，满足要求。

支托板焊缝验算，取偏心影响系数 $\alpha=1.35$，焊角尺寸为 $h_f=10$ mm。

$$\tau_f=\frac{\alpha\cdot V}{h_e\sum l_w}=\frac{1.35\times277\times10^3}{2\times0.7\times10\times(200-20)}\ \text{N/mm}^2=148.4\ \text{N/mm}^2<f_f^w=160\ \text{N/mm}^2$$

满足要求。

3.6.2　高强度螺栓摩擦型连接的计算

1. 高强度螺栓的预拉力 P

高强度螺栓摩擦型连接是依靠被连接件之间的摩擦力来传递连接剪力的，并以剪力不超过摩擦力作为设计准则。图 3-66 所示为高强度螺栓连接示意图。摩擦力大小取决于板叠间的法向压力，即螺栓的预拉力、接触表面的抗滑移系数以及传力摩擦面数目。

高强度螺栓的预拉力是通过专用扳手扭紧螺帽实现的，一般采用扭矩法、转角法和扭剪法。

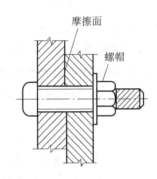

图 3-66　高强度螺栓连接示意图

高强度螺栓的设计预拉力 P 由下式计算得到：

$$P=\frac{0.9\times0.9\times0.9}{1.2}f_u\cdot A_e=0.608f_uA_e \qquad (3\text{-}43)$$

式中：f_u——螺栓材料经热处理后的最低抗拉强度，对于 8.8 级螺栓，$f_u=830$ N/mm²，对于 10.9 级螺栓，$f_u=1040$ N/mm²；

A_e——高强度螺栓的有效截面面积（单位为 mm²）。

式(3-43)中的系数考虑了以下几个因素。

① 螺栓材料抗力的变异性，引入折减系数 0.9。

② 为补偿预拉力损失，超张拉 5%～10%，引入折减系数 0.9。

③ 在扭紧螺栓时，扭矩使螺栓产生的剪力将降低螺栓的抗拉承载力，引入折减系数1/1.2。

④ 钢材由于以抗拉强度为准，安全起见，引入附加安全系数 0.9。

高强度螺栓预拉力并不按式(3-43)计算，而是直接按表 3-11 取值。

表 3-11　高强度螺栓的预拉力 P（单位：kN）

螺栓的性能等级	螺栓的公称直径					
	M16	M20	M22	M24	M27	M30
8.8 级	80	125	150	175	230	280
10.9 级	100	155	190	225	290	355

2. 高强度螺栓连接的摩擦面抗滑移系数 μ

高强度螺栓应严格按照施工规程操作，不得在潮湿、淋雨状态下拼装，不得在摩擦面上涂红丹、油漆等，应保证摩擦面干燥、清洁。

高强度螺栓连接的钢材摩擦面抗滑移系数 μ 如表 3-12 所示。

表 3-12　钢材摩擦面抗滑移系数 μ

连接处构件接触面的处理方法	构件的钢材牌号		
	Q235 钢	Q345 钢或 Q390 钢	Q420 钢或 Q460 钢
喷硬质石英砂或铸钢棱角砂	0.45	0.45	0.45
抛丸(喷砂)	0.40	0.40	0.04
采用钢丝刷清除浮锈的轧制面或未经处理的干净轧制面	0.30	0.35	—

钢材表面必须进行除锈和粗糙处理,钢丝刷除锈方向应与受力方向垂直。当连接构件采用不同钢材牌号时,抗滑移系数按相应较低强度者取值。当采用其他方法处理时,其处理工艺及抗滑移系数均需试验确定。

3. 高强度螺栓摩擦型连接的承载力设计值

(1) 单个高强度螺栓摩擦型连接的抗剪承载力设计值为

$$N_v^b = 0.9 \kappa\, n_f \mu P \qquad (3\text{-}44)$$

式中:0.9——抗力分项系数 γ_R 的倒数,即 $1/\gamma_R = 1/1.111 = 0.9$;

n_f——传力的摩擦面数;

μ——高强度螺栓摩擦面抗滑移系数,按表 3-12 采用;

κ——孔型系数,标准孔取 1.0,大圆孔取 0.85,内力与槽孔方向垂直时取 0.7,内力与槽孔方向平行时取 0.6;

P——单个高强度螺栓的预拉力,按表 3-11 采用。

(2) 单个高强度螺栓摩擦型连接的抗拉承载力设计值为

$$N_t^b = 0.8P \qquad (3\text{-}45)$$

4. 螺栓群的计算

1) 螺栓群承受轴心剪力作用

(1) 在轴心力作用下,高强度螺栓摩擦型连接所需的螺栓数目计算方法与普通螺栓相同,仍采用式(3-33),只是式中的 $N_{\min}^b$ 采用高强度螺栓摩擦型连接的抗剪承载力设计值 N_v^b,见式(3-44)。

(2) 板件净截面强度。

普通螺栓连接的连接钢板最危险截面在第一排螺栓孔处。高强度螺栓摩擦型连接时,一部分剪力已由孔前接触面传递(见图 3-67)。一般孔前传力占该排螺栓传力的 50%,这样截面 1-1 净截面传力为

$$N' = N - 0.5\,\frac{N}{n} \times n_1 = N\left(1 - \frac{0.5 n_1}{n}\right) \qquad (3\text{-}46)$$

式中:n——连接一侧的螺栓总数;

n_1——计算截面上的螺栓数。

净截面强度为

$$\sigma_n = \frac{N'}{A_n} \leqslant f \qquad (3\text{-}47)$$

【例题 3-12】 双盖板连接——高强度螺栓摩擦型连接承受剪力作用。设计如图 3-68

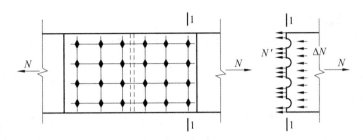

图 3-67 高强度螺栓摩擦型连接孔前传力

所示双盖板拼接连接。已知钢材为 Q345,采用 8.8 级高强度摩擦型螺栓连接,螺栓直径 M22,构件接触面采用喷砂处理,此连接承受的轴心力设计值为 $N=1550$ kN。

【分析】 在轴心力 N 的作用下,整个连接受轴心拉力作用,高强度螺栓承受剪力。

① 确定所需螺栓数目,并按构造要求排列。

② 确定盖板截面尺寸,方法同例题 3-8。

③ 验算板件净截面强度。

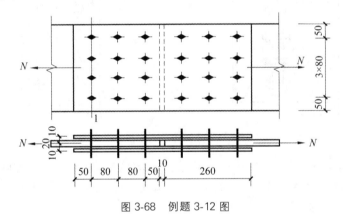

图 3-68 例题 3-12 图

【解】 查表 3-11 和表 3-12 知,8.8 级 M22 螺栓的预拉力 $P=150$ kN,构件接触面抗滑移系数 $=0.50$;由附表 2-1 可知 Q345 钢板强度 $=295$ N/mm^2。

① 确定所需螺栓数目和螺栓排列布置。

单个螺栓抗剪承载力设计值:

$$N_v^b = 0.9\kappa n_f \mu P = 0.9 \times 1 \times 2 \times 0.5 \times 150 \text{ kN} = 135 \text{ kN}$$

则连接一侧所需螺栓数目为 $n \geqslant \dfrac{N}{N_v^b} = \dfrac{1550}{135} = 11.5$ 个,取 $n=12$ 个。

② 确定连接盖板的截面尺寸。

采用双盖板拼接,钢材采用 Q345,截面尺寸为 10 mm×340 mm,保证盖板截面面积之和与被连接钢板截面面积相等。

如图 3-68 所示,螺栓并列布置,连接盖板尺寸为 2—10×340×530,其螺栓的中距、边距和端距均满足构造要求。

③ 验算板件净截面强度,这部分内容属于构件的强度计算。

钢板 1-1 截面强度验算:

$$N' = N - 0.5\frac{N}{n}n_1 = \left(1550 - 0.5 \times \frac{1550}{12} \times 4\right) \text{ kN} = 1291.7 \text{ kN}$$

1-1 截面净截面面积为

$$A_n = t(b - n_1 d_0) = 2.0 \times (34 - 4 \times 2.4)\ \text{cm}^2 = 48.8\ \text{cm}^2$$

则 $\sigma_n = \dfrac{N'}{A_n} = \dfrac{1291.7}{48.8} \times 10\ \text{N/mm}^2 = 264.7\ \text{N/mm}^2 < f = 295\ \text{N/mm}^2$，连接满足要求。

2）螺栓群承受弯矩作用

高强度螺栓群在弯矩 M 作用下（见图 3-69），由于被连接构件的接触面一直保持紧密贴合，可认为受力时中和轴在螺栓群的形心线处。所以在弯矩作用下，最外排螺栓受力最大，应按下式计算：

$$N_1 = \frac{M y_1}{\sum y_i^2} \leqslant N_t^b \tag{3-48}$$

式中：y_1 —— 螺栓群形心轴至最外排螺栓的距离；

$\sum y_i$ —— 形心轴上下每个螺栓至形心轴距离的平方和。

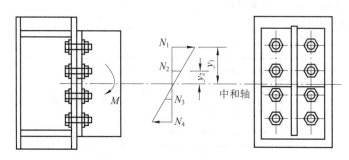

图 3-69　弯矩作用下的高强度螺栓连接

在外拉力的作用下，板件间的挤压力降低。每个螺栓的抗剪承载力也随之减少。另外，由试验知，抗滑移系数随板件间挤压力的减小而降低。《钢结构设计标准》GB 50017—2017 规定其承载力采用直线相关公式表示：

$$\frac{N_v}{N_v^b} + \frac{N_t}{N_t^b} \leqslant 1 \tag{3-49}$$

式中：N_v、N_t —— 单个高强度螺栓所承受的剪力和拉力；

　　N_v^b —— 单个高强度螺栓抗剪承载力设计值，$N_v^b = 0.9 \kappa n_f \mu P$；

　　N_t^b —— 单个高强度螺栓抗拉承载力设计值，$N_t^b = 0.8P$。

【例题 3-13】　柱与梁连接一高强度螺栓，摩擦型连接，承受弯矩、剪力和轴力共同作用。如图 3-70 所示，高强度螺栓摩擦连接承受 M、V、N 共同作用，图中内力均为设计值。被连接构件的钢材为 Q235B，螺栓为 10.9 级 M20，接触面采用喷砂处理，验算此连接的承载力是否满足要求。

【分析】　高强度螺栓摩擦型连接承受 M、V、N 共同作用，此时螺栓在受拉的同时受剪，其承载力应满足式（3-49）。解题关键有两点：①弄清楚高强度螺栓和普通螺栓受弯矩作用时中和轴位置的区别；②找出最危险螺栓，按式（3-49）验算该螺栓。

【解】　① 单个高强度螺栓摩擦型连接抗剪，抗拉承载力设计值为

$$N_v^b = 0.9 \kappa n_f \mu P = 0.9 \times 1 \times 1 \times 0.45 \times 155\ \text{kN} = 62.775\ \text{kN}$$

$$N_t^b = 0.8P = 0.8 \times 155\ \text{kN} = 124\ \text{kN}$$

② 求危险螺栓的受力。

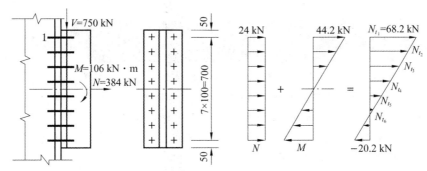

图 3-70 例题 3-13 图

螺栓同时受 V、M 和 N 作用,螺栓 1 受力最大。

$$N_1^M = \frac{My_1}{m\sum y_i^2} = \frac{106 \times 10^3 \times 350}{2 \times 2(50^2 + 150^2 + 250^2 + 350^2)} \text{ kN} = 44.2 \text{ kN}$$

$$N_1^N = \frac{N}{n} = \frac{384}{16} \text{ kN} = 24 \text{ kN}$$

所以

$$N_{1t,\max} = N_1^N + N_1^M = (24 + 44.2)\text{kN} = 68.2 \text{ kN}$$

$$N_1^V = \frac{V}{n} = \frac{750}{16} \text{ kN} = 46.88 \text{ kN}$$

③ 承载力验算

$$\frac{N_v}{N_v^b} + \frac{N_t}{N_t^b} = \frac{46.88}{62.775} + \frac{68.2}{124} = 0.75 + 0.55 = 1.3 > 1$$

连接不安全。

3.6.3 高强螺栓承压型连接的计算

高强度螺栓承压型连接以螺栓杆被剪断或孔壁挤压破坏为承载能力的极限状态,可能的破坏形式与普通螺栓相同。

(1) 在抗剪连接中,高强度螺栓承压型连接的承载力设计值的计算方法与普通螺栓相同,只是采用高强度螺栓的抗剪、承压设计值。但当剪切面在螺纹处时,其受剪承载力设计值应按螺纹处的有效面积进行计算,即 $N_v^b = n_v \cdot \frac{\pi d_e^2 f_v^b}{4}$,$f_v^b$ 为高强螺栓的抗剪设计值。

(2) 在受拉连接中,承压型连接的高强度螺栓抗拉承载力设计值的计算方法与普通螺栓相同,按式(3-32)计算。

(3) 同时承受剪力和拉力的连接中高强度螺栓承压型连接应按下式计算:

$$\sqrt{\left(\frac{N_v}{N_v^b}\right)^2 + \left(\frac{N_t}{N_t^b}\right)^2} \leqslant 1 \tag{3-50}$$

$$N_v \leqslant N_c^b / 1.2 \tag{3-51}$$

式中:1.2——折减系数,高强度螺栓承压型连接在施加预拉力后,板的孔前有较高的三向压应力,使板的局部挤压强度大大提高,因此 N_c^b 比普通螺栓高。但当施加外拉力后,板件间的局部挤压力随外拉力增大而减小,螺栓的 N_c^b 也随之降低且随外力变化而变化。为简便计算,取固定值 1.2。

小结及学习指导

本章主要内容包括完全焊透的对接焊缝、直角角焊缝、普通螺栓和高强度螺栓连接的工作原理、构造和计算。在学习时，应结合所学的力学知识，熟练掌握各种常用连接在外力作用下的受力分析方法，理解连接应满足的强度条件。

（1）焊接连接是钢结构常用的连接方法。不仅工厂加工构件采用焊接，主要承重构件的现场连接或拼接也常采用焊接。

（2）影响焊缝质量的因素有坡口的形式和尺寸、焊材的选用、焊接工艺以及工人的操作技术等。应严格控制焊接的质量，避免或减少焊接缺陷的产生。

（3）焊接过程中的不均匀温度场、焊件的刚度以及局部塑性变形是产生焊接残余应力和焊接残余变形的根本原因。焊接残余应力和变形降低结构的刚度和稳定性，严重影响结构的疲劳强度、抗脆断能力和耐腐蚀能力。

（4）对接焊缝可用于对接连接、T 形连接和角接连接。焊透的对接焊缝受力时，其计算截面上的应力状态与被连接构件相同。对接焊缝在外力作用下的计算方法实际上与构件强度的计算方法相同，只是焊缝的强度设计值采用 f_t^w、f_c^w、f_v^w。

（5）焊缝长度大于 $60h_f$ 的角焊缝在工程中的应用增多，在计算焊缝强度时可以不考虑超过 $60h_f$ 部分的长度，也可对全长焊缝的承载力进行折减，但有效焊缝计算长度不应超过 $180h_f$。

（6）角焊缝按它与外力方向的不同可分为侧面角焊缝和正面角焊缝，正面角焊缝的强度高于侧面角焊缝。应正确理解直角角焊缝计算公式及符号的含义。正应力是垂直于焊缝有效截面（$h_e l_w$）的正应力；剪应力是平行于焊缝有效截面（$h_e l_w$）的剪应力。

（7）螺栓连接计算包括轴心剪力或扭矩作用下的受剪计算、轴心拉力或弯矩作用下的受拉计算、几种力共同作用下的受拉受剪计算三种情况。

（8）普通螺栓连接受弯矩作用时，其受拉区最外排螺栓受到的拉力最大，与螺栓群拉力相平衡的压力产生于下部接触面上，取中和轴在弯矩指向一侧第一排螺栓形心轴处；高强度螺栓连接在弯矩作用下，由于被连接构件的接触面一直保持紧密贴合，取中和轴在螺栓群的形心轴处。

（9）高强度螺栓依照受剪螺栓的极限状态不同分为摩擦型和承压型两种。高强度螺栓承压型连接不应用于直接承受静力荷载的结构。

（10）在剪力作用下计算高强度螺栓摩擦型连接最危险截面螺孔处的板件净截面强度时，需考虑一部分剪力已由孔前接触面传递。

（11）判断受弯或受扭是角焊缝连接（或螺栓连接）计算的一个难点。当直接作用的力矩或由偏心力引起的力矩所作用的平面与焊缝群（螺栓群）所在的平面垂直时，焊缝（螺栓）受弯；当直接作用的力矩或由偏心力引起的力矩所作用的平面与焊缝（螺栓）所在的平面平行时，焊缝（螺栓）受扭。

（12）连接节点的构造设计和计算是整个钢结构设计中的一个重要环节。随着钢结构的日益发展，越来越多的结构中涉及钢结构节点，如钢屋盖连接节点、空间钢网架结构连接节点、门式钢架连接节点、多高层钢结构连接节点等。本章例题主要是一些简单节点连接的受力计算，为后续相关知识打下基础。工程中常用的节点有柱脚设计、梁柱连接、主次梁连接等。

思　考　题

3-1　钢结构常用的连接方法有哪几种？简述钢结构焊接连接的特性。

3-2　焊条的级别及选用原则是什么？

3-3　按施焊的相对位置分，焊接形式有哪几种？哪种质量最好？

3-4　焊缝质量检验级别分几级？每个级别应采用什么检验方法？

3-5　焊接残余应力的成因是什么？其特点是什么？

3-6　焊接残余应力和残余变形对结构工作有什么影响？工程中如何减少残余应力和残余变形的影响？

3-7　对接焊缝连接为什么采用坡口？坡口的形式有哪些？

3-8　简述引弧板的作用。在有、无引弧板时，对接焊缝的计算长度应怎样取值？

3-9　了解常用焊缝的表示方法。

3-10　何谓正面角焊缝和侧面角焊缝？它们各有什么特点？

3-11　角焊缝的焊角尺寸和计算长度的构造要求有哪些？

3-12　什么是角焊缝的有效截面？有效截面高度取多少？

3-13　掌握角焊缝的基本计算公式，理解公式中各个符号的意义。

3-14　如图 3-71 所示为屋架下弦节点，集中荷载 F 作用在下弦节点上，讨论下弦节点板间焊缝的计算方法。

3-15　分析图 3-72 中角焊缝在荷载 P 作用下最危险的受力点是哪一个。

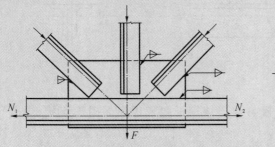 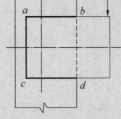

图 3-71　思考题 3-14 图　　　　　图 3-72　思考题 3-15 图

3-16　螺栓的排列方式有几种？螺栓排列应满足哪些要求？

3-17　熟悉螺栓的表示符号，普通螺栓和高强度螺栓的级别如何表示？有什么含义？

3-18　按受力性质不同，螺栓连接分为几种类型？

3-19　普通螺栓受剪连接时有哪几种破坏形式？规范中采用哪些方法避免这些破坏的发生？

3-20　螺栓连接的 d、d_0、d_e 分别表示什么意思？它们分别用于哪种计算中？

3-21　高强度螺栓连接分哪两种类型？它们的承载能力极限状态有何不同？

3-22　在弯矩作用下，普通螺栓连接和高强度螺栓摩擦型连接的计算方法有何不同？

习　题

3-1　如图 3-73 所示，T 形牛腿与柱采用对接焊缝连接，承受的荷载设计值 $N=$ 150 kN，材料为 Q345 钢，手工焊，焊条为 E50 型，焊缝质量等级为三级，加引弧板。验算此连接的强度是否满足。

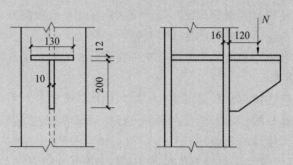

图 3-73　习题 3-1 图

3-2　角钢与节点板采用三围角焊缝连接，如图 3-74 所示，钢材为 Q235 钢，焊条为 E43 型，采用手工焊，承受的静力荷载设计值 $N=850$ kN，试设计所需焊缝的焊脚尺寸和焊缝长度。

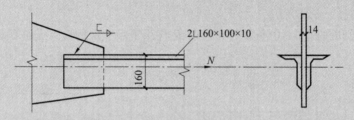

图 3-74　习题 3-2 图

3-3　如图 3-75 所示，盖板与被连接钢板间采用三面围焊连接，焊脚尺寸 $h_f=$ 8 mm，承受轴心拉力设计值 $N=1000$ kN，钢材为 Q235B，焊条为 E43 型，设计盖板的尺寸。

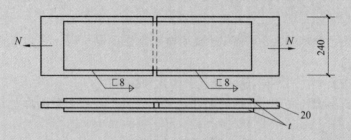

图 3-75　习题 3-3 图

3-4　如图 3-76 所示，钢板与柱翼缘用直角角焊缝连接，钢材为 Q235 钢，手工焊，E43 型焊条，承受斜向力设计值 $F=390$ kN（静载），$h_f=8$ mm。试校核此焊缝的构造要求并验算此焊缝是否安全。

3-5 如图 3-77 所示，角钢两边用角焊缝与柱相连，焊脚尺寸 $h_f=8$ mm，钢材 Q345B，焊条为 E50 型，手工焊，承受静力荷载设计值 $F=390$ kN，试验算此焊缝强度是否满足承载要求（转角处绕焊 $2h_f$，可不计焊口的影响）。

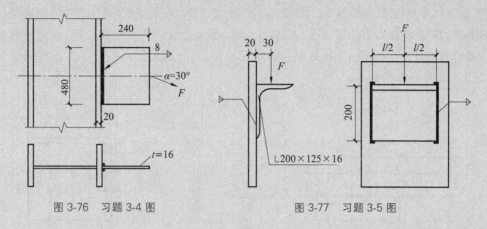

图 3-76　习题 3-4 图　　　　　　　　　图 3-77　习题 3-5 图

3-6 试设计图 3-78 中的粗制螺栓连接，钢材为 Q235B，荷载设计值 $F=100$ kN，$e_1=300$ mm。

3-7 C 级普通螺栓连接如图 3-79 所示，构件钢材为 Q235 钢，螺栓直径 $d=20$ mm，孔径 $d_0=21.5$ mm，承受静力荷载设计值 $V=240$ kN。试按下列条件验算此连接是否安全：

① 假定支托承受剪力；

② 假定支托不受力。

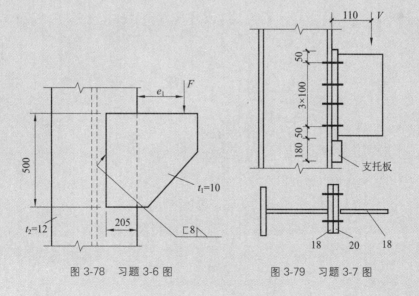

图 3-78　习题 3-6 图　　　　　　　　　图 3-79　习题 3-7 图

3-8 如图 3-80 所示,钢板采用双盖板连接,构件钢材为 Q345 钢,螺栓为 10.9 级高强度螺栓摩擦型,接触面喷砂处理,螺栓直径 $d=20$ mm,孔径 $d_0=22$ mm,试计算此连接所能承受的最大轴心力设计值 F。

3-9 牛腿用连接角钢 2 L 100×125×18 及 M22 高强度螺栓(10.9 级)摩擦型与柱相连,螺栓布置如图 3-81 所示,钢材为 Q235 钢,接触面采用喷砂处理,承受的偏心荷载设计值 $F=150$ kN,支托板仅起临时安装作用,分别验算角钢两肢上的螺栓强度是否满足偏心承载要求。

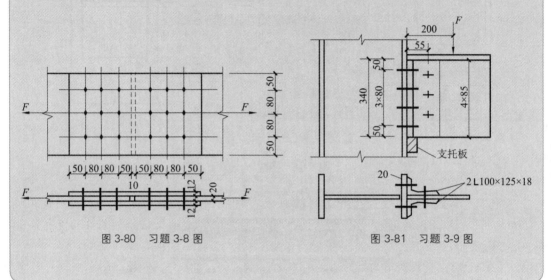

图 3-80　习题 3-8 图　　　　　图 3-81　习题 3-9 图

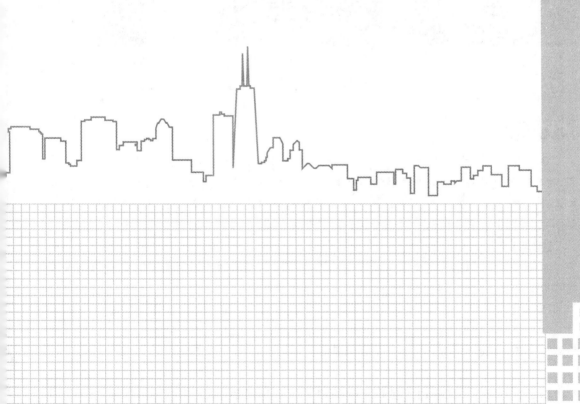

第4章

轴心受力构件

ZHOUXIN SHOULI GOUJIAN

思政小贴士

工程师之戒

　　工程师之戒(Iron Ring,又译作铁戒,耻辱之戒)是一枚仅仅授予北美几所顶尖大学工程系毕业生的戒指,用以警示以及提醒他们,谨记工程师对公众和社会的责任与义务。这枚戒指被誉为"世界上最昂贵的戒指",其意义与军人的勋章一样重大,在整个西方世界,铁戒已经成为一个出类拔萃的工程师的杰出身份和崇高地位的象征。戒指外表面上下各有 10 个刻面。这枚戒指起源于加拿大的魁北克大桥悲剧。1900 年,魁北克大桥开始修建,横贯圣劳伦斯河。为了建造当时世界上最长的桥梁,原本可能成为不朽杰作的桥梁被工程师在设计时将主跨的净距由 487.7 m 增长到 548.6 m。1907 年 8 月 29 日下午 5 点 32 分,桥梁在即将竣工之际发生了垮塌,造成桥上 86 名工人中的 75 人丧生、11 人受伤。事故调查显示,魁北克大桥倒塌是因为悬臂根部的下弦杆失效,这些杆件存在设计缺陷,当时关于受压杆的理论还不成熟。惨痛的教训引起了人们的沉思,于是自彼时起,垮塌桥梁的钢筋便被重铸为一枚枚戒指,时时刻刻提醒着被定义为精英的工程师的责任与义务。

魁北克大桥第一次断裂　　　　　魁北克大桥第二次断裂　　　　　工程师之戒

魁北克大桥的悲剧

本章知识点

　　轴心受力构件的强度计算方法,刚度及长细比概念;理想轴心受压杆件的三种屈曲形式,初始缺陷对轴心受压构件整体稳定承载力的影响,受压构件整体稳定承载力的计算方法和设计简化;轴心受压矩形薄板的临界力及局部稳定组成板件的容许宽厚比及腹板屈曲后强度的应用;实腹式和格构式轴心受压柱的设计方法;连接节点及柱脚的构造与计算。

【重点】

　　在钢结构学习中,稳定概念是非常重要的,本章有关整体稳定和局部稳定的概念是整个钢结构基本构件稳定计算的基础,需要重点学习和理解。

【难点】

　　轴心受力构件整体稳定的概念,各种初始缺陷对杆件整体稳定承载力的影响,组成板件的局部稳定,节点及柱脚的连接构造及计算。

　　轴心受力构件广泛应用于建筑中的各种平面及空间架(见图 4-1(a))、网架(见图 4-1(b))、塔架(见图 4-1(c))和支撑等杆件体系结构中。这些结构通常假设其节点为铰接连接,当荷载仅在节点上作用时,其组成杆件只产生轴向拉力和压力作用,分别称为轴心受拉构件和轴心受压构件。

(a) 空间架中的腹杆和下弦杆　(b) 网架中几乎所有的杆件　(c) 塔架是压弯结构，但空
　　是轴心受力构件　　　　　　都不承受弯矩　　　　　　间杆系中的每根杆件都
　　　　　　　　　　　　　　　　　　　　　　　　　　　只承受轴力

图 4-1　轴心受力构件在工程中的应用

轴心受压构件也常用作支撑其他结构的承重柱，如大型工作平台支柱（见图 4-2），钢架桥中的结构杆件是轴心受力构件（见图 4-3）。

图 4-2　工作平台柱的两端一般为铰接，是轴心受压柱　　图 4-3　钢架桥中的腹杆是轴心受力构件

轴心受力构件的常用截面形式可分为实腹式和格构式两大类。

实腹式构件制作简单，与其他构件连接较方便，其常用截面形式采用较多的是单个型钢截面，如圆钢、钢管、角钢、T 型钢、槽钢、工字钢、H 型钢等（见图 4-4(a)），也可选用由型钢或钢板组成的组合截面（见图 4-4(b)）。一般钢架结构中的弦杆和腹杆，除 T 型钢外，也常采用角钢或双角钢组合截面（见图 4-4(c)），在轻型结构中可采用由薄钢板冷弯成型的冷弯薄壁型钢截面（见图 4-4(d)）。以上这些截面中，圆钢和组成板件宽厚比较小的紧凑型截面，或两主轴刚度相差悬殊的单槽钢、T 型钢和角钢等截面一般用于轴心受拉构件。而受压构件为了提高其截面刚度，通常采用较为开展、组成板件宽而薄的截面。

格构式构件容易使压杆实现两主轴方向的等稳定性，刚度大、抗扭性能好、用料省。其截面一般由两个或多个型钢支件组成（见图 4-5），支件间采用缀条（见图 4-6(a)）或缀板（见图 4-6(b)）连成整体，缀板和缀条统称为缀材。

轴心受力构件的计算应同时满足承载能力极限状态和正常使用极限状态的要求。对于承载能力极限状态，受拉构件一般以强度控制，而受压构件需同时满足强度和稳定的要求。对于正常使用极限状态，是通过保证构件的刚度——限制其长细比达到的。因此，按受力性质的不同，轴心受拉构件的计算包括强度和刚度计算，轴心受压构件的计算包括强度、稳定和刚度计算。

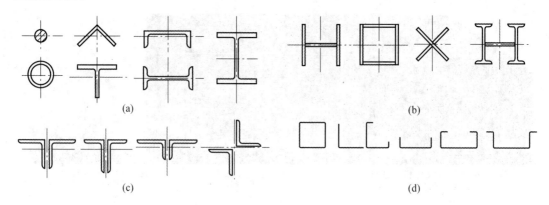

图 4-4　轴心受力实腹式构件的截面形式

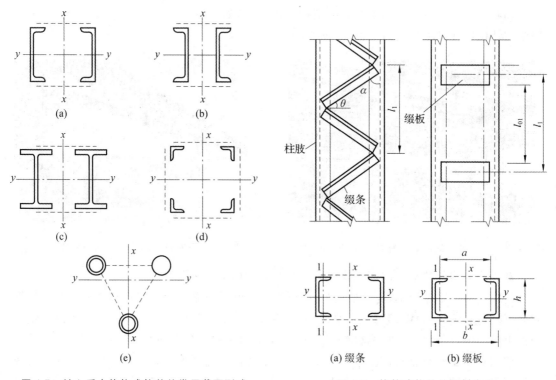

图 4-5　轴心受力格构式构件的常用截面形式　　　　图 4-6　格构式构件的缀材布置

4.1　轴心受力构件的强度和刚度

4.1.1　轴心受力构件的强度计算

轴心受力构件的强度承载力以截面应力达到钢材的屈服应力为极限,即当截面没有孔

洞削弱时,应按下式验算毛截面的屈服强度:

$$\sigma = \frac{N}{A} \leqslant f \tag{4-1}$$

式中:N——构件的轴心拉力或压力设计值(单位为 N);

　　f——钢材的抗拉或抗压强度设计值(单位为 N/mm²);

　　A——构件的毛截面面积(单位为 mm²)。

当构件的截面有局部削弱时,在拉力作用下,截面上的应力分布不再是均匀的,在孔洞附近有如图 4-7(a)所示的应力集中现象。在弹性阶段,孔壁边缘的最大应力 σ_{max} 可能达到构件毛截面平均应力 σ_a 的 3 倍。对于理想弹塑性材料而言,若拉力继续增加,当孔壁边缘的最大应力达到材料的屈服强度以后,应力不再继续增加而只发展塑性变形,截面上的应力产生塑性内力重分布,当构件净截面发生断裂时,应力基本达到均匀分布(见图 4-7(b)),因此一般以平均应力达到屈服强度限值作为计算时的控制值。由于目前高强度钢材在建筑钢结构上的运用越来越广泛,而高强度钢材的应力-应变曲线并没有明显的屈服台阶,当轴心受力构件截面有孔洞削弱而发生断裂时,净截面极限承载力实际已达到抗拉强度的最小值 f_u。若以此作为计算时的控制值,考虑到净截面断裂的后果比截面屈服更严重,因而抗力分项系数需要取更大,现行国家标准《钢结构设计标准》GB 50017—2017 在钢材抗力分项系数平均值 1.1 的基础上再乘以 1.3,即得到净截面断裂时的强度限值 $1/(1.1 \times 1.3)f_u = 0.7f_u$,得到轴心受拉构件净截面强度计算的公式:

$$\sigma = \frac{N}{A_n} \leqslant 0.7f_u \tag{4-2}$$

式中:A_n——构件的净截面面积,当构件多个截面有孔时,取最不利的截面(单位为 mm²);

　　f_u——钢材抗拉强度最小值(单位为 N/mm²)。

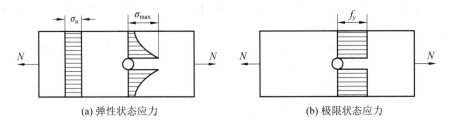

图 4-7　理想弹塑性材料有孔洞拉杆的截面应力分布

对于轴心受压构件,因孔洞处有螺栓直接传力,截面强度可按式(4-1)计算。

当轴心受拉构件采用普通螺栓连接时,若螺栓为并列布置,则 A_n 应按最危险的正交截面计算;若螺栓错列布置,则构件既可能沿正交截面破坏,也可能沿齿状截面破坏,因此 A_n 应取较小面积计算(详见第 3 章 3.6.1 节)。

当轴拉受力杆件采用高强度螺栓摩擦型连接,在验算杆件的净截面强度时,因为截面上每个螺栓所传之力的一部分已经由摩擦力在孔前传走,净截面上所受内力应扣除已传走的力(详见第 3 章 3.6.2 节)。

《公路钢结构桥梁设计规范》JTG D64—2015 对轴心受拉构件的强度计算不区分毛截面和净截面,采用统一的强度计算公式,规定轴心受拉构件的截面强度按下式计算:

$$\gamma_0 N_d \leqslant A_0 f_d \tag{4-3}$$

式中:γ_0——结构重要性系数;

N_d——轴心拉力设计值（单位为 N）；

A_0——净截面面积（单位为 mm^2）；

f_d——钢材的抗拉、抗压和抗弯强度设计值（单位为 N/mm^2）。

与《钢结构设计标准》GB 50017—2017 一样，当轴心受拉杆件采用高强度螺栓摩擦型连接时，考虑孔前传力，承载力公式为

$$\left(1-0.5\frac{n_1}{n}\right)\gamma_0 N_d \leqslant A_0 f_d \tag{4-4}$$

式中：n——在节点或拼接处构件一端连接的高强度螺栓数目；

n_1——所计算截面（最外列螺栓处）高强度螺栓数目。

为了考虑板件局部失稳、初始缺陷和残余应力等对轴心受压构件承载力的影响，《公路钢结构桥梁设计规范》JTG D64—2015 规定轴心受压构件的截面强度按下式计算：

$$\gamma_0 N_d \leqslant A_{eff,c} f_d \tag{4-5}$$

式中：N_d——最不利截面轴心压力设计值；

$A_{eff,c}$——考虑局部稳定影响的有效截面面积（有关有效截面的概念见 4.3.4 节）。

4.1.2　刚度计算

为满足结构的正常使用要求，轴心受力构件不应做得过分柔细，而应具有一定的刚度，以保证构件不会产生过度的变形。

受拉和受压构件的刚度是以其长细比 λ 衡量的，当构件的长细比太大时，会产生不利影响。

此外，由于压杆的承载能力极限状态一般由整体稳定控制，长细比若过大，除具有前述各种不利因素外，还使得构件的极限承载力显著降低，同时，初弯曲和自重产生的挠度也将对构件的整体稳定带来不利影响。

为了保证轴心受力构件具有一定的刚度，对构件的最大长细比 λ 应提出要求，即

$$\lambda = \frac{l_0}{i} \leqslant [\lambda] \tag{4-6}$$

式中：l_0——构件的计算长度（单位为 mm）；

i——截面的回转半径（单位为 mm）；

$[\lambda]$——构件的容许长细比，一般根据构件的重要性和荷载情况在总结钢结构长期使用经验的基础上给出。

表 4-1 是我国国家标准《钢结构设计标准》GB 50017—2017 对受拉构件容许长细比的规定。

表 4-1　受拉构件长细比容许值

项次	构件名称	承受静力荷载或间接承受动力荷载的结构			直接承受动力荷载的结构
		一般建筑结构	对腹杆提供平面外支点的弦杆	有重级工作制吊车的厂房	
1	桁架的杆件	350	250	250	250
2	吊车梁或吊车桁架以下的柱间支撑	300	—	200	—
3	其他拉杆、支撑、系杆等（张紧的圆钢除外）	400	—	350	—

验算容许长细比时,在直接或间接承受动力荷载的结构中计算单角钢受拉构件的长细比时,应采用角钢的最小回转半径,但在计算交叉点相互连接的交叉杆件平面外的长细比时,可采用与角钢肢边平行的轴回转半径。我国《钢结构设计标准》GB 50017—2017 对受拉构件容许长细比的规定:除对腹杆提供平面外支点的弦杆外,对承受静力荷载的结构受拉构件,可仅计算竖向平面内的长细比;中、重级工作制吊车架下弦杆的长细比不宜超过 200;在设有夹钳或刚性料耙等硬钩起重机的厂房中,支撑的长细比不宜超过 300;受拉构件在永久荷载与风荷载组合作用下受压时,其长细比不宜超过 250;跨度等于或大于 60 m 的架,其受拉弦杆和腹杆的长细比在承受静力荷载或间接承受动力荷载时不宜超过 300,在直接承受动力荷载时不宜超过 250;受拉构件的长细比不宜超过表 4-1 规定的容许值。

对受压构件来说,由于刚度不足产生的不利影响远比受拉构件严重。在计算单角钢受压构件的长细比时,应采用角钢的最小回转半径,但计算在交叉点相互连接的交叉杆件平面外的长细比时,可采用与角钢肢边平行的轴回转半径。在验算容许长细比时,可不考虑扭转效应。轴心受压构件的容许长细比宜符合下列规定:跨度等于或大于 60 m 的架,其受压弦杆、端压杆和直接承受动力荷载的受压腹杆的长细比不宜大于 120;轴心受压构件的长细比不宜超过表 4-2 规定的容许值,但当杆件内力设计值不大于承载能力的 50% 时,长细比容许值可取 200。

表 4-2　受压构件长细比容许值

项次	构件名称	长细比容许值
1	轴心受压柱、架和天窗架中的杆件	150
	柱的缀条、吊车梁或吊车桁架以下的柱间支撑	
2	支撑	200
	用以减小受压构件长细比的杆件	

4.2　轴心受压构件的可能破坏形式

轴心受压构件的可能破坏形式有截面强度破坏、整体失稳破坏和局部失稳等几种。

4.2.1　截面强度破坏

轴心受压构件的截面如无削弱,一般不会发生强度破坏,因为整体失稳或局部失稳总发生在强度破坏之前。轴心受压构件的截面如果有削弱,则有可能在截面削弱处发生强度破坏。

4.2.2　整体失稳破坏

整体失稳破坏是轴心受压构件的主要破坏形式。

轴心受压构件在轴心压力较小时处于稳定平衡状态,如果有微小干扰力使其偏离平衡位置,则在干扰力除去后,其仍能恢复到原先的平衡状态。随着轴心压力的增加,轴心受压构件会由稳定平衡状态逐步过渡到随遇平衡状态,这时如果有微小干扰力使其偏离平衡位置,则在干扰力除去后,其将停留在新的位置而不能恢复到原先的平衡位置。随遇平衡状态也称为临界状态,这时的轴心压力称为临界压力。当轴心压力达到临界压力时,标志着构件发生失稳破坏。轴心受压构件整体失稳的变形形式与截面形式有密切关系。一般情况下,双轴对称截面(如工形截面、H 形截面)在失稳时只出现弯曲变形,称为弯曲失稳,如图 4-8(a)所示。单轴对称截面(如不对称工形截面、[形截面、T 形截面等)在绕非对称轴失稳时也是弯曲失稳;在绕对称轴失稳时,不仅出现弯曲变形,还出现扭转变形,称为弯扭失稳,如图 4-8(b)所示。无对称轴的截面(如不等肢 L 形截面)在失稳时均为弯扭失稳。对于十字形截面和 Z 形截面,除出现弯曲失稳外,还可能出现只有扭转变形的扭转失稳,如图 4-8(c)所示。

图 4-8　轴心压杆整体失稳的形态

4.2.3　局部失稳

轴心受压构件中的板件(如工形、H 形)截面的翼缘和腹板等均处于受压状态,如果板件的宽度与厚度之比较大,就会在压应力作用下局部失稳,出现波浪状的鼓曲变形,对于局部失稳是否要在工程设计中予以防止,实践上有不同的处理办法。

4.3　轴心受压构件的整体稳定

在荷载作用下,轴心受压构件的破坏方式主要有两类:短而粗的轴心受压构件主要是强度破坏;细长的轴心受压构件受外力作用后,当截面上的平均应力远低于钢材的屈服强度时,常由于其内力和外力间不能保持平衡的稳定性,一些微扰动可能促使构件产生很大的变形而丧失承载能力,这种现象称为丧失整体稳定性,或称屈曲。由于钢材强度高,钢结构构件的截面大都轻而薄,因而细长轴心压杆的破坏主要是由失去整体稳定性导致的。

稳定问题对钢结构是一个极其重要的问题。在钢结构工程事故中,因失稳导致破坏较为常见。近几十年来,由于结构形式的不断发展和较高强度钢材的应用,构件更超轻型且壁薄,更容易出现失稳现象,因而对结构稳定性的研究以及对结构稳定知识的掌握也就更有必要。

4.3.1 理想轴心受压构件的屈曲

所谓理想轴心压杆就是假定杆件完全平直,截面沿杆件均匀,荷载沿杆件形心轴作用,杆件在受荷之前没有初始应力和初始弯曲,荷载作用在截面形心上,不产生任何初始偏心,也没有初弯曲等缺陷。理想轴心受压构件失稳称为发生屈曲。实际轴心压杆必然存在一定的初始缺陷,如初弯曲荷载的初偏心和残余应力等。为了分析的方便,通常先假定不存在这些缺陷,即按理想轴心受压构件进行分析,然后分别考虑以上初始缺陷的影响。

视构件的截面形状和尺寸,理想轴心压杆可能发生三种不同的屈曲形式。

(1)弯曲屈曲——只发生弯曲变形,杆件的截面只绕一个主轴旋转,杆的纵轴由直线变为曲线。这是双轴对称截面最常见的屈曲形式,也是钢结构中最基本、最简单的屈曲形式。单轴对称截面绕其非对称轴屈曲时也会发生弯曲屈曲。图 4-9(a)所示就是两端铰支的工字形截面压杆发生绕弱轴弯曲屈曲的情况。

(2)扭转屈曲——失稳时杆件除支承端外的各截面均绕纵轴扭转,这是少数双轴对称截面压杆可能发生的屈曲形式。图 4-9(b)所示为长度较小的十字形截面杆件可能发生的扭转屈曲的情况。

(3)弯扭屈曲——单轴对称截面绕其对称轴屈曲时,杆件在发生弯曲变形的同时必然伴随着扭转。图 4-9(c)所示即为 T 形单轴对称截面弯扭屈曲的情况。

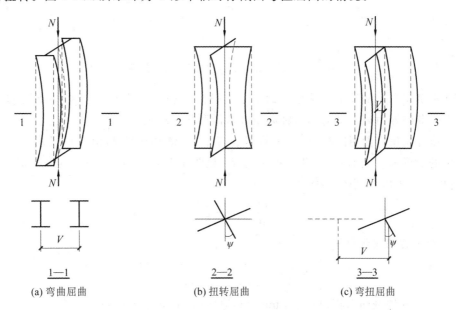

(a) 弯曲屈曲　　　　　(b) 扭转屈曲　　　　　(c) 弯扭屈曲

图 4-9　轴心压杆的屈曲变形

4.3.2　理想轴心受压构件的弹性弯曲屈曲

如图 4-10 所示,两端铰支的理想细长压杆,当压力 N 较小时,杆件只产生轴向的压缩变形,杆件轴线保持平直;如果有横向干扰使之微弯,则干扰撤去后,杆件将恢复原来的直线状态,这表示杆件的平衡是稳定的。当逐渐加大压力 N 到某一数值时,如果有干扰使杆件微弯,则撤去此干扰后,杆件仍然保持微弯状态而不再恢复其原有的直线状态(见图 4-10(a)),但杆件在微弯状态下的平衡是稳定的,这种现象称为平衡的"分支",此时外力和内力的平衡是随遇的,称为随遇平衡或中性平衡。当外力 N 超过此数值时微小的干扰将使杆件产生很大的弯曲变形,随即产生破坏,此时的平衡是不稳定的,即杆件"屈曲"。

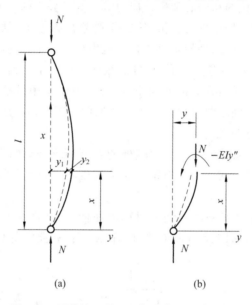

图 4-10　两端铰支轴心压杆屈曲时的临界状态

随遇平衡状态是从稳定平衡过渡到不稳定平衡的一个临界状态,所以称此时的外力 N 为临界力。此临界力可定义为理想轴心压杆呈微弯状态的轴心压力。

轴心压杆发生弯曲屈曲时,截面中将引起弯矩 M 和剪力 V,若沿杆件长度上任一点由弯矩产生的变形为 y_1,由剪力产生的变形为 y_2(见图 4-10(a)),则任一点的总变形为 $y=y_1+y_2$,由材料力学知,在小变形条件下:

$$\frac{\mathrm{d}^2 y_1}{\mathrm{d}x^2} = -\frac{M}{EI}$$

而剪力 V 产生的轴线转角为

$$\gamma = \frac{\mathrm{d}y_2}{\mathrm{d}x} = \frac{\beta}{GA} \cdot V = \frac{\beta}{GA} \cdot \frac{\mathrm{d}M}{\mathrm{d}x}$$

式中:A、I——杆件截面面积(单位为 mm^2)和惯性矩(单位为 mm^4);

$\quad\quad E$、G——材料的弹性模量和剪变模量(单位为 N/mm^2);

$\quad\quad \beta$——与截面形状有关的系数。

因为

$$\frac{\mathrm{d}^2 y_2}{\mathrm{d}x^2} = \frac{\beta}{GA} \cdot \frac{\mathrm{d}V}{\mathrm{d}x} = \frac{\beta}{GA} \cdot \frac{\mathrm{d}^2 M}{\mathrm{d}x^2}$$

所以

$$\frac{\mathrm{d}^2 y}{\mathrm{d}x^2} = \frac{\mathrm{d}^2 y_1}{\mathrm{d}x^2} + \frac{\mathrm{d}^2 y_2}{\mathrm{d}x^2} = -\frac{M}{EI} + \frac{\beta}{GA} \cdot \frac{\mathrm{d}^2 M}{\mathrm{d}x^2}$$

在随遇平衡状态，由于任意截面的外弯矩 $M = N \cdot y$（见图 4-10(b)），得

$$\frac{\mathrm{d}^2 y}{\mathrm{d}x^2} = -\frac{N}{EI}y + \frac{\beta N}{GA} \cdot \frac{\mathrm{d}^2 y}{\mathrm{d}x^2}$$

或

$$y''\left(1 - \frac{\beta N}{GA}\right) + \frac{N}{EI}y = 0 \tag{4-7a}$$

令 $k^2 = \dfrac{N}{EI\left(1 - \dfrac{\beta N}{GA}\right)}$，得

$$y'' + k^2 y = 0 \tag{4-7b}$$

这是一个常系数线性二阶齐次方程，其通解为

$$y = A\sin(kx) + B\cos(kx) \tag{4-7c}$$

式中：A、B——待定常数，由边界条件确定。

对两端铰支杆，当 $x=0$ 时，$y=0$，可由式(4-7c)得 $B=0$，从而

$$y = A\sin(kl) \tag{4-7d}$$

又由 $x=l$ 处 $y=0$，得

$$A\sin(kl) = 0 \tag{4-7e}$$

使式(4-7e)成立的条件：一是 $A=0$，但由式(4-7d)知，若 $A=0$，则有 $y=0$，意味着杆件处于平直状态，这与杆件屈曲时保持微弯平衡的前提相悖，不是我们所需要的解；二是 $\sin(kl)=0$，由此可得 $kl=n\pi$（$n=1,2,3,\cdots$），取最小值 $n=1$，得 $kl=\pi$，$k^2=\pi^2/l^2$，即

$$k^2 = \frac{N}{EI\left(1 - \dfrac{\beta N}{GA}\right)} = \frac{\pi^2}{l^2} \tag{4-7f}$$

解出上式中的 N，即为压杆随遇平衡时的临界力 N_{cr}：

$$N_{cr} = \frac{\pi^2 EI}{l^2} \cdot \frac{1}{1 + \dfrac{\pi^2 EI}{l^2} \cdot \dfrac{\beta}{GA}} = \frac{\pi^2 EI}{l^2} \cdot \frac{1}{1 + \dfrac{\pi^2 EI}{l^2} \cdot \gamma_1} \tag{4-8}$$

式中：γ_1——单位剪力的轴线转角（单位为 1/N），$\gamma_1 = \beta/(GA)$；

l——两端铰支杆的长度（单位为 mm）。

又由式(4-7d)可得两端铰支杆的挠曲线方程为

$$y = A\sin(\pi x/l)$$

式中：A——杆长中点的挠度，是很微小的不定值（单位为 mm²）。

临界状态时的截面平均应力称为临界应力 σ_{cr}：

$$\sigma_{cr} = \frac{N_{cr}}{A} = \frac{\pi^2 E}{\lambda^2} \cdot \frac{1}{1 + \dfrac{\pi^2 EA}{\lambda^2} \cdot \gamma_1} \tag{4-9}$$

式中：λ——杆件的长细比，$\lambda = l/i$；

i——对应于屈曲轴的截面回转半径(单位为 mm),$i = \sqrt{I/A}$。

通常剪切变形的影响较小,对实腹构件,若略去剪切变形,则临界力或临界应力只相差 3‰左右。若只考虑弯曲变形,则上述临界力和临界应力一般称为欧拉临界力 N_E 和欧拉临界应力 σ_E,它们的表达式为

$$N_E = \frac{\pi^2 EI}{l^2} = \frac{\pi^2 EA}{\lambda^2} \tag{4-10}$$

$$\sigma_E = \frac{\pi^2 E}{\lambda^2} \tag{4-11}$$

在上述欧拉临界力和临界应力的推导中,假定弹性模量 E 为常量(即材料符合胡克定律),只有当求得的欧拉临界应力 σ_E 不超过材料的比例极限 f_p 时,式(4-11)才是有效的,即使式(4-10)和式(4-11)有效的条件为

$$\sigma_E = \frac{\pi^2 E}{\lambda^2} \leqslant f_p$$

或长细比

$$\lambda \geqslant \lambda_p = \pi \sqrt{E/f_p}$$

4.3.3 理想轴心受压构件的弹塑性弯曲屈曲

当杆件的长细比 $\lambda < \lambda_p$ 时,临界应力超过了材料的比例极限 f_p,此时弹性模量 E 不再是常量,上述推导的欧拉临界力(即式(4-10))不再适用,此时应考虑钢材的非弹性性能。

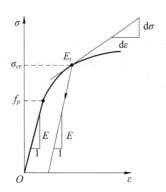

图 4-11 一弹塑性材料的
应力-应变曲线

图 4-11 所示为一弹塑性材料的应力-应变曲线,在应力到达比例极限 f_p 以前为一直线,其斜率为一常量,即弹性模量 E;在应力到达 f_p 以后为一曲线,其切线斜率随应力的大小变化而变化。斜率 $d\sigma/d\varepsilon = E_t$ 称为钢材的切线模量。轴压构件的非弹性屈曲(或称弹塑性屈曲)问题既需考虑几何非线性(二阶效应),又需考虑材料的非线性,因此确定杆件的临界力较为困难。

1889 年,德国科学家恩格塞尔(F. Engesser)提出可以用切线模量理论解决这个问题。

切线模量理论假设在屈曲应力超过比例极限后的非弹性阶段加载时,应力-应变关系遵循相应切线模量 E_t 的规律,在杆件的弹塑性屈曲阶段若用切线模量 E_t 代替弹性模量 E,则可像弹性屈曲那样建立内外弯矩的平衡微分方程。

若忽略剪切变形的影响,内外弯矩的平衡方程为

$$- EI_t y'' = N \cdot y$$

解此微分方程可得理想轴心压杆弹塑性阶段切线模量临界力和临界应力分别为

$$N_{\sigma,t} = \frac{\pi^2 E_t I}{l^2} \tag{4-12}$$

$$\sigma_{cr,t} = \frac{\pi^2 E_t}{\lambda^2} \tag{4-13}$$

4.3.4 初始缺陷对轴心受压构件稳定承载力的影响

实际轴心压杆与理想轴心压杆不一样,它不可避免地存在初始缺陷。这些初始缺陷有力学缺陷和几何缺陷两种。力学缺陷包括残余应力和截面各部分屈服点不一致等。几何缺陷包括初弯曲和加载初偏心等。其中对轴心压杆弯曲稳定承载力影响最大的是残余应力、初弯曲和初偏心。

1. 残余应力的影响

可认为结构用钢材小试件的应力-应变曲线是理想弹塑性的,即可假定屈服点 f_y 与比例极限 f_p 相等(见图 4-12(a)),也就是在屈服点 f_y 之前完全弹性应力达到 f_y 就呈完全塑性。从理论上来说,压杆临界应力与长细比的关系曲线(也称柱子曲线)应如图 4-12(b)所示,即当 $\lambda \geqslant \pi\sqrt{E/f_y}$ 时为欧拉曲线;当 $\lambda < \pi\sqrt{E/f_y}$ 时为一水平线,由屈服条件 $\sigma_{cr} = f_y$ 控制。

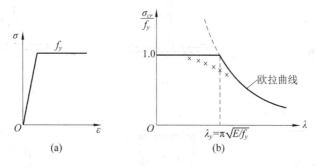

图 4-12 理想弹塑性材料的应力-应变曲线和柱子曲线

但是,一般压杆的试验结果却常处于图 4-12(b)用"×"标出的位置,它们明显比上述理论值低。在一个时期内,人们用试件的初弯曲和初偏心来解释这些试验结果,直到 20 世纪50 年代初期,人们才发现试验结果偏低的原因还有残余应力的影响,并且对有些压杆残余应力的影响是最主要的。

残余应力是钢结构构件还未承受荷载前即已存在于构件截面上的自相平衡的初始应力,其产生的原因主要如下。

(1) 焊接时的不均匀加热和不均匀冷却,这是焊接结构最主要的残余应力(详见第 3 章)。

(2) 型钢热轧后的不均匀冷却。

(3) 板边缘经火焰切割后的热塑性收缩。

(4) 构件经冷校正后产生的塑性变形。

残余应力有平行于杆轴方向的纵向残余应力和垂直于杆轴方向的横向残余应力,对板件厚度较大的截面,还存在厚度方向的残余应力。横向及厚度方向残余应力的绝对值一般很小,并且对杆件承载力的影响甚微,故通常只考虑纵向残余应力。截面实际测量得到的纵向残余应力详见第 3 章 3.2.3 节。

实测的残余应力分布图一般是比较复杂且离散的,不便于分析时采用。通常是将残余应力分布图进行简化,得出其计算简图。结构分析时采用的纵向残余应力计算简图一般由直线或简单的曲线组成,如图 4-13 所示。其中图 4-13(a)是轧制普通工字钢的纵向残余应力分布图,由于其腹板较薄,热轧后首先冷却,翼缘在冷却收缩过程中受到腹板的约束,因此翼缘中产生纵向残余拉应力,腹板中部受到压缩作用产生纵向压应力。图 4-13(b)所示轧制 H 型钢,由于翼缘较宽,其端部先冷却,因此具有残余压应力,其值为 $\sigma_{rc}=0.3f_y$ 左右(f_y 为钢材屈服点)。残余应力在缘宽度上的分布在西欧各国常假设为抛物线,美国常取为直线。图 4-13(c)所示翼缘是轧制边或剪切边的焊接工字形截面,其残余应力分布情况与轧制 H 型钢类似,但翼缘与腹板连接处的残余拉应力通常达到钢材屈服点。图 4-13(d)所示翼缘是火焰切割边的焊接工字形截面,翼缘端部和翼缘与腹板连接处都产生残余拉应力,而后者也经常达到钢材屈服点。图 4-13(e)所示焊接箱形截面,焊缝处的残余拉应力也达到钢材的屈服点,为了互相平衡,板的中部自然产生残余压应力。图 4-13(f)是轧制等边角钢的纵向残余应力分布图。以上的残余应力一般假设沿板的厚度方向不变,板内外都是同样的分布图形,但此种假设只是在板件较薄的情况才能成立。

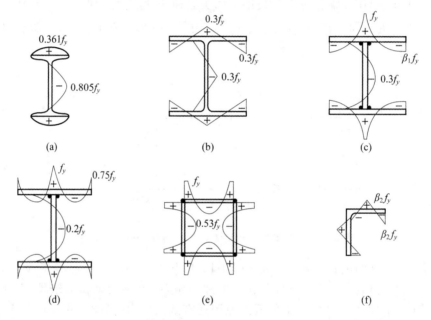

图 4-13   纵向残余应力简化图($\beta_1=0.3\sim0.6,\beta_2\approx0.25$)

对厚板组成的截面,残余应力沿厚度方向有较大变化,不能忽视。图 4-14(a)为轧制厚板焊接的工字形截面沿厚度方向的残余应力分布图,其翼缘板外表面具有残余压应力,端部压应力可能达到屈服点;翼缘板的内表面与腹板连接焊缝处有较高的残余拉应力(达 f_y);在板厚的中部残余应力介于内、外表面之间,随板件宽厚比和焊缝大小变化而变化。图 4-14(b)所示轧制无缝圆管,由于外表面先冷却,后冷却的内表面受到外表面的约束有残余拉应力,而外表面具有残余压应力,从而产生沿厚度变化的残余应力,但其值不大。残余应力的存在也可用短柱试验验证,从杆件截取一短段(其长度不宜太大,使受压时不会失稳)进行压力试验,可以绘出平均应力 $\sigma=N/A$ 与应变 ε 的关系曲线(见图 4-15(e))。现以图 4-13(b)所示的 H 型钢为例说明残余应力的影响。为了说明问题的方便,将对受力性能影响不大的腹板部分略去(见图 4-15(a)),假设柱截面集中于两翼缘。

假设翼缘端部残余压应力 $\sigma_{rc}=0.3f_y$,当外力产生的应力 $\sigma=N/A$ 小于 $0.7f_y$ 时,截面全部为弹性区。如外力增加使 σ 达到 $0.7f_y$ 以后,翼缘端部开始屈服并逐渐向内发展,能继

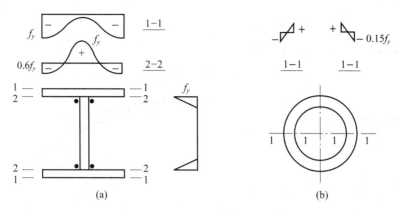

图 4-14 厚板(或厚壁)截面的残余应力

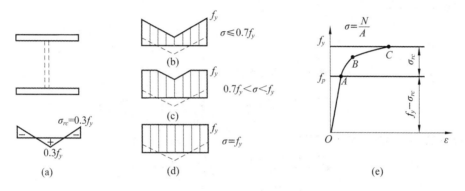

图 4-15 轧制 H 型钢短柱试验应力变化和 $\sigma\text{-}\varepsilon$ 曲线

续抵抗增加外力的弹性区逐渐缩小(见图 4-15(b)(c))。所以,在应力-应变曲线(见图 4-15(e))中,$\sigma=0.7f_y$ 之点(图 4-15(e)中 A 点)即为最大残余压应力点,为 $0.3f_y$ 的有效比例极限 f_p 所在点。由此可知有残余应力的短柱的有效比例极限为

$$f_p = f_y - \sigma_{rc}$$

式中:σ_{rc}——截面中绝对值最大的残余压应力(单位为 N/mm^2)。

根据轴心压杆的屈曲理论,当屈曲时的平均应力 $\sigma=N/A \leqslant f_p$ 或长细比 $\lambda \geqslant \lambda_p = \pi\sqrt{E/f_p}$ 时,可采用欧拉公式计算临界应力。当 $\sigma>f_p$ 或 $\lambda<\lambda_p$ 时,杆件截面内将出现部分塑性区和部分弹性区。由于截面塑性区应力不可能再增加,能够产生抵抗力矩的只是截面的弹性区,此时的临界力和临界应力应为

$$N_{cr} = \frac{\pi^2 E I_e}{l^2} = \frac{\pi^2 E I}{l^2} \cdot \frac{I_e}{I}$$

$$\sigma_{cr} = \frac{\pi^2 E}{\lambda^2} \cdot \frac{I_e}{I}$$

式中:I_e——弹性区的截面惯性矩(或有效惯性矩)(单位为 mm^4);

I——全截面的惯性矩(单位为 mm^4)。

仍以忽略腹板部分的轧制 H 型钢为例,可推出其弹塑性阶段的临界应力值。当 $\sigma=N/A>f_p$ 时,翼缘中塑性区和应力分布如图 4-16(a)(b)所示,翼缘宽度为 b,弹性区宽度为 kb。

当杆件绕 $x\text{-}x$ 轴(强轴)屈曲时:

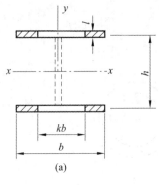

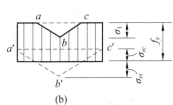

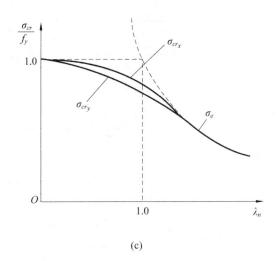

图 4-16　仅考虑残余应力的柱子曲线

$$\sigma_{cr_x} = \frac{\pi^2 E}{\lambda_x^2} \cdot \frac{I_{ex}}{I_x} = \frac{\pi^2 E}{\lambda_x^2} \cdot \frac{2t(kb)h^2/4}{2tbh^2/4} = \frac{\pi^2 E}{\lambda_x^2} \cdot k \tag{4-14}$$

当杆件绕 $y\text{-}y$ 轴(弱轴)屈曲时:

$$\sigma_{cr_y} = \frac{\pi^2 E}{\lambda_y^2} \cdot \frac{I_{ey}}{I_y} = \frac{\pi^2 E}{\lambda_y^2} \cdot \frac{2t(kb)^3/12}{2tb^3/12} = \frac{\pi^2 E}{\lambda_y^2} \cdot k^3 \tag{4-15}$$

由于 $k < 1.0$,故知残余应力对弱轴的影响比对强轴的影响要大得多。画成如图 4-16(c)所示的无量纲柱子曲线,纵坐标是屈曲应力 σ_{cr} 与屈服强度 f_y 的比值,横坐标是正则化长细比 $\lambda_n = \frac{\lambda}{\pi}\sqrt{f_y/E}$,由图可知,在 $\lambda_n = 1.0$ 处残余应力对轴心压杆稳定承载力的影响最大。

2. 初弯曲的影响

实际的压杆不可能完全挺直,总会有微小的初始弯曲。对两端铰支杆,通常假设初弯曲的曲线形式沿全长呈正弦曲线分布(见图 4-17(a)),即假设其初始挠度曲线为

$$y_0 = v_0 \sin\frac{\pi x}{l} \tag{4-16}$$

式中: v_0——压杆长度中点的最大初始挠度。

有初弯曲的构件受压后,杆的挠度增加,设杆件任一点的挠度增加量为 y,则杆件任一点的总挠度为 $y_0 + y$。取脱离体如图 4-17(b)所示,在距原点 x 处,外力产生的力矩为 $N(y_0 + y)$,内部应力形成的抵抗弯矩为 $-EIy''$(这里不计入 $-EIy_0''$,因为 y_0 为初弯曲对应的挠度,杆件在初弯曲状态下没有应力,不能提供抵抗弯矩),建立平衡微分方程式:

$$-EIy'' = N(y_0 + y)$$

将式(4-16)代入,得

$$EIy'' + N\left(v_0\sin\frac{\pi x}{l} + y\right) = 0 \tag{4-17}$$

对两端铰支的理想直杆,可以推想在弹性阶段增加的挠度也呈正弦曲线分布,即

$$y = v_1\sin\frac{\pi x}{l} \tag{4-18}$$

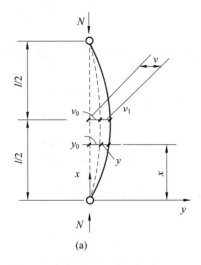
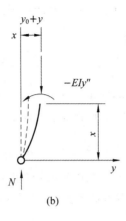

图 4-17 有初弯曲的轴心压杆

式中：v_1——杆件长度中点所增加的最大挠度。

将式(4-18)的 y 和两次微分的 $y'' = -v_1 \dfrac{\pi^2}{l^2} \sin \dfrac{\pi x}{l}$ 代入式(4-17)中，得

$$\sin \frac{\pi x}{l} \left[-v_1 \frac{\pi^2 EI}{l^2} + N(v_1 + v_0) \right] = 0$$

由于 $\sin \dfrac{\pi x}{l} \neq 0$，必然有等式左端方括号中的数值为零，令 $\dfrac{\pi^2 EI}{l^2} = N_E$，得

$$-v_1 N_E + N(v_1 + v_0) = 0$$

因而得

$$v_1 = \frac{N v_0}{N_E - N}$$

杆长中点的总挠度为

$$v = v_1 + v_0 = \frac{N v_0}{N_E - N} + v_0 = \frac{N_E \cdot v_0}{N_E - N} = \frac{v_0}{1 - N/N_E} \tag{4-19}$$

式中：$\dfrac{1}{1 - \dfrac{N}{N_E}}$ 称为挠度放大系数，即具有初挠度为 v_0 的轴心压杆，在压力 N 作用下，任一点

的挠度 v 为初始挠度 v_0 乘以挠度放大系数。

对无残余应力、仅有初弯曲的轴心压杆，截面开始屈服的条件为

$$\frac{N}{A} + \frac{N \cdot v}{W} = \frac{N}{A} + \frac{N v_0}{(1 - \dfrac{N}{N_E}) W} = f_y$$

整理后得

$$\frac{N}{A} \left(1 + v_0 \frac{A}{W} \cdot \frac{\sigma_E}{\sigma_E - \sigma} \right) = f_y$$

或

$$\sigma \left(1 + \varepsilon_0 \cdot \frac{\sigma_E}{\sigma_E - \sigma} \right) = f_y \tag{4-20}$$

式中：$\varepsilon_0 = v_0 \cdot A/W$——初弯曲率；

σ_E——欧拉临界应力(单位为 N/mm^2);

W——截面模量(单位为 mm^3)。

式(4-20)为以 σ 为变量的一元二次方程,解出其有效根,就是以截面边缘屈服作为准则的临界应力 σ_{cr}。

$$\sigma_{cr} = \frac{f_y + (1 + \varepsilon_0)\sigma_E}{2} - \sqrt{\left[\frac{f_y + (1 + \varepsilon_0)\sigma_E}{2}\right]^2 - f_y\sigma_E} \qquad (4\text{-}21)$$

上式称为柏利(Perry)公式,它由"边缘屈服准则"导出,如果取初弯曲 $v_0 = l/1000$(《钢结构工程施工质量验收标准》GB 50205—2020 规定的最大允许值),则初弯曲率为

$$\varepsilon_0 = \frac{l}{1000} \cdot \frac{A}{W} = \frac{l}{1000} \cdot \frac{1}{\rho} = \frac{l}{1000} \cdot \frac{i}{\rho}$$

式中:$\rho = W/A$——截面核心距(单位为 mm);

i——截面回转半径(单位为 mm)。

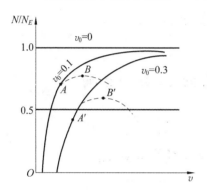

图 4-18　有初弯曲压杆的压力-挠度曲线(v_0 和 v 为相对数值)

图 4-18 中的实线为根据式(4-20)画出的压力-挠度曲线,它们都建立在材料为无限弹性体的基础上,有以下特点。

(1)具有初弯曲的压杆一经加载就产生挠度的增加,而总挠度 v 不是随着压力 N 按比例增加的,开始挠度增加较慢,随后增加较快,当压力 N 接近 N_E 时,中点挠度 v 趋于无限大。这与理想直杆($v_0 = 0$)$N = N_E$ 时杆件挠曲不同。

(2)压杆的初挠度 v_0 值越大,相同压力 N 情况下,杆的挠度越大。

(3)初弯曲即使很小,轴心压杆的承载力也总是低于欧拉临界力,所以欧拉临界力是弹性压杆承载力的上限。

由于实际压杆并非无限弹性体,只要挠度增大到一定程度,杆件中点截面在轴力 N 和弯矩 Nv 作用下边缘开始屈服(图 4-18 中的 A 点或 A' 点),随后截面塑性区不断增加,杆件即进入弹塑性阶段,致使压力还未达到 N_E 之前就丧失承载能力。图 4-18 中的虚线即为弹塑性阶段的压力-挠度曲线。虚线的最高点(B 点和 B' 点)为压杆弹塑性阶段的极限压力点。

对各种截面及其对应轴,i/ρ 值各不相同,因此由柏利公式确定的 σ_{cr}-λ 曲线就有高低。图 4-19 所示为焊接工字形截面在 $v_0 = l/1000$ 时的柱子曲线,从图中可以看出,绕弱轴(惯性矩及回转半径较小的主轴,如图中的 y 轴)的柱子曲线低于绕强轴(惯性矩及回转半径较大的主轴,如图中的 x 轴)的柱子曲线。

3. 初偏心的影响

杆件尺寸的偏差和安装误差会产生作用力的初始偏心,图 4-20 表示两端均有最不利的相同初偏心距 e_0 的铰支柱。假设杆轴在受力前是平直的,在弹性工作阶段,杆件在微弯状态下建立的微分方程为

$$EIy'' + N(e_0 + y) = 0$$

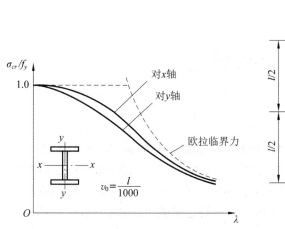

图 4-19　仅考虑初弯曲时的柱子曲线

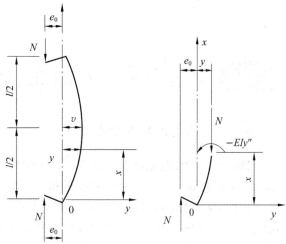

图 4-20　有初偏心的压杆

引入 $k^2 = N/(EI)$ 可得

$$y'' + k^2 y = -k^2 e_0 \tag{4-22}$$

解此微分方程,可得杆长中点挠度 v 的表达式为

$$v = e_0 \left(\sec \frac{kl}{2} - 1 \right) = e_0 \left(\sec \frac{\pi}{2} \sqrt{\frac{N}{N_E}} - 1 \right) \tag{4-23}$$

根据式(4-23)画出的压力-挠度曲线如图 4-21 所示,与图 4-18 对比可知,具有初偏心的轴心压杆的压力-挠度曲线与初弯曲压杆的特点相同,只是图 4-18 中的曲线不通过原点,而图 4-21 中的曲线都通过原点。可以认为,初偏心影响与初弯曲影响类似,但影响的程度却有差别。初弯曲对中等长细比杆件的不利影响较大;初偏心的数值通常较小,除了对短杆有较明显的影响外,杆件越长影响越小。图 4-21 中的虚线表示压杆按弹塑性分析得到的压力-挠度曲线。

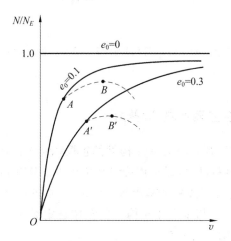

图 4-21　有初偏心压杆的压力-挠度曲线(e_0 和 v 是相对数值)

由于初偏心与初弯曲的影响类似,各国在制订设计标准时,通常只考虑其中一个缺陷来模拟两个缺陷都存在的影响。

4.4 轴心受压构件的局部稳定

4.4.1 板件的局部稳定性

轴心受压构件的截面大多由若干矩形薄板(或薄壁圆管矩形管截面)所组成,如图 4-22 所示工字形截面可看作由两块翼缘板和一块腹板组成。在轴心受压构件中,为了提高其整体稳定性,这些组成板件应做得宽而薄。由于这些组成板件分别受到沿纵向作用于板件面的均匀压力,当压力大到一定程度,在构件尚未达到整体稳定承载力之前,个别板件可能因不能保持其平面平衡状态发生波形凸曲,从而丧失稳定性。由于个别板件丧失稳定性并不意味着构件失去整体稳定性,因而这些板件先行失稳的现象就称为失去局部稳定性。图 4-22 为一工字形截面轴心受压构件发生局部失稳时的变形形态示意图,图 4-22(a)和图 4-22(b)分别表示腹板和翼缘失稳时的情况。构件丧失局部稳定后还可能继续维持整体的平衡状态,但由于部分板件屈曲后退出工作,使构件的有效截面减少,并改变了原来构件的受力状态,从而会加速构件整体失稳,丧失承载能力。

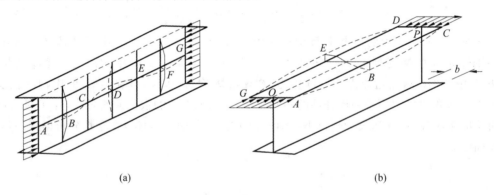

(a)   (b)

图 4-22   一工字形截面轴心受压构件发生局部失稳时的变形形态示意图

4.4.2 轴心受压矩形薄板的临界力

图 4-22(a)和图 4-22(b)所示轴心受压构件的腹板和翼缘板均可以视为均匀受压的矩形薄板,若将钢材视为弹性材料,则可以运用弹性稳定理论计算其临界力和临界应力。

如图 4-23 所示的四边简支矩形薄板沿板的纵向(x 方向)面内单位宽度上的作用力有均匀压力 N_x(单位为 N/mm)。与轴心受压构件的整体稳定类似,当板弹性屈曲时,可建立板在微弯平衡状态时的平衡微分方程为

$$D\left(\frac{\partial^4 \omega}{\partial x^4} + 2\frac{\partial^4 \omega}{\partial x^2 \partial y^2} + \frac{\partial^4 \omega}{\partial y^4}\right) + N_x \frac{\partial^2 \omega}{\partial x^2} = 0 \tag{4-24}$$

式中:D——板单位宽度的抗弯刚度,$D = \dfrac{Et^3}{12(1-v^2)}$;

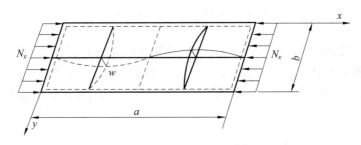

图 4-23　四边简支单向均匀受压板的屈曲

v——材料的泊松比，取 0.3。

抗弯刚度 D 比同宽度梁的抗弯刚度 $EI = \dfrac{Et^3}{12}$ 大，这是由于板条弯曲时其宽度方向的变形受到相邻板条约束的缘故。

因为板为平面结构，在弯曲屈曲后的变形为 $\omega = \omega(x,y)$，所以式(4-24)是一个以挠度 ω 为未知量的常系数线性四阶偏微分方程。

若板为四边简支，则其边界条件如下。

当 $x=0$ 和 $x=a$ 时，$\omega=0$，$\dfrac{\partial^2 \omega}{\partial x^2} + v\dfrac{\partial^2 \omega}{\partial y^2} = 0$（即 $M_x = 0$）。

当 $y=0$ 和 $y=b$ 时，$\omega=0$，$\dfrac{\partial^2 \omega}{\partial y^2} + v\dfrac{\partial^2 \omega}{\partial x^2} = 0$（即 $M_y = 0$）。

满足上述边界条件的解是一个二重三角级数：

$$\omega = \sum_{m=1}^{\infty} \sum_{n=1}^{\infty} A_{mn} \sin \frac{m\pi x}{a} \sin \frac{n\pi y}{b} \quad (m,n = 1,2,3,\cdots) \tag{4-25}$$

式中：m,n——板屈曲时沿 x 轴和沿 y 轴方向的半波数。

将式(4-25)中的挠度 ω 微分后代入式(4-24)，得

$$\sum_{m=1}^{\infty} \sum_{n=1}^{\infty} A_{mn} \left[\frac{m^4\pi^4}{a^4} + 2\frac{m^2 n^2 \pi^4}{a^2 b^2} + \frac{n^4 \pi^4}{b^4} - \frac{N_x}{D}\frac{m^2\pi^2}{a^2} \right] \sin\frac{m\pi x}{a} \sin\frac{n\pi y}{b} = 0$$

当板处于微弯状态时，有

$$A_{mn} \neq 0, \sin\frac{m\pi x}{a} \neq 0; \sin\frac{n\pi y}{b} \neq 0$$

故满足上式恒为零的唯一条件是括号内的式子为零，令

$$\left[\frac{m^4\pi^4}{a^4} + 2\frac{m^2 n^2 \pi^4}{a^2 b^2} + \frac{n^4 \pi^4}{b^4} - \frac{N_x}{D}\frac{m^2\pi^2}{a^2} \right] = 0$$

解得

$$N_x = \frac{\pi^2 D}{b^2} \left(\frac{mb}{a} + \frac{n^2 a}{mb} \right)^2$$

临界荷载是板保持微弯状态的最小荷载，只有 $n=1$（即在 y 方向为一个半波）时 N_x 有最小值，于是得四边简支板单向均匀受压时的临界荷载为

$$N_{\sigma_x} = \frac{\pi^2 D}{b^2} \left(\frac{mb}{a} + \frac{a}{mb} \right)^2 = \frac{\pi^2 D}{b^2} \cdot \kappa \tag{4-26}$$

式中：κ——板的屈曲系数，$\kappa = \left(\dfrac{mb}{a} + \dfrac{a}{mb} \right)^2$。

相应的临界应力为

$$\sigma_{\sigma_x} = \frac{N_{\sigma_x}}{1 \times t} = \frac{\pi^2 D}{tb^2} \cdot \kappa = \frac{\kappa \pi^2 E}{12(1-v^2)} \frac{1}{(b/t)^2} \tag{4-27}$$

图 4-24 分别绘出了在 $m=1,2,\cdots$ 时不同板宽比 a/b 的 κ 值。可以看到,对于任意 m 值,κ 的最小值等于 4,而且除 $a/b<1$ 的一段外,图中实曲线的 κ 值变化不大。因此,对于四边简支单向均匀受压板,当 $a/b \geqslant 1$ 时,对任何 m 和 a/b 情况均可取屈曲系数 $\kappa=4$。

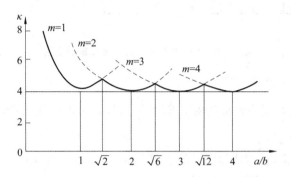

图 4-24   四边简支单向均匀受压板的屈曲系数

当板的两侧边不是简支时,也可用上述相同的方法求出屈曲系数 κ 值。图 4-25 列出了不同支承条件时单向均匀受压板的 κ 值。

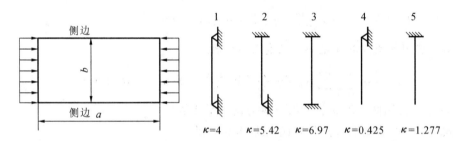

图 4-25   单向均匀受压板的屈曲系数

矩形板通常作为钢构件的一个组成部分,非受荷的两纵边假设为简支或固定,都是计算模型中的两个极端情况。实际板件两纵边的支承情况往往介于两者之间,例如轴心受压柱的腹板可以认为是两侧边支承于翼缘的均匀受压板,由于翼缘对腹板有一定的弹性约束作用,故腹板的 κ 值应介于图 4-25 中 1、3 两情况的 κ 值之间。如果取实际板件的屈曲系数为 $\chi\kappa$(χ 称为嵌固系数或弹性约束系数,大于或等于 1.0),用以考虑纵边的实际支承情况,则由图 4-25 可知四边支承板的 χ 的最大值为 $\chi = \frac{6.97}{4} = 1.7425$,即 $1.0 \leqslant \chi \leqslant 1.7425$。

4.4.3   轴心受压构件组成板件的容许宽厚比

板件在稳定状态所能承受的最大应力(即临界应力)与板件的形状、尺寸支承情况以及应力情况等有关。当板件所受纵向平均压应力等于或大于钢材的比例极限时,板件纵向进入弹塑性工作阶段,而板件的横向仍处于弹性工作阶段,使矩形板呈正交异性。在考虑材料的弹塑性影响以及板边缘约束后,板件的临界应力可表示为

$$\sigma_{cr} = \frac{\sqrt{\eta}\chi\kappa\pi^2 E}{12(1-v^2)}\left(\frac{t}{b}\right)^2 \qquad (4\text{-}28)$$

式中：χ——板边缘的弹性约束系数；

　　　κ——屈曲系数；

　　　η——弹性模量折减系数，$\eta=\dfrac{E_t}{E}$，根据轴心受压构件局部稳定的试验资料，可取为

$$\eta = 0.1013\lambda^2\left(1-0.248\lambda^2\frac{f_y}{E}\right)\frac{f_y}{E} \qquad (4\text{-}29)$$

在工程应用中，为了避免临界应力的复杂求解过程，通常采用限制翼缘和腹板宽厚比（或高厚比）的方法，以保证构件在丧失整体稳定承载力之前不会发生组成板件的局部屈曲。轴心受压构件的局部稳定验算考虑等稳定性以保证板件的局部失稳临界应力（式(4-28)）不小于构件整体稳定的临界应力（φf_y），即

$$\frac{\sqrt{\eta}\chi\kappa\pi^2 E}{12(1-v^2)}\left(\frac{t}{b}\right)^2 \geqslant \varphi f_y \qquad (4\text{-}30)$$

式(4-30)中的整体稳定系数 φ 可用 Perry 公式（式(4-21)）表示。显然，φ 值与构件的长细比 λ 有关。由式(4-30)即可确定出板件宽厚比的限值，以 H 形截面的板件为例。

1. 翼缘

由于 H 形截面的腹板一般较翼缘板薄，腹板对翼缘板几乎没有嵌固作用，因此翼缘板可视为一边简支于腹板、一边自由、另两边简支于相邻翼缘的均匀受压板（三边简支一边自由，类似图 4-25 中的第 4 种情况），此时其屈曲系数 $\kappa=0.425$，弹性约束系数 $\chi=1.0$。由式(4-30)可以得到翼缘板悬伸部分的宽厚比 b/t_f 与长细比 λ 的关系曲线，此曲线的关系式较为复杂，为了便于应用，采用下列简单的直线式表示：

$$\frac{b}{t_f} \leqslant (10+0.1\lambda)\varepsilon_k \qquad (4\text{-}31)$$

式中：b、t_f——翼缘板自由外伸长度和厚度（单位为 mm）；

　　　λ——构件两方向长细比的较大值，当 $\lambda<30$ 时，取 $\lambda=30$；当 $\lambda>100$ 时，取 $\lambda=100$。

2. 腹板

腹板可视为纵向简支于翼缘板而其余两边简支于相邻腹板的四边支承板，此时屈曲系数 $\kappa=4$。当腹板发生屈曲时，翼缘板作为腹板纵向边的支承，对腹板起一定的弹性嵌固作用，这种嵌固作用可使腹板的临界应力提高，根据试验可取弹性约束系数 $\chi=1.3$。仍由式(4-30)，经简化后得到腹板高厚比 h_0/t_w 的简化表达式：

$$\frac{h_0}{t_w} \leqslant (25+0.5\lambda)\varepsilon_k \qquad (4\text{-}32)$$

其他截面构件的板件宽厚比限值如表 4-3 所示。箱形截面中的板件宽厚比限值是近似借用箱形梁翼缘板的规定（参见第 5 章）；对圆管截面，是在材料为理想弹塑性体，轴向压应力达屈服强度的前提下导出的。

表 4-3　轴心受压构件的板件宽厚比限值

截面及板件尺寸	宽厚比限值
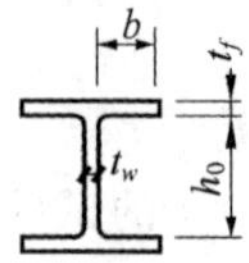	$b/t_f \leqslant (10+0.1\lambda)\varepsilon_k$ $h_0/t_w \leqslant (25+0.5\lambda)\varepsilon_k$
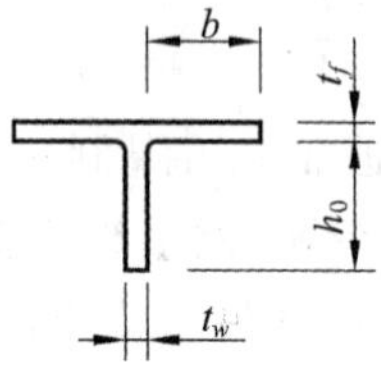	$b/t_f \leqslant (10+0.1\lambda)\varepsilon_k$ 热轧部分 $h_0/t_w \leqslant (15+0.2\lambda)\varepsilon_k$ 焊接 $h_0/t_w \leqslant (13+0.17\lambda)\varepsilon_k$
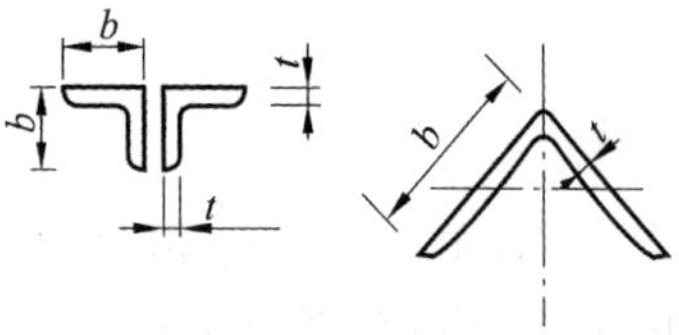	当 $\lambda \leqslant 80\varepsilon_k$ 时, $\omega/t \leqslant 15\varepsilon_k$ 当 $\lambda > 80\varepsilon_k$ 时, $\omega/t \leqslant 5\varepsilon_k + 0.125\lambda$
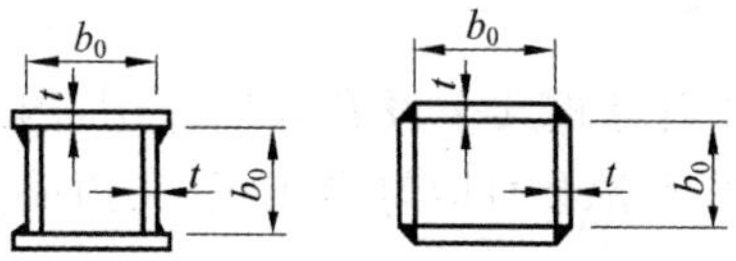	$b_0/t \leqslant 40\varepsilon_k$
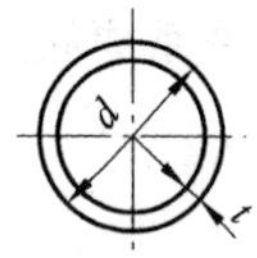	$d/t \leqslant 100\varepsilon_k^2$

等边角钢宽厚比限值中,ω、t 分别为角钢的平板宽度和厚度,简化计算时 ω 可取为 $b-2t$,b 为角钢宽度;λ 为构件的长细比,按角钢绕非对称主轴计算回转半径。

如前所述,轴心受压构件的板件宽厚比限值是根据等稳定性条件得到的,计算时以构件达到整体稳定承载力 $\varphi f A$ 为极限条件,当轴压构件实际承受的压力小于稳定承载力 $\varphi f A$,即式(4-30)的右端小于 φf_y 时,板件宽厚比限值显然还可以加大,即可乘以放大系数 $\alpha = \sqrt{\varphi f A/N}$,其中 N 为轴压构件实际承受的轴力设计值。

4.4.4　腹板屈曲后强度的利用

当工字形截面的腹板高厚比 h_0/t_w 不满足式(4-32)的要求时,可以加厚腹板,但此法不一定经济,较有效的方法是在腹板中部设置纵向加劲肋。由于纵向加劲肋与翼缘板构成了腹板纵向边的支承,因此加强后腹板的有效高度 h_0 成为翼缘与纵向加劲肋之间的距离,如图 4-26 所示。

限制腹板高厚比和设置纵向加劲肋是为了保证在构件丧失整体稳定之前腹板不会出现局部屈曲。实际上,四边支承理想平板在屈曲后还有很大的承载能力,一般称为屈曲后强度。板件的屈曲后强度主要来自平板中间的横向张力,因而板件屈曲后还能继续承载。屈曲后继续施加的荷载大部分由边缘部分的腹板承受,此时板内的纵向压力出现不均匀分布,如图 4-27(a)所示。

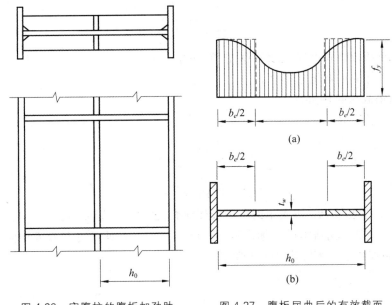

图 4-26 实腹柱的腹板加劲肋 图 4-27 腹板屈曲后的有效截面

工程中,当构件受力较小,主要由刚度控制时,或为了避免加劲肋施工的困难,可以利用腹板的屈曲后强度。

钢结构工程中对腹板屈曲后强度的应用近似以图 4-27(a)中虚线所示的应力图形代替板件屈曲后纵向压应力的分布,即引入等效宽度 b_e 和有效截面 A_e 的概念。靠腹板截面部分退出工作,实际平板可由一应力等于 f_y 但宽度只有 b_e 的等效平板代替。在计算时,腹板截面面积仅考虑两侧宽度各为 $b_e/2$ 的部分,如图 4-27(b)所示,然后采用有效截面验算轴心受压构件的强度和稳定性。当验算强度时,采用有效净截面面积,当验算稳定时,可采用有效毛截面面积,孔洞对截面的影响可以不考虑。

强度计算

$$\frac{N}{A_{ne}} \leqslant f \tag{4-33a}$$

稳定性计算

$$\frac{N}{\varphi A_e f} \leqslant 1.0 \tag{4-33b}$$

$$A_{ne} = \sum \rho_i A_{ni} \tag{4-33c}$$

$$A_e = \sum \rho_i A_i \tag{4-33d}$$

式中:A_{ne}、A_e——构件的有效净截面面积和有效毛截面面积(单位为 mm^2);

A_{ni}、A_i——各组成板件的有效净截面面积和有效毛截面面积(单位为 mm^2);

φ——稳定系数,可按构件毛截面计算;

ρ_i——各组成板件的有效截面系数,与板件截面的高厚比或宽厚比有关,有效截面系数可按式(4-34a)式(4-35a)计算。

（1）箱形截面的壁板、H 形截面或工字形截面的腹板。

当 $b/t > 42\varepsilon_k$ 时，有

$$\rho_i = \frac{1}{\lambda_{np}}\left(1 - \frac{0.19}{\lambda_{np}}\right) \tag{4-34a}$$

$$\lambda_{np} = \frac{b/t}{56.2} \cdot \frac{1}{\varepsilon_k} \tag{4-34b}$$

式中：b、t——壁板或腹板的净宽度和厚度（单位为 mm）；

λ_{np}——板件的正则化宽厚比。

（2）单角钢截面的外伸肢。

当 $b/t > 15\varepsilon_k$ 时，有

$$\rho_i = \frac{1}{\lambda_{np}}\left(1 - \frac{0.1}{\lambda_{np}}\right) \tag{4-35a}$$

$$\lambda_{np} = \frac{b/t}{16.8} \cdot \frac{1}{\varepsilon_k} \tag{4-35b}$$

对于约束状态近似为三边支承的翼缘板外伸肢，虽也存在屈曲后强度，但其影响远较四边支承板为小。我国《钢结构设计标准》GB 50017—2017 中对三边支承板外伸肢不考虑屈曲后强度，其宽厚比必须满足表 4-3 的规定。

4.4.5 《公路钢结构桥梁设计规范》JTG D64—2015 中有效截面的计算方法

《公路钢结构桥梁设计规范》JTG D64—2015 中采用有效截面的方法计算局部稳定对轴心受压构件的影响，有效宽度 $b_{e,i}^p$ 和面积 $A_{eff,e}$ 按下式计算：

$$b_{e,i}^p = \rho_i b_i \tag{4-36a}$$

$$A_{eff,e} = \sum b_{e,i}^p t_i + \sum A_{s,j} \tag{4-36b}$$

式中：$b_{e,i}^p$——第 i 块受压板件考虑局部稳定影响的有效宽度（单位为 mm）；

b_i、t_i——第 i 块受压板件的宽度（见图 4-28）和厚度（单位为 mm）；

$\sum A_{s,j}$——有效宽度范围内受压板件的加劲肋面积之和；

ρ_i——第 i 块受压板件的局部稳定折减系数，按《公路钢结构桥梁设计规范》JTG D64—2015计算。

矩形轴心受压板件的局部稳定折减系数按下式计算：

$$\begin{cases} \bar{\lambda} \leqslant 0.4, \rho = 1 \\ \bar{\lambda} > 0.4, \rho = \dfrac{1}{2}\left\{1 + \dfrac{1}{\bar{\lambda}_p^2}(1 + \varepsilon_0) - \sqrt{\left[1 + \dfrac{1}{\bar{\lambda}_p^2}(1 + \varepsilon_0)\right]^2 - \dfrac{4}{\bar{\lambda}_p^2}}\right\} \end{cases} \tag{4-37a}$$

$$\varepsilon_0 = 0.8(\bar{\lambda}_p - 0.4) \tag{4-37b}$$

$$\bar{\lambda}_p = \sqrt{\frac{f_y}{\sigma_{cr}}} = 1.05\left(\frac{b}{t}\right)\sqrt{\frac{f_y}{E}\left(\frac{1}{\kappa}\right)} \tag{4-37c}$$

式中：$\bar{\lambda}_p$——相对宽厚比；

b——加劲板宽度（腹板或刚性纵向加劲肋的间距）（单位为 mm）；

t——加劲板板厚（单位为 mm）；

E——弹性模量（单位为 N/mm²）；

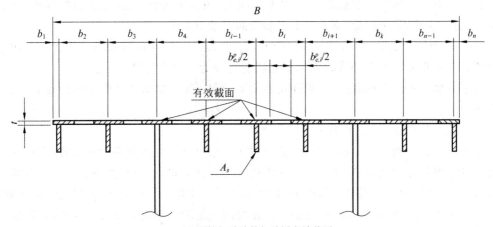

(a) 刚性加劲肋的加劲板有效截面

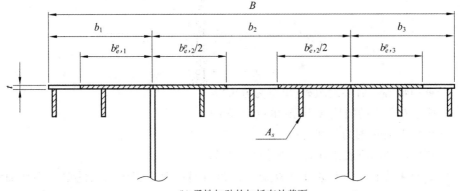

(b) 柔性加劲的加板有效截面

图 4-28 考虑受压加劲板局部稳定影响的受压板件有效宽度示意图

κ——加劲板的弹性屈曲系数。

圆筒轴心受压的局部稳定折减系数按下式计算:

$$\rho = \begin{cases} 1.0, & \dfrac{D}{t} \leqslant 70 \\ 1 - 0.0016\left(\dfrac{D}{t} - 70\right), & 70 < \dfrac{D}{t} < 400 \end{cases} \tag{4-38}$$

式中:D——圆筒外径(单位为 mm);

t——圆筒板厚(单位为 mm)。

构件长细比 λ 应按照下列规定确定。

(1) 截面形心与剪心重合的构件,当计算弯曲屈曲时:

$$\begin{cases} \lambda_x = l_{0x}/i_x \\ \lambda_y = l_{0y}/i_y \end{cases} \tag{4-39}$$

式中:l_{0x}、l_{0y}——构件对主轴 x 和 y 的计算长度(单位为 mm);

i_x、i_y——构件截面对主轴 x 和 y 的回转半径。

当计算扭转屈曲时,长细比按下式计算:

$$\lambda_z = \sqrt{\dfrac{I_0}{I_t/25.7 + I_\omega/l_\omega^2}} \tag{4-40}$$

式中：I_0、I_t、I_ω——构件毛截面对剪心的极惯性矩（单位为 mm^4）、截面抗扭惯性矩（单位为 mm^4）和扇性惯性矩（单位为 mm^6 对十字形截面可近似取 $I_\omega = 0$）；

l_ω——扭转屈曲的计算长度（单位为 mm），两端铰支且端部截面可自由翘曲的轴心受力构件取几何长度 l；两端嵌固且端部截面翘曲完全受到约束时取 $0.5l$。

对于双轴对称十字形截面，当板件宽厚比不超过 $15\varepsilon_k$ 时，不会产生扭转失稳，因此可不计算扭转屈曲。

（2）截面为单轴对称的构件。

以上讨论柱的整体稳定临界力时，假定构件失稳时只发生弯曲而没有扭转，即所谓弯曲屈曲。对于单对称轴截面，当绕非对称轴失稳时为弯曲屈曲，长细比可按式(4-39)计算。当绕对称轴失稳时，由于截面形心与弯心（即剪切中心）不重合，在弯曲的同时总伴随着扭转，即形成弯扭屈曲。在相同情况下，弯扭失稳比弯曲失稳的临界应力要低。因此，对双板 T 形和槽形等单轴对称截面，当绕对称轴（设为 y 轴）失稳时，应取计及扭转效应的换算长细比 λ_{yz} 代替 λ_y：

$$\lambda_{yz} = \frac{1}{\sqrt{2}}\left[(\lambda_y^2 + \lambda_z^2) + \sqrt{(\lambda_y^2 + \lambda_z^2)^2 - 4(1 - y_s^2/i_0^2)\lambda_y^2\lambda_z^2}\right]^{\frac{1}{2}} \tag{4-41a}$$

$$i_0^2 = y_s^2 + i_x^2 + i_y^2 \tag{4-41b}$$

式中：y_s——截面形心至剪心的距离（单位为 mm）；

i_0——截面对剪心的极回转半径（单位为 mm）；

λ_y——构件对对称轴的长细比；

λ_z——扭转屈曲换算长细比；按式(4-40)计算。

式(4-41a)所涉及的几何参数计算复杂，为简化计算，对工程中常用的单角钢截面和双角钢组合 T 形截面（图），绕对称轴的换算长细比 λ_{yz} 可采用下列近似公式确定。

① 等边单角钢截面（见图 4-29(a)）。

当绕两主轴弯曲的计算长度相等时，可不计算弯扭屈曲。

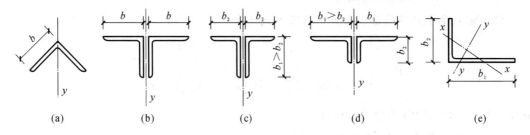

图 4-29 单角钢截面和双角钢组合 T 形截面

② 等边双角钢（见图 4-29(b)）。

当 $\lambda \geqslant \lambda_z$ 时：

$$\lambda_{yz} = \lambda_y\left[1 + 0.16\left(\frac{\lambda_z}{\lambda_y}\right)^2\right] \tag{4-42a}$$

当 $\lambda < \lambda_z$ 时：

$$\lambda_{yz} = \lambda_z\left[1 + 0.16\left(\frac{\lambda_y}{\lambda_z}\right)^2\right] \tag{4-42b}$$

$$\lambda_z = 3.9\frac{b}{t} \tag{4-42c}$$

③ 长肢相并的不等边双角钢(见图 4-29(c))。

当 $\lambda \geqslant \lambda_z$ 时:

$$\lambda_{yz} = \lambda_y \left[1 + 0.25 \left(\frac{\lambda_z}{\lambda_y} \right)^2 \right] \tag{4-43a}$$

当 $\lambda < \lambda_z$ 时:

$$\lambda_{yz} = \lambda_z \left[1 + 0.25 \left(\frac{\lambda_y}{\lambda_z} \right)^2 \right] \tag{4-43b}$$

$$\lambda_z = 5.1 \frac{b_2}{t} \tag{4-43c}$$

④ 短肢相并的不等边双角钢(见图 4-29(d))。

当 $\lambda \geqslant \lambda_z$ 时:

$$\lambda_{yz} = \lambda_y \left[1 + 0.06 \left(\frac{\lambda_z}{\lambda_y} \right)^2 \right] \tag{4-44a}$$

当 $\lambda < \lambda_z$ 时:

$$\lambda_{yz} = \lambda_z \left[1 + 0.06 \left(\frac{\lambda_y}{\lambda_z} \right)^2 \right] \tag{4-44b}$$

$$\lambda_z = 3.7 \frac{b_1}{t} \tag{4-44c}$$

【例题 4-1】 某简支桁架如图 4-30 所示,承受竖向荷载设计值 $P = 250$ kN,桁架弦杆及斜腹杆均采用双角钢截面,节点处采用 10 mm 厚节点板连接,钢材为 Q235。根据其所受内力大小,已初选斜腹杆采用由两个等边双角钢 2∟125×8 组合而成的 T 形截面,试确定该桁架斜腹杆在桁架平面内和平面外的长细比。

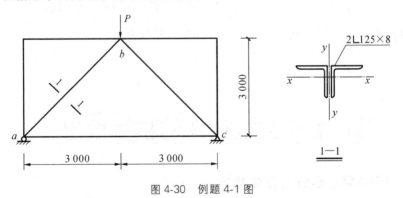

图 4-30 例题 4-1 图

【解】 本例中的斜腹杆 ab 和 bc 为轴心受压杆,其与桁架弦杆在节点的连接为铰接连接,因此平面内和平面外的计算长度 $l_{0x} = l_{0y} = l$(l 为节点间杆件的几何长度)。根据图示桁架的几何尺寸,可计算得到斜腹杆的几何长度:

$$l_{ab} = 3000 \times \sqrt{2} = 4243 \text{ mm}$$

即 $l_{0x} = l_{0y} = 4243$ mm。

查附录 9 附表 9-4,可得到两个组合等边双角钢 2∟125×8 的截面参数为 $A = 2 \times 19.75$ cm^2 = 39.5 cm^2,$b = 125$ mm,$t = 8$ mm,$i_x = 3.88$ cm,$i_y = 5.48$ cm。

双角钢组合 T 形截面为单轴对称截面,当在桁架平面内失稳,即绕非对称轴(x-x 轴)失稳时为弯曲失稳,其长细比应为

$$\lambda_x = \frac{l_{0x}}{i_x} = \frac{4243}{38.8} = 109.36$$

此斜腹杆在桁架平面外失稳,即绕对称轴(y-y 轴)失稳时,应取计及扭转效应的换算长细比 λ_{yz} 代替 λ_y,首先计算 λ_y:

$$\lambda_y = \frac{l_{0y}}{i_y} = \frac{4243}{54.8} = 77.43$$

对等边双角钢截面,可以采用简化公式(式 4-42c)计算,因为

$$\lambda_z = 3.9\frac{b}{t} = 3.9 \times \frac{125}{8} = 60.94 > \lambda_y = 77.43$$

根据式(4-42a)计算绕对称轴(y-y 轴)的换算长细比:

$$\lambda_{yz} = \lambda_y\left[1 + 0.16\left(\frac{\lambda_z}{\lambda_y}\right)^2\right] = 77.43 \times \left[1 + 0.16\left(\frac{60.94}{77.43}\right)^2\right] = 85.1$$

所以此单轴对称截面的斜腹杆在桁架平面内的长细比 $\lambda_x = 109.36$,在桁架平面外的长细比 $\lambda_{yz} = 85.1$。

【例题 4-2】　验算例题 4-1 中受压斜腹杆的局部稳定是否满足《钢结构设计标准》GB 50017—2017 的要求。

【解】　已知等边角钢∟125×8 的外伸肢宽度 $b = 125$ mm,肢厚 $t = 8$ mm,其宽厚比为

$$\frac{\omega}{t} = \frac{b-2t}{t} = \frac{125 - 2 \times 8}{8} = 13.625$$

《钢结构设计标准》GB 50017—2017 规定的宽厚比限值见表 4-3,公式中的长细比为构件两方向长细比的较大值,应取 $\lambda_x = 109 > \lambda_y = 85$,且 $\lambda_x > 80$,则

$$5\varepsilon_k + 0.125\lambda = 5 \times \sqrt{\frac{235}{235}} + 0.125 \times 109 = 18.625$$

角钢外伸肢的 $\omega/t = 13.625 < 18.625$,局部稳定满足要求。

4.5　轴心受压实腹构件的整体稳定

4.5.1　理想轴心压杆的整体稳定

欧拉(Euler)早在 18 世纪就对轴心压杆的整体稳定问题进行了研究,采用的是"理想压杆模型",即假定杆件是等截面直杆,压力的作用线与截面的形心纵轴重合,材料是完全均匀和弹性的,并得到了著名的欧拉临界力和欧拉临界应力:

$$N_E = \frac{\pi^2 EA}{\lambda^2} \tag{4-45}$$

$$\sigma_E = \frac{\pi^2 E}{\lambda^2} \tag{4-46}$$

式中:N_E——欧拉临界力;

E——材料的弹性模量;

A——压杆的截面面积;

λ——压杆的最大长细比。

当轴心压力 $N < N_E$ 时,压杆维持直线平衡,不发生弯曲;当 $N = N_E$ 时,压杆发生弯曲并处于曲线平衡状态,压杆发生屈曲也称压杆处于临界状态。因此 N_E 是压杆的屈曲压力,欧拉临界力也因此得名。

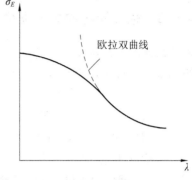

由式(4-45)可知,当材料的弹性模量为定值(例如钢材)时,欧拉临界应力只与压杆的长细比有关,σ_E 与 λ 的关系如图 4-31 中的双曲线所示。

图 4-31 欧拉应力以及切线模量临界应力与长细比的关系曲线

1974 年,香利(Shanley)研究了"理想轴心压杆"的非弹性稳定问题,并提出当压力刚超过 N_t 时,杆件就不能维持直线平衡而发生弯曲。N_t 按下式计算:

$$N_t = \frac{\pi^2 E_t A}{\lambda^2} \tag{4-47}$$

4.5.2 实际轴心压杆的整体稳定

实际轴心压杆与理想轴心压杆有很大区别。实际轴心压杆带有多种初始缺陷,如杆件的初弯曲、初扭曲,荷载作用的初偏心,制作引起的残余应力,材质的不均匀等。这些初始缺陷使轴心压杆在受力一开始就会出现弯曲变形,压杆的失稳成为极值型失稳,荷载-偏移曲线如图 4-32 所示。曲线的顶点就是极值型失稳的失稳极限荷载。上述这些初始缺陷对失稳极限荷载值都会有影响,因此实际轴心压杆的稳定极限承载力不再是长细比 λ 的唯一函数。这个情况也得到了大量试验结果的证实。图 4-33 中的各个小点是轴心压杆的稳定试验结果,可以看出试验结果有一个很宽的分布带,这是由试件各种缺陷的数值不相同造成的。

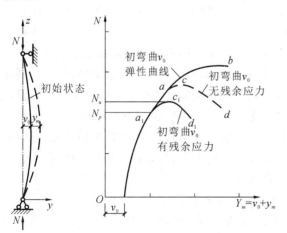

图 4-32 荷载-偏移曲线

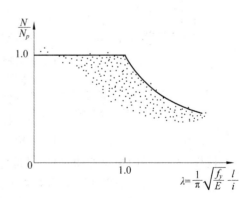

图 4-33 轴心压杆的稳定试验结果

因此,目前世界各国在研究钢结构轴心压杆的整体稳定时,基本上都摒弃了理想轴心压杆的假定,而以具有初始缺陷的实际轴心压杆作为研究的力学模型。

4.5.3 轴心压杆的弯曲失稳、扭转失稳和弯扭失稳

钢结构压杆一般都是开口薄壁杆件。根据开口薄壁杆件理论,具有初始缺陷的轴心压杆的弹性微分方程可以表示为

$$EI_x(v'' - v_0'') + Nv - Nx_0\theta = 0 \qquad (4\text{-}48a)$$

$$EI_y(u'' - u_0'') + Nu - Ny_0\theta = 0 \qquad (4\text{-}48b)$$

$$EI_\omega(\theta''' - \theta_0''') - GI_t(\theta' - \theta_0') - Nx_0 + Ny_0u' + r_0^2N\theta' - \overline{R}\theta' = 0 \qquad (4\text{-}48c)$$

式中:N——轴心压力;

I_x、I_y——截面对主轴 x 和 y 的惯性矩;

I_ω—— 截面扇性惯性矩;

I_t——截面的抗扭惯性矩;

u、v、θ——构件剪力中心轴的三个位移分量,即在 x、y 方向的两个位移和绕 z 轴的转动角;

u_0、v_0、θ_0——构件剪力中心轴的三个初始位移分量,即考虑初弯曲和初扭曲等初始缺陷;

x_0、y_0——剪力中心的坐标。

轴心压杆的弹性微分方程中的坐标轴系如图 4-34 所示。

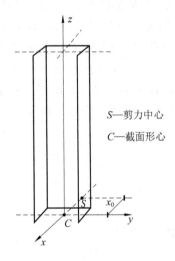

S—剪力中心

C—截面形心

图 4-34 轴心压杆的弹性微分
方程中的坐标轴系

1. 双轴对称截面的弯曲失稳和扭转失稳

双轴对称截面(如两翼缘等宽等厚的 H 型钢)因其剪力中心与形心重合,有 $x_0 = y_0 = 0$,代入式(4-48a)、式(4-48b)、式(4-48c)可得

$$EI_x(v'' - v_0'') + Nv = 0 \qquad (4\text{-}49a)$$

$$EI_y(u'' - u_0'') + Nu = 0 \qquad (4\text{-}49b)$$

$$EI_\omega(\theta''' - \theta_0''') - GI_t(\theta' - \theta_0') + r_0^2N\theta' - \overline{R}\theta' = 0 \qquad (4\text{-}49c)$$

上面三个式子说明双轴对称截面轴心压杆在弹性阶段工作时,三个微分方程是互相独立的,可以分别单独研究。在弹塑性阶段,当研究式(4-49a)时,只要截面上的残余应力对称于 y 轴,同时又有 $u_0 = 0$ 和 $\theta_0 = 0$,则该式始终与其他两式无关,可以单独研究。这样,压杆只发生 y 方向的位移,整体失稳呈弯曲变形状态,称为弯曲失稳。

同样,式(4-49b)也是弯曲失稳,只是弯曲失稳的方向不同而已。

对于式(4-49c),如果残余应力对称于 x 轴和 y 轴分布,同时假定 $u_0 = 0$,$v_0 = 0$,则压杆将只发生绕 z 轴的转动,失稳时杆件呈扭转变形状态,称为扭转失稳。

对理想压杆,可由式(4-49a)、式(4-49b)和式(4-49c)分别求得欧拉弯曲失稳临界力 N_{E_x}、N_{E_y} 和欧拉扭转失稳临界力 N_{E_θ}:

$$N_{E_x} = \frac{\pi^2 EI_x}{l_{o_x}^2} \tag{4-50}$$

$$N_{E_y} = \frac{\pi^2 EI_y}{l_{o_y}^2} \tag{4-51}$$

$$N_{E_\theta} = \left(\frac{\pi^2 EI_\omega}{l_{o_\theta}^2} + GI_t + \overline{R}\right)\frac{1}{r_0^2} \tag{4-52}$$

式中:l_{o_x}、l_{o_y}——构件弯曲失稳时绕 x 轴和 y 轴的计算长度;

l_{o_θ}——构件扭转失稳时绕 z 轴的计算长度。

$$l_{o_x} = \mu_x l \tag{4-53}$$

$$l_{o_y} = \mu_y l \tag{4-54}$$

$$l_{o_\theta} = \mu_\theta l \tag{4-55}$$

式中:l——构件长度;

μ_x、μ_y、μ_θ——计算长度系数,由构件的支承条件确定,对常见的支承条件,可按表 4-4 取用。

表 4-4 计算长度系数 μ_x、μ_y、μ_θ

支承条件		μ_x、μ_y 或 μ_θ
弯曲变形	两端简支	$\mu_x = \mu_y = 1.0$
	两端固定	$\mu_x = \mu_y = 0.5$
	一端简支、一端固定	$\mu_x = \mu_y = 0.7$
	一端固定、一端自由	$\mu_x = \mu_y = 2.0$
	两端嵌固,但能自由移动	$\mu_x = \mu_y = 1.0$
扭转变形	两端不能转动,但能自由翘曲	$\mu_\theta = 1.0$
	两端不能转动,也不能翘曲	$\mu_\theta = 0.5$
	一端不能转动,但能自由翘曲;另一端不能转动,也不能翘曲	$\mu_\theta = 0.7$
	一端不能转动,也不能翘曲;另一端可自由转动和翘曲	$\mu_\theta = 2.0$
	两端能自由转动但不能翘曲	$\mu_\theta = 1.0$

对一般的双轴对称截面,弯曲失稳的极限承载力小于扭转失稳,不会出现扭转失稳现象,但对某些特殊截面形式,如十字形等,扭转失稳的极限承载力会低于弯曲失稳的极限承载力。

2. 单轴对称截面的弯曲失稳和弯扭失稳

单轴对称截面(见图 4-35)的剪力中心在对称轴上。设对称轴为 x 轴,则有 $y_0 = 0$,代入式(4-48a)、式(4-48b)、式(4-48c)可得

$$EI_x(v'' - v_0'') + Nv - Nx_0\theta = 0 \tag{4-56a}$$

$$EI_y(u'' - u_0'') + Nu = 0 \tag{4-56b}$$

$$EI_\omega(\theta''' - \theta_0''') - GI_t(\theta' - \theta_0') - Nx_0 v' + r_0^2 N\theta' - \overline{R}\theta' = 0 \tag{4-56c}$$

由以上三个式子可以看出,在弹性阶段,单轴对称截面轴心受压构件的三个微分方程中有两个是相互联立的,即在 y 方向弯曲产生变形 v 时,必定伴随扭转变形 θ,反之亦然。这种形式的失稳称为弯扭失稳。式(4-56b)仍可独立求解,因此单轴对称截面轴心压杆在对称

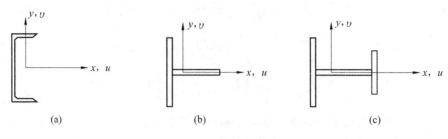

图 4-35　单轴对称截面

平面内失稳时,仍为弯曲失稳。

3. 不对称截面的弯扭失稳

当压杆的截面无对称轴时,微分方程即为式(4-48a)、式(4-48b)、式(4-48c)。这三个微分方程是相互联立的,因此,杆件失稳时必定是弯扭变形状态,属于弯扭失稳。

4.5.4　弯曲失稳的极限承载力

1. 弯曲失稳极限承载力的准则

目前常用的准则有两种:一种采用边缘纤维屈服准则,即当截面边缘纤维的应力达到屈服点时就认为轴心受压构件达到了弯曲失稳极限承载力;另一种采用稳定极限承载力理论,即当轴心受压构件的压力达到图 4-32 所示极值型失稳的顶点时,才达到了弯曲失稳极限承载力。

2. 临界应力按边缘纤维屈服准则的计算方法

弯曲变形的微分方程为式(4-49a),即

$$EI_x(v'' - v_0'') + Nv = 0$$

假定压杆为两端简支,杆轴具有正弦曲线的初弯曲,即 $v_0 = \Delta_0 \sin \dfrac{\pi z}{l}$,式中 Δ_0 为压杆中点的最大初挠度。由上式可解得压杆中点的最大挠度为

$$\Delta_m = \frac{\Delta_0}{1 - \dfrac{N}{N_{E_x}}} \tag{4-57}$$

式中:N_{E_x}——绕 x 轴的欧拉临界力。

由边缘纤维屈服准则可得

$$\frac{N}{A} + \frac{N\Delta_m}{W_x} = f_y \tag{4-58}$$

将式(4-57)代入上式,并解出平均应力 $\sigma_{cr}\left(=\dfrac{N}{A}\right)$后,即得佩利(Perry)公式:

$$\sigma_{cr} = \frac{f_y + (1 + \varepsilon_0)\sigma_{E_x}}{2} - \sqrt{\left[\frac{f_y + (1 + \varepsilon_0)\sigma_{E_x}}{2}\right]^2 - f_y \sigma_{E_x}} \tag{4-59}$$

式中:ε_0——初偏心率,$\varepsilon_0 = \dfrac{A\Delta_0}{W_x}$;　　　　　　　　　　　　　　　　　　(4-60)

σ_{E_x}——欧拉应力。

给定 ε_0 即可求得 σ_{cr}-λ 的关系。我国《冷弯薄壁型钢结构技术规范》GB 50018—2002 采用了这个方法,并用下式计算 σ_{cr}/f_y,称为轴心压杆稳定系数 φ。

$$\varphi = \frac{\sigma_{cr}}{f_y} = \frac{1}{2}\left\{1 + \frac{1}{\bar{\lambda}^2}(1+\varepsilon_0) - \sqrt{\left[1 + \frac{1}{\bar{\lambda}^2}(1+\varepsilon_0)\right]^2 - \frac{4}{\bar{\lambda}^2}}\right\} \tag{4-61}$$

式中:φ——轴心压杆稳定系数;

$\bar{\lambda}$——相对长细比,

$$\bar{\lambda} = \frac{\lambda}{\pi}\sqrt{\frac{f_y}{E}} \tag{4-62}$$

ε_0——按表 4-5 取用。

表 4-5　初偏心率 ε_0

钢材牌号	ε_0	
Q235	$\bar{\lambda} \leqslant 0.5$	$0.25\bar{\lambda}$
	$0.5 < \bar{\lambda} \leqslant 1.0$	$0.05 + 0.15\bar{\lambda}$
	$1.0 < \bar{\lambda}$	$0.05 + 0.15\bar{\lambda}^2$
Q345	$\bar{\lambda} \leqslant 0.5$	$0.23\bar{\lambda}$
	$0.5 < \bar{\lambda} \leqslant 1.3$	$0.05 + 0.13\bar{\lambda}$
	$1.3 < \bar{\lambda}$	$0.05 + 0.10\bar{\lambda}^2$

3. 临界应力 σ_{cr} 按稳定极限承载力理论的计算方法

由于轴心受压构件考虑初始缺陷后的受力属于压弯受力状态,因此其计算方法与压弯构件的完全一样。

采用这种方法可以考虑影响轴心压杆稳定极限承载力的许多因素,如截面的形状和尺寸、材料的力学性能、残余应力的分布和大小、构件的初弯曲和初扭曲、荷载作用点的初偏心、构件的失稳方向等,因此是比较精确的方法。我国《钢结构设计标准》GB 50017—2017 采用了这个方法。

图 4-36 是不同截面尺寸、不同残余应力值和分布、不同钢材牌号的轴心受压构件用上述方法计算得到的 φ-$\bar{\lambda}$ 曲线。

从图 4-36 中可以看出,由于截面形式以及初始缺陷等因素的影响,轴心受压构件的柱子曲线分布在一个相当宽的带状范围内。轴心受压构件的试验结果也说明了这一点,因此,用单一柱子曲线是不够合理的。现在已有不少国家(包括我国在内)已经采用多条柱子曲线。

我国《钢结构设计标准》GB 50017—2017 采用的方法如下:以初弯曲为 1/1000 选用不同的截面形式、不同的残余应力模式计算出近 200 条柱子曲线,这些曲线呈相当宽的带状分布。然后根据数理统计原理,将这些柱子曲线分成 a、b、c、d 四组。这四条平均曲线及其95%的信赖带全部覆盖了这些曲线所组成的分布带。这四条曲线具有以下形式。

当 $\bar{\lambda} \leqslant 0.215$ 时,有

$$\varphi = \frac{\sigma_{cr}}{f_y} = 1 - \alpha_1\bar{\lambda}^2 \tag{4-63a}$$

当 $\bar{\lambda} > 0.215$ 时,有

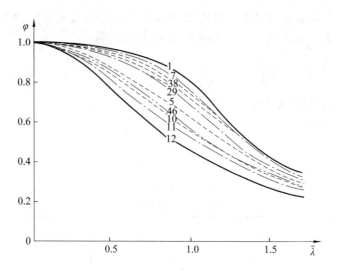

图 4-36　几种不同截面轴心受压构件的柱子曲线

$$\varphi = \frac{\sigma_{cr}}{f_y} = \frac{1}{2\bar{\lambda}^2}\left[(\alpha_2 + \alpha_3\bar{\lambda} + \bar{\lambda}^2) - \sqrt{(\alpha_2 + \alpha_3\bar{\lambda} + \bar{\lambda}^2)^2 - 4\bar{\lambda}^2}\right] \tag{4-63b}$$

式中：α_1、α_2、α_3——系数，根据不同曲线类别按表 4-6 取用。

表 4-6　系数 α_1、α_2、α_3

曲线类别		α_1	α_2	α_3
a		0.41	0.986	0.152
b		0.65	0.965	0.300
c	$\bar{\lambda} \leqslant 1.05$	0.73	0.906	0.595
c	$\bar{\lambda} > 1.05$	0.73	1.216	0.302
d	$\bar{\lambda} \leqslant 1.05$	1.35	0.868	0.915
d	$\bar{\lambda} > 1.05$	1.35	1.375	0.432

表 4-7、表 4-8 给出了对应曲线 a、b、c、d 的截面形式。

表 4-7　轴心受压构件的截面分类（板厚＜40 mm）

截面形式		对 x 轴	对 y 轴
轧制（圆形截面）		a 类	a 类
轧制（工字形截面）	$b/h \leqslant 0.8$	a 类	b 类
	$b/h > 0.8$	a* 类	b* 类
轧制等边角钢		a* 类	a* 类

续表

截面形式		对 x 轴	对 y 轴
焊接、翼缘为焰切边	焊接		
轧制			
轧制、焊接（板件宽厚比＞20）	轧制或焊接	b 类	b 类
焊接	轧制截面和翼缘为焰切边的焊接截面		
格构式	焊接，板件边缘焰切		
焊接，翼缘为轧制或剪切边		b 类	c 类
焊接，板件边缘轧制或剪切	轧制、焊接（板件宽厚比≤20）	c 类	c 类

表 4-8　轴心受压构件的截面分类（板厚 $t \geqslant 40$ mm）

截面形式		对 x 轴	对 y 轴
轧制		b 类	b 类
轧制、焊接（板件宽厚比＞20）	轧制或焊接		

续表

截面形式		对 x 轴	对 y 轴
焊接	轧制截面和翼缘为焰切边的焊接截面	b 类	b 类
格构式	焊接,板件边缘焰切		
焊接,翼缘为轧制或剪切边		b 类	c 类
焊接,板件边缘轧制或剪切	轧制、焊接(板件宽厚比≤20)	c 类	c 类

4.5.5　单轴对称截面弯扭失稳的极限承载力

在 4.5.3 节中已经提到,单轴对称截面在对称平面内失稳时为弯曲失稳,因此极限承载力可按 4.5.4 节的公式计算。但在非对称平面内失稳时为弯扭失稳,因此其极限承载力不同于弯曲失稳时的极限承载力。

4.5.3 节的式(4-56a)及式(4-56c)就是弹性阶段单轴对称截面弯扭失稳时的微分方程。为了把问题简化,有利于弄清弯扭失稳问题,不考虑初始变形的影响,则有

$$EI_x v'' + N_v - Nx_0\theta = 0 \tag{4-64a}$$

$$EI_\omega\theta''' - GI_t\theta' - Nx_0v' + r_0^2 N\theta' - \overline{R}\theta' = 0 \tag{4-64b}$$

式中: $r_0^2 = \dfrac{I_x + I_y}{A} + x_0^2$ 。以两端全为简支的情况为例,满足支承条件的通解为

$$\begin{cases} \nu = C_1 \sin\dfrac{n\pi z}{l} \\ \theta = C_2 \sin\dfrac{n\pi z}{l} \end{cases}$$

代入式(4-64a)和式(4-64b),并令 $n=1$,以得到最低的临界荷载,则有

$$C_1\left(\frac{\pi^2 EI_x}{l^2} - N\right) + C_2 Nx_0$$

$$C_1 Nx_0 + C_2\left[\left(\frac{\pi^2 EI_\omega}{l^2} + GI_t + \overline{R}\right)\frac{1}{r_0^2} - N\right]r_0^2 = 0$$

4.6　格构式轴心受压构件的整体稳定性

图 4-37 所示为几种典型的格构式构件。当格构式构件的两个肢用缀条连接时为缀条构件,如图 4-37(a)(b)(d)(e)所示;两个肢用缀板连接时为缀板构件,如图 4-37(c)所示。截面上横穿缀条或缀板平面的轴称虚轴,如图 4-37(a)(b)(c)中的 x 轴;横穿两个肢的轴为实轴,如图 4-37(a)(b)(c)中的 y 轴。图 4-37(e)中全为虚轴。

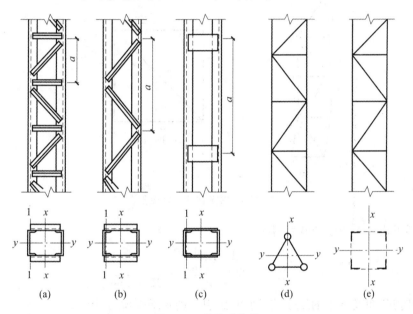

图 4-37　格构式构件

轴心受压构件整体弯曲失稳时,沿杆长各截面上存在弯矩和剪力。对实腹式构件,剪力引起的附加变形很小,对临界力的影响只占千分之三左右,因此在确定实腹式轴心受压构件整体稳定临界力时,仅仅考虑了由弯矩作用所产生的变形,而忽略了剪力所产生的变形。格构式构件当绕其截面的实轴失稳时就属于这种情况,其稳定性能与实腹式构件相同。当格构式构件绕其截面的虚轴失稳时,因支件之间并不是连续的板,而只是每隔一定距离才用缀条或缀板联系起来,构件在缀材平面内的抗剪刚度较小,柱的剪切变形较大,剪力造成的附加挠曲变形就不能忽略。因此,构件的整体稳定临界力比长细比相同的实腹式构件低。

对格构式轴心受压构件绕虚轴的整体稳定计算,常以加大长细比的办法来考虑剪切变形的影响,加大后的长细比称为换算长细比。考虑到缀条柱和缀板柱有不同的力学模型,一般采用不同的换算长细比计算公式。

1. 双肢缀条柱的换算长细比

根据弹性稳定理论,考虑剪力影响后压杆的临界力为

$$N_{cr} = \frac{\pi^2 EA}{\lambda_x^2} \cdot \frac{1}{1 + \frac{\pi^2 EA}{\lambda_x^2} \cdot \gamma} = \frac{\pi^2 EA}{\lambda_{0x}^2} \tag{4-65}$$

$$\lambda_{0x} = \sqrt{\lambda_x^2 + \pi^2 EA \gamma} \tag{4-66}$$

式中：λ_{0x}——将格构柱绕虚轴临界力换算为实腹柱临界力的换算长细比；

γ——单位剪力作用下的轴线转角。

将缀条柱视作一平行弦的架(见图 4-38(a))并取其中的一段进行分析(见图 4-38(b))，可以求出单位剪切角 γ。

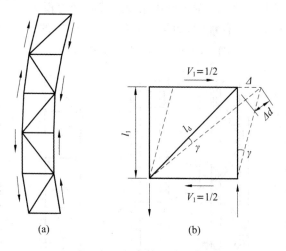

图 4-38　缀条柱的剪切变形

向变形可由材料力学公式计算为

$$\Delta_d = \frac{N_d l_d}{EA_1} = \frac{\frac{1}{\sin\alpha} \cdot \frac{1}{\cos\alpha}}{EA_1} = \frac{l_1}{EA_1 \sin\alpha\cos\alpha}$$

假设变形和剪切角是有限的微小值，则由 Δ_d 引起的水平变位 Δ 为

$$\Delta = \frac{\Delta_d}{\sin\alpha} = \frac{l_1}{EA_1 \sin^2\alpha\cos\alpha}$$

故剪切角 γ 为

$$\gamma = \frac{\Delta}{l_1} = \frac{1}{EA_1 \sin^2\alpha\cos\alpha} \tag{4-67}$$

式中：A_1——两侧斜缀条的总面积(单位为 mm^2)；

α——斜缀条与柱轴线间的夹角。

将式(4-67)代入式(4-66)中，得

$$\lambda_{0x} = \sqrt{\lambda_x^2 + \frac{\pi^2}{\sin^2\alpha\cos\alpha} \frac{A}{A_1}} \tag{4-68}$$

一般斜缀条与柱轴线间的夹角在 $40° \sim 70°$ 范围内，在此常用范围内 $\pi^2/(\sin^2\alpha\cos\alpha)$ 的值变化不大(见图 4-39)，简化取为常数 27，由此得双肢缀条柱的换算长细比为

$$\lambda_{0x} = \sqrt{\lambda_x^2 + 27 \frac{A}{A_1}} \tag{4-69}$$

式中：λ_x——整个柱对虚轴的长细比；

A——整个柱的毛截面面积(单位为 mm^2);

A_1——一个节间内两侧斜缀条毛截面面积之和(单位为 mm^2)。

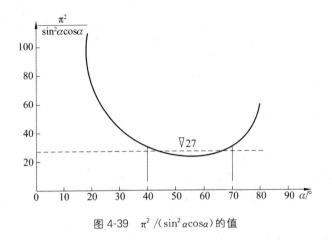

图 4-39　$\pi^2/(\sin^2\alpha\cos\alpha)$ 的值

需要注意的是,当斜缀条与柱轴线间的夹角不在 $40°\sim70°$ 范围内时,$\pi^2/(\sin^2\alpha\cos\alpha)$ 的值将大于 27 很多,式(4-69)是偏于不安全的,此时应按式(4-66)计算换算长细比 λ_{0x}。

2. 双肢缀板柱的换算长细比

双肢缀板柱中缀板与支件的连接可视为刚接,因而分支和缀板组成一个多层框架。假定变形时反弯点在各节点间的中点(见图 4-40(a))。若只考虑分支和缀板在横向剪力作用下的弯曲变形,取分离体如图 4-40(b)所示,可得单位剪力作用下缀板弯曲变形引起的分支变位 Δ_1 为

$$\Delta_1 = \frac{l_1}{2}\theta_1 = \frac{l_1}{2} \cdot \frac{al_1}{12EI_b} = \frac{al_1^2}{24EI_b}$$

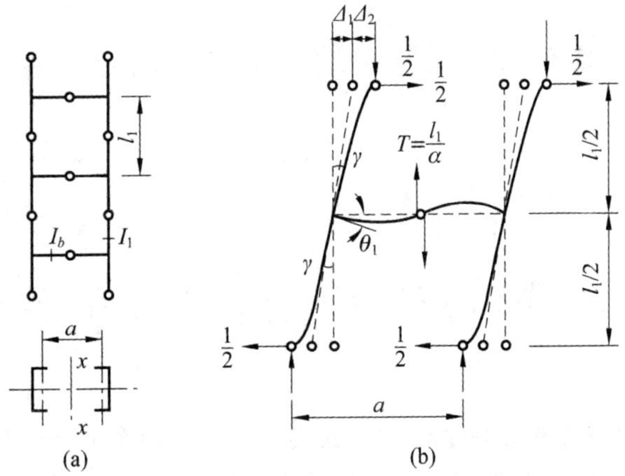

图 4-40　缀板柱的剪切变形

分支本身弯曲变形时的变位 Δ_2 为

$$\Delta_2 = \frac{l_1^3}{48EI_1}$$

由此得剪切角 γ 为

$$\gamma = \frac{\Delta_1 + \Delta_2}{0.5l_1} = \frac{al_1}{12EI_b} + \frac{l_1^2}{24EI_1} = \frac{l_1^2}{24EI_1}\left(1 + 2\frac{I_1/l_1}{I_b/a}\right)$$

将此 γ 值代入式(4-66)，并令 $K_1 = I_1/l_1$，$K_b = \sum I_b/a$，得换算长细比 λ_{0x} 为

$$\lambda_{0x} = \sqrt{\lambda_x^2 + \frac{\pi^2 A l_1^2}{24I_1}\left(1 + 2\frac{K_1}{K_b}\right)}$$

设分支截面积 $A_1 = 0.5A$，$A_1 l_1^2/I_1 = \lambda_1^2$，则

$$\lambda_{0x} = \sqrt{\lambda_x^2 + \frac{\pi^2}{12}\left(1 + 2\frac{K_1}{K_b}\right)\lambda_1^2} \qquad (4\text{-}70)$$

式中：λ——分支的长细比，$\lambda_1 = l_{01}/i_1$；

i_1——分支绕弱轴的回转半径(单位为 mm)；

l_{01}——缀板间的净距离(见图 4-6(b))(单位为 mm)；

K_1——一个分支的线刚度，$K_1 = I_1/l_1$；

l_1——缀板中心距(单位为 mm)；

I_1——分支绕弱轴的惯性矩(单位为 mm^4)；

K_b——两侧缀板线刚度之和，$K_b = \sum I_b/a$；

I_b——缀板的惯性矩(单位为 mm)；

a——分支轴线间距离(单位为 mm)。

根据《钢结构设计标准》GB 50017—2017 和《公路钢结构桥梁设计规范》JTG D64—2015 的规定，缀板线刚度之和 K_b 应大于 6 倍的分支线刚度，即 $K_b/K_1 \geqslant 6$。若取 $K_b/K_1 = 6$，则式(4-70)中的 $\frac{\pi^2}{12}\left(1 + 2\frac{K_1}{K_b}\right) \approx 1$。计算双肢缀板柱换算长细比的简化公式为

$$\lambda_{0x} = \sqrt{\lambda_x^2 + \lambda_1^2} \qquad (4\text{-}71)$$

若在某些特殊情况无法满足 $K_b/K_1 \geqslant 6$ 的要求时，则换算长细比 λ_{0x} 应按式(4-71)精确计算。

四肢柱和三肢柱的换算长细比计算方法也来源于以上推导思路，具体方法可参见有关标准或规范。

4.7　格构式轴心受压构件分支的稳定性

对格构式构件，除需要验算整个构件对其实轴和虚轴两个方向的稳定性外，还应考虑其分支的稳定性。工程师们在对格构式轴心受压构件的分支稳定进行过大量计算后总结出以下规律。

(1) 对缀条柱，分支的长细比 $\lambda_1 = l_1/i_1$ 不应大于构件两方向长细比(对虚轴为换算长细比)较大值的 0.7 倍。

(2) 对缀板柱，分支的长细比 $\lambda_1 = l_{01}/i_1$ 不应大于 40，并不应大于柱较大长细比 λ_{max} 的 0.5 倍(当 $\lambda_{max} < 50$ 时，取 $\lambda_{max} = 50$)。

当满足上面的构造规定时，分支的稳定性可以得到保证，不需要再计算分支的稳定性。

4.8 柱头和柱脚

单个构件必须通过相互连接才能形成结构整体,轴心受压柱通过柱头直接承受上部结构传来的荷载,通过柱脚将柱身内力传给基础,最常见的上部结构是梁格系统。梁与柱的连接节点设计必须遵循传力可靠、构造简单和便于安装的原则。

4.8.1 梁与柱的连接

梁与轴心受压柱的连接只能是铰接,若为刚接,则柱将承受较大弯矩,成为受压受弯柱。梁与柱铰接时,梁可支承在柱顶上(见图 4-41(a)(b)(c)),也可连接于柱的侧面(见图 4-41(d)(e))。梁支于柱顶时,梁的支座反力通过柱顶板传给柱身。顶板与柱用焊缝连接,顶板厚度一般取 16~20 mm。为了便于安装定位梁与顶板,用普通螺栓连接。在图 4-41(a)的构造方案中,梁的反力通过支承加劲肋直接传给柱的翼缘。两相邻梁之间留一空隙,以便于安装,最后用夹板和构造螺栓连接。这种连接方式构造简单,对梁长度方向尺寸的制作要求不高。缺点是当柱顶两侧梁的反力不等时会使柱偏心受压。在图 4-41(b)的构造方案中,梁的反力通过端部加劲肋的突出部分传给柱的轴线附近,因此即使两相邻梁的反力不等,柱仍接近于轴心受压。梁端加劲肋的底面应刨平,顶紧于柱顶板。由于梁的反力大部分传给柱的腹板,因而腹板不能太薄且必须用加劲肋加强。两相邻梁之间可留一些空隙,安装时嵌入合适尺寸的填板并用普通螺栓连接。对于格构柱(见图 4-41(c)),为了保证传力均匀并托住顶板,应在两支柱之间设置竖向隔板。

在多层框架的中间梁柱中,横梁只能在柱侧相连。图 4-41(d)(e)是梁连接于柱侧面的铰接构造图。梁的反力由端加劲肋传给支托,支托可采用 T 形(见图 4-41(e)),也可用厚钢板做成(见图 4-41(d)),支托与柱翼缘间用角焊缝相连,用厚钢板作支托的方案适用于承受较大的压力,但制作与安装的精度要求较高。支托的端面必须刨平并与梁的端加劲肋顶紧以便直接传递压力。考虑到荷载偏心的不利影响,支托与柱的连接焊缝按梁支座反力的1.25倍计算。为方便安装,梁端与柱间应留空隙加填板并设置构造螺栓。当两侧梁的支座反力相差较大时,对柱应考虑偏心,按压弯构件计算。

4.8.2 柱脚

柱脚的构造应使柱身的内力可靠地传给基础,并和基础有牢固的连接轴心,受压柱的柱脚主要传递轴心压力,与基础的连接一般采用铰接(见图 4-42)。

图 4-42 是几种常用的平板式铰接柱脚。由于基础混凝土强度远比钢材低,所以必须把柱的底部放大,以增加其与基础顶部的接触面积。图 4-42(a)是一种最简单的柱脚构造形式,在柱下端仅焊一块底板,柱中压力由焊缝传至底板,再传给基础。这种柱脚只能用于小

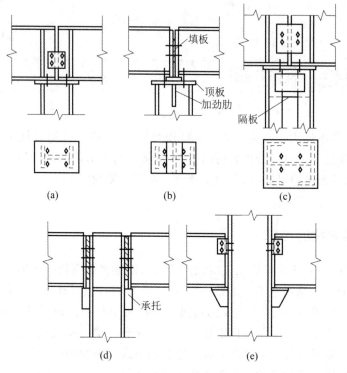

图 4-41　梁与柱的铰接连接

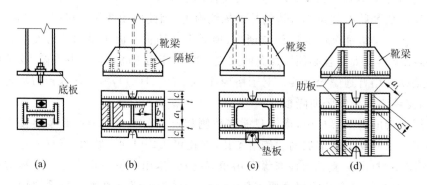

图 4-42　平板式铰接柱脚

型柱,如果用于大型柱,底板会太厚。一般的铰接柱脚常采用图 4-42(b)(c)(d)的形式,在柱端部与底板之间增设一些中间传力零件,如靴梁、隔板和肋板等,以增加柱与底板的连接焊缝长度,并且将底板分隔成几个区格,使底板的弯矩减小,厚度减薄。图 4-42(b)中,靴梁焊于柱的两侧,在靴梁之间用隔板加强,以减小底板的弯矩,并提高靴梁的稳定性。图 4-42(c)是格构柱的柱脚构造。图 4-42(d)中,在靴梁外侧设置肋板,底板做成正方形或接近正方形。

　　在布置柱脚中的连接焊缝时,应考虑施焊的方便与可能。例如,图 4-42(b)隔板的里侧、图 4-42(c)(d)中靴梁中央部分的里侧都不宜布置焊缝。柱脚是利用预埋在基础中的锚栓固定其位置的。柱脚只沿着一条轴线设立两个连接于底板上的锚栓,如图 4-43 所示。在底板的抗弯刚度较小,锚栓受拉时,底板会产生弯曲变形,阻止柱端转动的抗力不大,因而此种柱脚仍视为铰接。如果用完全符合力学图形的铰,将给安装工作带来很大困难,并且构造复杂,一般情况没有此种必要。

铰接柱脚不承受弯矩,只承受轴向压力和剪力。剪力通常由底板与基础表面的摩擦力传递。当此摩擦力不足以承受水平剪力时,应在柱脚底板下设置抗剪键(见图 4-43),抗剪键可用方钢、短 T 字钢或 H 型钢做成。

铰接柱脚通常仅按承受轴向压力计算,轴向压力 N 一部分由柱身传给靴梁、肋板等,再传给底板,最后传给基础;另一部分是经柱身与底板间的连接焊缝传给底板,再传给基础。然而在实际工程中,柱端难做到齐平,并且为了便于控制柱长的准确性,柱端可能比靴梁缩进一些(见图 4-42(c))。

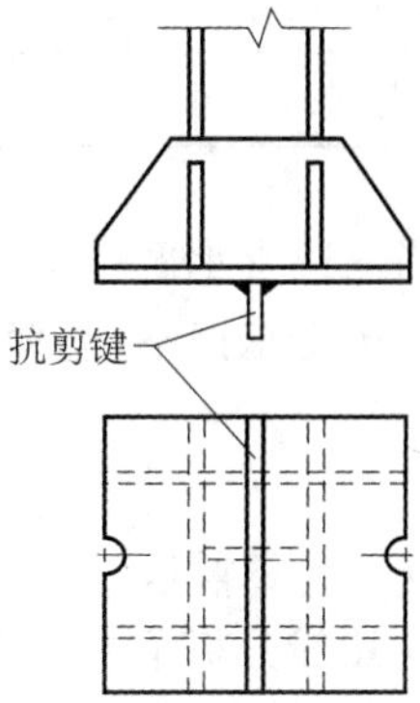

图 4-43　柱脚的抗剪键

1. 底板的计算

(1)底板的面积。

底板的平面尺寸取决于基础材料的抗压能力,基础对底板的压应力可近似认为是均匀分布的,这样所需要的底板净面积 A_n(底板宽乘以长,减去锚栓孔面积)应按下式确定:

$$A_n \geqslant \frac{N}{\beta_c f_{cc}} \tag{4-72}$$

式中:f_{cc}——基础混凝土的抗压强度设计值;

β_c——基础混凝土局部承压时的强度提高系数。

f_{cc} 和 β_c 均按现行国家标准《混凝土结构设计标准》GB/T 50010—2015 取值。

(2)底板的厚度。

底板的厚度由板的抗弯强度决定。底板可视为一支承在靴梁、隔板和柱端的受弯平板,它承受基础传来的均匀反力。靴梁、肋板、隔板和柱的端面均可视为底板的支承边,并将底板分隔成不同的区格,其中有四边支承、三边支承、两相邻边支承和一边支承等区格。在均匀分布的基础反力作用下各区格板单位宽度上的最大弯矩分别如下。

四边支承区格:

$$M = \alpha q a^2 \tag{4-73}$$

式中:q——作用于底板单位面积上的压应力,$q=N/A_n$;

a——四边支承区格的短边长度;

α——系数,根据长边 b 与短边 a 的比按表 4-9 取用。

表 4-9　α 值

b/a	1.0	1.1	1.2	1.3	1.4	1.5	1.6	1.7	1.8	1.9	2.0	3.0	$\geqslant$4.0
α	0.048	0.055	0.063	0.069	0.075	0.081	0.086	0.091	0.095	0.099	0.101	0.119	0.125

三边支承区格和两相邻边支承区格:

$$M = \beta q a_1^2 \tag{4-74}$$

式中:a_1——对三边支承区格为自由边长度,对两相邻边支承区格为对角线长度(见图 4-42(b)(d));

β——系数,根据 b_1/a_1 值由表 4-10 查得。对三边支承区格,b_1 为垂直于自由边的宽度,对两相邻边支承区格,b_1 为内角顶点至对角线的垂直距离(见图 4-42(b)(d))。

表 4-10　β 值

b_1/a_1	0.3	0.4	0.5	0.6	0.7	0.8	0.9	1.0	1.1	$\geqslant 1.2$
β	0.026	0.042	0.056	0.072	0.085	0.092	0.104	0.111	0.120	0.125

当三边支承区格的 $b_1/a_1 < 0.3$ 时，可按悬管长度为 b_1 的板计算。

一边支承区格（悬臂一边支承区格，即悬臂板）为

$$M = \frac{1}{2}qc^2 \tag{4-75}$$

式中：c——悬臂长度。

这几部分板承受的弯矩一般不相同，取各区格板中的最大弯矩 M_{max} 确定板的厚度 t：

$$t \geqslant \sqrt{\frac{6M_{max}}{f}} \tag{4-76}$$

在设计时要注意靴梁和隔板的布置应尽可能使各区格板中的弯矩相差不要太大，以免所需的底板过厚。在这种情况下，应调整底板尺寸和重新划分区格。

底板的厚度通常为 20~40 mm，最薄一般不得小于 14 mm，以保证底板具有必要的刚度，从而满足基础反力是均布的假设。

2. 靴梁的计算

靴梁的高度由其与柱边连接所需的焊缝长度决定，此连接焊缝承受柱身传来的压力 N。靴梁的厚度比柱翼缘厚度略小。

靴梁按支承于柱边的双悬臂梁计算，根据所承受的最大弯矩和最大剪力值验算靴梁的抗弯和抗剪强度。

3. 隔板与肋板的计算

为了支承底板，隔板应具有一定刚度，因此隔板的厚度不得小于其宽度 b 的 1/50，一般比靴梁略薄些，高度略小些。

隔板可视为支承于靴梁上的简支梁，荷载可按承受图 4-42(b)中阴影面积的底板反力计算，按此荷载所产生的内力验算隔板与靴梁的连接焊缝以及隔板本身的强度。注意隔板内侧的焊缝不易施焊，计算时不能考虑受力。

肋板按悬臂梁计算，承受的荷载为图 4-42(d)所示的阴影部分的底板反力。肋板与靴梁间的连接焊缝以及肋板本身的强度均应按其承受的弯矩和剪力计算。

【例题 4-3】　轴心受接脚设计。设计例题 4-2 所选择的轧制 H 型钢截面轴心受压柱的铰接柱脚。

【解】　该轴心受压柱承受轴心压力设计值 1600 kN，根据受力已选择最优的柱截面为热轧宽翼缘 H 型钢 HW250×255×14×14，该型钢自重为 81.6 kg/m，柱高 6 m，因此，钢柱自重的设计值为

$$Q = 81.6 \times 6 \times 1.2 \times 9.8 \ N = 5.76 \ kN$$

与所承受的轴力相比较，此力很小。考虑柱头构造钢板等重量，将此力取为 10 kN，即由柱身传递给柱脚的总的轴心压力设计值为 1610 kN。

柱脚钢材仍采用 Q235B 钢，焊条 E43 型。柱脚的轴力最终将传递给混凝土基础，若取基础混凝土为 C20，则其抗压强度设计值 $f_c = 9.6 \ N/mm^2$。

柱脚不承受弯矩,只承受轴向压力和剪力。该柱脚剪力为零,只需满足承受轴力的要求。

柱脚的设计包括底板、靴梁、隔板以及连接焊缝等,设计时应首先确定底板的面积和厚度,为了防止混凝土基础被压坏,底板的面积应足够大,以满足底板与混凝土基础之间的压应力小于基础混凝土抗压强度的要求。

(1) 确定脚底板的平面尺寸。

需要的最小底板净面积为

$$A_{n_0} = \frac{N}{f_c} = \frac{1610 \times 10^3}{9.6} \text{ mm}^2 = 167708 \text{ mm}^2$$

这里偏于安全没有考虑局部承压的强度提高。选用图 4-44 的铰接柱脚形式,首先进行靴梁、隔板以及柱脚锚栓的布置。布置时,除要满足底板最小净面积的要求外,还应该使各区格的弯矩尽量接近。同时,柱脚锚栓的位置应尽可能位于柱脚底板的中和轴处,以满足铰接柱脚不传递弯矩的假定。采用图 4-44 的底板构造形式,其中底板宽 450 mm、长 600 mm,其毛截面面积为 $450 \times 600 \text{ mm}^2 = 270000 \text{ mm}^2$,减去锚栓孔面积(约为 4000 mm²),则底板净面积为

$$A_n = (270000 - 4000) \text{ mm}^2 = 266000 \text{ mm}^2 > A_{n_0} = 167700 \text{ mm}^2$$

假定混凝土基础对柱脚底板的压应力为均匀分布,则有

$$\sigma = \frac{N}{A_n} = \frac{1610 \times 10^3}{266000} \text{N/mm}^2 = 6.05 \text{ N/mm}^2$$

(2) 确定柱脚底板的厚度。

底板的厚度由抗弯强度确定,按照图 4-44 所示的靴梁和隔板布置方式,底板的区格有三种,需分别计算其单位宽度的弯矩。

① 区格①承受的最大弯矩。

区格①为四边支承板,这个区格长边 b 与短边 a 的比 $b/a = 278/200 = 1.39$,查表4-9,并插值得到 $\alpha = 0.0744$,最大弯矩:

$$M_1 = \alpha\sigma a^2 = 0.0744 \times 6.05 \times 200^2 \text{ N} \cdot \text{mm}$$
$$= 18005 \text{ N} \cdot \text{mm}$$

② 区格②承受的最大弯矩。

区格②为三边支承板,这个区格垂直于自由边的宽度 b_1 与自由边长度 a_1 的比 $b_1/a_1 = 100/278 = 0.36$,查表 4-10,并插值得到 $\beta = 0.0356$,最大弯矩为

$$M_2 = \beta\sigma a_1^2 = 0.0356 \times 6.05 \times 278^2 \text{ N} \cdot \text{mm}$$
$$= 16646 \text{ N} \cdot \text{mm}$$

③ 区格③承受的最大弯矩。

区格③为悬臂板,这个区格悬臂板的长度 c 为 76 mm,最大弯矩为

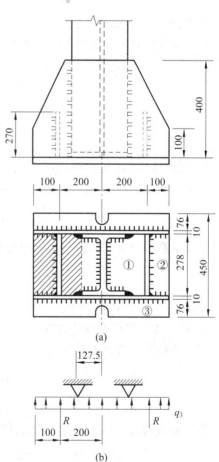

图 4-44 例题 4-3 图

$$M_3 = \frac{1}{2}\sigma c^2 = \frac{1}{2} \times 6.05 \times 76^2 \text{ N} \cdot \text{mm} = 17472 \text{ N} \cdot \text{mm}$$

这三个区格的弯矩值相差不大,说明最初靴梁和隔板的布置是合理的,不必调整底板平面尺寸和隔板位置。在这三个区格中,区格①的弯矩最大,为

$$M_{\max} = 18005 \text{ N} \cdot \text{mm}$$

初步判定底板厚度可能会大于第一组钢材的厚度 16 mm,因此,底板的设计强度取为第二组钢材的设计强度 $f = 205 \text{ N/mm}^2$,则所需要的最小底板厚度为

$$t \geqslant \sqrt{\frac{6M_{\max}}{f}} = \sqrt{\frac{6 \times 18005}{205}} \text{ mm} = 22.96 \text{ mm}$$

取 $t = 24$ mm。

(3) 隔板设计。

隔板可视为两端支于靴梁、跨度 $l = 278$ mm 的简支梁,其受荷面积为图 4-44(a)中的阴影部分,化成线荷载为

$$q_1 = 200 \times 6.05 \text{ N/mm} = 1210 \text{ N/mm}$$

隔板与柱脚底板以及隔板与靴梁的内侧施焊比较困难,计算时仅考虑外侧一条焊缝有效。

① 隔板与柱脚底板的连接焊缝计算。

隔板与柱脚底板的连接焊缝为正面角焊缝,正面角焊缝强度增大系数 $\beta_f = 1.22$。取焊脚尺寸 $h_f = 10$ mm,进行焊缝强度计算:

$$\sigma_f = \frac{1210}{1.22 \times 0.7 \times 10} \text{ N/mm}^2$$
$$= 142 \text{ N/mm}^2 < f_f^w = 160 \text{ N/mm}^2$$

满足要求。

② 隔板与靴梁的连接焊缝计算。

隔板与靴梁的连接(仅考虑外侧一条焊缝)为侧面角焊缝,承受隔板的支座反力,为

$$R = \frac{1}{2} \times 1210 \times 278 \text{ N} = 168190 \text{ N}$$

隔板的高度取决于隔板与靴梁的连接焊缝长度 l_w,设该焊缝的焊脚尺寸 $h_f = 8$ mm,则

$$l_w \geqslant \frac{R}{0.7 h_f f_f^w} = \frac{168190}{0.7 \times 8 \times 160} \text{ mm} = 188 \text{ mm}$$

取隔板高 270 mm,隔板厚度 $t = 8$ mm $> b/50 = 278/50$ mm $= 5.6$ mm。

③ 验算隔板的抗剪抗弯强度。

将隔板视为两端支于靴梁的简支梁,其承受的最大弯矩和最大剪力分别为

$$M_{\max} = \frac{1}{8} \times 1210 \times 278^2 \text{ N} \cdot \text{mm} = 11.69 \times 10^6 \text{ N} \cdot \text{mm}$$

$$V_{\max} = R = 168190 \text{ N}$$

分别进行隔板截面的抗弯强度和抗剪强度验算:

$$\sigma = \frac{M_{\max}}{W} = \frac{6 \times 11.69 \times 10^6}{8 \times 270^2} \text{ N/mm}^2 = 120 \text{ N/mm}^2 < f = 215 \text{ N/mm}^2$$

$$\tau = 1.5 \frac{V_{\max}}{ht} = 1.5 \times \frac{168190}{8 \times 270} \text{ N/mm}^2 = 117 \text{ N/mm}^2 < f_v = 125 \text{ N/mm}^2$$

隔板的剪应力已接近钢材的抗剪强度,说明隔板的强度主要由抗剪控制。

（4）靴梁设计。

靴梁与柱身的连接焊缝（焊在柱翼缘）共 4 条,假定的压力 $N=1610$ kN 全部由这 4 条焊缝承受,此焊缝为侧面角焊缝,设焊脚尺寸 $h_f=10$ mm,需要的焊缝长度为

$$l_w = \frac{N}{4 \times 0.7 h_f f_f^w} = \frac{1610 \times 10^3}{4 \times 0.7 \times 10 \times 160} \text{ mm} = 359 \text{ mm}$$

取靴梁高 400 mm（见图 4-44(a)）。

靴梁的计算模型可视为支承于柱边的悬伸梁（见图 4-44(b)）,其中悬板下基底应力以均布荷载的形式作用在梁上,隔板的支座反力 R 以集中荷载的形式作用在距支座 72.5 mm 处的梁上。初定靴梁板的厚度 $t=10$ mm,验算其抗剪和抗弯强度。

$$V_{\max} = (168190 + 86 \times 6.05 \times 300) \text{ kN} = 324280 \text{ kN}$$

$$\tau = 1.5 \frac{V_{\max}}{ht} = 1.5 \times \frac{324280}{400 \times 10} \text{ N/mm}^2 = 122 \text{ N/mm}^2 < f_v = 125 \text{ N/mm}^2$$

$$M_{\max} = (168190 \times 72.5 + \frac{1}{2} \times 86 \times 6.05 \times 172.5^2) \text{ N} \cdot \text{mm} = 19.935 \times 10^6 \text{ N} \cdot \text{mm}$$

$$\sigma = \frac{M_{\max}}{W} = \frac{6 \times 19.935 \times 10^6}{10 \times 400^2} \text{ N/mm}^2 = 74.76 \text{ N/mm}^2 < f = 215 \text{ N/mm}$$

靴梁与底板的连接焊缝和柱身与底板的连接焊缝传递全部柱的压力,焊缝的总长度应为

$$\sum l_w = [2 \times (600 - 10) + 4 \times (100 - 10) + 2 \times (278 - 10)] \text{ mm} = 2076 \text{ mm}$$

所需的焊脚尺寸为

$$h_f = \frac{N}{1.22 \times 0.7 \sum l_w f_f^w} = \frac{1610 \times 10^3}{1.22 \times 0.7 \times 2076 \times 160} \text{ mm} = 5.68 \text{ mm}$$

取 $h_f=8$ mm。

柱脚底板通过与混凝土基础的接触面传递轴向应力,与基础的连接锚栓不受力,可按构造采用两个直径 20 mm 的锚栓。

4.9 以工程实例为依据的钢柱设计综合例题

4.9.1 [工程实例一]普通工业操作平台柱设计

【例题 4-4】 如图 4-45(a)所示为一工作平台,试写出钢平台立柱 EF 的设计思路及步骤。

【解】 平台结构多用于工业厂房和仓储等建筑,符合《钢结构设计标准》GB 50017—2017 的适用范围。一般平台柱与平台梁的连接采用铰接,平台柱下端与基础也多采用铰接连接,因此,该平台柱不承受弯矩,为两端铰接连接的轴心受压柱。经梁板体系的计算,可以得到由平台板通过平台梁传到钢柱 EF 上的轴心压力设计值 N。

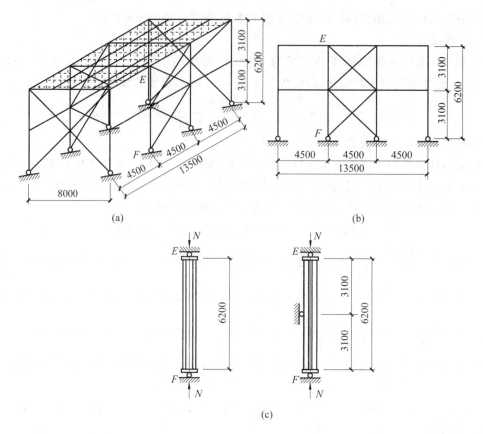

图 4-45　工程实例一图

1. 材料截面选择

轴心受压柱的承载能力一般由稳定控制,整体稳定承载力主要取决于构件截面的刚度 EI,一般结构用钢材的弹性模量相差不大,对主要由稳定控制的构件,高强度钢材的强度往往不能有效利用,因此,可以考虑采用普通碳素钢 Q235 或普通低合金钢 Q345,本例选用 Q235B 钢。

平台柱可以采用圆钢管、箱形截面、H 型钢或工字钢。根据图 4-45 的结构布置情况,立柱 EF 在两个主方向的支撑情况不一样,在 8 m 跨度方向,计算长度 $l_{0x} = 6200$ mm,为柱子的几何长度;在 4.5 m 跨度方向,为两道支撑之间的距离,计算长度 $l_{0y} = 3100$ mm。由于圆钢管和箱形截面在两个方向具有相同的回转半径,适合用于在两方向计算长度相等的构件,因此优先考虑选用热轧宽翼缘 H 型钢或焊接 H 形截面(在某些情况下也可采用轧制工字钢,但由于轧制工字钢在弱轴方向的抗弯刚度及回转半径均远小于强轴方向,在柱子两方向计算长度相差不大的情况下,选用轧制工字钢不经济),将强轴(x 轴)垂直于 8 m 跨方向放置,弱轴(y 轴)垂直于 4.5 m 跨方向放置,计算简图如图 4-45(b)(c)所示。

2. 初选截面

假定柱截面无孔眼削弱,不需要进行强度验算,故应该根据整体稳定选择截面。

首先假定长细比,该平台柱高度不大但轴力较大,所以可假定两方向的长细比 λ_x、λ_y 在 60～90 范围内。热轧宽翼缘 H 型钢 $b/h > 0.8$,估计构件的板厚不会超过 40 mm,由表 4-3

的截面分类知,截面绕 x 轴失稳时属于 b 类截面,绕 y 轴失稳时属于 c 类截面。查附表 7-2 及附表 7-3 可得 φ_x 及 φ_y 的值,Q235 钢的设计强度 $f = 215$ N/mm²,则根据轴心受压柱的整体稳定计算公式,可以计算出所需要的构件截面面积为

$$A = \frac{N}{\varphi f}$$

同时也可以计算出构件两个主轴所需要的截面回转半径为

$$i_x = \frac{l_{0x}}{\lambda_x}; i_y = \frac{l_{0y}}{\lambda_y}$$

根据所需要的截面面积 A,两个主轴的回转半径 i_x、i_y 查附表 9-5 选用轧制宽翼缘 H 型钢,初选截面型号。

3. 整体稳定承载力及刚度验算

首先由附表 9-5 查出初选截面实际的截面面积 A、沿两个主轴的回转半径 i_x、i_y,并计算出柱子在两个主轴方向的实际长细比:

$$\lambda_x = \frac{l_{0x}}{i_x}; \lambda_y = \frac{l_{0y}}{i_y}$$

平台柱的容许长细比 $[\lambda] = 150$,若计算所得的 λ_x、λ_y 在此范围内,则刚度满足要求,否则应重新选择截面。

由 λ_x 和 λ_y 分别查附录 6 得 φ_x 和 φ_y,代入轴心受压实腹柱整体稳定验算式(4-33b),即由 $\dfrac{N}{\varphi A f}$ 计算出设计应力比,若计算所得值小于 1.0,则满足要求,否则应另选截面。通常情况下,如果预先假定的长细比出入不大,所选截面可一次验算通过,否则应根据验算结果调整长细比的值,重新进行截面选择。

4. 局部稳定计算

一般而言,对于热轧型钢截面,由于其板件的宽厚比较小,能满足要求,可不进行局部稳定验算。但如果采用焊接 H 形截面,则需要分别验算翼缘及腹板的局部稳定性。

(1)翼缘的局部稳定验算。

事实上,焊接 H 形截面在进行初步截面选择时就应该同时考虑翼缘截面的宽厚比应满足规范的要求,即翼缘的外伸宽度 b 与厚度 t 的比值 $b/t \leqslant (10 + 0.1\lambda)\sqrt{\dfrac{235}{f_y}}$,式中的长细比 λ 为构件两方向长细比 λ_x、λ_y 的较大值,f_y 为所选用钢材的屈服强度,在本例中应选用钢材 Q235B,即 $f_y = 235$。

(2)腹板的局部稳定验算。

同理,在进行焊接 H 形截面初步截面选择时也应该同时考虑腹板的高厚比应满足规范的要求,即腹板的高度 h_0 与厚度 t_w 的比值 $h_0/t_w \leqslant (25 + 0.5\lambda)\varepsilon_k$。但在某些情况下,若柱截面高度特别大,为节约钢材,也可以考虑利用屈曲后强度,此时腹板的高度 h_0 与厚度 t_w 的比值允许超过规范的限制,但在计算柱截面面积 A、惯性矩 I_x 和 I_y 时应采用有效截面,即翼缘采用全截面,而腹板截面考虑中间部分屈曲后退出工作,仅考虑靠近翼缘两侧宽度各为 $b_e/2$ 的部分腹板截面面积有效(见图 4-27(b)),但计算构件的稳定系数 φ 时仍可用全截面。

轴心受力柱的局部稳定验算因与长细比有关,当局部稳定不满足要求需调整截面尺寸时,又会影响到柱子长细比的计算值,因此,整体稳定与局部稳定验算有时需重复以上步骤

交替进行,直到均满足要求为止。

4.9.2　[工程实例二]某桥梁焊接箱形轴心受压柱设计

【例题 4-5】　如图 4-46 所示(单位为 mm),下端固定、上端自由的焊接箱形悬立柱高 20 m,板件厚度 $t=24$ mm;纵向加劲肋采用 280 mm×24 mm 钢板;箱内每隔 4000 mm 设一道横隔板。设钢材屈服强度 $f_y=345$ MPa,设计强度 $f_d=260$ MPa,弹性模量 $E=2.0×10^5$ MPa,泊松比 $v=0.3$,试计算柱顶能够承受的最大荷载 P。

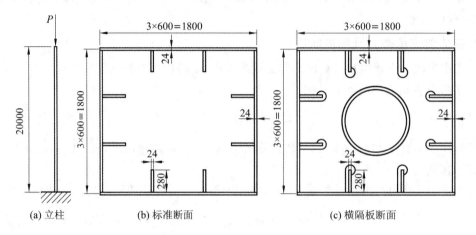

图 4-46　工程实例二图

【解】　① 纵向加劲刚度计算。

$$I_l = \frac{b_l t_l^3}{3} = \frac{24 × 280^3}{3} = 1.756 × 10^8 \text{ mm}^4$$

$$\gamma_l = \frac{EI_l}{bD} = \frac{12(1-v^2)I_l}{bt^3} = \frac{12 × (1-0.3^2) × 1.756 × 10^8}{1800 × 24^3} = 77.06$$

$$\alpha = a/b = 4000/1800 = 2.222$$

$$n = n_l + 1 = 2 + 1 = 3$$

$$\alpha_0 = \sqrt[4]{1+(n_l+1)\gamma_l} = \sqrt[4]{1+3×77.06} = 3.9$$

$$\delta_l = A_l/bt = 280 × 24/(1800 × 24) = 0.156$$

$$\gamma_l^* = \frac{1}{n}[4n^2(1+n\delta_l)\alpha^2 - (\alpha^2+1)^2]$$

$$= \frac{1}{3}[4×3^2(1+3×0.156)×2.222^2 - (2.222^2+1)^2]$$

$$= 75.2$$

因为 $\gamma_l=77.6 \geqslant \gamma_l^*=75.2$,纵向加劲肋为刚性加劲肋。

② 轴心受压板件考虑局部稳定的有效截面计算。

刚性加劲肋有:$k=4n^2=4×3^3=36$

$$\bar{\lambda}_p = \sqrt{\frac{f_y}{\sigma_{cr}}} = 1.05\left(\frac{b}{t}\right)\sqrt{\frac{f_y}{E}\left(\frac{1}{k}\right)} = 1.05 × \frac{1800}{24} × \sqrt{\frac{345}{2.0×10^5}\left(\frac{1}{36}\right)}$$

$$= 0.545$$

$$\varepsilon_0 = 0.8(\overline{\lambda}_p - 0.4) = 0.8 \times (0.545 - 0.4) = 0.116$$

因为 $\overline{\lambda}_p = 0.545 > 0.4$，所以局部稳定折减系数：

$$\rho = \frac{1}{2}\left\{1 + \frac{1}{\overline{\lambda}_p^2}(1+\varepsilon_0) - \sqrt{\left[1 + \frac{1}{\overline{\lambda}_p^2}(1+\varepsilon_0)\right]^2 - \frac{4}{\overline{\lambda}_p^2}}\right\}$$

$$= \frac{1}{2}\left\{1 + \frac{1}{0.545^2}(1+0.116) - \sqrt{\left[1 + \frac{1}{0.545^2}(1+0.116)\right]^2 - \frac{4}{0.545^2}}\right\}$$

$$= 0.865$$

考虑受压加劲板局部稳定影响的有效宽度 $b_{e,i}^p$：

$$b_{e,i}^p = \rho_i b_i = 0.865 \times 1800 \text{ mm}^2 = 1557 \text{ mm}^2$$

考虑受压加劲板局部稳定影响的有效面积 $A_{\text{eff},c}$。

由于组成立柱截面的四侧受压加劲板截面相同，因此有效面积为

$$A_{\text{eff},c} = \sum b_{e,i}^p t_i + \sum A_{s,j} = 4 \times \{[1557 \times 24 + 2 \times (280 \times 24)]\} \text{ mm}^2 = 203232 \text{ mm}^2$$

③ 轴心受压整体稳定折减系数。

计算立柱截面的回转半径时可以忽略腹板加劲肋的影响，截面面积和惯性矩为：

$$A = 2.0 \times 10^5 \text{ mm}^2;$$

$$I = 1.09 \times 10^{10} \text{ mm}^4$$

回转半径 $i = \sqrt{I/A} = \sqrt{1.09 \times 10^{10}/2.0 \times 10^5} \text{ mm} = 233.5 \text{ mm}$

一端固定另一端自由轴心受压杆件的计算长度为：$l = 2 \times 20000 \text{ mm} = 40000 \text{ mm}$

长细比 $\lambda = l/i = 40000/233.5 = 171.3$

相对长细比 $\overline{\lambda}_p = \dfrac{\lambda}{\pi}\sqrt{\dfrac{f_y}{E}} = \dfrac{171.3}{\pi}\sqrt{\dfrac{345}{2.0 \times 10^5}} = 2.27$

一般焊接箱形截面为 b 类，但是对于设置加劲肋截面的柱，残余应力的影响大于无加劲肋的截面，因此采用 c 类截面计算轴心受压整体稳定折减系数：

$$\varepsilon_0 = \alpha(\overline{\lambda} - 0.2) = 0.5 \times (2.27 - 0.2) = 1.035$$

$$\chi = \frac{1}{2}\left\{1 + \frac{1}{\overline{\lambda}_p^2}(1+\varepsilon_0) - \sqrt{\left[1 + \frac{1}{\overline{\lambda}_p^2}(1+\varepsilon_0)\right]^2 - \frac{4}{\overline{\lambda}^2}}\right\}$$

$$= \frac{1}{2}\left\{1 + \frac{1}{2.27^2}(1+1.035) - \sqrt{\left[1 + \frac{1}{2.27^2}(1+1.035)\right]^2 - \frac{4}{2.27^2}}\right\}$$

$$= 0.157$$

④ 最大承载力为

$$P_{\max} = \chi f_d A_{\text{eff},c} = 0.157 \times 260 \times 203232 = 8.296 \times 10^6 \text{ N} = 8296 \text{ kN}$$

小结及学习指导

只承受轴向拉力或压力的构件称为轴心受力构件，在本章学习时，应着重联系钢材的性能特点，理解钢结构轴心受力构件的受力及破坏特征。

（1）轴心受力构件的刚度性能一般用长细比度量，对轴心受压构件而言，长细比太大除可能影响正常使用外，还会使其整体稳定承载力降低，因此需要对构件的长细比

加以限制。同时,在选择轴心受压构件的截面形式时应优先考虑板件较薄且比较宽大的开展截面,以保证在相同的截面面积下获得较高的回转半径及较小的长细比。

(2) 由于钢材的强度较高,根据强度条件所选择的截面一般比较小,因此轴心受力构件一般比较细长,对于受拉构件,细长的杆件对受力影响不大,但对于受压构件,则可能由于其整体稳定临界力较低而在其截面应力尚未达到其强度值时即发生屈曲。材料力学中讨论的理想轴心受压构件在实际工程中是不存在的,实际工程中的轴心受压构件必然存在杆件的初始弯曲、荷载的初始偏心以及残余应力的影响,这些初始缺陷会降低杆件的整体稳定承载力。因此,实际工程中轴心受压构件的柱子曲线通过采用考虑各种初始缺陷综合影响的等效初弯曲率得到,根据不同的截面形式,标准采用四条柱子曲线来计算轴心受压构件的整体稳定承载力。

(3) 为了提高整体稳定承载力,轴心受压构件一般设计成板件较薄且比较宽大的开展截面,当这些截面组成板件的宽厚比(或高厚比)特别大时,在压力作用下会发生薄板的屈曲,即板件的局部失稳。轴心受压构件翼缘和腹板的临界力可以采用弹性稳定理论求解,为了便于工程应用,标准将受压板件的局部稳定验算简化为限制其宽厚比(或高厚比)的方法实现。但是一般受压构件腹板板件的局部失稳并不意味着整个构件丧失承载能力,在某些条件下也可以利用腹板的屈曲后强度进行设计。

(4) 轴心受力构件分为实腹式和格构式,在相同截面面积的条件下,格构式轴心受力构件可以通过调整多个肢之间的间距以得到更大的截面惯性矩(即截面刚度)。但格构式构件在整体失稳时剪切变形比较大,为了考虑剪切变形对受压构件整体稳定承载力的影响,格构式轴心受压构件的整体稳定验算需采用换算长细比。

(5) 钢结构各基本构件之间以及构件与基础之间的连接节点是传力的关键部位,本书中给出的节点构造图虽是常用形式,但连接节点及柱脚的构造并没有固定的模式,其基本思路是保证传力直接、可靠、便于施工。对于只具备理论知识而不熟悉工程实际的初学者而言,往往难以掌握连接节点的构造设计,应侧重概念设计并注意结合工程实际以加深理解。

思 考 题

4-1 什么是轴心受力构件?轴心受拉构件和轴心受压构件在承载能力极限状态和正常使用极限状态的计算上有何异同?

4-2 轴心受拉和轴心受压构件在截面有开孔时计算方法有何异同?为什么?

4-3 什么是高强度螺栓的孔前传力?摩擦型连接的高强度螺栓和承压型连接的高强度螺栓都需要考虑孔前传力吗?为什么?

4-4 轴心受力构件的刚度用什么衡量?轴心受拉构件需要限制刚度吗?为什么?

4-5　理想轴心受压构件的三种屈曲形式各有什么区别和特点？

4-6　什么是残余应力？轴心受力构件的残余应力是如何产生的？在强度计算时需要考虑吗？

4-7　构件中的残余应力会影响轴心受拉构件的强度吗？会影响轴心受压构件的整体稳定承载力吗？为什么？

4-8　影响轴心受压构件整体稳定承载力的初始缺陷有哪些？理论上如何考虑？

4-9　什么是轴心受压构件的柱子曲线？我国《钢结构设计标准》GB 50017—2017和《公路钢结构桥梁设计规范》JTG D64—2015中的柱子曲线各有几条？影响柱子曲线的主要因素是什么？

4-10　截面形式相同但组成板件厚度 t 大于 40 mm 的轴心受压构件，其整体稳定系数 φ 的取值为什么小于 $t < 40$ mm 的构件？

4-11　影响轴心受压构件整体稳定系数 φ 的取值的因素有哪些？

4-12　轴心受压构件的整体稳定和局部稳定有什么区别？所谓等稳定性是一个什么概念？

4-13　轴心受压构件的组成板件为什么要限制高厚比（或宽厚比）？如果一 H 型钢构件的腹板不满足高厚比要求，可以采取哪些措施？

4-14　什么是腹板的屈曲后强度？建筑钢结构和桥梁钢结构中是怎么运用屈曲后强度理论解决实际工程问题的？

4-15　格构式轴心受压构件整体失稳时的截面剪力是怎么产生的？在设计中如何考虑？

4-16　格构式轴心受压构件绕虚轴的整体稳定计算为什么要采用换算长细比？标准中换算长细比计算公式的推导主要考虑哪些因素？

4-17　格构柱横隔的作用是什么？哪些情况需要设置横隔？

4-18　梁与柱的刚接连接在构造上是如何保证的？与铰接连接的主要构造区别是什么？

4-19　柱脚的刚接连接在构造上是如何保证的？与铰接连接的主要构造区别是什么？

4-20　柱脚底板的厚度由何种受力条件决定？靴梁和隔板的作用是什么？不同的布置方式会影响底板的受力吗？

习　题

4-1　验算由 2∟63×5 组成的水平放置的轴心拉杆的强度和长细比。轴心拉力的设计值为 270 kN，只承受静力作用，计算长度为 3 m。杆端有一排直径为 20 mm 的孔眼（见图 4-47）。钢材为 Q235 钢。如果截面尺寸不够，应改用什么角钢？

注：计算时忽略连接偏心和杆件自重的影响。

图 4-47   习题 4-1 图

4-2   一块—400×20 的钢板用两块拼接板—400×12 进行拼接。螺栓孔径为 22 mm，排列如图 4-48 所示。钢板轴心受拉，$N=1350$ kN（设计值）。钢材为 Q235 钢，解答下列问题：

(1) 钢板 1-1 截面的强度是否足够？

(2) 是否还需要验算 2-2 截面的强度？假定力 N 在 13 个螺栓中平均分配 2-2 截面，应如何验算？

(3) 拼接板的强度是否足够？

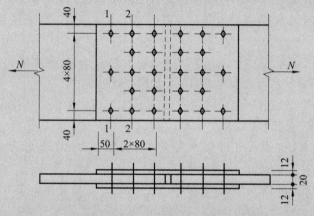

图 4-48   习题 4-2 图

4-3   水平放置两端铰接的 Q345 钢做成的轴心受拉构件，长 9 m，截面为由 2 L 90×8 组成的肢尖向下的 T 形截面。问构件是否能承受轴心力的设计值 870 kN？

4-4   某车间工作平台柱高 2.6 m，按两端铰接的轴心受压柱考虑。如果柱采用 I16(16 号热轧工字钢)，试计算后解答：

(1) 钢材采用 Q235 钢时，设计承载力为多少？

(2) 改用 Q345 钢时，设计承载力是否显著提高？

(3) 如果轴心压力为 330 kN(设计值)，I16 能否满足要求？如果不满足要求，在截面不变的条件下，采取什么措施就能满足要求？

4-5   设某工业平台柱承受轴心压力 5000 kN(设计值)，柱高 8 m，两端铰接。要求设计—H 型钢或焊接工字形截面柱，钢材为 Q235B。

4-6   如图 4-49 所示，两种焊接 H 形截面(焰切边缘)的截面面积相等，钢材均为 Q235 钢。当它们用作长度为 10 m 的两端铰接轴心受压柱时，是否能安全承受设计荷载 3200 kN？

4-7   已知某轴心受压的缀板柱，柱截面为 2[32a，如图 4-50 所示。柱长 7.5 m，两端铰接，承受轴心压力设计值 $N=1500$ kN，钢材为 Q235B，截面无削弱。

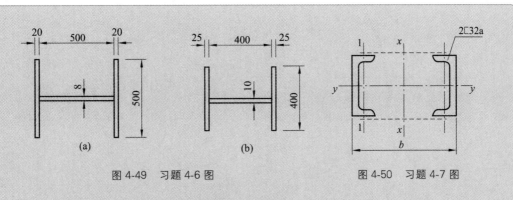

图 4-49 习题 4-6 图 图 4-50 习题 4-7 图

（1）试设计此柱绕虚轴的截面宽度、缀板布置及尺寸。

（2）如果改用缀条柱，试设计此柱绕虚轴的截面宽度、缀条布置及型号。

4-8 设计习题 4-5 中 H 型钢截面实腹式轴心受压柱的铰接柱脚，钢材采用 Q235B，其余条件同习题 4-5。

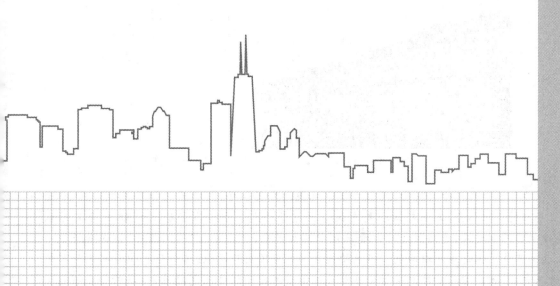

第5章

受弯构件

SHOUWAN GOUJIAN

思政小贴士

"抗战必胜，此桥必复！"

　　茅以升，1896 年 1 月 9 日生于江苏镇江，从小就对桥产生了浓厚的兴趣，后来当他得知杰出爱国工程师詹天佑敢为人先、不畏艰险建成京张铁路后，梦想的轮廓逐渐清晰：要以詹天佑为楷模，出洋留学深造，掌握尖端技术，立志为国建造新型大桥！在科学救国的道路上他一路笃行。茅以升求学期间勤奋刻苦，并最终证明了自己——他 30 万字的博士论文《桥梁框架结构的次应力》的科学创见被称为"茅氏定律"。

　　1919 年 12 月，面对多家美国知名学府和桥梁公司的盛情相邀，茅以升毅然决定回国，"纵然科学没有祖国，科学家是有祖国的，我是中国人，我的祖国更需要我！"茅以升决心要为祖国奉献自己全部的知识和才能，在祖国的江河上架起长虹，他成功完成了被外国桥梁专家称为"不可能完成的任务"——主持建造钱塘江大桥。然而好景不长，1937 年为阻断侵华日军南下，茅以升接到炸毁大桥的消息。收到消息的茅以升心情沉重地说："造桥是爱国，炸桥也是爱国。"一语未尽，热泪夺眶而出。他只留下一句话："抗战必胜，此桥必复。"

　　1946 年，钱塘江大桥修复重建，此时的大桥满身创伤，损毁严重。当时正值国民党统治日益瓦解时期，经济崩溃加剧，人心浮动，就是在这样艰苦的条件下，钱塘江大桥在 1948 年修复完成，这座雄伟而壮丽的大桥又一次屹立在祖国的大地上。

钱塘江大桥　　　　　　　　　　　　　　茅以升入党申请书

　　生于饱受列强欺凌的晚清，成长于军阀混战的民国初年，茅以升见证了中国大地 20 世纪上半叶的风云际会，更深刻认识到中国共产党的伟大。他热诚拥护党的领导，坚定地认为：使中国站立起来、走向强大的力量正是中国共产党，自己要在"总工程师"指挥下兢兢业业、施工劳作。但是周总理却说："当然欢迎你加入中国共产党，但像你这样中外知名的科学家是入党好，还是留在党外更便于工作？应该慎重考虑。"经过反复思量，茅以升决定留在党外做"党外布尔什维克"。后 20 多年，茅以升时刻以共产党员的标准严格要求自己，利用自己在国内、国际的影响力，在联系和推动海内外人士、积极参加祖国社会主义建设、促进祖国和平统一等方面作出了不可磨灭的贡献。1985 年，考虑到自己的身体状况，90 岁高龄的茅以升正式递交了入党申请书："我已年逾九十，能为党工作之日日短，而要求之殷切期望与日俱增……为此，特再次提出申请，我愿为共产主义事业奋斗终身！"字里行间是一个爱国知识分子对中国共产党的无限向往与信任，浸润着的是对祖国和人民深沉的爱。

　　钱塘江大桥是茅以升主持设计和建造的中国第一座公铁两用现代化双层桁架大桥。这座建成于抗日烽火之中的大桥不仅在中华民族抗击日本侵略者的斗争中书写了可歌可泣的篇章,而且是中国桥梁建筑史上的一座里程碑。

本章知识点

受弯钢构件的类型和应用;梁的强度,包括抗弯强度、抗剪强度、局部承压强度、复杂应力作用下的折算应力;梁的刚度;梁的整体稳定,包括梁的整体失稳概念、影响梁整体稳定性的主要因素、梁的整体稳定系数、梁整体稳定的保证措施;梁的局部稳定,包括梁局部失稳的概念、梁受压翼缘的局部稳定、梁腹板的局部稳定、组合梁考虑腹板屈曲后强度的设计概念;钢梁的设计及工程应用实例,包括型钢梁的设计、焊接组合梁的设计;梁的拼接、主梁与次梁的连接和梁的支座。

【重点】

钢梁设计中的四个主要问题:强度、刚度、整体稳定和局部稳定。

【难点】

钢梁腹板局部稳定验算及腹板加劲肋的设置,钢梁设计中整体稳定与局部稳定条件的协调。

受弯钢构件广泛用于土木工程。图 5-1(a)为钢结构厂房,厂房中的屋面梁、吊车梁均为受弯钢构件。图 5-1(b)为厂房中的钢平台,平台结构中的次梁、主梁也是受弯钢构件。钢结构住宅(见图 5-1(c))中的楼盖梁、屋盖梁是建筑钢结构中最常用的受弯钢构件。受弯钢构件还广泛用于桥梁结构。图 5-1(d)为上海卢浦大桥的引桥,为梁式钢桥,桥面结构采用了大量钢梁。

以承受弯矩为主的构件称为受弯构件。在钢结构中,受弯构件主要以梁或板的形式出现。本章只讨论线性构件钢梁。在荷载作用下,钢梁主要受弯矩剪力共同作用;在纯弯曲情况下只受弯矩作用。在工程中,梁除受弯矩、剪力作用外,还受很小的轴力。

钢梁广泛用于钢结构工程中,如多高层房屋中的楼盖梁,工业厂房中的吊车梁、工作平台梁,墙架梁,各类钢桥中的桥面梁,海洋采油平台中的梁等。

钢梁按截面构成方式的不同,分为实腹式梁和空腹式梁,应用较多的是实腹式梁。实腹式钢梁按制作方法的不同分为型钢梁和组合钢梁两大类,如图 5-2 所示。型钢梁又可分为热轧型钢梁和冷弯薄壁型钢梁两种。在普通钢结构中,当荷载、跨度均不太大时,多采用热轧型钢梁,如普通工字钢、H 型钢、槽钢(见图 5-2(a)(b)(c)),这类梁加工简单、制造方便、成本较低、应用广泛。在轻型钢结构中,荷载、跨度均不太大时,多采用冷弯薄壁型钢梁,如卷边槽钢、乙型钢、帽型钢(见图 5-2(d)(e)(f))等,此类梁截面壁薄,可有效地节省钢材。

当跨度或荷载较大时,型钢梁由于受截面高度的限制,不能满足强度、刚度等方面的要求,此时必须采用焊接梁(在房屋建筑钢结构中习惯称为组合梁)。焊接梁中应用最广泛的是由三块钢板组成的焊接工字形截面梁(见图 5-2(g));必要时,可采用双层翼缘板组成的工字形截面梁(见图 5-2(i));有时,也可用两个剖分 T 型钢和钢板组成工字形截面梁(见图 5-2(h));当梁受有较大扭矩,或要求梁顶面较宽时,可采用焊接箱形截面梁(见图 5-2(j))和多室箱形截面梁(见图 5-2(k));对荷载特别大,或承受很大动力荷载且较重要的梁,可采用高强度螺栓摩擦型连接的钢梁(见图 5-2(l))。此外,为了充分利用钢材的强度,可采用异种钢焊接梁,对受力较大的翼缘板采用强度较大的钢材,对受力较小的腹板采用强度较小的钢材。

(a) 钢结构厂房中的受弯钢构件——
吊车梁、屋面梁

(b) 厂房钢结构平台中的受弯
钢构件的——主梁、次梁

(c) 钢结构住宅中的受弯钢构件——
楼盖梁、屋盖梁

(d) 梁式钢桥(上海卢浦大桥引桥)中
的受弯钢构件——桥面钢梁

图 5-1 受弯钢构件的应用

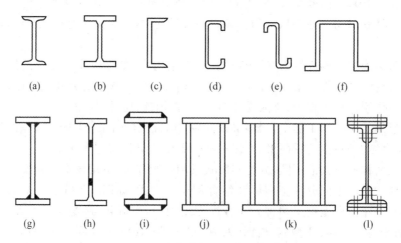

图 5-2 实腹式钢梁的截面类型

为了增大梁的截面高度和截面惯性矩,可采用空腹式钢梁。图 5-3(a)(b)所示的蜂窝梁即为空腹式钢梁中的一种,它是将工字钢或 H 型钢的腹板沿图 5-3(a)所示的折线割开,然后将上、下两个 T 形左右错动,焊成如图 5-3(b)所示的梁。

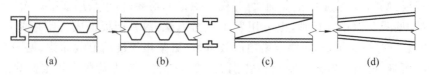

图 5-3 蜂窝梁和楔形梁

为了适应梁弯矩沿跨度的变化,如自由端承受一个集中荷载的悬臂梁,可采用如图5-3(c)(d)所示的楔形梁,它是将工字钢或H型钢的腹板沿图5-3(c)所示的斜线割开,将其中一半颠倒反向,与另一半焊接而成的,如图5-3(d)所示。

钢与混凝土组合梁(见图5-4)能充分发挥钢材宜于受拉、混凝土宜于受压的优势,广泛应用于桥梁与高层建筑结构中,并取得了较好的经济效果。

为了增加跨度和节约钢材,工程中有时还采用预应力钢梁(见图5-5)。

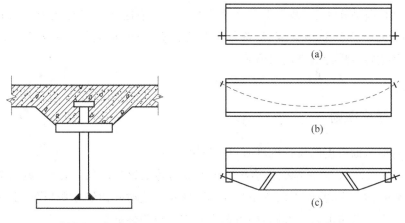

图 5-4　钢与混凝土组合梁　　　图 5-5　预应力钢梁

钢梁按所受荷载情况的不同分为单向弯曲梁和双向弯曲梁。单向弯曲梁只在一个主平面内受弯,双向弯曲梁在两个主平面内受弯。工程结构中大多数的钢梁为单向弯曲梁,吊车梁、墙梁在两个主平面内受力,坡度较大屋盖上的钢檩条的主轴往往不垂直于地面,这些梁都是双向弯曲梁。

常用受弯构件截面有两条正交的形心主轴,如图5-6中的工轴与 y 轴。因为绕 z 轴的惯性矩、截面模量最大,故称 z 轴为强轴、与之正交的 y 轴为弱轴。

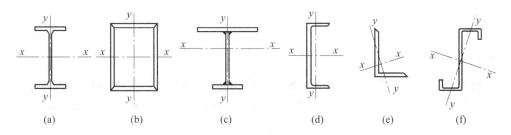

图 5-6　各种截面的强轴与弱轴

钢梁按支承条件的不同,可分为简支梁、连续梁、固端梁、悬臂梁等。单跨简支梁与多跨连续梁相比,虽然用钢量较多,但是由于简支梁制作安装方便,其内力不受支座沉陷、温度变化影响,所以在工程中得到广泛应用。

钢梁的计算内容主要有强度、刚度、整体稳定和局部稳定。其中强度、整体稳定、局部稳定属于承载能力极限状态的计算内容,刚度属于正常使用极限状态的计算内容。一般热轧型钢梁因板件宽厚比不大而不需要计算局部稳定。对于长期直接承受重复荷载作用的梁,如吊车梁,如果在其设计基准期内应力循环次数 $n \geqslant 5 \times 10^4$,则应进行疲劳验算。

5.1　构件受弯时的截面强度

钢梁在横向荷载作用下,截面上将产生弯矩、剪力,有时还有局部压力。因此对钢梁做强度计算包括抗弯强度、抗剪强度、局部承压强度计算,以及在上述三种内力共同作用下对截面上的某些危险点进行折算应力验算。

5.1.1　强度准则

构件受弯时截面强度的设计准则有以下三种。

(1)边缘屈服准则,即在截面上边缘纤维的应力达到钢材的屈服点时,就认为受弯构件的截面已达到强度极限,截面上的弯矩称为屈服弯矩。这时除边缘屈服以外,其余区域应力仍在屈服点之下。若采取这一准则,则对截面只需进行弹性分析。

(2)全截面塑性准则,即以整个截面的内力达到截面承载极限强度的状态作为强度破坏的界限。在截面仅受弯矩时,截面的承载极限强度以图 5-7(c)为基础进行计算,这时的弯矩称为塑性弯矩或极限弯矩。

(3)有限塑性发展的强度准则,即将截面塑性区限制在某一范围,一旦塑性区达到规定的范围即视为强度破坏。

5.1.2　抗弯强度

1. 梁的四个工作阶段

钢材可以作为理想的弹塑性体,随着荷载的逐渐增大,梁截面上的弯矩也随之增大,构件截面上的弯曲正应力将经历以下四个工作阶段:弹性工作阶段、弹塑性工作阶段、塑性工作阶段和强化阶段。

1)弹性工作阶段

当构件截面上的弯矩 M_x 较小、截面边缘纤维应力小于钢材屈服点 f_y 时,梁截面上的弯曲正应力呈三角形分布(见图 5-7(a)),此时梁截面处于弹性工作阶段,截面边缘正应力 σ 可按材料力学公式计算:

$$\sigma = \frac{M_x}{W_x} \tag{5-1}$$

式中:M_x——绕工轴的弯矩(单位为 N·mm);

W_x——对 x 轴的弹性截面模量(单位为 mm³)。

随着弯矩的增大,当截面边缘纤维应力达到屈服点 f_y 时,梁截面上的弯矩(屈服弯矩)

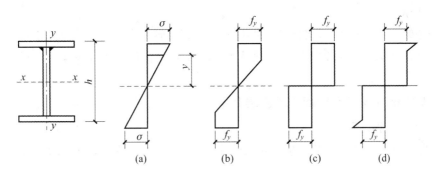

图 5-7　钢梁各工作阶段截面弯曲应力的分布

可按下式计算：

$$M_{cx} = M_x f_y \tag{5-2}$$

以 M_{cx} 作为钢梁抗弯承载能力的极限状态就是弹性设计方法，也称为边缘屈服准则。对需要验算疲劳的钢梁或受压翼缘板采用非厚实截面（见 3.4.3 节）的一般钢梁，常采用弹性设计方法进行计算。

2）弹塑性工作阶段

随着荷载继续增大，梁的两块翼缘板逐渐屈服，然后腹板的上、下两侧也部分屈服，形成了边缘的塑性区（见图 5-7(b)），塑性区中的正应力均等于 f_y，但在梁的中和轴附近材料仍处于弹性受力状态，此时梁截面处于弹塑性工作阶段。普通钢结构中一般钢梁的计算可以适当考虑截面的塑性发展，以截面部分进入塑性作为承载能力的极限，又称为有限塑性发展的强度准则。

3）塑性工作阶段

如果荷载继续增加，梁截面的塑性区不断向内发展，弹性区面积逐渐缩小，直至全截面都达到屈服（见图 5-7(c)），此时该截面的弯矩不再增大，而梁的变形却不断增大，截面形成了塑性区。出现这种现象的原因是低碳钢在应力达到屈服点 f_y 后，其应力-应变曲线上有很长一段基本上呈水平线的屈服台阶（见图 2-1 中曲线的 SC 段），在此受力变形过程中，钢材应力基本不变，而应变会增大很多。此时的截面弯矩称为塑性弯矩 M_{px} 或极限弯矩，原则上可以作为承载能力极限状态，其计算公式为

$$M_{px} = (S_{1x} + S_{2x}) f_y = M_{px} f_y \tag{5-3}$$

式中：M_{px}——绕 x 轴的塑性截面模量（单位为 mm^3），$M_{px} = S_{1x} + S_{2x}$；

S_{1x}、S_{2x}——中和轴以上和以下截面对中和轴 x 轴的面积矩（单位为 mm^3）。此时的中和轴是与弯曲主轴平行的截面面积平分线，即该中和轴两侧的截面面积相等。

当梁进入塑性工作阶段时，全截面的应力均达到 f_y，由图 5-7(c)可知，为了满足平衡条件，全截面上拉、压应力的总和必须为零，由此可知此时的中和轴必然是与弯曲主轴平行的截面面积平分线。对于双轴对称截面，从弹性阶段（见图 5-7(a)）到塑性阶段（见图 5-7(c)），中和轴的位置一直与截面形心轴重合，没有任何变动。但对于单轴对称截面（y 轴为对称轴），从弹性阶段末（边缘纤维应力达到 f_y）开始，直到塑性阶段（见图 5-7(c)），为了满足 $\sum Z = 0$ 的平衡条件，随着塑性深入的不断发展，中和轴的位置不断向较大翼缘一侧移动，直到成为截面面积的平分线。

4）强化阶段

随着应变的进一步增大,钢材进入强化阶段,边缘纤维附近的应力会大于屈服点(见图 5-7(d))。在工程设计中,考虑到变形过大等原因,梁的设计一般不利用这一阶段的应力增大。

2. 截面形状系数 F 和截面塑性发展系数 γ

1）截面形状系数 F

毛截面的塑性截面模量 W_{px} 和弹性截面模量 W_x 的比值称为截面形状系数 F,省去下标 x,即可得

$$F = \frac{W_p}{W} \tag{5-4}$$

截面形状系数 F 仅与截面的几何形状有关。矩形截面 $F=1.5$;圆形截面 $F=1.7$;圆管截面 $F=1.27$;工字形截面对工轴 $F=1.10\sim1.17$(随翼缘和腹板占总截面面积的比例不同而变化)。

2）截面塑性发展系数 γ

在普通钢结构一般钢梁的设计中,考虑到节约用钢和正常使用方面的要求,通常将梁的极限状态取在塑性弯矩 W_{px} 和屈服弯矩 W_{cx} 之间,即弹塑性弯矩,其计算公式为

$$M = \gamma W_x f_y \tag{5-5}$$

式中:γ——对截面形心主轴的截面塑性发展系数,$1<\gamma<F$。γ 值与截面上塑性发展的深度有关,截面上塑性区深度越大,γ 越大;当全截面塑性时,$\gamma=F$。

3. 梁抗弯强度计算规定

在截面塑性发展深度 a 不超过梁截面高度 h 的 $1/8$ 时,在主平面内受弯的实腹式构件的抗弯强度计算如下。

单向弯曲梁:
$$\frac{M_x}{\gamma_x W_{nx}} \leqslant f \tag{5-6}$$

双向弯曲梁:
$$\frac{M_x}{\gamma_x W_{nx}} + \frac{M_y}{\gamma_y W_{ny}} \leqslant f \tag{5-7}$$

式中:M_x、M_y——同一截面处绕工轴和绕 y 轴的弯矩设计值(对工字形截面,x 轴为强轴,y 轴为弱轴)(单位为 N・mm);

W_{nx}、W_{ny}——对 x 轴和对 y 轴的净截面模量(单位为 mm³),当截面板件宽厚比等级为 S1、S2、S3 或 S4 级时,应取全截面模量,当截面板件宽厚比等级为 S5 级时,应取有效截面模量,均匀受压翼缘有效外伸宽度可取 $15\varepsilon_k$,腹板有效截面可按《钢结构设计标准》GB 50017—2017 第 8.4.2 条规定采用;

γ_x、γ_y——截面塑性发展系数,按下列规定取值:(1)对工字形和箱形截面,当截面板件宽厚比等级为 S4 或 S5 级时,截面塑性发展系数应取为 1.0,当截面板件宽厚比等级为 S1、S2 及 S3 级时,截面塑性发展系数应按下列规定取值:①工字形截面:$\gamma_x=1.05$,$\gamma_y=1.2$,②箱形截面:$\gamma_x=\gamma_y=1.05$;(2)其他截面应根据其受压板件的内力分布情况确定其截面塑性发展系数,当满足 S3 级要求时,可按表 5-1 采用;(3)对需要计算疲劳的梁,宜取 $\gamma_x=\gamma_y=1.0$;

f——钢材抗弯强度设计值(单位为 N/mm²)。

表 5-1　截面塑性发展系数 γ_x、γ_y

项次	截面形式	γ_x	γ_y
1			1.2
2		1.05	1.05
3		$\gamma_{x_1}=1.05$ $\gamma_{x_2}=1.2$	1.2
4			1.05
5		1.2	1.2
6		1.15	1.15
7		1.0	1.05
8			1.0

　　为保证梁的受压翼缘不会在梁强度破坏之前丧失局部稳定,当梁的受压翼缘的自由外伸宽度 b_1 与其厚度 t 之比 b_1/t 大于 $13\sqrt{235/f_y}$ 而不超过 $15\sqrt{235/f_y}$ 时,应取 $\gamma_x=\gamma_y=$

1.0。f_y 为钢材牌号所指的屈服点，即：Q235 钢，取 $f_y = 235$ N/mm²；Q345 钢，取 $f_y = 345$ N/mm²；Q390 钢，取 $f_y = 390$ N/mm²；Q420 钢，取 $f_y = 420$ N/mm²；Q460 钢，取 $f_y = 460$ N/mm²。

4. 桥梁钢结构中箱形梁抗弯强度计算规定

对于箱形梁，通常梁的宽度很大，剪力滞的影响明显，强度计算需要考虑剪力滞的影响。同时，由于板件局部失稳、初始缺陷和残余应力等影响，受压翼缘承载力需要考虑局部稳定折减。《公路钢结构桥梁设计规范》JTG D64—2015 规定翼板正应力 σ 计算如下。

主平面内受弯的实腹式构件：　$\sigma = r_0 \dfrac{M_y}{W_{y,\mathrm{eff}}} \leqslant f_d$ 　　　　(5-8a)

双向受弯的实腹式构件：　$\sigma = r_0 \left(\dfrac{M_y}{W_{y,\mathrm{eff}}} + \dfrac{M_x}{W_{z,\mathrm{eff}}} \right) \leqslant f_d$ 　　　　(5-8b)

式中：r_0——结构重要性系数；

$W_{y,\mathrm{eff}}$、$W_{z,\mathrm{eff}}$——考虑剪力滞和受压板件局部稳定影响的有效截面相对于 y 轴和 z 轴的截面模量（单位为 mm）。

考虑剪力滞影响的有效截面面积 $A_{\mathrm{eff},s}$ 按下式计算：

$$A_{\mathrm{eff},s} = \sum (b_{e,i}^s t_i + A_{s,i})$$

式中：$b_{e,i}^s$——考虑剪力滞影响的第 i 块板件的翼缘有效宽度（单位为 mm），如图 5-8 所示；

t_i——第 i 块板件的厚度（单位为 mm）；

$A_{s,i}$——有效宽度内的加劲肋面积（单位为 mm²）。

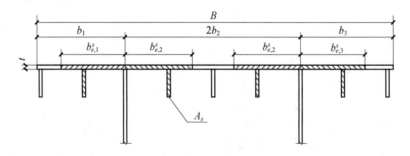

图 5-8　考虑剪力滞影响的第 i 块板件的翼缘有效宽度示意图

同时考虑剪力滞和受压加劲板局部稳定影响的有效宽度 b_e 和面积 A_{eff} 按下式计算：

$$A_{\mathrm{eff}} = \sum_{k=1}^{n_p} b_{e,k} t_k + \sum_{i=1}^{n_s} A_{s,i}$$

$$b_e = \sum_{k=1}^{n_p} b_{e,k}$$

$$b_{e,k} = \rho_k^s b_{e,k}^p$$

$$\rho_k^s = \frac{\sum b_{k,j}^s}{b_k}$$

式中：$b_{e,k}$——考虑剪力滞和受压加劲板局部稳定影响的有效宽度（单位为 mm）；

A_{eff}——考虑剪力滞和受压加劲板局部稳定影响的有效面积（单位为 mm²）；

$A_{s,i}$——有效宽度范围内第 i 块受压板件的加劲肋面积（单位为 mm²）；

n_p——受压翼缘被腹板分割后的受压板件数；

n_s——有效宽度范围内的加劲肋数量;

ρ_k^s——考虑剪力滞影响的第 k 块受压板件的有效宽度折减系数;

b_k——第 k 块受压板件的宽度(单位为 mm);

$\sum b_{k,j}^s$——第 k 块受压板件考虑剪力滞影响的有效宽度之和(单位为 mm)。

5.1.3 抗剪强度

承受横向荷载的梁都会在构件中产生剪力 V,并在截面中产生剪应力 τ。梁截面上弯曲剪应力的分布如图 5-9 所示。从图中可以看出,在截面的自由端剪应力为零,最大剪应力 $\tau_{\max}$ 出现在腹板中和轴处。

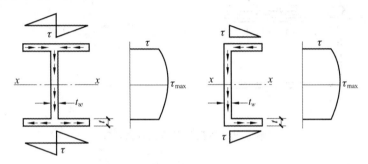

图 5-9 梁截面上弯曲剪应力的分布

在主平面内受弯的实腹式构件,当不考虑腹板屈曲后强度时,其抗剪强度应按下式计算:

$$\tau = \frac{VS}{I_x t_w} \leqslant f_v \tag{5-9}$$

式中:V——计算截面沿腹板平面的剪力设计值(单位为 N);

$\quad\quad S$——计算剪应力以上毛截面对中和轴的面积矩(单位为 mm³);

$\quad\quad I_x$——截面对主轴 x 轴的毛截面惯性矩(单位为 mm⁴);

$\quad\quad t_w$——腹板厚度(单位为 mm);

$\quad\quad f_v$——钢材的抗剪强度设计值(单位为 N/mm²)。

当钢梁截面上有螺栓孔等微小削弱时,为简化,工程上仍采用毛截面参数 I_x、S 进行抗剪强度计算。

5.1.4 局部承压强度

梁在承受固定集中荷载处未布置支撑加劲肋(见图 5-10(a)(b)),或在承受移动集中荷载(如吊车轮压)作用(见图 5-10(c))时,荷载通过翼缘传至腹板,使之受压。腹板在压力作用点处的边缘承受的压应力最大,并沿梁的跨度方向向两边扩散。实际的压应力 σ_c 分布并不均匀,如图 5-10(d)所示,但在设计中为了简化计算,假定局部压应力 σ_c 均匀分布在一段较短的长度范围 l_z 内。梁腹板计算高度边缘的局部承压应力应按下式计算:

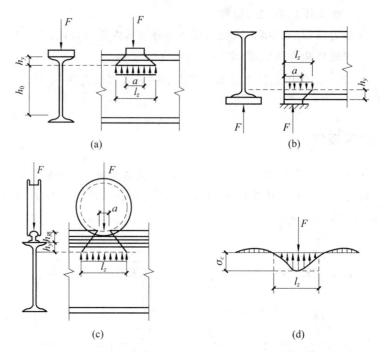

图 5-10   钢梁局部承压应力计算

$$\sigma_c = \frac{\psi F}{t_w l_z} \leqslant f \tag{5-10}$$

式中：F——集中荷载设计值（单位为 N），对动力荷载，应考虑动力系数；

ψ——集中荷载增大系数，对重级工作制吊车梁，$\psi=1.35$，对其他梁，$\psi=1.0$；

l_z——集中荷载在腹板计算高度边缘的假定分布长度（见图 5-10(a)(c)）（单位为 mm），宜按式（5-10a）计算，也可采用简化式（5-10b）计算：

$$l_z = 3.25 \sqrt[3]{\frac{I_R + I_f}{t_w}} \tag{5-10a}$$

$$l_z = a + 5h_y + 2h_R \tag{5-10b}$$

对于边支座（见图 5-10(b)）的情况：

$$l_z = a + 2.5h_y$$

I_R——轨道绕自身形心轴的惯性矩（单位为 mm⁴）；

I_f——梁上翼缘中面的惯性矩（单位为 mm⁴）；

a 集中荷载沿梁跨度方向的支承长度（单位为 mm），对钢轨上的轮压可取为 50 mm（见图 5-10(c)）；

h_y——自梁的承载面边缘到腹板计算高度边缘的距离（单位为 mm）；

h_R——轨道或钢垫块的高度（单位为 mm），对无轨道和钢垫块的情况，$h_R=0$；

f——钢材的抗压强度设计值（单位为 N/mm²）。

腹板计算高度 h_0 的规定：①轧制型钢梁，$h_0=h-2h_y$，$h_y=t+R$，t 为型钢梁翼缘的平均厚度，R 为翼缘与腹板连接处圆角半径（见图 5-11(a)），即 h_0 取腹板与上、下翼缘相连接处内圆弧起点间的距离；②焊接组合梁，h_0 为腹板高度，即 $h_0=h_w$（见图 5-11(b)）；③高强度螺栓连接（或铆接）组合梁，h_0 为上、下翼缘与腹板连接的高强度螺栓（或铆钉）线距中最近距离

（见图 5-11(c)）。

在梁的支座处（见图 5-11(b)），当不设支承加劲肋时，应按式(5-10)计算腹板计算高度下边缘的局部压应力，取 $\psi=1.0$，支座集中反力的假定分布长度应根据支座具体尺寸按式(5-10b)计算。

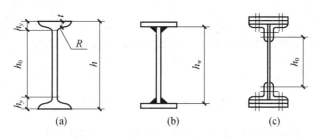

图 5-11 钢梁的腹板计算高度 h_0

受弯构件局部承压强度不满足式(5-10)的要求时，一般应在固定集中荷载作用处（包括支座处）设置支承加劲肋，如图 5-12 所示。如果是移动集中荷载的情况，则只能修改梁的截面，加大腹板厚度 t_w。图 5-12(c)是受弯构件下翼缘受到向下集中力作用的情况，此时腹板与翼缘交界处受到的是向下的局部拉力的作用，虽然此时不是局部承压，但其局部应力的性质是相似的，设计时可按同样方式处理。

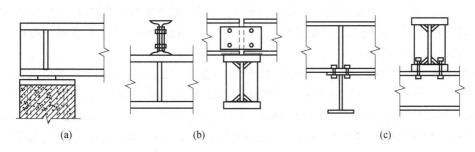

图 5-12 支承加劲肋

5.1.5 复杂应力与折算应力

钢梁截面上通常同时承受弯矩和剪力。在同一截面上，弯矩产生的最大弯曲正应力与剪力产生的最大剪应力一般不在同一点处，因此，梁的抗弯强度与抗剪强度可以分别对不同的危险点进行计算。

但是在钢梁某些截面的某些点处会同时存在较大的弯曲正应力、剪应力和局部压应力。例如，在多跨连续梁中间支座截面处腹板计算高度边缘点，或简支组合梁翼缘截面改变处腹板计算高度边缘点，或等截面简支梁跨中集中荷载截面处（见例题 5-1）腹板计算高度边缘点，就会同时存在这三种应力（见图 5-13）。对于处于复杂应力状态的这些危险点，可根据材料力学中的能量理论来判断这些点的钢材是否达到屈服，即按下式验算其折算应力：

$$\sqrt{\sigma^2 + \sigma_c^2 - \sigma\sigma_c + 3\tau^2} \leqslant \beta_1 f \tag{5-11}$$

式中：σ——腹板计算高度边缘的弯曲正应力（单位为 N/mm²），按 $\sigma = \dfrac{My_1}{I_n}$ 计算，I_n 为梁净截

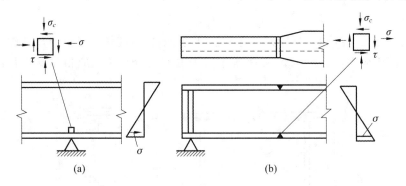

图 5-13　验算梁折算应力的部位

面惯性矩，y_1 为所计算点至梁中和轴的距离，σ 以拉为正、以压为负；

　　σ_c——局部承压应力或局部拉应力（单位为 N/mm²），其方向与弯曲正应力方向垂直，按式(5-10)计算，σ_c 以拉为正、以压为负；

　　τ——剪应力（单位为 N/mm²），按式(5-9)计算；

　　β——计算折算应力的强度设计值增大系数，当 σ 与 σ_c 异号时，取 $\beta_1 = 1.2$，当 σ 与 σ_c 同号或 $\sigma_c = 0$ 时，取 $\beta_1 = 1.1$。

　　需要强调说明的是，钢结构的强度计算都是对构件的同一截面同一点处的应力验算。如在式(5-11)中，σ、σ_c、τ 必须是同一截面内同一点处（一般为腹板计算高度边缘点）的弯曲正应力、局部压应力和剪应力。又如式(5-7)中，不等号左边的两项也分别是同一截面内同一点处的两个弯曲正应力 σ。

　　【例题 5-1】　如图 5-14 所示两端简支钢梁，跨度 $l = 12$ m，焊接组合工字形双轴对称截面 H1000×520×12×20（单位为 mm），钢材为 Q235B 钢，截面无削弱，在梁跨间三分点处作用有两个集中荷载设计值 $P = 626$ kN（静载，含梁自重），集中荷载的支承长度 $a = 200$ mm，荷载作用面到梁顶面的距离为 80 mm。梁支座处已布置支承加劲肋，试对该梁进行强度验算。

　　【解】　查附表 2-1，翼缘板 $f = 205$ N/mm²（因为 $t = 20$ mm > 16 mm）；腹板 $f = 215$ N/mm²，$f_v = 125$ N/mm²（因为 $t_w = 12$ mm < 16 mm）。

　　(1) 截面几何特性。

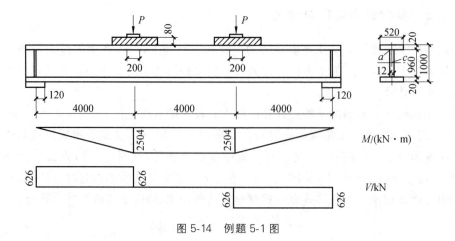

图 5-14　例题 5-1 图

$$I_x = \frac{1}{12}(520 \times 1000^3 - 508 \times 960^3)\ \text{mm}^4 = 5879509333\ \text{mm}^4$$

截面边缘纤维处的截面模量为

$$W_{nx} = \frac{2I_x}{h} = \frac{2 \times 5879509333}{1000}\ \text{mm}^3 = 11759019\ \text{mm}^3$$

腹板计算高度边缘点 a 处的截面模量为

$$W_{nx,a} = \frac{2I_x}{h_0} = \frac{2 \times 5879509333}{960}\ \text{mm}^3 = 12248978\ \text{mm}^3$$

a 点处的面积矩为

$$S_a = 520 \times 20 \times 490\ \text{mm}^3 = 5096000\ \text{mm}^3$$

截面形心点处的面积矩为

$$S_c = (5096000 + 480 \times 12 \times 240)\ \text{mm}^3 = 6478400\ \text{mm}^3$$

（2）内力计算。

弯矩：$M = P \cdot (l/3) = 626 \times (12/3)\ \text{kN} \cdot \text{m} = 2504\ \text{kN} \cdot \text{m}$。

剪力：$V = P = 626\ \text{kN}$。

（3）抗弯强度验算。

验算点在两个集中荷载 P 作用点之间的任一截面的边缘纤维处。

因为 $\dfrac{b_1}{t} = \dfrac{(520-12)/2}{20} = 12.7 < 13\sqrt{\dfrac{235}{f_y}} = 13$，静载，所以

$$\gamma_x = 1.05$$

$$\sigma = \frac{M_x}{\gamma_x W_{nx}} = \frac{2504 \times 10^6}{1.05 \times 11759019}\ \text{N/mm}^2 = 202.80\ \text{N/mm}^2 < f = 205\ \text{N/mm}^2，满足要求。$$

（4）抗剪强度验算。

验算点在支座截面处的形心 c 点处。

$$\tau_{\max} = \frac{VS_c}{I_x t_w} = \frac{626 \times 10^3 \times 6478400}{5879509333 \times 12}\ \text{N/mm}^2 = 57.48\ \text{N/mm}^2 < f_v = 125\ \text{N/mm}^2，满足要求。$$

（5）局部承压强度验算。

在固定集中荷载 P 作用点所在截面内，腹板计算高度边缘 a 点为局部承压强度的验算点。此处 $t_w = 12\ \text{mm} < 16\ \text{mm}$，查得 $f = 215\ \text{N/mm}^2$。

$$l_z = a + 5h_y + 2h_R = (200 + 5 \times 20 + 2 \times 80)\ \text{mm} = 460\ \text{mm}$$

$$\sigma_c = \frac{\psi F}{t_w l_z} = \frac{1.0 \times 626 \times 10^3}{12 \times 460}\ \text{N/mm}^2 = 113.41\ \text{N/mm}^2 < f = 215\ \text{N/mm}^2，满足要求。$$

支座处虽有较大支座反力，但因为此处已布置支承加劲肋，故可不验算局部承压强度。

（6）折算应力验算。

在梁顶面左边集中荷载 P 作用点以左（无穷接近）截面，或梁顶面右边集中荷载 P 作用点以右（无穷接近）截面内腹板计算高度边缘 a 点处同时存在较大的弯曲正应力 σ_a、局部压应力 σ_c 和剪应力 τ_a。

$$\sigma_a = \frac{M_x y_a}{I_n} = \frac{M_x}{W_{nx,a}} = \frac{2504 \times 10^6}{12248978}\ \text{N/mm}^2 = 204.43\ \text{N/mm}^2 \quad （压应力）$$

$$\tau_a = \frac{VS_a}{I_x t_w} = \frac{626 \times 10^3 \times 5096000}{5879509333 \times 12} \text{ N/mm}^2 = 45.21 \text{ N/mm}^2$$

$$\sigma_c = 113.41 \text{ N/mm}^2$$

$$\sqrt{\sigma_a^2 + \sigma_c^2 - \sigma_a \sigma_c + 3\tau_a^2} = \sqrt{204.43^2 + 113.41^2 - 204.43 \times 113.41 + 3 \times 45.21^2} \text{ N/mm}^2$$
$$= 193.91 \text{ N/mm}^2 < \beta_1 f = 1.1 \times 215 \text{ N/mm}^2 = 236.5 \text{ N/mm}^2$$

由以上验算结果可知该梁满足强度承载力要求。

5.1.6　受弯构件的剪力中心

先考察图 5-15 所示槽钢截面受弯构件。设其截面上作用剪力为 V，弯矩为 M。分别按 $\sigma = \frac{M_x y}{I_x}$ 和 $\tau = \frac{V_y S_x}{I_x t}$ 作出弯曲正应力和剪应力的分布图，如图 5-15(c)(d)所示。注意 S_x 是随计算点变化而变化的系数，对翼缘部分，若翼缘厚度不变，则这部分面积对 x 轴的形心距为常数。所以，边缘至计算点的面积矩随点的移动而线性变化；对腹板部分，面积矩计算时与 y 坐标为平方关系。从抗剪强度的计算式(5-9)可看出，剪应力沿截面板件厚度大小不变，所以沿着截面的中线(截面板厚的平分线)，剪应力在翼缘上的分布呈直线关系，在腹板上呈抛物线关系。

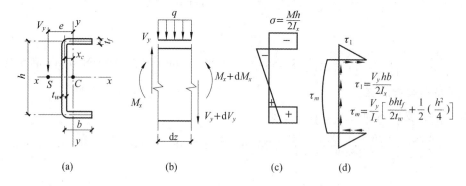

图 5-15　槽形截面的弯曲正应力与剪应力分布

上、下翼缘剪应力的合力为零，但形成形心的力矩：

$$M_Z = \frac{V_y bh}{2I_x} \times \frac{bt_f}{2} \times h \tag{5-12}$$

欲平衡该力矩，使截面不发生扭转，剪力 V 作用线必须通过一特定的点 S，使得

$$V_y(e - x_c) = M_Z \tag{5-13}$$

即

$$e = \frac{b^2 h^2 t_f}{4I_x} + x_c \tag{5-14}$$

这一特殊点 S 称为剪力中心，也称为弯曲中心或扭转中心。

可以用同样的方法求出各种截面的剪力中心。对于双轴对称截面，剪力中心就是截面的形心；对于单轴对称截面，剪力中心在截面的对称轴上；对 T 形、十字形截面，剪力中心就在多板件的交汇点上，因为所有板件上剪应力的合力均通过该点。

在设计受弯构件时，若使横向作用力通过剪力中心，则设计时可不考虑横向力引起的扭

转问题;否则也应尽可能使横向力的作用线靠近剪力中心,或采取其他措施阻止构件扭转。

5.2 梁的整体稳定

第3章提到过,钢梁的整体失稳形式是弯扭失稳,即梁整体失稳时除发生垂直于弯矩作用平面的侧向弯曲外,还必然伴随发生扭转。因此,在讨论钢梁的整体稳定问题之前,有必要先讨论钢梁的扭转问题。

5.2.1 梁的扭转

1. 几个概念

1) 翘曲

非圆形截面构件扭转时,截面不再保持为平面,有些点凹进,有些点凸出,称为翘曲。圆形截面构件扭转时,截面不产生翘曲变形,即扭转前的各截面扭转发生后仍保持为平面。

2) 梁的自由扭转

若等截面构件受到扭矩作用,但同时满足以下两个条件,就是所谓的自由扭转,又称圣维南扭转。

(1) 截面上受等值反向的一对扭矩作用。

(2) 构件端部截面的纵向纤维不受约束。

3) 梁的约束扭转

在构件扭转时,若截面上各点的纵向位移受到约束,即截面的翘曲受到约束,称为约束扭转,又称为瓦格纳扭转、弯曲扭转、非均匀扭转。

2. 梁自由扭转的特点和计算

自由扭转有以下特点:①各截面的翘曲相同,各纵间纤维既无伸长,也无缩短;②在扭矩作用下梁截面上只产生剪应力,没有正应力;③纵向纤维保持为直线,构件单位长度上的扭转角处处相等。

大多数钢梁是由狭长矩形截面板件组合而成的。根据弹性力学分析,对于图 5-16(a)所示的狭长矩形截面(假设均符合 $b \gg t$),扭矩与扭转率之间的关系为

$$M_s = GI_t\theta = GI_t \frac{\mathrm{d}\varphi}{\mathrm{d}z} = GI_t\varphi' \tag{5-15}$$

式中:M_s——自由扭转扭矩(单位为 N·mm);

G——材料的剪变模量(单位为 N/mm²);

I_t——截面的扭转惯性矩或扭转常数(单位为 mm⁴),$I_t = \frac{1}{3}bt^3$;

θ——杆件单位长度的扭转角或称为扭转率(单位为 1/mm),$\theta = \frac{\mathrm{d}\varphi}{\mathrm{d}z}$,自由扭转时,

$$\theta = \frac{\varphi}{l};$$

φ——扭转角,自由扭转中 φ 沿构件纵向为一常量。

应特别注意的是,由薄板组成的闭合截面箱形梁的抗扭惯性矩与开口截面梁的有很大的区别。闭口箱形截面的抗扭能力要远远大于工字形截面。在扭矩作用下,闭口薄壁截面内的剪应力可视为沿壁厚方向均匀分布,并在其截面内形成沿各板件中线方向的闭口形剪力流,如图 5-16(d)所示。

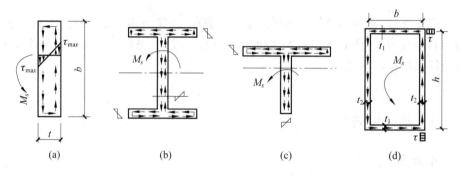

(a)   (b)   (c)   (d)

图 5-16   自由扭转时的剪应力分布图

3. 约束扭转梁的特点和计算

1)约束扭转的产生

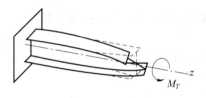

图 5-17   梁的约束扭转

翘曲约束可以是由荷载分布形式引起的,也可以是由支座约束条件引起的。梁的约束扭转如图 5-17 所示,悬臂梁固定端截面不能翘曲变形,而自由端截面变形最大。

2)约束扭转的特点

(1)由于梁各截面的翘曲变形不同,两相邻截面间构件的纵向纤维因出现伸长或缩短而产生正应力。这种正应力称为翘曲正应力(或称为扇性正应力)σ_w(见图 5-18(a))。

(2)由于各截面上的翘曲正应力的大小是不相等的,为了与之平衡,截面上将产生翘曲剪应力 τ_w(见图 5-18(c));此外,由于约束扭转时相邻截面间发生转动,截面上也存在与自由扭转中相同的自由扭转剪应力 τ_s(见图 5-18(b))。τ_s 合成为自由扭转扭矩 M_s,τ_w 合成为翘曲扭矩 M_w。这两个扭矩之和与外扭矩 M_T 平衡,即

$$M_T = M_s + M_w \tag{5-16}$$

(3)梁约束扭转时,截面上各纵向纤维的伸长、缩短是不相等的,所以构件的纵向纤维必然产生弯曲变形,故约束扭转又称为弯曲扭转。

3)约束扭转时内外力矩的平衡微分方程

通过分析双轴对称工字形截面悬臂梁,可以得到约束扭转时翘曲扭矩 M_w 的表达式为

$$M_w = -EI_w \frac{\mathrm{d}^3\varphi}{\mathrm{d}z^3} \tag{5-17}$$

式中:I_w——扇性惯性矩(也称为翘曲常数或翘曲惯性矩)(单位为 mm⁶),是构件的截面几何特性,对双轴对称工字形截面 $I_w = \frac{1}{4}I_y h^2$,I_y 为构件截面对 y 轴的惯性矩(单位为 mm⁴)。

将式(5-15)、式(5-17)代入式(5-16),可以得到约束扭转时的内外扭矩平衡微分方程:

$$M_T = GI_t \frac{\mathrm{d}\varphi}{\mathrm{d}z} - EI_w \frac{\mathrm{d}^3\varphi}{\mathrm{d}z^3} = GI_t\varphi' - EI_w\varphi''' \tag{5-18}$$

式中：GI_t、EI_w——截面的扭转刚度和翘曲刚度（单位为 N·mm⁴）。

式(5-18)虽然是由双轴对称工字形截面推导出来的，但它也适用于其他截面的梁，只是式中 I_t、I_w 取值不同。

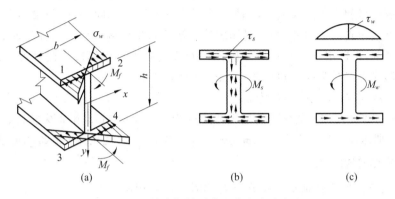

图 5-18 约束扭转时截面的应力分布

5.2.2 梁的整体稳定

1. 几个概念

1）梁的整体失稳

当梁上的荷载增大到某一数值后，梁突然离开受弯平面，出现显著的侧向弯曲和扭转，并立即丧失承载能力，这就是梁的整体失稳（见图 5-19）。

为了提高其抗弯强度和刚度，钢梁大多采用截面高而窄的工字形截面，两个主轴惯性矩相差极大，即 $I_x \gg I_y$（x 轴为强轴，y 轴为弱轴）。因此，当梁在其最大刚度平面内受到不太大的横向荷载 F 作用（见图 5-19(a)）时，由于荷载作用线通过截面剪心，此梁只在最大刚度平面内发生弯曲变形，而不会发生扭转。但是当横向荷载 F 逐渐增大到某一数值时，由于抗侧向弯曲刚度 EI_y 很小，梁突然出现侧向弯曲和扭转，立即丧失承载能力。

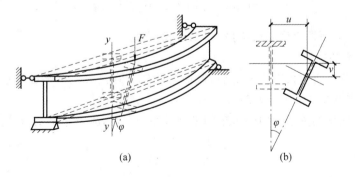

图 5-19 简支梁的整体失稳

梁的整体失稳破坏是突然发生的,事前没有明显预兆,比梁的强度破坏更危险,要特别注意。

2)梁的整体失稳形式是弯扭屈曲

梁整体失稳时会出现侧向弯扭屈曲的原因:梁的上翼缘是压杆,若无腹板为其提供连续的支承,将有沿刚度较小方向(即翼缘板平面外的方向)屈曲的可能。但由于腹板的限制作用,使得该方向的实际刚度大大提高了。因此受压的上翼缘只可能在翼缘板平面内发生屈曲。梁的受压翼缘和受压区腹板又与轴心受压构件不完全相同,它们与梁的受拉翼缘和受拉区腹板是直接相连的。因此,当梁受压翼缘在翼缘板平面内发生屈曲失稳时,总是受到梁受拉部分的牵制,由此出现了受压翼缘侧倾严重而受拉部分侧倾较小的情况。所以梁发生整体失稳的形式必然是侧向弯扭屈曲(见图 5-19)。

3)梁的临界弯矩 M_{cr}、临界应力 σ_{cr}

梁丧失整体稳定之前所能承受的最大弯矩称为临界弯矩 M_{cr}。梁丧失整体稳定之前所能承受的最大弯曲压应力称为临界应力 σ_{cr}。$\sigma_{cr} = M_{cr}/W_x$,W_x 为受压最大纤维的毛截面模量。

2. 临界弯矩梁的计算

1)双轴对称工字形截面简支梁在纯弯曲时的临界弯矩

图 5-20 所示为双轴对称工字形截面简支梁在纯弯曲下的微小变形状态。梁端部的简支实质上是一种夹支支座(参考图 5-22),即支座截面在 x 轴和 y 轴方向的位移受到约束,绕 z 轴的扭转也受到约束,但支座处截面可以自由翘曲,能绕 x 轴和 y 轴自由转动。以截面形心为坐标原点,固定的坐标系为 $Oxyz$,截面发生位移后的移动坐标系为 $O'\xi\eta\zeta$。在分析中假定截面为刚性周边,截面形状保持不变,即 $I_x = I_\xi$,$I_y = I_\eta$。发生弯扭屈曲以后距左端点为 z 处的截面形心 O 沿 x 轴和 y 轴的位移分别为 u 和 v,截面的扭转角为 φ(见图 5-20(b)(c))。在小变形情况下,xOz 和 yOz 平面内的曲率分别取为 d^2u/dz^2 和 d^2v/dz^2,并认为在 $\xi O'\zeta$ 和 $\eta O'\zeta$ 平面内的曲率分别与之相等。

在离梁左端为 z 的截面上作用有弯矩,用带双箭头的矢量示于图 5-20(b)中。梁发生弯扭屈曲微小变形后,在图 5-20(b)中把 M_x 分解成 $M_x\cos\theta$ 和 $M_x\sin\theta$,在图 5-20(c)中再把 $M_x\cos\theta$ 分解成 M_ζ 和 M_η,因为 $\theta = du/dz$ 和截面转角 φ 都属于微小量,所以可近似取 $\sin\theta \approx \theta$,$\cos\theta \approx 1$,$\sin\varphi \approx \varphi$,$\cos\varphi \approx 1$。又由于梁受纯弯曲,所以弯矩 M_x 为一常量。于是可得

$$M_\xi = M_x\cos\theta\sin\varphi \approx M_x\varphi$$
$$M_\eta = M_x\cos\theta\cos\varphi \approx M_x$$
$$M_\zeta = M_x\sin\theta \approx M_x\theta = M_x\frac{du}{dz} = M_xu'$$

式中:M_ξ、M_η——截面发生位移后绕强轴和弱轴的弯矩;

M_ζ——截面的扭矩。

由此可知当梁发生弯扭微小变形后,截面上除原先在最大刚度平面内已有的弯矩作用外,又产生了侧向弯矩 M_η 和扭矩 M_ζ。

按照弯矩与曲率的关系和内外扭矩的平衡关系,可以得到三个平衡微分方程:

$$-EI_xv'' = M_x \tag{5-19a}$$
$$-EI_yu'' = M_x\varphi \tag{5-19b}$$
$$GI_t\varphi' - EI_w\varphi''' = M_xu' \tag{5-19c}$$

式(5-19a)是对 ζ 轴的弯矩平衡微分方程,只含有一个未知量 v 的二阶导数,可以单独求

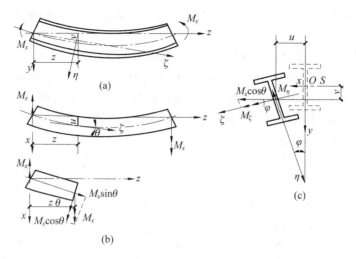

图 5-20　双轴对称工字形截面简支梁在纯弯曲下的微小变形状态

解,对 z 积分两次后可得梁在 yOz 平面内的挠曲线方程,这在材料力学中已解决。可见式
(5-19a)反映的是梁正常弯曲工作的状态。

式(5-19b)是侧向弯曲的平衡微分方程,式(5-19c)是根据式(5-18)得到的约束扭转内外
力矩的平衡微分方程。式(5-19b)、式(5-19c)都包含两个位移分量 u、φ 的导数,必须联立求
解。它们反映的是梁发生弯扭屈曲时的状态。

由式(5-19b)得
$$u'' = -\frac{M_x\varphi}{EI_y}$$

将式(5-19c)中的各项对 z 取一阶导数,然后将 u'' 代入,简化后可得

$$EI_w\varphi^{IV} - GI_t\varphi'' - \frac{M_x^2\varphi}{EI_y} = 0 \qquad (5\text{-}20)$$

设
$$k_1 = \frac{GI_t}{2EI_w}, \quad k_2 = \frac{M_x^2}{EI_wEI_y} \qquad (5\text{-}21)$$

代入微分方程式(5-20)得

$$\varphi^{IV} - 2k_1\varphi'' - k_2\varphi = 0 \qquad (5\text{-}22)$$

这是一个常系数的四阶齐次常微分方程,根据边界条件,可求得其通解为

$$\varphi = A\sin\frac{n\pi z}{l} \qquad (5\text{-}23)$$

将式(5-23)代入式(5-20)得

$$\left[\frac{EI_wn^4\pi^4}{l^4} + \frac{GI_tn^2\pi^2}{l^2} - \frac{M_x^2}{EI_y}\right]A\sin\frac{n\pi z}{l} = 0$$

由于该工程是反映梁弯扭失稳后的状态,$A \neq 0$,且对于任意 z 值,上式都要成立,则必须

$$\frac{EI_wn^4\pi^4}{l^4} + \frac{GI_tn^2\pi^2}{l^2} - \frac{M_x^2}{EI_y} = 0$$

满足上式的 M_x 就是整体失稳时的临界弯矩,当 $n=1$ 时,其有最小值,记为 M_{cr}:

$$M_{cr} = \frac{\pi^2EI_y}{l^2}\sqrt{\frac{I_w}{I_y}\left(1 + \frac{GI_tl^2}{\pi^2EI_w}\right)} \qquad (5\text{-}24)$$

式(5-24)表达的 M_{cr} 是纯弯曲时双轴对称工字形截面简支梁的临界弯矩。式中根号前
的 EI_y 是绕 y 轴屈曲的轴心受压构件的欧拉临界力。由式(5-20)可知,影响纯弯下双轴

对称工字形简支梁临界弯矩的因素包含了梁的侧向弯曲刚度 EI_y、抗扭刚度 GI、翘曲刚度 EI 及梁的侧向无支承跨度 l。

2）单轴对称工字形截面梁承受横向荷载作用时的临界弯矩

在单轴对称工字形截面（见图 5-21(a)(c)）中，剪力中心 S 与形心 O 不重合。承受横向荷载作用的梁在处于微小侧向弯扭变形的平衡状态时，其弯扭屈曲微分方程(5-20)不再是常系数微分方程，因而不可能得到准确的解析解，只能有数值解和近似解。下面给出的是在不同荷载作用下，用能量法求得的临界弯矩近似解：

$$M_{cr} = \beta_1 \frac{\pi^2 EI_y}{l_1^2} \left[\beta_2 a + \beta_3 B_y + \sqrt{(\beta_2 a + \beta_3 B_y)^2 + \frac{I_w}{I_y}\left(1 + \frac{l_1^2 GI_t}{\pi^2 EI_w}\right)} \right] \tag{5-25}$$

式中：β_1、β_2、β_3——与荷载类型有关的系数，查表 5-2；

l_1——梁的侧向无支撑长度（单位为 mm）；

a——横向荷载作用点至截面剪力中心的距离（单位为 mm），当荷载作用点到剪力中心的指向与挠度方向一致时取负，反之取正；

B_y——反映截面不对称程度的参数，一般 $B_y = 0$，当截面为双轴对称时，$B_y = \frac{1}{2I_x}\int_A y(x^2 + y^2)\mathrm{d}A - y_0$；

y_0——剪力中心 S 到形心 O 的距离（单位为 mm），当剪力中心到形心的指向与挠曲方向一致时取负，反之取正，$y_0 = \frac{I_2 h - I_1 h_1}{I_y}$；

I_1、I_2——受压翼缘和受拉翼缘对 y 轴的惯性矩（单位为 mm⁴）；

h_1、h_2——受压翼缘和受拉翼缘形心至整个截面形心的距离（单位为 mm）。

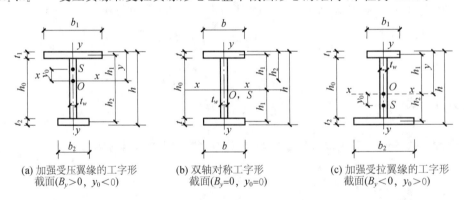

(a) 加强受压翼缘的工字形截面($B_y > 0$, $y_0 < 0$)　(b) 双轴对称工字形截面($B_y = 0$, $y_0 = 0$)　(c) 加强受拉翼缘的工字形截面($B_y < 0$, $y_0 > 0$)

图 5-21　焊接工字形截面

表 5-2　两端简支梁侧扭曲临界弯矩式(5-25)中的系数

荷载类别	β_1	β_2	β_3
跨度中点集中荷载	1.35	0.55	0.40
满跨均步荷载	1.13	0.46	0.53
纯弯曲	1.00	0	1.00

3）弹塑性阶段梁的临界弯矩

式(5-24)、式(5-25)只适用于求解弹性弯扭屈曲钢梁的临界弯矩 M_{cr}，即梁失稳时临界

应力 $\sigma_{cr} \leqslant f_p$（比例极限）的情况。这些梁往往比较细长且跨中没有侧向支承,其临界应力 σ_{cr} 较小。

非细长或有足够多侧向支承的钢梁可能发生弹塑性屈曲,即梁整体失稳时临界应力 $\sigma_{cr} > f_p$。此时,钢材的弹性模量 E、剪切模量 G 不再保持为常数,而是随着临界应力 σ_{cr} 的增大而逐渐减小。

实际工程中的钢梁中都有残余应力,因此在确定钢梁材料是否进入弹塑性工作阶段时,必须在结构荷载引起的应力之外加上残余应力的影响。

对纯弯曲且截面对称于弯矩作用平面的简支梁,还可以写出用切线模量 E 表达的弹塑性弯扭屈曲临界弯矩的解析式。对于非纯弯曲的梁,由于各截面中弹性区和塑性区分布不同,即各截面有效刚度分布不同而成为变刚度梁,求其弹塑性弯扭屈曲临界弯矩 M_{cr} 的计算将变得非常复杂,且一般情况下得不到解析解。

3. 梁的整体稳定系数 φ_b

为保证梁不丧失整体稳定,应使其最大受压纤维弯曲正应力不超过梁整体稳定的临界应力除以抗力分项系数,即

$$\sigma = \frac{M_x}{W_x} \leqslant \frac{M_{cr}}{W_x} \cdot \frac{1}{\gamma_R} = \frac{\sigma_{cr}}{\gamma_R} \cdot \frac{f_y}{\gamma_R} = \varphi_b f$$

$$\varphi_b = \frac{\sigma_{cr}}{f_y} = \frac{M_{cr}}{M_x^y}$$

可见,梁的整体稳定系数 φ_b 为临界应力 σ_{cr} 与钢材屈服点 f_y 的比值,也等于梁的临界弯矩 M_{cr} 与边缘纤维屈服弯矩 M_x^y 的比值。

1）焊接工字形（含轧制 H 型钢）等截面简支梁的 φ_b

对焊接工字形（含轧制 H 型钢）等截面简支梁整体稳定系数的计算是在式(5-25)的基础上简化得到的。在式(5-25)中,代入 $E = 2.06 \times 10^5$ N/mm²,$E/G = 2.6$,令 $I_y = Ai_y^2$,$l_1/i_y = \lambda_y$,$I_w = I_y h/4$,并假定扭转惯性矩近似值为 $I_t = At_1^3/3$,化简后得

$$\varphi_b = \beta_b \frac{4320}{\lambda_y^2} \cdot \frac{Ah}{W_x} \left[\sqrt{1 + \left(\frac{\lambda_y t_1}{4.4h} \right)^2} + \eta_b \right] \varepsilon_k^2 \tag{5-26}$$

式中：β_b——梁整体稳定的等效临界弯矩系数,按附表 6-1 采用；

λ_y——梁在侧向支承点之间对截面弱轴（y 轴）的长细比,$\lambda_y = l_1/i_y$；

l_1——梁受压翼缘侧向支承点间的距离（单位为 mm）；对跨中无侧向支承点的梁,l_1 为其跨度（梁的支座处视为有侧向支承）；

i_y——梁毛截面对 y 轴的回转半径（单位为 mm）,$i_y = \sqrt{I_y/A}$；

A——梁的毛截面面积（单位为 mm²）；

W_x——按受压最大纤维确定的梁的毛截面模量（单位为 mm³）；

h——梁截面高度（单位为 mm）；

t_1——梁受压翼缘的厚度（单位为 mm）；

η_b——截面不对称影响系数,在双轴对称截面时,$\eta_b = 0$,在加强受压翼缘时,$\eta_b = 0.8$ $(2\alpha_b - 1)$,在加强受拉翼缘时,$\eta_b = 2\alpha_b - 1$,其中 $\eta_b = I_1/(I_1 + I_2)$,I_1 和 I_2 分别为受压翼缘和受拉翼缘对 y 轴的惯性矩。

2）轧制普通工字钢简支梁的 φ_b

轧制普通工字钢虽然属于双轴对称截面,但因其翼缘内侧有斜坡,翼缘与腹板交接处有

圆角,其截面特征不能按三块钢板的组合工字形截面计算。故对此类截面的钢梁,φ_b 不宜按式(5-26)计算。直接按工字钢型号、荷载类别与荷载作用点高度以及梁的自由长度 l_1(梁的侧向无支承长度)查附表 6-1。

3)轧制槽钢简支梁的 φ_b

按简化公式计算 φ_b:

$$\varphi_b = \frac{570bt}{l_1 h} \cdot \varepsilon_k^2 \tag{5-27}$$

式中:h、b、t——槽钢截面的高度、翼缘宽度和翼缘平均厚度(单位为 mm)。

轧制槽钢是单轴对称截面,若横向荷载不通过其截面剪力中心,一受荷载,梁即发生扭转和弯曲,其整体稳定系数较难精确计算,所以对此类截面的简支钢梁,规范一般采用近似计算公式。

4)双轴对称工字形等截面(含轧制 H 型钢)悬臂梁的 φ_b

φ_b 按式(5-26)计算,但式中的系数 β_b 应按《钢结构设计标准》GB 50017—2017 附录 B 的表 B.4 查得。$\lambda_y = l_1 / i_y$,l_1 为悬臂梁的悬伸长度。

5)钢梁弹塑性工作阶段的整体稳定系数 φ_b'

按上述几种方法算得到或查得的 φ_b 大于 0.6 时,表明梁已进入弹塑性工作阶段,此时应用 φ_b' 取代 φ_b,按下式计算:

$$\varphi_b' = 1.07 - 0.282/\varphi_b \leqslant 1.0 \tag{5-28}$$

6)梁整体稳定系数 φ_b 的近似计算公式

对于均匀弯曲的受弯构件,当 $\lambda_y \leqslant 120\varepsilon_k$ 时,其整体稳定系数可按近似公式计算。

这些近似计算公式主要用于压弯构件在弯矩作用平面外的整体稳定性计算,以简化压弯构件的验算,见第 6 章。

4. 梁整体稳定的保证措施

1)可不计算梁整体稳定性的情况

在实际工程中,梁经常与其他构件相互连接,这有利于阻止梁丧失整体稳定性。符合下列情况之一时,可不计算梁的整体稳定性。

(1)有铺板(各种钢筋混凝土板和钢板)密铺在梁的受压翼缘上并与其牢固连接,能阻止梁受压翼缘的侧向位移。

需要强调的是,钢梁整体稳定性计算的理论依据都是以梁的支座处不产生扭转变形为前提的,在梁的支座处必须保证截面的扭转角 $\varphi = 0$。因此,在构造上应考虑在梁的支座处上翼缘设置可靠的侧向支承,以避免梁在此处发生扭转。图 5-22(a)(b)表示两种提高简支端钢梁抗扭能力的构造措施,第一种(见图 5-22(a))是在梁上翼缘用钢板连于支承构件上,可防止产生扭转,效果较好;第二种(见图 5-22(b))是在梁端设置加劲肋,使该处形成刚性截面,利用下翼缘与支座相连的螺栓也可以提供一定的抗扭能力。图 5-22(c)为没有采用上述两种措施时梁端截面发生扭转变形的示意图,在此处不满足 $\varphi = u = 0$ 的要求。当简支梁仅腹板与相邻构件相连时,若进行钢梁稳定性计算,则侧向支承点距离应取实际距离的1.2倍。

(2)在箱形截面简支梁(见图 5-23)的截面尺寸满足 $h/b_0 \leqslant 6$,且 $l_1 b_0 \leqslant 95\varepsilon_k^2$ 时,可不计算梁的整体稳定性,l_1 为受压翼缘侧向支承点间的距离(梁的支座处视为有侧向支承)。由于箱形截面的抗侧向弯曲刚度和抗扭刚度远远大于工字形截面,整体稳定性很强,所以本条规定的 h/b_0 和 l_1/b_0 的限值很容易得到满足。

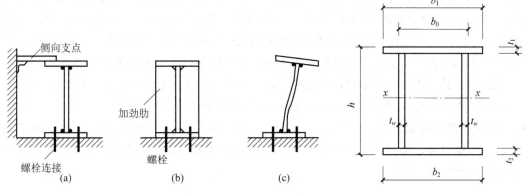

图 5-22　钢梁简支端抗扭构造措施示意图　　图 5-23　箱形截面简支梁

2）梁整体稳定计算公式

对于不符合上述任一条件的梁,应该进行整体稳定性计算。

（1）在最大刚度主平面内,受弯的构件整体稳定性应按下式计算:

$$\frac{M_x}{\varphi_b W_x f} \leqslant 1.0 \tag{5-29}$$

式中:M_x——绕截面强轴(z 轴)作用的最大弯矩设计值(单位为 N/mm);

　　　W_x——按受压最大纤维确定的梁毛截面模量(单位为 mm³),当截面板件宽厚比等级为 S1、S2、S3 或 S4 级时,应取全截面模量,当截面板件宽厚比等级为 S5 级时,应取有效截面模量,均匀受压翼缘有效外伸宽度可取 $15\varepsilon_k$,腹板有效截面可按《钢结构设计标准》GB 50017—2017 第 8.4.2 条规定采用;

　　　φ_b——梁的整体稳定系数。

（2）在两个主平面受弯的工字形或 H 型钢等截面构件,其整体稳定性应按下式计算:

$$\frac{M_x}{\varphi_b W_x f} + \frac{M_y}{\gamma_y W_y f} \leqslant 1.0 \tag{5-30}$$

式中:M_x、W_y——按受压最大纤维确定的对 x 轴(强轴)和对 y 轴的毛截面的模量(单位为 mm³);

　　　φ_b——绕强轴弯曲所确定的梁整体稳定性系数;

　　　γ_y——绕 y 轴弯曲的截面塑性发展系数,可查表 5-1 确定。

式(5-30)是一个经验公式,式中第二项表示绕弱轴弯曲的影响,分母中 γ_y 仅起适当降低此项影响的作用,并不表示截面允许发展塑性。

【讨论】　要说明的是,式(5-30)中的 M_x、M_y 分别是全构件范围内绕 x 轴(强轴)和绕 y 轴的最大弯矩设计值,它们不必像双向弯曲梁进行抗弯强度计算(式(5-7))时那样,要求 M_x 和 M_y 必须是同一截面内的弯矩设计值。也就是说,式(5-30)中的 M_x、M_y 可以不是同一截面内的弯矩。这是因为构件的强度计算实质上是构件截面承载力的验算,在其计算式中往往只是对同一截面同一点处的应力条件进行计算,所以要求 M_x、M_y 必须在同一截面内。而构件稳定性计算实质上是构件承载力验算,它是以全构件为对象进行计算的,所以并不要求 M_x、M_y 必须在同一截面内。

也正是由于构件强度计算与构件稳定计算的本质不同,所以当截面有削弱时,在两套计算公式中采用的截面几何特性(如截面面积、惯性矩、截面模量等)是不相同的。强度计算公式中一般都采用净截面几何特性,因为危险截面上孔洞削弱对截面的承载力是有较大影响的,必须加以考虑。稳定计算公式中一般都采用毛截面几何特性,因为稳定计算的对象是整个构件,个别截面上少量孔洞造成的截面削弱对整个构件的稳定承载力影响并不大。

【例题 5-2】 焊接工字形截面简支梁,跨度 $l = 15$ m,跨中无侧向支承。上翼缘承受满跨均布荷载:永久荷载标准值 13 kN/m(包括梁自重),可变荷载标准值 52 kN/m。钢材为 Q235B 钢。两个截面方案如图 5-24 所示:图 5-24(a)为方案一,双轴对称截面;图 5-24(b)为方案二,单轴对称截面。两个方案中的梁截面面积和梁截面高度均相等。试分别验算两个方案的梁的整体稳定性。

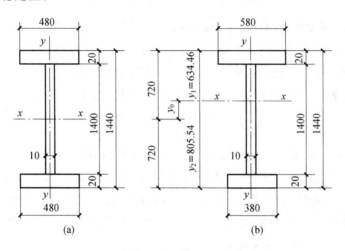

图 5-24　焊接工字形截面梁的两个截面

【解】　(1)方案一,双轴对称工字形截面(见图 5-24(a))。

$$l_1 = 15 \text{ m}$$

$$l_1/b_1 = 15000/480 = 31.25 > 13.0$$

因此,应验算整体稳定性。

① 截面几何特性。

$$A = (2 \times 480 \times 20 + 1400 \times 10) \text{ mm}^2 = 33200 \text{ mm}^2$$

$$h = (1400 + 2 \times 20) \text{ mm} = 1440 \text{ mm}$$

$$I_x = \frac{1}{12}(480 \times 1440^3 - 470 \times 1400^3) \text{ mm} = 1.1966027 \times 10^{10} \text{ mm}$$

$$I_y = \frac{1}{12}(2 \times 480^3 \times 20 + 1400 \times 10^3) \text{ mm}^4 = 368756667 \text{ mm}^4$$

$$W_x = \frac{2I_x}{h} = \frac{2 \times 1.1966027 \times 10^{10}}{1440} \text{ mm}^3 = 16619482 \text{ mm}^3$$

$$i_y = \sqrt{\frac{I_y}{A}} = \sqrt{\frac{368756667}{33200}} \text{ mm} = 105.39 \text{ mm}$$

$$\lambda_y = l_1/i_y = 15000/105.39 = 142.33$$

② 整体稳定性验算。

梁上的均布荷载设计值

$$q=(1.2\times13+1.4\times52)\ kN/m=88.4\ kN/m$$

梁跨中最大弯矩设计值

$$M=\frac{1}{8}ql^2=\frac{1}{8}\times88.4\times15^2\ kN\cdot m=2486.25\ kN\cdot m$$

$$\xi=\frac{l_1t_1}{b_1h}=\frac{15000\times20}{480\times1440}=0.434<2.0$$

查附表 6-1 的项次 1,跨中无侧向支承,均布荷载作用在翼缘上,则

$$\beta_b=0.69+0.13\xi=0.69+0.13\times0.4340=0.7464$$

双轴对称截面 $\eta_b=0$,Q235 钢,$f_y=235\ N/mm^2$,$\varepsilon_k=\sqrt{235/f_y}=\sqrt{235/235}=1$,则

$$\varphi_b=\beta_b\frac{4320}{\lambda_y^2}\cdot\frac{Ah}{W}\left[\sqrt{1+\left(\frac{\lambda_yt_1}{4.4h}\right)^2}+\eta_b\right]\varepsilon_k^2$$

$$=0.7464\times\frac{4320}{142.33^2}\times\frac{33200\times1440}{16619481}\left[\sqrt{1+\left(\frac{142.33\times20}{4.4\times1440}\right)^2}\right]$$

$$=0.502<0.6$$

$$\frac{M_x}{\varphi W_xf}=\frac{2486.25\times10^6}{0.502\times16619481\times205}=1.4537>1.0$$

因此,整体稳定性不满足要求。

将方案一中的下翼缘宽度减小 100 mm、上翼缘宽度加大 100 mm,形成加强上翼缘的方案二截面,以提高梁的整体稳定性。

(2)方案二,单轴对称工字形截面(见图 5-24(b))

$$l_1=15\ m,\quad l_1/b_1=15000/580=25.86>13.0$$

因此,应验算整体稳定性。

① 截面几何特性。

$$A=(580\times20+380\times20+1400\times10)\ mm^2=33200\ mm^2$$

$$h=(1400+2\times20)\ mm=1440\ mm$$

求形心轴-x 轴位置,可采用两种方法。

以梁的截面上翼缘上边缘线为基准线:

$$\bar{y}=y_1=\frac{\sum A_iy_i}{\sum A_i}=\frac{580\times20\times10+1400\times10\times720+380\times20\times1430}{33200}\ mm=634.46\ mm$$

先求形心轴至腹板高度中心的距离 y_0,然后再求 y_1:

$$y_0=\frac{(580\times20-380\times20)\times710}{33200}\ mm=85.54\ mm$$

$$y_1=(720-85.54)\ mm=634.46\ mm$$

$$I_x=\left[\frac{1}{12}(10\times1400^3+580\times20^3+380\times20^3)+1400\times10\times85.54^2+580\times20\right.$$

$$\left.\times624.46^2+380\times20\times795.54^2\right]\ mm^4=1.1723087\times10^{10}\ mm^4$$

$$I_y=\frac{1}{12}(20\times580^3+1400\times10^3+20\times380^3)\ mm^4=416756667\ mm^4$$

$$I_1=\frac{1}{12}\times20\times580^3\ mm^4=325186667\ mm^4$$

$$I_2 = \frac{1}{12} \times 20 \times 380^3 \text{ mm}^4 = 91453333 \text{ mm}^4$$

$$W_x = \frac{I_x}{y_1} = \frac{1.1723087 \times 10^{10}}{634.46} \text{ mm}^3 = 18477267 \text{ mm}^3$$

$$i_y = \sqrt{I_x/A} = \sqrt{416756667/33200} \text{ mm} = 112.04 \text{ mm}$$

$$\lambda_y = l_1/i_y = 15000/112.04 \text{ mm} = 133.88 \text{ mm}$$

② 整体稳定性验算：

$$\xi = \frac{l_1 t_1}{b_1 h} = \frac{15000 \times 20}{580 \times 1440} = 0.3592 < 2.0$$

$$\alpha_b = \frac{I_1}{I_1 + I_2} = \frac{325186667}{325186667 + 9145333} = 0.9726 < 0.8$$

所以 β_b 不必折减(见附表 6-1 表下注的第 6 条)

$$\beta_b = 0.69 + 0.13\xi = 0.69 + 0.13 \times 0.3592 = 0.7367$$

$$\eta_b = 0.8(2\alpha_b - 1) = 0.8 \times (2 \times 0.9726 - 1) = 0.7562$$

$$\varphi_b = \beta_b \frac{4320}{\lambda_y^2} \cdot \frac{Ah}{W_x} \left[\sqrt{1 + \left(\frac{\lambda_y t_1}{4.4h} \right)^2} + \eta_b \right] \varepsilon_k^2$$

$$= 0.7367 \times \frac{4320}{133.88^2} \times \frac{33200 \times 1440}{18477267} \left[\sqrt{1 + \left(\frac{133.88 \times 20}{4.4 \times 1440} \right)^2} + 0.7562 \right]$$

$$= 0.85 > 0.6$$

$$\varphi_b' = 1.07 - 0.282/\varphi_b = 1.07 - 0.282/0.85 = 0.74$$

$$\frac{M_x}{\varphi_b W_x f} = \frac{2486.25 \times 10^6}{0.85 \times 18477267 \times 205} = 0.7722 < 1.0$$

因此，整体稳定性满足要求。

【比较】　方案一的整体稳定承载力 M_{x1} 为

$$M_{x1} = \varphi_{b1} W_x f = 0.502 \times 16619482 \times 205 \times 10^{-6} \text{ kN} \cdot \text{m} = 1710.311 \text{ kN} \cdot \text{m}$$

方案二的整体稳定承载力 M_{x2} 为

$$M_{x2} = \varphi_{b2} W_x f = 0.85 \times 18477267 \times 205 \times 10^{-6} \text{ kN} \cdot \text{m} = 3219.664 \text{ kN} \cdot \text{m}$$

$$M_{x2}/M_{x1} = 3219.664/1710.311 = 1.8825$$

由此可见，在不增加用钢量的条件下，通过加强上翼缘，钢梁的整体稳定承载力提高了 88.25%。

【讨论】

实际上提高钢梁整体稳定承载力最有效的方法是在跨间为梁的受压翼缘提供侧向支承。在梁有条件设置侧向支承时，应优先采用这种办法。

在本算例的方案一(见图 5-24(a))中，在梁跨间中点设置一个侧向支承点，其他条件不变，成为方案三。梁的整体稳定承载力将提高为 $M_{x3} = 3313.301 \text{ kN} \cdot \text{m}$，比方案一提高了 93.73%。

如果有可能降低荷载作用点位置，这也是提高钢梁整体稳定承载力的一种经济、有效的方法。在本算例的方案一(见图 5-24(a))中，将荷载作用点位置改变为作用在下翼缘，其他条件不变，成为方案四。梁的整体稳定承载力将提高为 $M_{x4} = 2776.018 \text{ kN} \cdot \text{m}$，比方案一提高了 62.31%。

5.3 梁的局部稳定

与4.3节轴心受压构件的局部稳定所叙述的情况类似,梁受压部位的板件也有可能丧失稳定性。

5.3.1 几个概念

1. 梁的局部失稳

在外荷载逐渐增大的过程中,钢梁还没有发生强度破坏或整体失稳,组成钢梁的某些板件偏离它原来所在的平面位置发生侧向挠曲,这种现象称为梁的局部失稳。钢梁中可能发生局部失稳的板件有受压翼缘和腹板(见图5-25)。

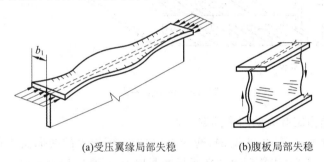

(a)受压翼缘局部失稳   (b)腹板局部失稳

图 5-25 钢梁组成板件的局部失稳

梁发生局部失稳的原因是板件的宽厚比或高厚比太大,当分配到板件上的压应力或剪应力超过板件自身的稳定临界应力或相应的屈服强度时,板件就会发生失稳而出现侧向挠曲现象。在设计钢梁时,为了使钢梁有较大的抗弯强度、刚度和整体稳定承载力,同时又尽量降低用钢量,所采用的截面往往是由宽而薄的钢板组成的工字形截面、箱形截面和T形截面等。组成截面的各板件越宽越薄,即截面材料分布离形心轴越远,截面的惯性矩、回转半径就越大,梁的强度、刚度、整体稳定性就越好。但是当板件的宽厚比、高厚比太大时,就会出现局部失稳。

2. 梁丧失局部稳定的后果

梁的受压翼缘或腹板局部失稳后,整个构件不会立即失去承载能力,一般还可以承受继续增大的外荷载,但是局部失稳引起部分截面退出工作,原来对称的截面可能出现弯曲或扭转变为非对称截面,引起梁的刚度减小,可能导致梁提前失去整体稳定性,或提前出现强度破坏。

3. 解决梁局部失稳的办法

1) 防止板件局部失稳的原则

用以确定钢梁局部稳定计算公式的原则:

$$(\sigma_{cr})_{\text{板}} \geqslant f_y \tag{5-31}$$

2）防止板件局部失稳的具体措施

（1）限制板件的宽厚比。例如，对组合工字形截面梁的受压翼缘，往往通过限制受压翼缘的自由外伸宽度与其本身厚度的比值来防止其局部失稳。

（2）设置加劲肋。例如，组合工字形截面梁的腹板往往根据腹板高厚比的大小，在腹板的适当位置设置加劲肋，以防止腹板局部失稳。在大型钢箱梁的受压翼缘上往往会采用设置加劲肋的办法防止其局部失稳（见图 5-26）。

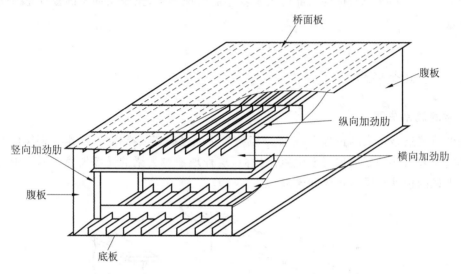

图 5-26　钢箱梁的构成

3）与板件局部稳定有关的两个问题

（1）热轧型钢（如工字钢、H 型钢、槽钢等）在未受到较大的横向集中荷载作用时，一般不必计算局部稳定。因为热轧型钢的翼缘板宽厚比、腹板高厚比都不是很大，一般不会局部失稳。

（2）允许板件局部失稳的情况。符合利用屈曲后强度设计方法的钢梁是允许某些板件局部失稳的。例如，只承受静力荷载作用的普通钢结构组合截面钢梁可以允许腹板局部失稳。冷弯薄壁型钢做成的钢梁可以允许腹板或受压翼缘局部失稳。

5.3.2　梁受压翼缘的局部稳定

工字形截面梁的受压翼缘在纵向被腹板分成两块平行的矩形板条。由于腹板的厚度 t_w 一般都小于翼缘板的厚度 t，腹板对翼缘板的转动约束较小，该板条与腹板相连的边可视为简支边，宽度为 b_1 的另两个对边（见图 5-27(a)）与相邻的等厚翼缘板相连，相邻翼缘板不能为所分析的翼缘板提供转动约束，所以也可作为简支边。所以受压翼缘板可视为三边简支、一边自由且在两简支对边上均匀受压的矩形板条分析（见图 5-27(a)）。根据薄板稳定理论，板的临界应力可表示为与式（4-28）类似的形式：

$$\sigma_{cr} = k\chi \frac{\pi^2 E}{12(1-v^2)} \times \left(\frac{t}{b_1}\right)^2 \tag{5-32}$$

式中：χ——支承边的弹性嵌固系数，取为 1.0；

k——板的屈曲系数,三边简支、一边自由且均匀受压矩形板,当横向加劲肋间距 $a \gg b_1$ 时,取为 0.425;

v——钢材的泊松比,$v=0.3$;

E——钢材的弹性模量,$E=2.06 \times 10^5$ N/mm;

t、b_1——翼缘板的厚度和自由外伸宽度(单位为 mm)。

当按边缘屈服准则计算梁的强度时,翼缘板所受纵向弯曲应力超过比例极限进入弹塑性阶段,此处弹性模量 E 将降低为切线模量 $E_t = \eta E$,但在与弯曲应力相垂直的方向材料仍然是弹性的,即弹性模量 E 保持不变,这时矩形板条成为正交异性板,可用 $\sqrt{\eta E}$ 代替弹性模量 E,以考虑纵向进入弹塑性工作但横向仍为弹性工作的情况。$\eta = E_t/E$,为弹性模量折减系数。

在应用局部稳定计算原则式(5-31)时,不等号右边取为 $0.95f_y$,这是因为按弹性阶段计算梁抗弯强度时,弯曲正应力呈三角形分布,只有边缘纤维应力达到 f_y,受压翼缘板沿厚度方向的平均应力达不到 f_y,所以取为 $0.95f_y$。

取 $\eta = 0.4$,将式(5-32)代入式(5-31)不等号的左边,右边取为 $0.95f_y$,可得

$$(\sigma_{cr})_{\text{板}} = 0.425 \times \frac{\pi^2 \sqrt{0.4 \times 2.06 \times 10^5}}{12 \times (1-0.3^2)} \times \left(\frac{t}{b_1}\right)^2 \geqslant 0.95f_y$$

整理后得

$$\frac{t}{b_1} \leqslant 15\sqrt{\frac{235}{f_y}} = 15\varepsilon_k \tag{5-33}$$

式(5-33)就是按弹性设计($\gamma_x = 1.0$)时工字形截面梁受压翼缘局部稳定的条件,即满足 S4 级截面板件宽厚比的限值条件,见表 5-1。

如果梁按弹塑性方法设计,取截面塑性发展系数 $\gamma_x = 1.05$,则在梁截面的上、下边缘将各形成高度为 $a = h/8$ 的塑性区,如图 5-27(a)所示,此时边缘纤维的最大应变为屈服应变 ε_y 的 4/3 倍。在翼缘板的临界应力公式中,用相当于边缘应变为 $\frac{4}{3}\varepsilon_y$ 的割线模量 E_s 代替弹性模量,$E_s = \frac{3}{4}E$(见图 5-27(b))。

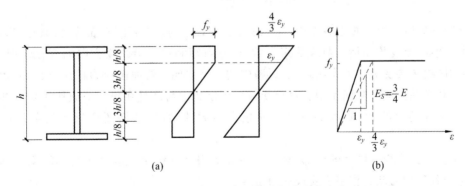

图 5-27 弹性阶段工字形截面梁的应力应变

由此可得

$$\frac{b_1}{t} \leqslant \sqrt{\frac{3}{4}} \times 15\varepsilon_k = 13\varepsilon_k \tag{5-34}$$

式(5-34)就是按弹塑性设计($\gamma_x = 1.05$)时工字形截面梁受压翼缘局部稳定的条件,即

满足 S3 级截面板件宽厚比的限值条件,见表 5-1。

箱形截面梁受压翼缘在两腹板之间的部分可视为四边简支单向均匀受压板,如图 5-27(b)所示,屈曲系数 $k=4$,取弹性嵌固系数 $\chi=1.0$,$\eta=0.25$,应用式(5-31)所示的计算原则,令 $(\sigma_{cr})_{板}\geqslant 0.9f_y$,可得

$$\frac{b_0}{t} \leqslant 42\sqrt{\frac{235}{f_y}} = 42\varepsilon_k \tag{5-35}$$

式中:b_0——箱形截面梁受压翼缘板在两腹板之间的宽度(单位为 mm);当翼缘板上设有纵向加劲肋时,b_0 为相邻两个纵向加劲肋之间的或纵向加劲肋与腹板之间的翼缘板宽度。

式(5-35)就是按弹性设计($\gamma_x=1.0$)时箱形截面梁受压翼缘在两腹板之间板段局部稳定的条件,即满足 S4 级截面板件宽厚比的限值条件,见表 5-1。

式(5-33)、式(5-35)中的 f_y 均为钢材牌号中所显示的钢材屈服点,取值与板厚无关。

5.3.3　梁腹板的局部稳定

当腹板高厚比 h_0/t_w 过大时,腹板会局部失稳。如果采用与受压翼缘一样的方法,通过限制腹板高厚比来保证腹板的局部稳定性,一般会出现腹板厚度 t_w 过大,使梁的用钢量增加过多而不经济。为了保证腹板的局部稳定性,常在梁的腹板上设置加劲肋(见图 5-28)。加劲肋作为腹板的侧向支承,将腹板划分为一个个较小的矩形板块,并阻止腹板发生侧向挠曲,从而提高腹板的局部稳定性。

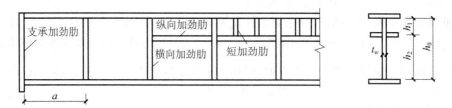

图 5-28　钢梁的加劲肋

设置加劲肋后,梁腹板上各个矩形区格由于荷载不同、位置不同,故所承受的应力也各不相同。例如,承受均布横向荷载的简支梁,根据弯矩和剪力沿跨度方向的变化情况,在靠近梁端的区格主要受剪应力作用,在靠近跨中的区格主要受弯曲正应力作用,而在其他区格受剪应力和弯曲正应力共同作用。对承受较大固定集中荷载且在集中荷载作用点的腹板处未布置支承加劲肋的梁,或承受较大移动集中荷载的梁,各区格还会受到局部压应力的作用。

为了验算梁腹板各区格的局部稳定性,可先求得在各种单一应力作用下的稳定临界应力,再考虑各种应力联合作用下腹板的稳定性。

1. 各种应力单独作用下腹板区格局部稳定的临界应力

1) 腹板区格在弯曲应力单独作用下的临界应力

在梁弯曲时,在中和轴一侧的三角形分布的弯曲压应力可能使腹板产生如图 5-29(a)所示的屈曲情况。在板的横向,屈曲成一个半波;在板的纵向,屈曲成一个或多个半波,由板的长宽比 a/h_0 决定(见图 5-29(b),图中 m 为半波数)。该区格板的临界应力可写为与式

(5-32)类似的形式:

$$\sigma_{cr} = \frac{\chi k \pi^2 E}{12(1-v^2)} \times \left(\frac{t_w}{h_0}\right)^2 \tag{5-36}$$

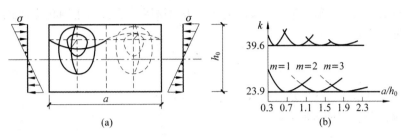

图 5-29 腹板的纯弯屈曲

式中:χ——支承边的弹性嵌固系数,由梁翼缘对腹板的嵌固程度确定;

k——板的屈曲系数,与板的支承条件及受力情况(受压、受弯或受剪)有关;如图 5-29(b)所示,四边简支单向受弯时 $k_{min}=23.9$,$\chi=1.0$,两侧受荷载边简支、上下边固定时 $k_{min}=39.6$,$\chi=1.66$,两侧受荷载边简支、上边简支、下边固定时 $k_{min}=29.4$,$\chi=1.23$;

t_w,h_0——梁腹板的厚度和计算高度(单位为 mm)。

将 $\chi=1.0$、$k=23.9$、$E=2.06\times10^5\ \text{N/mm}^2$、$v=0.3$ 代入式(5-36),可得四边简支板单向受弯时的临界应力为

$$\sigma_{cr} = 445 \left(\frac{100t_w}{h_0}\right)^2 \tag{5-37}$$

梁翼缘对腹板的约束作用可以通过弹性嵌固系数 χ 表示,就是把四边简支板的临界应力乘以系数 χ 作为非四边简支板的临界应力。对简支工字形截面梁的腹板,其下边缘受到受拉翼缘的约束,嵌固程度接近固定边。腹板上边缘的约束情况要视上翼缘的实际情况而定,当梁的受压翼缘扭转受到约束(如翼缘板上有刚性铺板、制动梁,或焊有钢轨)时,腹板上边缘视为固定边,取 $\chi=1.66$;当梁的受压翼缘扭转未受到约束时,腹板上边缘视为简支边,但由于腹板应力较大处翼缘应力也很大,后者对前者并未提供约束,故取 $\chi=1.0$,代入式(5-37)后如下。

受压翼缘扭转受到约束时,有

$$\sigma_{cr} = 737 \left(\frac{100t_w}{h_0}\right)^2 \tag{5-38a}$$

受压翼缘扭转未受到约束时,有

$$\sigma_{cr} = 445 \left(\frac{100t_w}{h_0}\right)^2 \tag{5-38b}$$

若要保证腹板在边缘纤维屈服前不发生屈曲,应用式(5-31),即 $(\sigma_{cr})_{板}\geq f_y$,可分别得到弹性阶段腹板高厚比的限值。

受压翼缘扭转受到约束时,有

$$\frac{h_0}{t_w} \leqslant 177\varepsilon_k \tag{5-39a}$$

受压翼缘扭转未受到约束时,有

$$\frac{h_0}{t_w} \leqslant 138\varepsilon_k \tag{5-39b}$$

在满足式(5-39a)或式(5-39b)时,在纯弯曲作用下,腹板不会局部失稳。

由式(5-38a)、式(5-38b)可以看出,在弯曲应力单独作用下,腹板临界应力 σ_{cr} 与 h_0/t_w 有关,但与 a/h_0 无关,a 为横向加劲肋的间距。

与第 4 章式(4-26)类似,钢梁局部稳定计算采用国际上通行的正则化宽厚比 $\lambda_{n,b}$ 作为参数来计算临界应力:

$$\lambda_{n,b} = \sqrt{\frac{f_y}{\sigma_{cr}}} \qquad (5\text{-}40)$$

将式(5-38a)和式(5-38b)分别代入式(5-40)后如下。

受压翼缘扭转受到约束时,有

$$\lambda_{n,b} = \frac{h_0/t_w}{177} \cdot \frac{1}{\varepsilon_k} \qquad (5\text{-}41\text{a})$$

受压翼缘扭转未受到约束时,有

$$\lambda_{n,b} = \frac{h_0/t_w}{138} \cdot \frac{1}{\varepsilon_k} \qquad (5\text{-}41\text{b})$$

由正则化宽厚比的定义,由式(5-40)可得弹性阶段腹板临界应力 σ_{cr} 与 $\lambda_{n,b}$ 的关系式为

$$\sigma_{cr} = f_y/\lambda_{n,b}^2 \qquad (5\text{-}42)$$

式(5-42)表示的曲线如图 5-30 中 $ABEG$ 曲线,此曲线与 $\sigma_{cr} = f_y$ 的水平线相交于 E 点,相应的 $\lambda_{n,b} = 1$,水平线 FE 表示的是腹板临界应力 σ_{cr} 等于钢材屈服点 f_y。图中的 $ABEF$ 曲线是理想情况下的 $\sigma_{cr}\text{-}\lambda_{n,b}$ 曲线。考虑残余应力和几何缺陷的影响,对纯弯曲下腹板区格的临界应力曲线采用图中的 $ABCD$ 曲线。考虑到实际腹板中各种缺陷的影响,把塑性范围缩小到 $\lambda_{n,b} \leqslant 0.85$,弹性范围推迟到 $\lambda_{n,b} \geqslant 1.25$。弹性范围的起始点参考梁整体稳定计算,取梁腹板局部失稳时临界应力的弹性与非弹性分界点为 $\sigma_{cr} = 0.6f_y$,相应的 $\lambda_{n,b} = \sqrt{f_y/\sigma_{cr}} = 1.29$;考虑到腹板局部屈曲受残余应力的影响不如梁整体屈曲那样大,故取 $\lambda_{n,b} = 1.25$ 为弹塑性修正的下起点。曲线 $ABCD$ 由三段组成:曲线 AB 段表示弹性阶段的临界应力;水平直线 CD 段表示 $\sigma_{cr} = f$,是塑性阶段的临界应力;斜向直线 BC 段是弹性阶段到塑性阶段的过渡。

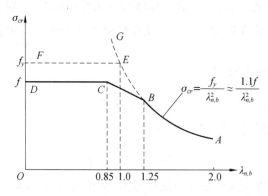

图 5-30   临界应力与正则化宽厚比的关系曲线

对应于图中三段曲线,《钢结构设计标准》GB 50017—2017 中 σ_{cr} 的计算公式如下。

当 $\lambda_{n,b} \leqslant 0.85$ 时,有

$$\sigma_{cr} = f \qquad (5\text{-}43\text{a})$$

当 $0.85 < \lambda_{n,b} \leqslant 1.25$ 时,有

$$\sigma_{cr} = [1 - 0.75(\lambda_{n,b} - 0.85)]f \qquad (5\text{-}43\text{b})$$

当 $\lambda_{n,b} > 1.25$ 时,有

$$\sigma_{cr} = 1.1 f / \lambda_{n,b}^2 \qquad (5\text{-}43c)$$

式中:$\lambda_{n,b}$——用于梁腹板受弯计算的正则化宽厚比。

当受压翼缘扭转受到约束时,有

$$\lambda_{n,b} = \frac{2h_c / t_w}{177} \cdot \frac{1}{\varepsilon_k} \qquad (5\text{-}44a)$$

当受压翼缘扭转未受到约束时,有

$$\lambda_{n,b} = \frac{2h_c / t_w}{138} \cdot \frac{1}{\varepsilon_k} \qquad (5\text{-}44b)$$

式中:h_c——梁腹板弯曲受压区高度,对双轴对称截面 $2h_c = h_0$。

要注意的是,虽然临界应力 σ_{cr} 的三个公式(式(5-43a)~式(5-43c))在形式上都以钢材强度设计值 f 为准,但在表示弹性阶段临界应力的式(5-43c)中 f 乘以 1.1 后相当于 f_y,即未计入抗力分项系数。弹性与非弹性范围区别对待的原因是,当板处于弹性范围时存在较大的屈曲后强度,安全系数可以小一些。在后续的表示弹性阶段临界剪应力 τ_{cr} 的式(5-51c)中对 f_v 乘以 1.1,以及表示弹性阶段临界正应力 σ_{cr} 的式(5-43c)中对 f 乘以 1.1 也是出于同样的原因。

2)腹板区格在纯剪切作用下的临界应力

当腹板区格四周只有均布剪应力 τ 作用时,板内产生 45°斜向的主应力,当腹板高厚比 h_0 / t_w 太大时,在主压应力 σ_2(见图 5-31(a))的作用下,腹板可能发生屈曲,产生大约 45°倾斜的凹凸波形(见图 5-31(b))。

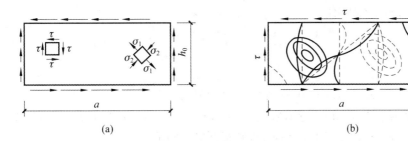

图 5-31 腹板的纯剪屈曲

弹性屈曲时的剪切临界应力形式可表示为与正应力作用下相似的形式:

$$\tau_{cr} = \frac{\chi k \pi^2 E}{12(1 - v^2)} \times \left(\frac{t_w}{h_0}\right)^2 \qquad (5\text{-}45)$$

式中:嵌固系数 χ 的取值不分梁的受压翼缘的扭转是否受到约束,统一取为 $\chi = 1.23$。将 $\chi = 1.23$、$E = 2.06 \times 10^5 \text{ N/mm}^2$、$v = 0.3$ 代入式(5-45)的腹板受纯剪切时的临界应力为

$$\tau_{cr} = 22.9 k \left(\frac{100 t_w}{h_0}\right)^2 \qquad (5\text{-}46)$$

与纯弯曲时类似,引入正则化宽厚比 $\lambda_{n,s}$,并注意关系式 $f_{vy} = f_y / \sqrt{3}$(f_{vy} 为钢材的剪切屈服点),得

$$\lambda_{n,s} = \sqrt{\frac{f_{vy}}{\tau_{cr}}} = \sqrt{\frac{f_y}{\sqrt{3} \tau_{cr}}} \qquad (5\text{-}47)$$

将式(5-46)代入式(5-47)得

$$\lambda_{n,s} = \frac{h_0/t_w}{41\sqrt{k}} \cdot \frac{1}{\varepsilon_k} \tag{5-48}$$

根据薄板稳定理论,当横向加劲肋的间距为 a 时,屈曲系数 k 可近似取以下值。

当 $a/h_0 \leqslant 1.0$ 时,有

$$k = 4 + 5.34(h_0/a)^2 \tag{5-49a}$$

当 $a/h_0 > 1.0$ 时,有

$$k = 5.34 + 4(h_0/a)^2 \tag{5-49b}$$

将式(5-49a)、式(5-49b)分别代入式(5-48)得正则化宽厚比 $\lambda_{n,s}$ 的表达式如下。

当 $a/h_0 \leqslant 1.0$ 时,有

$$\lambda_{n,s} = \frac{h_0/t_w}{37\eta\sqrt{4 + 5.34(h_0/a)^2}} \cdot \frac{1}{\varepsilon_k} \tag{5-50a}$$

当 $a/h_0 > 1.0$ 时,有

$$\lambda_{n,s} = \frac{h_0/t_w}{37\eta\sqrt{5.34 + 4(h_0/a)^2}} \cdot \frac{1}{\varepsilon_k} \tag{5-50b}$$

式中:$\lambda_{n,s}$——梁腹板受剪计算的正则化宽厚比;

η——简支梁取 1.11,框架梁梁端最大应力区取 1。

与腹板弯曲临界应力类似,规范中腹板剪切临界应力的曲线与图 5-30 相似,也是分为弹性、弹塑性、塑性三段曲线,只是过渡段斜直线的上、下分界点不同,τ_{cr} 的计算公式如下。

当 $\lambda_{n,s} \leqslant 0.8$ 时,有

$$\tau_{cr} = f_v \tag{5-51a}$$

当 $0.8 < \lambda_{n,s} \leqslant 1.2$ 时,有

$$\tau_{cr} = [1 - 0.59(\lambda_{n,s} - 0.8)]f_v \tag{5-51b}$$

当 $\lambda_{n,s} > 1.2$ 时,有

$$\tau_{cr} = 1.1f_v/\lambda_{n,s}^2 \tag{5-51c}$$

式中:正则化宽厚比 $\lambda_{n,s}$ 按式(5-50a)或式(5-50b)采用。

当腹板不设横向加劲肋时,近似取 $a/h_0 \to \infty$,则 $k = 5.34$。若要求 $\tau_{cr} = f_v$,则 $\lambda_{n,s}$ 不应超过 0.8(见式 5-51a),此时由式(5-50b)可得腹板高厚比限值:

$$\frac{h_0}{t_w} = 0.8 \times 41\sqrt{5.34}\varepsilon_k = 75.8\varepsilon_k$$

考虑腹板区格平均剪应力一般低于 f_v,规范规定的限值为 $80\varepsilon_k$。

通常认为钢材剪切比例极限等于 $0.8f_{vy}$,令 $\tau_{cr} = 0.8f_{vy}$,并引入几何缺陷影响系数 0.9,代入式(5-47),可得 $\lambda_{n,s} = \sqrt{f_{vy}/(0.8f_{vy} \times 0.9)} \approx 1.2$,这就是式(5-51c)所表示的腹板区格在纯剪切作用下弹性工作范围的起始点。

3)腹板区格在局部压应力单独作用下的临界应力

当梁上较大的固定集中荷载下未设支承加劲肋,或梁上有较大的移动集中荷载时,腹板区格可能发生如图 5-32 所示的侧向屈曲,在板的纵向和横向都只出现一个挠度。其临界应力表达式仍可表示为

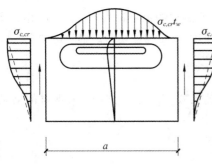

图 5-32　腹板受局部压应力屈曲

$$\sigma_{c,cr} = \frac{\chi k \pi^2 E}{12(1-v^2)} \times \left(\frac{t_w}{h_0}\right)^2 \tag{5-52}$$

引入局部承压时的正则化宽厚比 $\lambda_{n,c}$：

$$\lambda_{n,c} = \sqrt{\frac{f_y}{\sigma_{c,cr}}} \tag{5-53}$$

与腹板弯曲临界应力类似,规范中腹板局部承压临界应力 $\sigma_{c,cr}$ 的曲线与图 5-30 相似,也是分为弹性、弹塑性、塑性三段曲线,只是过渡段斜直线的上、下分界点不同,$\sigma_{c,cr}$ 的计算公式如下。

当 $\lambda_{n,c} \leqslant 0.9$ 时,有

$$\sigma_{c,cr} = f \tag{5-54a}$$

当 $0.9 < \lambda_{n,c} \leqslant 1.2$ 时,有

$$\sigma_{c,cr} = [1 - 0.79(\lambda_{n,c} - 0.9)]f \tag{5-54b}$$

当 $\lambda_{n,c} > 1.2$ 时,有

$$\sigma_{c,cr} = 1.1f/\lambda_{n,c}^2 \tag{5-54c}$$

式中:正则化宽厚比 $\lambda_{n,c}$ 按式(5-55a)或式(5-55b)采用。

当 $0.5 \leqslant a/h_0 \leqslant 1.5$ 时,有

$$\lambda_{n,c} = \frac{h_0/t_w}{28\sqrt{10.9 + 13.4(1.83 - a/h_0)^3}} \cdot \frac{1}{\varepsilon_k} \tag{5-55a}$$

当 $1.5 < a/h_0 \leqslant 2.0$ 时,有

$$\lambda_{n,c} = \frac{h_0/t_w}{28\sqrt{18.9 - 5a/h_0}} \cdot \frac{1}{\varepsilon_k} \tag{5-55b}$$

2. 各种应力联合作用下腹板区格局部稳定的验算

梁腹板区格一般受两种或两种以上应力的共同作用,所以其局部稳定验算必须满足多种应力共同作用下的临界条件。

梁腹板上的加劲肋按其作用不同可以分为两类。一类是把腹板分隔成较小的区格,以提高腹板的局部稳定,称为间隔加劲肋。间隔加劲肋有横向加劲肋、纵向加劲肋、短加劲肋三种。横向加劲肋主要有助于防止由剪应力引起的腹板失稳,纵向加劲肋主要有助于防止由弯曲压应力引起的腹板失稳,短加劲肋主要有助于防止由局部压应力引起的腹板失稳。另一类是支承加劲肋,它除了有上述作用外,还有支承与传递固定集中荷载或支座反力的作用。

在钢梁腹板上设置加劲肋以满足局部稳定的要求,一般应先按构造要求(见 5.3.4 节)在腹板上布置加劲肋,然后对腹板上的各个区格进行验算,如果有不符合要求的,再做必要的调整。

1) 仅配置横向加劲肋的腹板区格(见图 5-33(a))

腹板上各区格的局部稳定按下式计算:

$$\left(\frac{\sigma}{\sigma_{cr}}\right)^2 + \left(\frac{\tau}{\tau_{cr}}\right)^2 + \frac{\sigma_c}{\sigma_{c,cr}} \leqslant 1 \tag{5-56}$$

式中:σ——所计算腹板区格内由平均弯矩产生的腹板计算高度边缘的弯曲压应力(单位为 N/mm^2),$\sigma = Mh_c/I$,h_c 为腹板弯曲受压区高度,对双轴对称截面,$h_c = h_0/2$;

τ——所计算腹板区格内由平均剪力产生的腹板平均剪应力(单位为 N/mm^2),$\tau = V/(h_w/t_w)$,h_w 为腹板高度;

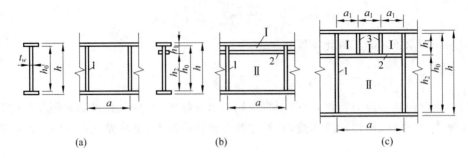

图 5-33　腹板加劲肋布置

σ_c——腹板计算高度边缘的局部压应力（单位为 N/mm^2），按式（5-10）计算，但式中的 $\psi=1.0$；

σ_{cr}、τ_{cr}、$\sigma_{c,cr}$——各种应力单独作用下的临界应力（单位为 N/mm^2），σ_{cr} 按式（5-43a）～式（5-43c）确定，τ_{cr} 按式（5-51a）～式（5-51c）确定，$\sigma_{c,cr}$ 按式（5-54a）～式（5-54c）确定。

2）同时配置有横向加劲肋和纵向加劲肋的腹板区格（见图 5-33(b)）

同时配置有横向加劲肋和纵向加劲肋的腹板，纵向加劲肋将腹板分成 Ⅰ 和 Ⅱ 两种区格。应分别对这两种区格进行局部稳定计算。

（1）受压翼缘与纵向加劲肋之间的区格 Ⅰ。

纵向加劲肋布置在腹板的受压区，其与受压翼缘之间的距离应为 $h_1=(1/5\sim 1/4)h_0$。区格 Ⅰ 的受力状态如图 5-34(a)所示。此区格腹板的局部稳定按下式计算：

$$\frac{\sigma}{\sigma_{cr1}}+\left(\frac{\tau}{\tau_{cr1}}\right)^2+\left(\frac{\sigma_c}{\sigma_{c,cr1}}\right)\leqslant 1 \tag{5-57}$$

σ_{cr1}、τ_{cr1}、$\sigma_{c,cr1}$ 分别按下列方法计算。

① σ_{cr1} 按式（5-43a）～式（5-43c）计算，但式中 $\lambda_{n,b}$ 改用下列 $\lambda_{n,b1}$ 代替。

当受压翼缘扭转受到约束时，有

$$\lambda_{n,b1}=\frac{h_1/t_w}{75\varepsilon_k} \tag{5-58a}$$

当受压翼缘扭转未受到约束时，有

$$\lambda_{n,b1}=\frac{h_1/t_w}{64\varepsilon_k} \tag{5-58b}$$

式中：h_1——纵向加劲肋至腹板计算高度边缘的距离（单位为 mm）。

② τ_{cr1} 按式（5-51a）～式（5-51c）计算，将 h_0 改为 h_1。

③ $\sigma_{c,cr1}$ 按式（5-54a）～式（5-54c）计算，但式中的 $\lambda_{n,c}$ 改用下列 $\lambda_{n,c1}$ 代替。

当受压翼缘扭转受到约束时，有

$$\lambda_{n,c1}=\frac{h_1/t_w}{56\varepsilon_k} \tag{5-59a}$$

当受压翼缘扭转未受到约束时，有

$$\lambda_{n,c1}=\frac{h_1/t_w}{40\varepsilon_k} \tag{5-59b}$$

应注意的是 $\sigma_{c,cr1}$ 的计算是借用纯弯曲条件下的临界应力公式，而不是采用单纯局部受压临界应力公式。由于图 5-34(a)所示的区格 Ⅰ 为一狭长板条（实际工程中其宽高比常大于 4），在上端局部承压时，可将该区格近似看作竖向中心受压的板条，故可借用梁腹板在弯曲应力单独作用下的临界应力计算式(5-54a)～式(5-54c)来计算 $\sigma_{c,\sigma 1}$。如果假设腹板有效宽度为 $2h_1$，当梁受压翼缘扭转受到约束时，此板条的上端视为固定、下端视为简支，则其计算长度为 $0.7h_1$，由此可得出其正则化宽厚比表达式(5-59a)；当梁受压翼缘扭转未受到约束时，此板条的上、下端均视为简支，则其计算长度为 h_1，由此可得出其正则化宽厚比表达式(5-59b)。

（2）受拉翼缘与纵向加劲肋之间的区格Ⅱ的受力情况如图 5-34(b)所示，此区格腹板的局部稳定按下式计算：

$$\left(\frac{\sigma_2}{\sigma_{\sigma 2}}\right)^2 + \left(\frac{\tau}{\tau_{\sigma 2}}\right)^2 + \frac{\sigma_{c2}}{\sigma_{c,\sigma 2}} \leqslant 1 \tag{5-60}$$

式中：σ_2——所计算区格内由平均弯矩产生的腹板在纵向加劲肋处的弯曲压应力（单位为 N/mm^2）；

σ_{c2}——腹板在纵向加劲肋处的横向压应力（单位为 N/mm^2）。

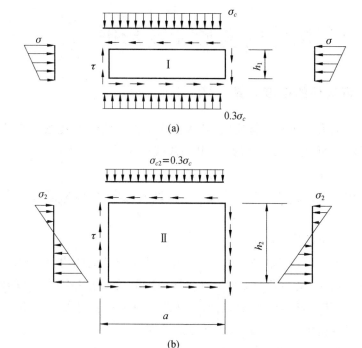

图 5-34　配置纵向加劲肋的腹板受力状态

$\sigma_{\sigma 2}$、$\tau_{\sigma 2}$ 和 $\sigma_{c,\sigma 2}$ 分别按下列方法计算。

① $\sigma_{\sigma 2}$ 按式(5-43a)～式(5-43c)计算，但式中 $\lambda_{n,b}$ 改用下列 $\lambda_{n,b2}$ 代替。

$$\lambda_{n,b2} = \frac{h_2/t_w}{194\varepsilon_b} \tag{5-61}$$

式中：$h_2 = h_0 - h_1$。

② $\tau_{\sigma 2}$ 按式(5-51a)～式(5-51c)计算，将 h_0 改为 h_2，$h_2 = h_0 - h_1$。

③ $\sigma_{c,\sigma 2}$ 按式(5-54a)～式(5-54c)计算，将 h_0 改为 h_2，当 $a/h_2 > 2$ 时，取 $a/h_2 = 2$。

3）同时设置横向加劲肋、纵向加劲肋和短加劲肋的腹板区格（见图 5-33(c)）

腹板区格分为区格Ⅰ和Ⅱ。其中区格Ⅱ与2)中的区格Ⅱ完全相同，按式(5-60)计算。

区格Ⅰ的稳定计算仍按式(5-57)进行。该式中的 σ_{cr1} 仍按(1)中①的规定计算;τ_{cr1} 按式(5-51a)~式(5-51c)计算,但将 h_0 和 a 分别改为 h_1 和 a_1,a_1 为短加劲肋的间距;$\sigma_{c,cr1}$ 仍借用式(5-54a)~式(5-54c)计算,但 $\lambda_{n,b}$ 改用下列 $\lambda_{n,c1}$ 代替。

当受压翼缘扭转受到约束时,有

$$\lambda_{n,c1} = \frac{a_1/t_w}{87\varepsilon_k} \tag{5-62a}$$

当受压翼缘扭转未受到约束时,有

$$\lambda_{n,c1} = \frac{a_1/t_w}{73\varepsilon_k} \tag{5-62b}$$

对 $a_1/h_1 > 1.2$ 的区格,式(5-62a)、式(5-62b)的右边应乘以 $1/\sqrt{0.4/0.5a_1/h_1}$。

5.4　受弯构件的变形和变形能力

5.4.1　受弯构件的挠度计算

受弯构件变形太大会妨碍正常使用,导致依附于受弯构件的其他部件损坏。工程设计中,通常有限制受弯构件竖向挠度的要求,其一般表达式为

$$\delta \leqslant [\delta] \tag{5-63}$$

式中:δ——受弯构件在荷载作用下产生的最大挠度或跨中挠度,根据力学的方法和设计规范的要求计算;

[δ]——人为规定的挠度限值。

对按边缘屈服准则设计的构件,可认为其材料处于弹性范围内,可以按材料力学、结构力学的方法算出挠度 δ。对按部分截面塑性发展和按全截面塑性准则设计的构件,则要求在其正常使用状况下(其荷载小于极限状态时的荷载),限制其竖向挠度,通常此时的荷载效应不会使材料超出弹性范围,一般仍可按上述方法计算。

由于挠度是构件整体的力学行为,所以采用毛截面参数进行计算。

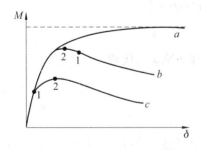

图 5-35　受弯构件的承载能力与变形
1—局部稳定发生点;2—整体稳定发生点

5.4.2　受弯构件的变形能力

当构件设计要求利用塑性应力重分布,或者在结构设计中必须考虑地震作用引起的弹塑性变形时,都要求受弯构件有足够的变形能力。所谓变形能力是指在构件进入塑性和在发展变形过程中结构承载力不致丧失或下降过快的能力(见图5-35的曲线 a)。构件发生整体失稳或局部失稳都会降低截面极限承载强度,使构件在达到内力重分配之前出现承载强度的下降;其次也使反复荷载下

抗力——变形的滞回环面积减小。因此,在上述两种情况下,必须采取措施防止整体弯扭失稳,必须使得板件不发生弹性阶段的失稳,并且在弹塑性阶段也有足够的局部稳定性。

5.5　钢梁的设计及工程实例

本节先分别叙述如何运用本章前几节所论述的梁的强度、刚度、整体稳定和局部稳定知识进行型钢梁设计,然后给出两个以工程实例为依据的钢梁综合设计例题。

5.5.1　型钢梁的设计

对跨度、荷载都不太大的梁,一般优先采用型钢梁,以降低制造费用。用于钢梁的热轧型钢主要有热轧普通工字钢、H 型钢和槽钢等。由于各类型钢都有国家标准,其尺寸和截面特性均可由标准查取,所以型钢梁的截面选取比较容易。

1. 单向弯曲型钢梁的设计

设计型钢梁的已知条件为荷载情况、梁的跨度 l、受压翼缘侧向支承点之间的距离 L_1(或梁受压翼缘侧向支承的情况)、钢材的强度设计值 f。要求选出所用型钢的型号。设计步骤如下。

(1) 根据已知荷载求出梁的最大弯矩设计值 M_x(暂不含梁自重产生的弯矩)。

(2) 估算所需要的截面模量。

对不需要验算整体稳定的梁,有

$$W_{nx} \geqslant \frac{M_x}{\gamma_x f} \tag{5-64}$$

对需要验算整体稳定的梁,有

$$W_x \geqslant \frac{M_x}{\varphi_b f} \tag{5-65}$$

不需要验算整体稳定的梁的条件见 5.2.2 节。式(5-65)中梁的整体稳定系数 φ_b 需先假定。

(3) 根据所求得的截面模量 W_{nx} 或 W_x 查型钢表选取型钢型号。一般情况下,应使所选型钢的 W_x 值略大于第(2)步中所求得的截面模量。对普通工字钢宜优先采用肢宽壁薄的 a 型;对 H 型钢宜优先采用窄翼缘 HN 系列。

(4) 对初选型钢截面进行验算。计入型钢自重,求考虑型钢自重后的弯矩 M 和剪力 V 值。

① 强度验算,分别按式(5-6)、式(5-9)、式(5-10)验算抗弯强度、抗剪强度和局部承压力。

因为型钢梁的腹板较厚,故一般情况下均能满足抗剪强度和局部承压强度的要求。当最大剪力所在截面无太大的截面削弱时，一般可不作这两项内容验算。折算应力也可不作验算。

② 整体稳定验算，只对整体稳定无保证的梁按式(5-29)计算。

③ 刚度验算按式(5-63)计算。

因为热轧型钢的翼缘板宽厚比、腹板高厚比都不是很大，所以型钢梁一般不会局部失稳，故不必进行局部稳定验算。

（5）截面调整。上述截面验算内容中只要有一项不满足，或者各项要求都满足，但截面富余太多，就要对初选截面进行调整，然后对调整后的截面重新验算，直至得到既安全、可靠，又经济、合理的截面为止。

2. 双向弯曲型钢梁的设计

双向弯曲型钢梁承受两个主平面方向的荷载，工程中广泛应用于屋面檩条和墙梁。坡度较大屋面上的檩条的重力荷载作用方向与檩条截面两条形心主轴都不重合，故檩条在两个主平面内受弯。墙梁因同时受墙体材料重力和墙面传来的水平风荷载作用，所以也是双向受弯梁。下面以檩条为例叙述双向弯曲梁的设计。

1）檩条的截面选择

双向弯曲型钢梁的设计方法与单向弯曲型钢梁类似，先按双向抗弯强度等条件试选截面，然后对初选截面进行强度、整体稳定和刚度方面的验算。

设计双向弯曲型钢梁时，应尽量使其满足不需要计算整体稳定的要求，这样可以按照抗弯强度条件选择型钢截面，由式(5-7)可得

$$W_{nx} \geqslant \left(M_x + \frac{\gamma_x}{\gamma_y} \frac{W_{nx}}{W_{ny}} M_y \right) \frac{1}{\gamma_x f} = \frac{M_x + \alpha M_y}{\gamma_x f} \tag{5-66}$$

式中：系数 α 可根据型钢类别选取，对小型号的型钢，可近似取 $\alpha=6$（窄翼缘 H 型钢和工字钢）或 $\alpha=5$（槽钢）。

2）檩条的形式和构造

檩条的截面形式较常用的是槽钢，当檩条跨度和荷载较大时可采用 H 型钢，在檩条跨度不大且又为轻钢屋面时可采用冷弯薄壁卷边 Z 型钢或卷边 C 型钢，如图 5-36 所示。

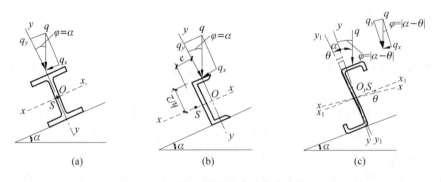

图 5-36　檩条截面形式和荷载分解

槽钢檩条应使上翼缘肢尖指向屋脊方向（见图 5-36(b)），这样放置可使在一般屋面坡度下竖向荷载偏离剪切中心 S 的距离较小，计算时可不考虑扭转。卷边 Z 型钢檩条也应使上翼缘肢尖指向屋脊方向（见图 5-36(c)），这样放置不仅可减小扭转偏心距，还使竖向荷载下

檩条受力更接近于强轴单向受弯。

槽钢和卷边 Z 型钢檩条的侧向刚度较小,为减小其侧向弯矩,提高檩条的承载能力,一般应在其跨中设 1~2 道拉条,把侧向变为两跨或三跨连续梁。拉条的设置及其构造将在后续课程"钢结构设计"中详细介绍。

3)檩条的计算

(1)强度。

檩条所受荷载主要有屋面材料重量、檩条自重、屋面可变荷载等重力荷载,其方向都是垂直地面的。布置檩条时,型钢的腹板均垂直于屋面,因而竖向线荷载 q 在设计时应分解成与檩条截面两条形心主轴方向一致的分量 $q_x = q\sin\varphi$ 和 $q_y = q\cos\varphi$(见图 5-36),从而引起双向弯曲。φ 为荷载 q 方向与形心主轴 y-y 之间的夹角:对槽钢和 H 型钢截面,q_x 平行于屋面,q_y 垂直于屋面,φ 角等于屋面坡度 α(见图 5-36(a)(b));对于卷边 Z 型钢截面 $\varphi = |\alpha - \theta|$,$\theta$ 为形心主轴 x-x 与平行于屋面轴 x_1-x_1 的夹角(见图 5-36(c))。

荷载 q_x 和 q_y 分别在檩条中产生 M_y 和 M_x 的弯矩,故应根据式(5-7)按双向弯曲梁验算檩条的抗弯强度。式中 M_x 为简支梁跨内的弯矩,M_y 在无拉条时,按简支梁计算,在有拉条时,按多跨连续梁计算(见图 5-37)。由于型钢檩条壁厚较大,所以其抗剪强度和局部承压强度可不计算。

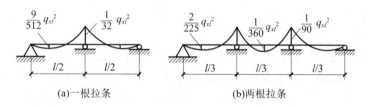

图 5-37 有拉条时檩条的 M

(2)整体稳定。

当屋面材料与檩条有较好的连接并阻止受压翼缘侧向位移及檩条上按常规设置拉条时,可不必验算檩条的整体稳定性。在无拉条或拉条设置过少,且屋面材料刚性较弱(如石棉瓦、瓦楞铁皮等),构造上不能阻止受压翼缘侧向位移的檩条跨度较大时,应按式(5-30)计算整体稳定性。

(3)刚度。

当檩条未设拉条时,应分别根据荷载分量 q_{xk} 和 q_{yk} 求出同一点的挠度分量 u 和 v,然后验算 $\sqrt{u^2 + v^2} \leqslant [v]$。当檩条设有拉条时,只需验算垂直于屋面方向的挠度,根据 q_{yk} 验算 $v \leqslant [v]$。q_{xk}、q_{yk} 为按荷载标准值计算的线荷载。$[v]$ 为檩条的容许挠度。

5.5.2 以工程实例为依据的钢梁设计综合例题

【例题 5-3】 普通工业操作平台主次梁的设计。对于图 5-38 所示的普通工业操作平台,平台铺板选用花纹钢板加角钢加劲肋,钢铺板与钢梁上翼缘焊牢,能够阻止钢梁的侧向变形。梁 AB 和 CD 在上翼缘平面内是平接的。写出次梁 AB 和主梁 CD 的设计思路。

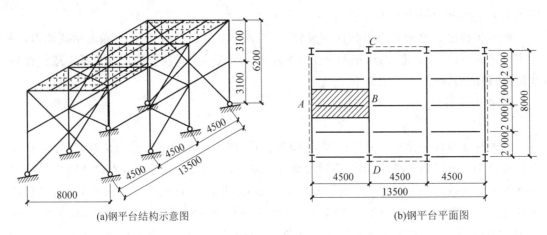

(a)钢平台结构示意图　　　　　　　(b)钢平台平面图

图 5-38　某钢结构平台

【解】（1）次梁 *AB* 的设计。

次梁的跨度和所受荷载一般都较小，设计时选用一般结构用钢 Q235B，并采用轧制型钢，以减小加工制作成本。次梁设计可分两步：第一步，初选梁截面；第二步，验算所选的梁截面是否满足要求。由于梁上有与上翼缘焊牢的刚性铺板，能够阻止梁的侧向失稳，所以在以上两步中，都可以不考虑梁的整体稳定性。由于选用了轧制型钢，在第二步中，可以不验算梁的局部稳定性。

① 初选梁截面。

首先根据梁的受力计算梁所受的荷载作用。梁所受的活荷载作用由设计条件给出，恒荷载作用包括梁上的铺板自重和可能的设备自重。二者乘以各自的荷载分项系数并相加，得到梁的荷载设计值。注意，在这一步的计算中，由于梁的截面大小还未选出，梁的自重并没有被考虑。

平台梁是单向受弯构件，由于不验算疲劳，可以考虑部分塑性发展，根据梁的抗弯强度设计公式（见《钢结构设计标准》GB 50017—2017 第 4.1.1 条）计算梁所需要的净截面模量。按照实际的截面模量大于或等于所需要的截面模量，在热轧 H 型钢表中查找所需要的型钢规格即为初选的梁截面。

② 梁的截面验算。

对初步选定的梁截面进行强度和刚度验算。由于轧制型钢梁的截面已经选定，查表得到其几何性质和自重，在梁的荷载设计值和标准值中考虑梁的自重。然后按照《钢结构设计标准》GB 50017—2017 第 4.1.1 条验算梁的抗弯强度是否满足要求；型钢梁的抗剪强度均能满足要求，故不必验算。梁的刚度验算包括两部分：一是全部荷载作用下的挠度验算，二是可变荷载作用下的挠度验算，二者都要满足《钢结构设计标准》GB 50017—2017 第 3.5.1 条中的相关要求。

在验算中，只要有一项不满足要求，都要重新选择梁截面并再次验算。

（2）主梁 *CD* 的设计。

主梁的跨度和所受荷载一般都较大，如果直接选用热轧型钢不能满足要求，就需要采用焊接组合截面梁。选用热轧型钢梁的设计过程与上述次梁的设计过程基本一样，作为示例，主梁 *CD* 采用焊接组合梁截面。由于铺板能够保证梁的整体稳定性，在设计中将不考虑梁的整体稳定性。

① 初选梁截面。

主梁所受到的荷载作用包括次梁传来的平台活荷载、铺板自重和次梁自重，如图 5-39 所示。在本步的计算中，由于主梁的截面还未确定，所以没有考虑主梁自重作用。

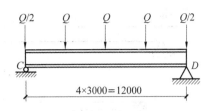

图 5-39　主梁 CD 计算简图

焊接截面组合梁的设计包括梁高、腹板厚度、翼缘厚度和宽度的选择。梁高的确定应从三个方面考虑：建筑或工艺允许的最大高度，刚度要求的最小高度，设计经验高度。最大高度一般由建筑学专业直接给出。最小高度是根据梁的挠度要求计算得到的。设计经验高度是按照强度要求给出的梁高估算的高度。选择的梁高应满足最大和最小高度要求，并尽量靠近经验高度，且取 10 mm 的整数倍。

在确定梁高以后，近似取梁腹板高度等于梁高，根据梁的腹板抗剪承载计算公式，算出所需要的最小腹板厚度，选用的腹板厚度应大于或等于计算要求的最小腹板厚度，且大于 6 mm，并取 2 mm 的整数倍。

按照翼缘的抗弯要求计算翼缘的截面面积，计算过程中近似取两个翼缘厚度中心之间的间距为梁高。按照翼缘宽厚比要求确定翼缘厚度和宽度的关系，从而计算出翼缘的厚度、宽度和面积。实际选用的翼缘厚度应大于 6 mm，并取 2 mm 的整数倍，选用的翼缘宽度应为 10 mm 的整数倍。

这样，焊接组合梁截面的几何尺寸就初步确定了。

② 梁的截面验算。

由于采用的是焊接组合梁截面，梁截面的几何性质和自重都要进行计算。在梁的荷载设计值和标准值中加入梁的自重。按照梁的计算式(5-6)、式(5-9)和式(5-13)，重新验算梁的抗弯强度、抗剪强度和挠度。

梁的局部稳定验算分两部分：一是按照翼缘宽厚比的最大限值要求验算翼缘的局部稳定；二是腹板的局部稳定需要按照腹板高厚比的不同取值范围进行腹板加劲肋布置，然后验算由加劲肋所划分的不同腹板区格的折算应力是否满足要求。对腹板加劲肋本身的截面尺寸和刚度也要进行验算。这部分的详细要求可见《钢结构设计标准》GB 50017—2017 第 4.3 条。

在验算中，只要有一项不满足要求，都要重新调整梁截面并进行验算。

【例题 5-4】　简支钢桥箱形梁的设计。

跨径 60 m 简支箱梁桥的跨中截面如图 5-40 所示（单位为 mm），桥宽 9250 mm，梁高 2500 mm，箱梁宽 4800 mm，顶板和腹板板厚 14 mm，底板厚 20 mm，顶板、底板和腹板加劲肋为 165 mm×14 mm。箱梁内每隔 6000 mm 设一道横隔板，各横隔板之间顶板各设置 2 道横向加劲肋。已知钢材屈服强度 $f_y=345$ MPa，钢材设计强度：当板厚 $t \leqslant 16$ mm 时，$f_d=275$ MPa；当板厚 $16 < t \leqslant 30$ mm 时，$f_a=260$ MPa。$E=2.0 \times 10^5$ MPa，$v=0.3$，试计算箱梁截面最大抗弯承载力。

【解】　(1)考虑剪力滞影响的翼缘有效截面。

受弯杆件的设计与计算应考虑剪力滞的影响，简支箱梁桥的翼缘有效宽度 b_e 按下式计算，计算结果列于表 5-3。

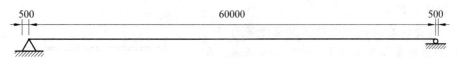

(a) 简支箱梁桥示意图

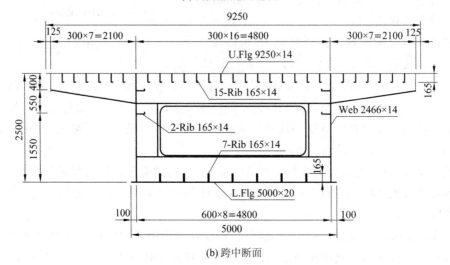

(b) 跨中断面

图 5-40　简支钢桥箱形梁计算简图与跨中截面

表 5-3　考虑剪力滞影响的简支箱梁桥的翼缘有效宽度和面积

结构	计算跨径/mm	结构计算宽度/mm			有效宽度/mm			板厚/mm
		悬臂 b	箱内 b	总宽 B	悬臂 b_e	箱内 b_e	总宽 B_e	
顶板	60000	2225	2400	9250	1918	2029	7895	14
底板	60000	100	2400	5000	100	2029	4259	20

$$\begin{cases} b_e^s = b, & \dfrac{b}{e} \leqslant 0.05 \\[2mm] b_e^s = \left[1.1 - 2\,\dfrac{b}{e} \right]b, & 0.05 < \dfrac{b}{e} < 0.30 \\[2mm] b_e^s = 0.15l, & \dfrac{b}{e} \geqslant 0.3 \end{cases}$$

式中：b_e^s——翼缘有效宽度；

　　　b——腹板间距的 $1/2$，或翼缘外伸肢为伸臂部分的宽度；

　　　e——等效跨长。

考虑剪力滞影响的有效截面面积 $A_{\text{eff},s}$ 按下式计算：

$$A_{\text{eff},s} = \sum b_{e,i}^s t_i + \sum A_{s,j}$$

式中：$A_{\text{eff},s}$——考虑剪力滞影响的有效截面面积；

　　　$b_{e,i}^s$——考虑剪力滞影响的第 i 块板件的翼缘有效宽度；

　　　t_i——第 i 块板件的厚度；

　　　$\sum A_{s,j}$——翼缘有效宽度内的加劲肋面积之和。

考虑剪力滞影响的简支箱梁桥的翼缘有效宽度和面积计算结果如表 5-3 所示。表 5-3 中,悬臂部分有效宽度(1918 mm)范围内有 6 根加劲肋,箱内 1/2 顶板有效宽度(2029 mm)范围内有 6 根加劲肋,箱内 1/2 底板有效宽度(2029 mm)范围内有 3 根加劲肋。

(2) 受压翼缘纵向加劲肋刚度计算。

$$I_l = \frac{b_l t_l^3}{3} = \frac{165 \times 14^3}{3} = 2.069 \times 10^7 \text{ mm}^4$$

① 受压翼缘悬臂部分:

$$\gamma_l = \frac{EI_l}{bD} = \frac{12(1-v^2)I_l}{bt^3} = \frac{12 \times (1-0.3^2) \times 2.069 \times 10^7}{2100 \times 14^3} = 39.2$$

假设横向加劲肋的刚度按刚性加劲肋设计,a 取顶板横向加劲肋之间的距离,a＝2000 mm,

$$\alpha = a/b = 2000/2100 = 0.952$$
$$n = n_l + 1 = 6 + 1 = 7$$
$$\alpha_0 = \sqrt[4]{1+(n_1+1)\gamma_l} = \sqrt[4]{1+7 \times 39.2} = 4.1$$
$$\delta_l = A_l/bt = 165 \times 14/(2100 \times 14) = 0.079$$
$$\gamma_l^* = \frac{1}{n}[4n^2(1+n\delta_l)\alpha^2 - (\alpha^2+1)^2]$$
$$= \frac{1}{7}[4 \times 7^2(1+7 \times 0.079) \times 0.952^2 - (0.952^2+1)^2] = 30.9$$

因为 $\gamma_l = 39.2 \geqslant \gamma_l^* = 30.9$,所以纵向加劲肋为刚性加劲肋。

② 受压翼缘腹板之间的部分:

$$\gamma_l = \frac{EI_l}{bD} = \frac{12(1-v^2)I_l}{bt^3} = \frac{12 \times (1-0.3^2) \times 2.069 \times 10^7}{4800 \times 14^3} = 17.15$$

假设横向加劲肋的刚度按刚性加劲肋设计,a 取顶板横向加劲肋之间的距离,a＝2000 mm,则

$$\alpha = a/b = 2000/4800 = 0.417$$
$$n = n_l + 1 = 15 + 1 = 16$$
$$\alpha_0 = \sqrt[4]{1+(n_l+1)\gamma_l} = \sqrt[4]{1+16 \times 17.15} = 4.1$$
$$\delta_l = A_l/bt = 165 \times 14/(4800 \times 14) = 0.034$$
$$\gamma_l^* = \frac{1}{n}[4n^2(1+n\delta_l)\alpha^2 - (\alpha^2+1)^2]$$
$$= \frac{1}{16}[4 \times 16^2(1+16 \times 0.034) \times 0.417^2 - (0.417^2+1)^2] = 17.09$$

因为 $\gamma_1 = 17.15 \geqslant \gamma_l^* = 17.09$,所以纵向加劲肋为刚性加劲肋。

(3) 受压翼缘考虑局部稳定的折减系数。

① 受压翼缘悬臂部分。

刚性加劲肋有:$k = 4n^2 = 4 \times 7^2 = 196$

$$\bar{\lambda}_p = \sqrt{\frac{f_y}{\sigma_{cr}}} = \left(\frac{b}{t}\right)\sqrt{\frac{12(1-v^2)f_y}{\pi^2 E}\left(\frac{1}{k}\right)} = \left(\frac{2100}{14}\right)\sqrt{\frac{12 \times (1-0.3^2) \times 345}{\pi^2 \times 2.0 \times 10^5}\left(\frac{1}{196}\right)} = 0.83$$

$$\varepsilon_0 = 0.8(\bar{\lambda}_p - 0.4) = 0.8 \times (0.83 - 0.4) = 0.344$$

因为 $\bar{\lambda}_p = 0.83 > 0.4$,所以局部稳定折减系数:

$$\rho = \frac{1}{2}\left\{1+\frac{1}{\bar\lambda_p^2}(1+\varepsilon_0)-\sqrt{\left[1+\frac{1}{\bar\lambda_p^2}(1+\varepsilon_0)\right]^2-\frac{4}{\bar\lambda_p^2}}\right\}$$

$$= \frac{1}{2}\left\{1+\frac{1}{0.83^2}(1+0.344)-\sqrt{\left[1+\frac{1}{0.83^2}(1+0.344)\right]^2-\frac{4}{0.83^2}}\right\}=0.624$$

② 受压翼缘腹板之间部分。

刚性加劲肋有：$k=4n^2=4\times16^2=1024$

$$\bar\lambda_p=\sqrt{\frac{f_y}{\sigma_{cr}}}=\left(\frac{b}{t}\right)\sqrt{\frac{12(1-v^2)f_y}{\pi^2 E}\left(\frac{1}{k}\right)}=\left(\frac{4800}{14}\right)\sqrt{\frac{12(1-0.3^2)\times345}{\pi^2\times2.0\times10^5}\left(\frac{1}{1024}\right)}=0.468$$

$$\varepsilon_0=0.8(\bar\lambda_p^2-0.4)=0.8\times(0.468-0.4)=0.054$$

因为 $\bar\lambda_p=0.468>0.4$，所以局部稳定折减系数为

$$\rho = \frac{1}{2}\left\{1+\frac{1}{\bar\lambda_p^2}(1+\varepsilon_0)-\sqrt{\left[1+\frac{1}{\bar\lambda_p^2}(1+\varepsilon_0)\right]^2-\frac{4}{\bar\lambda_p^2}}\right\}$$

$$= \frac{1}{2}\left\{1+\frac{1}{0.468^2}(1+0.054)-\sqrt{\left[1+\frac{1}{0.468^2}(1+0.054)\right]^2-\frac{4}{0.468^2}}\right\}=1.278$$

（4）考虑受压加劲板局部稳定影响的有效截面。

① 受压翼缘悬臂部分：

$$b_{e,i}^p=\rho_i b_i=1.0\times125+0.914\times2100=2044\text{ mm}$$

② 受压翼缘腹板之间部分：

$$b_{e,i}^p=\rho_i b_i=0.914\times4800=4387\text{ mm}$$

（5）同时考虑剪力滞和受压加劲板局部稳定影响的有效宽度 b。

① 受压翼缘悬臂部分：

$$b_{e,i}=\frac{\sum b_{e,i}^s}{\sum b_i}b_{e,i}^p=\frac{1918}{2250}\times2044=1742\text{ mm}$$

有效宽度范围内有 6 根加劲肋。

② 受压翼缘腹板之间部分：

$$b_{e,i}=\frac{\sum b_{e,i}^s}{\sum b_i}b_{e,i}^p=\frac{4058}{4800}\times4387=3709\text{ mm}$$

有效宽度范围内有 12 根加劲肋。

（6）同时考虑剪力滞和受压加劲板局部稳定影响的有效截面。

上翼缘受压，按同时考虑剪力滞和受压加劲板局部稳定影响的有效宽度计算，悬臂部分有效宽度 1742 mm，有效宽度范围内有 6 根加劲肋；腹板之间的部分有效宽度 3709 mm，有效宽度范围内有 12 根加劲肋。下翼缘受拉，按考虑剪力滞影响的有效宽度计算，悬臂部分有效宽度 100 mm，腹板之间部分有效宽度 4058 mm，有效宽度范围内有 6 根加劲肋；有效截面如图 5-41 所示，截面特性如下。

有效截面中性轴距顶板距离　　　$y_u=1.03$ m

有效截面中性轴距底板距离　　　$y_l=1.47$ m

有效截面面积　　　　　　　　　$A_{\text{eff}}=0.3278$ m^2

有效截面惯矩　　　　　　　　　$I_{\text{eff}}=0.4033$ m^4

上翼缘控制设计有效截面模量　　$W_{eff} = 0.392$ m³

下翼缘控制设计有效截面模量　　$W_{eff} = 0.274$ m³

（7）箱梁截面最大抗弯承载力。

上翼缘控制设计时 $M_{max,u} = f_d W_{eff} = 275 \times 0.392 = 107.8$ MN·m

下翼缘控制设计时 $M_{max,l} = f_d W_{eff} = 260 \times 0.274 = 71.3$ MN·m

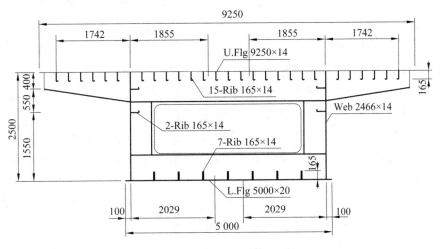

图 5-41　箱梁有效截面

箱梁截面由下翼缘控制设计，最大抗弯承载力为 71.3 MN·m。

小结及学习指导

承受弯矩为主的构件称为受弯构件。在钢结构中，受弯构件主要以梁的形式出现。在工程中，梁主要承受弯矩、剪力作用。本章主要介绍了钢梁设计中强度、刚度、整体稳定、局部稳定四个方面的问题，阐述了型钢梁、焊接组合梁的设计方法，以及钢梁的拼接、连接和支座的设计。

在学习本章内容前应已初步掌握钢结构材料性能、钢结构的可能破坏形式及钢结构的概率极限状态设计方法等基本知识。初学者在本章的学习过程中要重点掌握钢梁各种破坏形式的特点、概念及防止这些破坏发生的方法；熟练掌握设计中常用的基本计算公式及其应用范围；了解钢梁设计中的各种构造要求。

（1）工程中的钢梁多为单向弯曲梁，为使构件具有更强的抗弯能力，应使弯矩作用在梁截面的最大刚度平面内。为了节约钢材，组成钢梁的板件应在满足局部稳定要求的前提下尽可能地宽而薄。合理的工字形截面应是翼缘板较厚、腹板较薄。梁的截面高度应在经济高度范围内。

（2）楼盖结构、工作平台结构中的钢梁在采取适当构造措施后，一般均能满足不必计算整体稳定性的条件。此类钢梁的设计主要是强度、刚度、局部稳定三方面的问题。

（3）由于钢材强度高，钢梁往往显得细长。整体稳定没有保证的钢梁设计往往是由稳定问题控制的。钢梁的整体失稳是由于梁的抗侧向弯曲刚度及抗扭刚度不足而突然发生的，事先没有预兆，其失稳形式是弯扭失稳。在设计中采取有效措施能够明显地提高钢梁的整体稳定性。具体做法有：在梁的跨度范围内为钢梁的受压翼缘提供侧向支撑点、采用加强受压翼缘的梁截面形式、降低荷载作用点的位置等。

（4）钢梁的强度破坏、整体失稳将直接导致梁丧失承载力，后果很严重，必须予以防止。当组成钢梁的板件的宽厚比或高厚比过大时，钢梁可能发生局部失稳。但钢梁出现局部失稳的后果没有强度破坏、整体失稳的后果那么严重，通常对不直接承受动力荷载的普通钢梁是可以利用腹板屈曲后的强度的。

（5）热轧型钢梁一般情况下不会出现局部失稳，其计算问题归结为强度、刚度、整体稳定三个方面。当此类梁不满足不必计算整体稳定性的条件时，设计通常由整体稳定条件控制。

（6）整体稳定没有保证的焊接组合梁的设计一般情况下有强度、刚度、整体稳定和局部稳定四个方面。强度条件在设计中通常不起控制作用。

（7）钢梁强度验算的对象是梁中某一危险截面上的某一危险点，而钢梁整体稳定验算的对象是钢梁整体构件。

（8）验算钢梁的刚度属于正常使用极限状态问题，应采用荷载的标准组合值；验算钢梁的强度、整体稳定、局部稳定属于承载能力极限状态问题，应采用荷载的基本组合值。

（9）在有条件的情况下，应尽量采取适当的构造措施使钢梁满足不必计算整体稳定的条件，如在梁的跨度范围内为钢梁受压翼缘提供足够多的侧向支撑点，在钢梁顶面密铺刚性板并使之与梁上翼缘可靠连接，从而达到减小钢梁截面尺寸、节约钢材的目的。

（10）钢梁的设计除了必须满足必要的计算要求外，还必须符合规定的各种构造要求。

（11）腹板加劲肋的布置与设计是保证组合钢梁不出现局部失稳的重要措施，应了解各种加劲肋的种类、作用及其构造要求。

（12）对跨度较大的简支钢梁，可采用变截面的方法实现节约钢材、降低造价的目的。

思 考 题

5-1 钢梁的主要计算内容有哪几项？哪些属于承载能力极限状态的计算内容？哪些属于正常使用极限状态的计算内容？

5-2 钢梁的强度计算有哪几项内容？

5-3　何谓截面形状系数？何谓截面塑性发展系数？截面塑性发展系数与截面形状系数之间有何联系？

5-4　工字形截面钢梁在满足哪些条件时才能按弹塑性阶段计算其抗弯强度？

5-5　试述下列三种钢梁的腹板计算高度 h_0 的取值：

(1)轧制型钢梁；

(2)焊接组合梁；

(3)高强度螺栓连接(或铆接)组合梁。

5-6　在什么情况下应对钢梁进行折算应力计算？试述计算公式中各符号的意义。

5-7　简述翘曲的意义。何谓剪力中心？剪力中心与弯曲中心、扭转中心是不是同一含义？

5-8　何谓梁的整体失稳？钢梁整体失稳是哪种形式的屈曲？

5-9　影响钢梁整体稳定的主要因素有哪些？

5-10　当 $\varphi_b > 0.6$ 时，为什么要用 φ_b' 取代 φ_b？

5-11　提高钢梁整体稳定性的方法有哪些？其中哪种方法最有效？

5-12　满足哪些条件的钢梁可不进行整体稳定性计算？

5-13　何谓梁的局部失稳？梁丧失局部稳定的后果是什么？防止钢梁局部失稳的具体办法有哪些？

5-14　试推导钢梁局部稳定的式(5-31)。

5-15　钢梁腹板加劲肋有哪几种？主要防止哪种应力引起的局部失稳？

5-16　何谓板件的正则化宽厚比？理解钢梁腹板局部稳定计算中正则化宽厚比 $\lambda_{n,b}$ 和 $\lambda_{n,c}$ 的含义。

5-17　梁的强度破坏与梁的整体失稳有何不同？

5-18　梁的整体失稳与梁的局部失稳有何不同？

5-19　对不考虑腹板屈曲后强度的钢梁，如何根据腹板高厚比 h_0/t_w 的大小来布置加劲肋？

5-20　如何区分钢梁受压翼缘扭转受到约束和钢梁受压翼缘扭转未受到约束两种不同情况？

5-21　简述钢梁腹板间隔加劲肋的构造要求。

5-22　钢梁支承加劲肋主要有哪两种形式？简述支承加劲肋的计算内容。

5-23　在满足哪些条件时，组合梁可按考虑腹板屈曲后强度的方法设计？用这种方法设计的组合梁有哪些好处？

5-24　简述单向弯曲型钢梁的设计步骤。

5-25　在确定焊接组合梁截面高度时，梁截面最大高度 h_{max}、最小高度 h_{min} 和经济高度 h_e 各由哪项条件决定？

5-26　简述单向弯曲焊接工字形截面组合梁的设计步骤。

5-27   试述焊接组合梁翼缘焊缝的作用和类别。其中哪一种可不必进行强度计算？

5-28   组合梁翼缘焊缝承受什么力作用？这些力是怎么产生的？

5-29   何谓钢梁的工厂拼接和钢梁的工地拼接？各在哪些情况下采用？

5-30   简支次梁与主梁连接时，次梁向主梁传递哪些力？连续次梁与主梁连接时，次梁向主梁传递哪些力？

习　　题

5-1   如图 5-42 所示的两端简支梁，跨度 $l=15$ m，焊接组合工字形双轴对称截面 $560×1244×22×12$（单位为 mm），钢材 Q235B 钢，截面无削弱，在梁三分点处有两个集中荷载设计值 $P=745$ kN（静载，已含梁自重），集中荷载的支承长度 $a=180$ mm，荷载作用面距梁顶面距离为 90 mm。梁支座处布置支承加劲肋，试对该梁进行强度验算。

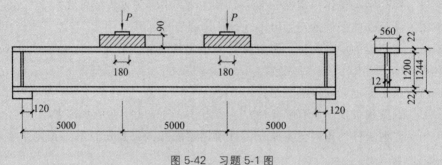

图 5-42   习题 5-1 图

5-2   试验算习题 5-1 钢梁的刚度。设该梁为工作平台中的主梁，挠度容许值 $[v_T]=l/400$，$[v_Q]=l/500$。该梁所承受的永久荷载标准值和可变荷载标准值占总荷载标准值的比分别为 25% 和 75%，在计算荷载设计值时，永久荷载分项系数 $\gamma_G=1.2$，可变荷载分项系数 $\gamma_Q=1.4$。

5-3   焊接工字形截面简支梁，跨度 $l=12$ m，跨中无侧向支承。上翼缘承受满跨均布荷载：永久荷载标准值 9.70 kN/m（包括梁自重），可变荷载标准值 38.80 kN/m。钢材采用 Q235B 钢。梁截面尺寸如图 5-43 所示。试验算该梁的整体稳定性。

5-4   将习题 5-3 中梁的下翼缘宽度减小 100 mm，上翼缘宽度加大 100 mm，形成加强上翼缘的新截面（见图 5-44），其余条件与习题 5-3 相同。试验算该新截面梁的整体稳定性，并比较截面改变前后梁的整体稳定承载力的变化。

5-5   在习题 5-3 的梁跨中点处给梁的受压翼缘设一个侧向支承点，其余条件不变。试计算此时该梁的整体稳定承载力的大小，并与习题 5-3 梁的整体稳定承载力进行比较。

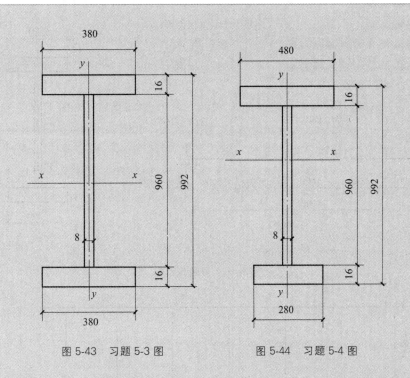

图 5-43 习题 5-3 图   图 5-44 习题 5-4 图

5-6 将习题 5-3 的荷载作用位置改变为满跨均布荷载作用在下翼缘，其余条件不变。试验算该梁的整体稳定性，并将该梁的整体稳定承载力与习题 5-3 梁的整体稳定承载力进行比较。

5-7 如图 5-45(a)所示，某车间工作平台主梁跨度 $l=18$ m，中间次梁传来的集中荷载设计值 $F=252$ kN（静载，未含梁自重）。主梁采用双轴对称工字形截面焊接组合梁，截面尺寸如图 5-45(b)所示，$b=390$ mm，$t=18$ mm，$h_0=1480$ mm，$t_w=10$ mm，采用 Q235B 钢。已知此梁整体稳定、强度、刚度均满足要求，受压翼缘扭转受到约束。试验算该梁的局部稳定性，布置腹板加劲肋，并设计加劲肋。按不考虑腹板屈曲后强度的方法计算。

5-8 某车间工作平台的梁格布置如图 5-46 所示，平台铺板采用预制钢筋混凝土板，焊于次梁上。已知平台的恒载标准值（不包括梁自重）为 3.3 kN/m²，活载标准值为 29.7 kN/m²（静力荷载）。试选择次梁截面，钢材采用 Q235 钢。

5-9 试设计习题 5-8 平台结构中的中间主梁，采用工字形截面焊接组合梁，钢材为 Q345B 钢，E50 型焊条（手工焊）。要求完成的设计工作有截面选择、翼缘焊缝设计、腹板加劲肋布置等。按不考虑腹板屈曲后强度的方法设计。

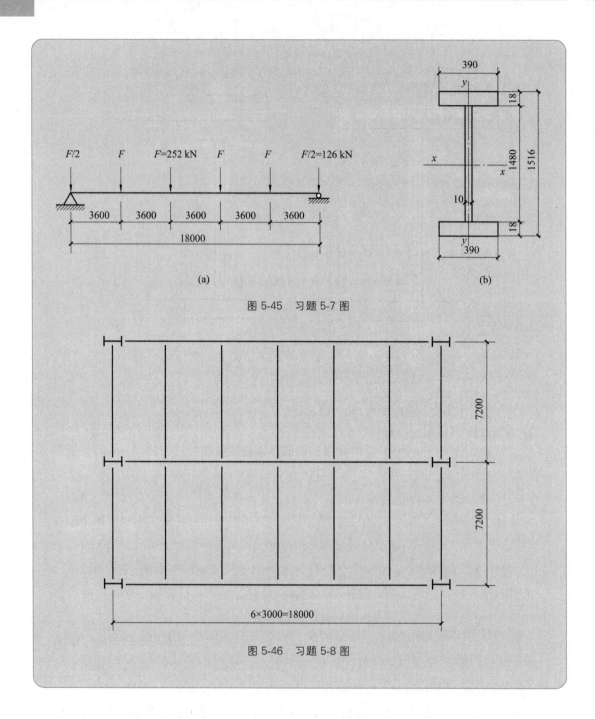

(a)

图 5-45　习题 5-7 图

图 5-46　习题 5-8 图

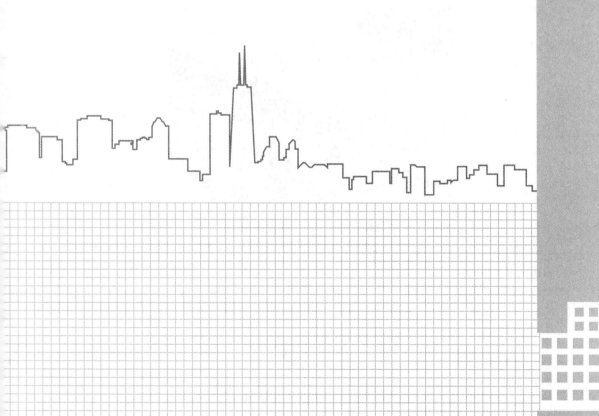

第 6 章

拉弯压弯构件

LAWAN YAWAN GOUJIAN

帕德玛大桥

帕德玛大桥(Padma Bridge)是孟加拉国境内连接马瓦镇(Mawa)和简吉拉镇(Janjira)的过河通道,位于帕德玛河道之上。帕德玛河宽 6 km,几乎将孟加拉国一分为二。历史上,当地居民主要依靠船只渡过这条河流。在雨季期间,河水变得汹涌澎湃,使得船只航行极为危险,沉船事故屡见不鲜。特别是在雨季的六个月里,帕德玛河的水流迅猛,加之时常伴随大风,使得乘船过河的风险极高。

2022 年 6 月 25 日,帕德玛大桥正式向公众开放。这座大桥的通车标志着交通状况的彻底改善。它不仅极大地方便了河岸两侧居民的相互往来,还象征着经济与社会发展的紧密联系。如今,汽车如果以每小时 80 km 的速度行驶,则仅需 10 min 即可穿越大桥,这与以往花费数小时相比,无疑是一次巨大的进步。

该桥的建立克服了以下几个技术难题:①钢桁梁采用全焊接结构,主桁节点与弦杆、斜杆以及横梁之间均采用焊接连接,提高了上部结构的整体性,降低了上部结构的自重;②钢桁梁不设上平联,公路桥面板通过剪力钉与主桁连接,共同受力,从而起到上平联的作用,有效利用混凝土桥面板材料特性,减少了钢材用量,提高了主桥承载能力;③基础采用超长、直径超大的钢管打入斜桩,具有承载能力大、抗冲刷效果好的特点;④采用摩擦摆隔震支座,能较好地适应温度变化引起的位移,同时也能有效降低地震荷载作用下的结构响应。

帕德玛大桥作为孟加拉国的"梦想之桥",全国(孟加拉国)上下举目关注,它的建成通车结束了孟加拉国千年的摆渡历史,实现了数代人的梦想。大桥是连接中国及东南亚"泛亚铁路"的重要通道之一,也是中国"一带一路"倡议的重要交通支点工程。帕德玛大桥的建设是中国工程技术在国际舞台上的一次重要展示。这座大桥不仅是连接孟加拉国两岸的纽带,更是中孟两国合作与友谊的见证。

拉弯和压弯构件的截面形式、强度计算和刚度验算;实腹式压弯构件的平面内和平面外弹塑性整体稳定;弯矩作用平面内的等效弯矩系数和弯矩作用平面外的等效弯矩系数;实腹式压弯构件的局部稳定,包括翼缘宽厚比限值和腹板高厚比限值;弯矩绕虚轴作用的格构式压弯构件的整体稳定,包括弯矩作用平面内的稳定、分支的稳定,弯矩作用平面外的稳定;压弯构件的柱脚设计,包括底板、锚栓、横板、肋板、靴梁、隔板及其连接焊缝的计算。

【重点】

实腹式压弯构件的整体稳定和局部稳定,格构式压弯构件的整体稳定。

【难点】

压弯构件的强度计算理论和实腹式压弯构件的整体稳定理论。

拉弯构件是指同时承受轴向拉力和弯矩作用的构件,图 6-1(a)所示的拱桥桥面既要承受两个拱脚之间的拉力,又要承受桥面竖向荷载,是典型的拉弯构件。压弯构件常见于框架、门式钢架结构中的梁和柱构件,所以也常常被称为梁柱(见图 6-1(b)(c)),另外,单层工业厂房中经常用到的变截面柱是构造比较复杂的压弯构件(见图 6-1(d))。

拉弯构件的受力简图如图 6-2 所示,包括受偏心拉力作用的杆件和中间有横向荷载作用的受拉构件。压弯构件的荷载作用形式较多,图 6-3 给出了多种可能的受力形式,包括构件承受偏心压力、构件受横向分布荷载作用或横向多个集中荷载作用以及承受由其他构件传来的弯矩,实际应用中,还会出现多种荷载作用形式叠加。

拉弯构件和轴力较大而弯矩较小的压弯构件通常采用双轴对称截面,常见截面形式与轴心受力构件相同,如图 6-4 所示。当压弯构件长度较短而弯矩和轴力较大时,通常采用焊接组合实腹式单轴对称截面,如图 6-4(a)所示。当压弯构件长度较大、所受弯矩也较大时,为了节约钢材,也会采用单轴对称格构式构件,如图 6-4(b)所示。

(a)拱桥桥面

(b)框架结构的梁和柱

(c)门式钢架结构的梁和柱

(d)单层工业厂房的变截面柱

图 6-1　工程中常见的拉弯和压弯构件形式

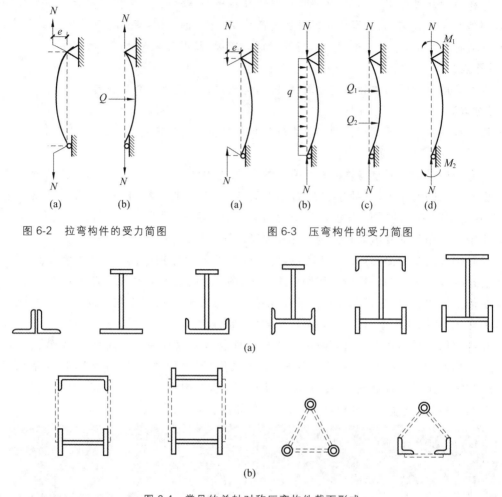

图 6-2　拉弯构件的受力简图　　　　图 6-3　压弯构件的受力简图

图 6-4　常见的单轴对称压弯构件截面形式

6.1 拉弯和压弯构件的强度和刚度

拉弯和压弯构件的强度计算是一样的,本节将以压弯构件为例进行讲述。拉弯和压弯构件的刚度要求分别与轴心受压和轴心受拉构件相同,通过验算构件的长细比得到保证。

6.1.1 拉弯和压弯构件的强度计算

对于一般的压弯构件,轴向压力在构件长度方向产生的压应力对任一截面都是一样的,而弯矩在构件长度方向上可能是不一样的,存在弯矩最大截面。假如图 6-5(b)中的构件采用矩形截面,设计时取受力最大的跨中截面进行分析。在弹性受力阶段,轴向压应力和弯曲正应力叠加,使得弯曲最内侧的应力达到最大 $\sigma_{\max}=\dfrac{N}{A}+\dfrac{M}{W}$,弯曲最外侧的应力最小 $\sigma_{\min}=\dfrac{N}{A}-\dfrac{M}{W}$,如图 6-5(c)(d)所示。随着构件截面逐渐进入屈服和塑性区,压弯构件的强度设计分为以下三种。

1. 弹性设计

以受力最大截面上的最大应力不超过钢材材料强度设计值 f 作为承载能力的极限状态,这一设计方法称为弹性设计,也称为边缘纤维屈服准则。截面上的应力极限状态如图 6-5(d)所示。

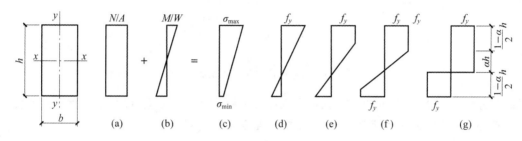

图 6-5　压弯构件截面应力的发展过程

2. 塑性设计

在构件受力最大截面的边缘纤维进入屈服以后,随着弯矩和轴力的增大,截面上弯曲受压侧进入屈服的区域逐渐扩大,同时弯曲受拉侧也开始进入屈服,截面上的应力分布如图 6-5(e)(f)所示,最终达到全截面进入塑性。如果不考虑构件材料的应变强化,材料的分析模型采用理想弹塑性模型,则截面上的应力分布如图 6-5(g)所示。压弯构件的塑性设计就是以构件受力截面全部进入塑性区作为承载能力的极限状态。根据构件的内外力平衡和内外力矩平衡,有

$$N = b \cdot \alpha h \cdot f_y \tag{6-1}$$

$$M = b \cdot \frac{1-\alpha}{2}h \cdot f_y \cdot \left(\frac{\alpha h}{2}+\frac{1-\alpha}{4}h\right)\times 2 = \frac{bh^2}{4}(1-\alpha^2)f_y \tag{6-2}$$

在上面两式中,利用截面面积 $A=bh$、截面塑性模量 $W_p=bh^2/4$ 消去 α,得到 N 和 M 的相关关系为

$$\left(\frac{N}{Af_y}\right)^2+\frac{M}{W_pf_y}=1 \tag{6-3}$$

对于常用的工字形和 H 形截面,也可以用上述方法得到类似上式的关系。但由于不同的工字形截面,翼缘和腹板所占截面面积的比例不同,相关曲线会在一定范围内变化。图 6-6 中的两个阴影区给出了常用工字形截面压弯构件绕强轴和弱轴弯曲时相关曲线的变化情况。《钢结构设计标准》GB 50017—2017 和《公路钢结构桥梁设计规范》JTG D64—2015 都采用了图中的直线作为塑性设计时强度计算公式的依据,这样处理既简化了计算,又偏于安全:

$$\frac{N}{Af_y}+\frac{M}{W_pf_y}=1 \tag{6-4}$$

3. 弹塑性设计

对于承受静力荷载作用的拉弯和压弯构件,常用的设计方法是考虑截面部分塑性发展

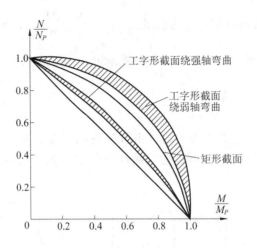

图 6-6　压弯构件强度计算相关曲线

的弹塑性设计方法,设计时以净截面面积和净截面模量为验算依据,以截面塑性发展系数 γ_x 与净截面模量 W_{nx} 的乘积代替式(6-4)中的塑性截面模量 W_p,设计公式为

$$\frac{N}{A_n} + \frac{M_x}{\gamma_x W_{nx}} \leqslant f \tag{6-5}$$

如果构件是双向受弯,则为

$$\frac{N}{A_n} + \frac{M_x}{\gamma_x W_{nx}} + \frac{M_y}{\gamma_y W_{ny}} \leqslant f \tag{6-6}$$

式中:M_x、M_y——同一截面上,梁在最大刚度平面内(x 轴)和最小刚度平面内(y 轴)的弯矩(单位为 N·mm);

γ_x、γ_y——截面塑性发展系数,见表 5-1;

A_n——构件的净截面面积(单位为 mm²)。

W_{nx}、W_{ny}——对 x 轴和 y 轴的净截面模量(单位为 mm³);

f——钢材的抗弯、抗拉和抗压强度设计值(单位为 N/mm²)。

对于弯矩绕虚轴作用的格构式压弯构件,公式中的参数 A_n、W_{nx} 和 W_{ny} 都要取格构式构件的整体截面参数。在计算 $W_{nx} = I_{nx}/y_0$ 时,y_0 的取值方法见 6.4 节。

当弹性设计时,以上两式中的 $\gamma_x = \gamma_y = 1.0$,适用于需要验算疲劳的拉弯和压弯构件,以及弯矩绕虚轴作用的格构式构件。当受压翼缘自由外伸宽度与厚度之比大于 $13\varepsilon_k$ 且小于 $15\varepsilon_k$ 时,也取 $\gamma_x = 1.0$,不考虑塑性发展,这是为了防止宽厚比过大的翼缘在强度破坏之前发生局部屈曲。桥梁结构中的拉弯和压弯构件也采用弹性设计,但公式中的 A_n 采用考虑受压板件局部稳定的有效截面面积,W_{nx}、W_{ny} 采用考虑剪力滞和受压板件局部稳定的有效截面模量。

6.1.2　拉弯和压弯构件的刚度验算

拉弯和压弯构件一般用作柱等竖向受力构件,其刚度要求与轴心受力构件一样,分别验算构件的长细比不得超过给定的受拉构件和受压构件的容许长细比。受拉、受压构件的容许长细比分别见第 4 章表 4-1 和表 4-2。

拉弯构件和压弯构件有时也用作梁等横向受力构件,其刚度要求和第 5 章的受弯构件一样,需要验算其挠度不得超过容许挠度值。本章如果没有特别说明,一般将拉弯和压弯构件看作竖向受力构件,其刚度验算仅进行长细比验算。

【例题 6-1】 某拉弯构件的受力简图和截面尺寸如图 6-7 所示,其所受轴向拉力和弯矩作用均为静力荷载,轴心拉力设计值为 $N = 800$ kN,构件截面无削弱,钢材为 Q235B。不考虑构件的刚度。求它所能承受的最大均布荷载 q。

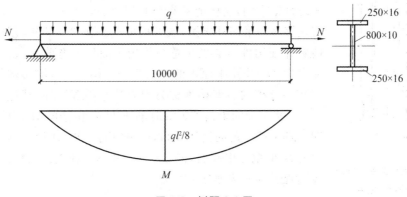

图 6-7 例题 6-1 图

【解】 由于该结构所受轴向拉力和弯矩作用均为静力荷载,可采用弹塑性设计方法。
截面特性为

$$A = (25 \times 1.6 \times 2 + 80 \times 1)\ \text{cm}^2 = 160\ \text{cm}^2$$

$$I_x = (25 \times 1.6 \times 40.8^2 \times 2 + 1 \times 80^3/12)\ \text{cm}^4 = 175837.87\ \text{cm}^4$$

$$W_x = I_x/41.6 = 4226.87\ \text{cm}^2$$

因为

$$\frac{b_t}{t} = \frac{250 - 10}{2 \times 16} = 7.5 < 13\sqrt{\frac{235}{f_y}} = 13$$

所以

$$\gamma_x = 1.05$$

由式(6-5)有

$$\frac{N}{A_n} + \frac{M_x}{\gamma_x W_{nx}} = \frac{800 \times 10^3}{160 \times 10^2} + \frac{M_x}{1.05 \times 4226.87 \times 10^3} \leqslant 215$$

解得

$$M_x \leqslant 732.31 \times 10^6\ \text{N} \cdot \text{mm}$$

又

$$M_x = \frac{1}{8}ql^2 = \frac{1}{8}q \times 10000^2$$

$$q = 58.58\ \text{N/mm}$$

即该拉弯构件可以承受的最大均布荷载 $q = 58.58$ kN/m。

6.2 实腹式压弯构件的整体稳定

弯矩仅作用于一个主平面内的实腹式压弯构件的整体失稳有两种形式:一是弯矩作用

平面内的弯曲失稳;二是弯矩作用平面外的弯扭失稳。对于在两个主平面内都有弯矩作用的双向压弯构件,构件的失稳形式只有弯扭失稳一种。本节将介绍这几种失稳形式的情况。

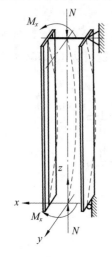

图 6-8 弯矩绕强轴作用的压弯构件

6.2.1 实腹式压弯构件的平面内稳定

实腹式压弯构件一般采用双轴对称或单轴对称截面形式,弯矩绕强轴作用,这样能够充分利用材料,如图 6-8 所示。如果构件有足够多的平面外支撑,或者抵抗平面外弯曲和扭转的能力较强,能够保证构件不会发生弯矩作用平面外的弯曲和扭转,构件将可能发生弯矩作用平面内的弯曲失稳。图 6-8 给出的构件两端作用有相等弯矩的压弯构件称为均匀受弯压弯构件,其计算简图如图 6-9(a)所示。如果构件加载时轴压力 N 和弯矩 M 是同步增加的,即二者保持一定的比例关系,则可以将弯矩 M 看作是由于构件轴压力 N 的偏心引起的,偏心距 $e = M/N$。在人们的认识过程中,曾经出现了以下两种分析方法。

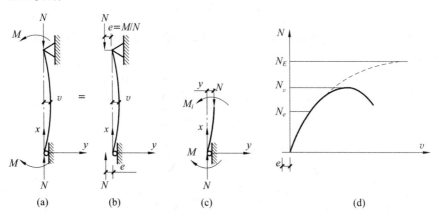

(a)   (b)   (c)   (d)

图 6-9 压弯构件的荷载——挠度曲线

1. 理想压弯构件的弹性分析

对于图 6-9(a)所示的压弯构件,假定构件材料为理想弹性,取隔离体(见图 6-9(c))进行分析,对其建立力矩平衡方程,可得

$$EIy'' + Ny = -M \qquad (6-7)$$

其中 y 是构件长度方向 x 的任意点挠度,令 $k^2 = N/EI$,上式变为

$$y'' + k^2 y = -M/EI \qquad (6-8)$$

对该方程求解,可得

$$y = \frac{M}{k^2 EI \sin(kl)} \{ \sin(kl)[\cos(kx) - 1] - \sin(kx)[\cos(kl) - 1] \} \qquad (6-9)$$

跨中最大挠度为

$$v = y\left(x = \frac{l}{2} \right) = \frac{M}{k^2 EI \sin(kl)} \left\{ \sin(kl)\left(\cos\frac{kl}{2} - 1 \right) - \sin\frac{kl}{2}[\cos(kl) - 1] \right\}$$

$$= \frac{M}{k^2 EI}\left(\sec \frac{kl}{2} - 1\right) = \frac{N \cdot e}{N} \cdot \frac{1.234 N/N_E}{1 - N/N_E} = \frac{1.234 N/N_E}{1 - N/N_E} \cdot e \tag{6-10}$$

式中：e——定值，$e = M/N$；

　　N_E——两端简支轴心受压构件的欧拉屈曲荷载。

压弯构件的轴心压力 N 是不可能达到 N_E 的。从上式可以看出，在弯矩作用平面内，构件一开始受力就会产生挠度，随着轴压力 N 无限趋近于欧拉屈曲荷载 N_E，构件跨中最大挠度 v 逐渐趋于无穷大，构件的抗弯刚度趋于零，其荷载-挠度曲线如图 6-9(d) 中的虚线所示。这种现象说明，压力使构件抗弯刚度减小直至消失是失稳的本质。

跨中最大弯矩为

$$M_{\max} = M + N_v = M + N\frac{M}{k^2 EI}\left(\sec \frac{kl}{2} - 1\right) = M\sec \frac{kl}{2} = M\frac{1 + 0.234 N_E}{1 - N/N_E} = M A_M \tag{6-11}$$

由于构件的弯曲挠度 v 而产生的弯矩 N_v 称为二阶弯矩，而直接作用于构件的外力矩 M 称为一阶弯矩，上式中 $A_M = \dfrac{1 + 0.234 N/N_E}{1 - N/N_E}$，称为构件的一阶和二阶弯矩总和对其一阶弯矩的放大系数。由于二阶弯矩的存在，构件实际所受弯矩相比一阶弯矩的放大现象称为二阶效应。在实际应用中，N/N_E 一般较小，可以近似取 $A_M = \dfrac{1}{1 - N/N_E}$。

利用同样的方法，可以求得其他荷载作用情况下的弯矩放大系数 A_M。其他荷载作用情况下的弯矩放大系数与均匀受弯压弯构件的弯矩放大系数 $\dfrac{1}{1 - N/N_E}$ 的比值称为压弯构件的面内等效弯矩系数 β_{mx}。

面内等效弯矩系数 β_{mx} 在压弯构件的稳定分析中是一个重要概念。实际工程中压弯构件的稳定设计公式是根据均匀受弯的压弯构件构建的，然后再利用面内等效弯矩系数 β_{mx} 考虑其他形式的弯矩作用。

各种荷载作用的 β_{mx} 理论值形式多样，有的表达式也比较复杂，实际使用时进行了近似简化和归纳合并，设计中用到的 β_{mx} 取值方法见式(6-25)后面的说明。

2. 实际压弯构件的弹塑性分析

由于钢材是弹塑性材料，实际的压弯构件存在初始弯曲、荷载初偏心和纵向残余应力等缺陷。在轴压力和弯矩的共同作用下，构件弯曲受压最外侧边缘纤维的应力达到材料的有效比例极限，构件开始进入塑性受力阶段，图 6-9(d) 中的 N_e 就是所对应的外力作用值。此后，随着外力的逐渐加大，构件截面上进入塑性的区域不断扩大，构件的抗弯刚度不断降低，最终出现极值点失稳现象。只有采用数值计算方法，如数值积分法、有限单元法等，才能得到精度较高的解答。

对图 6-10(a) 所示的两端简支均匀受弯压弯构件，给定构件的长度和截面几何尺寸，在已知构件纵向的残余应力分布时，采用理想弹塑性材料。在进行数值积分法分析时，需要对构件进行单元划分，这种划分包括两部分。一是沿着构件的长度方向，把构件分为若干个单元，单元数目的多少与计算所要求的精度和所要付出的时间有关，划分的单元数目越多，则计算精度越高，所需的时间也越长。一般以单元中间点的弯矩、挠度和曲率代表该纵向单元的弯矩、挠度和曲率。二是每个纵向单元的中间点横截面也要划分为许多微小的横向单元，用每个单元中间点的应力和应变代表该单元的应力和应变。这两部分的单元划分如图 6-10(a)(b)所示。

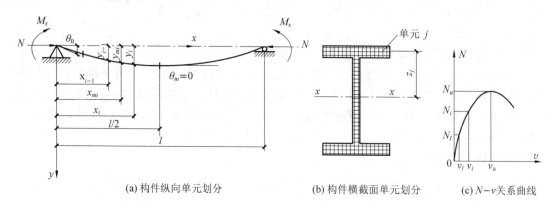

(a) 构件纵向单元划分　　　　(b) 构件横截面单元划分　　　(c) $N-v$ 关系曲线

图 6-10　压弯构件的极限荷载

在构件长度方向,任一单元中点的弯矩 M_{mi} 和挠度 y_{mi} 之间有如下关系:

$$M_{mi} = M + Ny_{mi} \tag{6-12}$$

利用抛物线插值函数,可以求得单元中点的挠度 y_{mi} 和该单元左端点的挠度 y_i 和转角 θ_i 之间的近似关系为

$$y_{mi} = y_{i-1} + \frac{a}{2}\theta_{i-1} \tag{6-13}$$

每个单元的右端点与其左端点、单元中点之间有以下的挠度和转角关系:

$$y_i = y_{i-1} + a\theta_{i-1} - \frac{1}{2}a^2\Phi_{mi} \tag{6-14}$$

$$\theta_i \approx \theta_{i-1} - a\Phi_{mi} \tag{6-15}$$

式(6-13)～式(6-15)给出了构件的挠度、转角和曲率(y-θ-Φ)之间的关系。

在构件的横向截面上,其任一单元 j 的应变为

$$\varepsilon_j = \varepsilon_0 + \Phi_{mi}y_{mi} + \sigma_{rj}/E \tag{6-16}$$

式中:ε_0——截面的轴向压力产生的应变;

$\quad\Phi_{mi}$——计算段中点的曲率(单位为 1/mm);

$\quad\sigma_{rj}$——j 单元中点的残余应力(单位为 N/mm^2)。

假定材料为理想弹塑性体,单元 j 的应力为

$$\begin{cases} \sigma_j = E\varepsilon_j, & -\varepsilon_y < \varepsilon_j < \varepsilon_y \\ \sigma_j = \varepsilon_y, & \varepsilon_j \geqslant \varepsilon_y \\ \sigma_j = -\sigma_y, & \varepsilon_j \leqslant -\varepsilon_y \end{cases} \tag{6-17}$$

在得到截面上每个单元的应力后,截面上的轴力和弯矩为

$$N_{in} = \sum \sigma_j A_j \tag{6-18}$$

$$M_{in} = \sum \sigma_j A_j z_j \tag{6-19}$$

式中:z_j——第 j 单元中点到截面中和轴的距离。

式(6-17)～式(6-19)给出了构件的弯矩、轴力和曲率(M-P-Φ)之间的关系。

由图 6-10 可知构件左端铰接约束,因此构件左端的挠度 y_0 和曲率 Φ_0 都是零,给定一组轴向压力 N 和弯矩 M,$M = Ne$,e 为一恒定不变的参数,按以下步骤进行分析。

(1) 假定构件左端的转角为 θ_0。

(2) 利用式(6-13)可以求得构件纵向第一个单元中点的挠度 $y_{mi} = y_0 + \dfrac{a}{2}\theta_0$。

(3) 由式(6-12)计算该单元中点的弯矩 $M_{mi} = M + Ny_{mi}$。

(4) 假定该纵向单元中点的曲率 Φ_{mi}，并假定构件纵向第一个单元横截面上每一个单元的轴压应变 ε_0，由式(6-16)和式(6-17)可以得到每个单元的应变和应力。

(5) 由式(6-18)计算截面内力 N_{in}。

(6) 比较第(5)步得到的内力 N_{in} 与所施加的外力 N 是否一致。如果二者不一致，调整第(4)步假定的轴压应变 ε_0，重新进行步骤(4)(5)的计算，直到二者基本相等。

(7) 由式(7-19)计算截面内力矩 M_{in}。

(8) 比较第(7)步得到的内力矩 M_{in} 与所施加的外力 M 是否一致。如果二者不一致，调整第(4)步假定的曲率 Φ_{mi}，重新进行步骤(4)～(7)的计算，直到二者基本相等。

(9) 第(2)～(8)步只计算了构件纵向的第一个单元，利用式(6-14)和式(6-15)，可以得到第一个单元的右端点，同时也是第二个单元左端点的挠度和转角。

(10) 对构件纵向的第二个单元直到构件跨中单元，重复第(2)～(9)步的计算。图6-10(a)所示的构件，几何形状、荷载和端部约束均对称，构件跨度中点的转角 θ_m 应等于零。如果 θ_m 的值不是近似为零，则调整第一步假定的 θ_0，重新进行步骤(2)～(9)的计算。如果计算得到的 $\theta_m \approx 0$，则可进入下一步。

(11) 将得到的荷载 P 和跨中最大挠度 v 画在以 P 为纵坐标、以 v 为横坐标的坐标系中，得到一个表示 P-v 关系的点。

(12) 给出多组轴向压力 N 和弯矩 M 的值，完成上述(1)～(11)的步骤，可以得到一系列的点，将它们连成线，得到图6-10(c)所示的 N-v 关系曲线，图中的最高点就是所要求的极限荷载 P_u。

3. 弯矩作用平面内的稳定设计

目前压弯构件在弯矩作用平面内的稳定设计计算有两种方法：一种是不考虑塑性发展的弹性设计方法；另一种是部分考虑塑性发展的弹塑性设计方法。

1) 弹性设计方法

以构件受力最大边缘纤维刚开始进入塑性作为稳定承载能力的计算依据，截面上的最大应力应符合下式要求：

$$\frac{N}{A} + \frac{\beta_{mx}M_x + Nv_0}{(1 - N/N_{Ex})W_{1x}} = f_y \qquad (6\text{-}20)$$

式中：$\dfrac{\beta_{mx}M_x}{(1 - N/N_{Ex})}$——理想压弯构件的总弯矩，包括一阶弯矩和二阶弯矩。构件的初弯曲、荷载加载点的初偏心和残余应力等初始缺陷所产生的弯矩用 $\dfrac{Nv_0}{(1 - N/N_{Ex})}$ 表示，弯矩放大系数来源于式(6-11)，而 v_0 的内涵相当于式(6-16)中的 ε_0，称为构件的等效偏心距。

令 $M_x = 0$，则上式变为有初始缺陷的轴心压杆的临界力 N_0 的表达式：

$$\frac{N_0}{A} + \frac{N_0 v_0}{W_{1x}\left(1 - \dfrac{N_0}{N_{Ex}}\right)} = f_y \qquad (6\text{-}21)$$

在临界状态，$N_0 = \varphi_x A f_y$，其中 φ_x 为轴向受压构件在弯矩作用平面内的整体稳定系数，代入上式可得

$$v_0 = \left(\frac{1}{\varphi_x} - 1\right)\left(1 - \varphi_x \frac{Af_y}{N_{Ex}}\right)\frac{W_{1x}}{A} \tag{6-22}$$

将上式代入式(6-20),则得

$$\frac{N}{A} + \frac{\beta_{mx}M_x}{W_{1x}\left(1 - \varphi_x \dfrac{N}{N_{Ex}}\right)f} = f_y \tag{6-23}$$

此式所对应的设计公式为

$$\frac{N}{\varphi_x A f} + \frac{\beta_{mx}M_x}{W_{1x}\left(1 - \varphi_x \dfrac{N}{N_{Ex}}\right)f} \leqslant 1.0 \tag{6-24}$$

式(6-24)即为压弯构件在弯矩作用平面内的弹性设计公式,可用于冷弯薄壁型钢压弯构件、弯矩绕弱轴作用的格构式压弯构件和需要验算疲劳的压弯构件。

利用边缘纤维屈服准则的弹性设计方法并不是真正的稳定设计,因为边缘纤维屈服与真正的稳定极限承载能力还有一定的差距,但对于冷弯薄壁型钢和格构式构件来说,其在截面边缘纤维进入屈服后的塑性发展非常有限,利用边缘纤维屈服准则,一是弹性设计概念清晰,二是可以有一定的安全储备。对需要验算疲劳的构件采用弹性设计方法是因为目前对弹塑性疲劳问题的研究尚在发展中,不便于应用。

2) 弹塑性设计方法

这种设计方法以存在几何缺陷和力学缺陷的实际压弯构件的极限荷载为承载能力极限状态,允许构件截面有一定的塑性发展,能够较充分地利用构件材料强度,适用于截面板件宽厚比等级为 S3 的较厚实压弯构件。

我国《钢结构设计标准》GB 50017—2017 的压弯构件平面内稳定设计计算公式来源考虑了实际构件的 1/1000 初弯曲和实测的残余应力分布,采用本节所述的数值计算方法,计算了 192 根压弯构件,并对其承受不同弯矩、轴力组合时的相关曲线分析,最终套用边缘纤维屈服准则设计公式(式(6-24))的形式,给出了实用设计公式:

$$\frac{N}{\varphi_x A} + \frac{\beta_{mx}M_x}{\gamma_x W_{1x}\left(1 - 0.8 \dfrac{N}{N'_{Ex}}\right)f} \leqslant 1 \tag{6-25}$$

式中:N——所计算构件段范围内的轴向压力(单位为 N);

M_x——所计算构件段范围内的最大弯矩(单位为 N·mm);

φ_x——弯矩作用平面内的轴心受压构件稳定系数;

W_{1x}——弯矩作用平面内的受压最大纤维毛截面模量(单位为 mm^2);

N'_{Ex}——考虑抗力分项系数的欧拉临界力(单位为 N),$N'_{Ex} = \pi^2 EA/(1.1\lambda_x^2)$,其中 1.1 为抗力分项系数近似值,不分钢种取 1.1;

β_{mx}——等效弯矩系数,按下列情况取值。

说明:无侧移框架柱和两端支承的构件分以下情况取值。

(1) 无横向荷载作用时,取 $\beta_{mx} = 0.6 + 0.4\dfrac{M_2}{M_1}$,$M_1$ 和 M_2 为端弯矩,使构件产生同向曲率(无反弯点)时取同号;使构件产生反向曲率(有反弯点)时取异号,$|M_1| \geqslant |M_2|$。

(2) 无端弯矩但有横向荷载作用时,按以下情况取值。

① 跨中单个集中荷载:

$$\beta_{mx} = 1 - 0.36N/N_{cr}$$

② 全跨均布荷载：

$$\beta_{mx} = 1 - 0.8 N / N_{cr}$$

$$N_{cr} = \frac{\pi^2 EI}{(\mu l)^2}$$

式中：N_{cr}——弹性临界力（单位为 N）；

μ——构件的计算长度系数。

（3）自由端有弯矩的悬臂柱，$\beta_{mx} = 1 - 0.36(1 - m) N / N_{cr}$，式中 m 为自由端弯矩与固定端弯矩之比，当弯矩图无反弯点时取正号，有反弯点时取负号。

当框架内力采用二阶分析时，柱弯矩由无侧移弯矩和放大的侧移弯矩组成，此时可对两部分弯矩分别乘以无侧移柱和有侧移柱的等效弯矩系数。

对于单轴对称截面压弯构件，当弯矩作用在对称轴平面且使较大翼缘受压失稳时，压弯构件有可能在受拉侧首先出现屈服（见图 6-11），除了按式（6-13）计算弯曲受压翼缘的压应力外，还应按照下式计算弯曲受拉翼缘的应力是否进入塑性：

$$\left| \frac{N}{Af} - \frac{\beta_{mx} M_x}{\gamma_x W_{2x} (1 - 1.25 \frac{N}{N'_{Ex}}) f} \right| \leqslant 1 \tag{6-26}$$

式中：W_{2x}——受拉侧最外纤维的毛截面抵抗矩（单位为 mm^3）；

γ_x——与 W_{2x} 相应的截面塑性发展系数。

上式的系数 1.25 是对常用截面形式的计算与理论结果比较后引进的修正系数，其余符号的含义同式（6-25）。

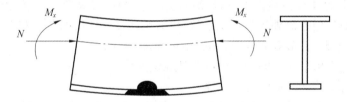

图 6-11　压弯构件在受拉侧出现屈服

式（6-26）之所以加上绝对值，是考虑到以下两种情况有可能都发生：一是轴压应力大于弯曲拉应力而出现受压屈服；二是弯曲拉应力大于轴压应力而出现受拉屈服。

6.2.2　实腹式压弯构件的平面外稳定

对于弯矩作用平面外刚度较弱的压弯构件，有可能发生平面外的弯曲和扭转变形，同时出现弯扭失稳，如图 6-12 所示。压弯构件的平面外稳定与以下影响因素有关。

（1）构件的端部约束。构件端部提供的抗弯和抗扭约束越强，构件的稳定性越好。

（2）平面外的侧向支撑点之间的距离。该距离越短，侧向抗弯和抗扭刚度越大，构件越不容易发生平面外的弯扭失稳。

（3）截面的扭转刚度 GI_k 和翘曲刚度 EI_ω 越大，构件越不容易发生平面外失稳。

（4）截面的弯矩作用平面外的抗弯刚度越大，构件的平面外稳定性能越好。压弯构件的抗扭屈曲荷载一般大于平面外的抗弯屈曲荷载。在近似取抗扭屈曲荷载等于平面外的抗弯屈曲荷载时，可以得到构件的抗压和抗弯相关公式为

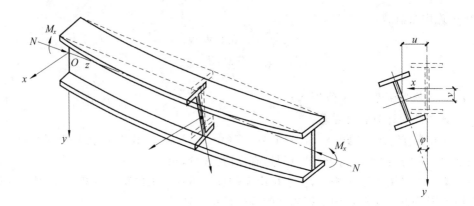

图 6-12　压弯构件的平面外弯扭失稳

$$\frac{N}{N_{Ey}} + \frac{M_x}{M_{\sigma x}} = 1 \tag{6-27}$$

此式虽然是根据双轴对称截面压弯构件的弹性工作状态导出的,但通过试验分析可知,该式同样适用于弹塑性工作状态。将轴心受压构件的整体稳定设计表达式 $N_{Ey} = \varphi_y A f_y$ 和受弯构件的整体稳定设计表达式 $M_{\sigma x} = \varphi_b W_{1x} f_y$ 代入上式,并引入非均匀弯矩作用时的等效弯矩系数 β_{tx}、箱形截面的调整系数 η 以及抗力分项系数 γ_R 后,得到适用于单轴对称和双轴对称截面压弯构件在弯矩作用平面外的稳定计算公式:

$$\frac{N}{\varphi_y A f} + \eta \frac{\beta_{tx} M_x}{\varphi_b W_{1x} f} \leqslant 1 \tag{6-28}$$

式中:M_x——所计算构件段范围内(构件侧向支承点间)的最大弯矩(单位为 N·mm);

β_{tx}——弯矩作用平面外等效弯矩系数,根据所计算构件段的荷载和内力确定;

η——调整系数,箱形截面 $\eta = 0.7$,其他截面 $\eta = 1.0$;

φ_y——弯矩作用平面外的轴心受压构件稳定系数;

φ_b——均匀受弯梁的整体稳定系数。

注意,弯矩作用平面外等效弯矩系数 β_{tx} 和弯矩作用平面内的等效弯矩系数 β_{mx} 有两点需要说明:①二者虽然意义不同,但取值方法相同;②二者计算的区域不同,弯矩作用平面内的等效弯矩系数 β_{mx} 是针对整个构件长度范围内计算的,而弯矩作用平面外等效弯矩系数 β_{tx} 是针对构件侧向支撑点之间的弯矩作用情况计算的。式(6-28)和式(6-25)、式(6-26)中 M_x 的取值与上述两个等效弯矩系数取值也有同样的区别。

由于梁整体稳定系数的计算比较繁复,且整体稳定系数 φ_b 的误差只影响弯矩项,为了使用方便,压弯构件的 φ_b 可采用近似计算公式。这些近似公式考虑了构件的弹塑性失稳问题,因此当 φ_b 大于 0.6 时不必再进行修正。

1. 工字形截面(含 H 型钢)

双轴对称时:　　　$\varphi_b = 1.07 - \dfrac{\lambda_y^2}{44000} \cdot \dfrac{1}{\varepsilon_k^2}$,但不大于 1.0 $\tag{6-29}$

单轴对称时:　$\varphi_b = 1.07 - \dfrac{W_{1x}}{(2\alpha_b + 0.1)Ah} \cdot \dfrac{\lambda_y^2}{44000} \cdot \dfrac{1}{\varepsilon_k^2}$,但不大于 1.0 $\tag{6-30}$

式中:$\alpha_b = I_1/(I_1 + I_2)$,$I_1$、$I_2$ 分别为受压翼缘和受拉翼缘对 y 轴的惯性矩(单位为 mm⁴)。

2. T 形截面

(1)弯矩使翼缘受压时双角钢 T 形截面:

$$\varphi_b = 1 - 0.0017\lambda_y \frac{1}{\varepsilon_k} \tag{6-31}$$

两块板组合 T 形(含 T 型钢)截面:

$$\varphi_b = 1 - 0.0022\lambda_y \frac{1}{\varepsilon_k} \tag{6-32}$$

(2) 弯矩使翼缘受拉且腹板高厚比不大于 $18\varepsilon_k$ 时:

$$\varphi_b = 1 - 0.0005\lambda_y \frac{1}{\varepsilon_k} \tag{6-33}$$

3. 闭口截面

$$\varphi_b = 1.0$$

6.2.3　双向受弯的实腹式压弯构件稳定

实际中双向受弯的压弯构件较少,双轴对称工字形截面(含 H 型钢)和箱形截面的压弯构件稳定计算可以看作是由单向受弯压弯构件的平面内和平面外的稳定公式构成:

$$\frac{N}{\varphi_x A f} + \frac{\beta_{mx} M_x}{\gamma_x W_{1x}(1 - 0.8\dfrac{N}{N'_{Ex}})f} + \eta\frac{\beta_{ty} M_y}{\varphi_{by} W_{1y} f} \leqslant 1 \tag{6-34}$$

$$\frac{N}{\varphi_y A f} + \eta\frac{\beta_{tx} M_x}{\varphi_{bx} W_{1x} f} + \frac{\beta_{my} M_y}{\gamma_y W_{1y}(1 - 0.8\dfrac{N}{N'_{Ey}})f} \leqslant 1 \tag{6-35}$$

式中: M_x、M_y——所计算范围内构件对 x 轴和 y 轴的最大弯矩(单位为 N·mm);

　φ_x、φ_y——对 x 轴和 y 轴的轴心受压稳定系数;

　φ_{bx}、φ_{by}——梁的整体稳定性系数,对双轴对称工字形截面和 H 型钢,φ_{bx} 按式(6-29)计算,$\varphi_{by}=1.0$,对箱形截面,$\varphi_{bx}=\varphi_{by}=1.0$;

　β_{mx}、β_{my}——按式(6-25)中有关弯矩作用平面内的规定采用;

　β_{tx}、β_{ty} 和 η——按式(6-28)中有关弯矩作用平面外的规定采用;

　N'_{Ex}、N'_{Ey}——考虑抗力分项系数的欧拉临界力(单位为 N),$N'_{Ex}=\pi^2 EA/(1.1\lambda_x^2)$,$N'_{Ey}=\pi^2 EA/(1.1\lambda_y^2)$。

6.3　实腹式压弯构件的局部稳定

同轴心受压构件和受弯构件一样,实腹式压弯构件的局部稳定也是通过限制翼缘的宽厚比和腹板的高厚比控制的。

6.3.1　压弯构件的翼缘稳定

在考虑截面部分塑性发展时,压弯构件的翼缘应力分布与受弯构件的翼缘基本相同,其失稳形式也基本一样。因此,根据受压最大翼缘和压弯构件整体稳定相等的原则,计算出来的压弯构件翼缘宽厚比限值也与受弯构件翼缘宽厚比限值相同。

工字形和 H 型钢翼缘板的外伸宽度与其厚度的比值为

$$\frac{b_1}{t} \leqslant 13\varepsilon_k \tag{6-36}$$

当强度和稳定计算中取构件的塑性发展系数 $\gamma_x = 1.0$ 时,可取 $\frac{b_1}{t} \leqslant 15\varepsilon_k$。

箱形截面压弯构件翼缘板在两腹板之间的无支撑宽度 b_0 与其厚度 t 的比值取为

$$\frac{b_1}{t} \leqslant 40\varepsilon_k \tag{6-37}$$

6.3.2 压弯构件的腹板稳定

1. 工字形和 H 型钢的腹板稳定

压弯构件腹板上由于轴压应力和弯曲拉压应力的叠加,截面上应力分布是不均匀的(见图 6-13)。在公式推导时,使用第 3 章的参数 α_0:

$$\alpha_0 = \frac{\sigma_{\max} - \sigma_{\min}}{\sigma_{\max}}$$

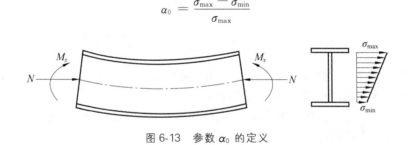

图 6-13 参数 α_0 的定义

按照构件的局部失稳不先于整体失稳的原则,确定腹板高厚比的限值。在压弯构件的整体稳定分析中,考虑截面部分塑性发展,腹板也会有部分截面进入塑性,所以应该根据板的弹塑性稳定理论确定腹板失稳时的临界应力。对在平均剪应力 τ 和不均匀正应力 σ 的共同作用下的矩形薄板,根据稳定理论分析,可以得到其弹塑性临界应力为

$$\sigma_{cr} = K_p \frac{\pi^2 E}{12(1-v^2)} \left(\frac{t_w}{h_0}\right)^2 \tag{6-38}$$

式中:K_p——弹塑性屈曲系数,取值与腹板的应力比 τ/σ、腹板的塑性发展深度、构件的长细比和腹板的应力梯度 α_0 有关。对工字形截面,可以取 $0.36\sigma_m$(σ_m 为最大弯曲正应力),截面塑性深度为 $0.25h_0$ 时所对应的 K_p 值,再取临界应力 $\sigma_{cr} = 235 \text{ N/mm}^2$,泊松比 $v = 0.3$ 和弹性模量 $E = 206 \times 10^3 \text{ N/mm}^2$,可得腹板高厚比 h_0/t_w 与应力梯度 α_0 之间的近似表达式:当 $0 \leqslant \alpha_0 \leqslant 1.6$ 时,$h_0/t_w = 16\alpha_0 + 50$;当 $1.6 < \alpha_0 \leqslant 2.0$ 时,$h_0/t_w = 48\alpha_0 - 1$。

对于长细比较小的压弯构件,整体失稳时截面腹板上的塑性发展深度可能会超过 $0.25h_0$,对于长细比较大的压弯构件,截面塑性深度可能达不到 $0.25h_0$。同时,上式还必须与轴心受压构件的腹板高厚比限值和受弯构件的腹板高厚比限值统一,所以《钢结构设计标准》GB 50017—2017 采用以下的压弯构件腹板局部稳定限值。

当 $0 \leqslant \alpha_0 \leqslant 1.6$ 时

$$\frac{h_0}{t_w} \leqslant (16\alpha_0 + 0.5\lambda + 25)\varepsilon_k \tag{6-39}$$

当 $1.6 < \alpha_0 \leqslant 2.0$ 时

$$\frac{h_0}{t_w} \leqslant (48\alpha_0 + 0.5\lambda - 26.2)\varepsilon_k \tag{6-40}$$

式中：λ——构件在弯矩作用平面内的长细比，当 $\lambda < 30$ 时，取 $\lambda = 30$；当 $\lambda > 100$ 时，取 $\lambda = 100$。

当 $\alpha_0 = 0$ 时，上式与轴心受压构件腹板高厚比的要求一致。

2. 箱形截面的腹板稳定

箱形截面压弯构件的腹板有两块，考虑两块腹板的受力状况可能不完全一致，而且翼缘对腹板的约束常采用单侧角焊缝，其嵌固程度也不如工字形截面，所以箱形截面的腹板宽厚比限值取为工字形截面腹板宽厚比限值（式（6-39）和式（6-40））的 0.8 倍，当计算值小于 $40\varepsilon_k$ 时，应采用 $40\varepsilon_k$。

3. T 形截面的腹板稳定

对于 T 形截面的压弯构件，弯矩一般绕非对称轴作用，腹板的受力情况按照弯矩作用方向的不同，分以下两种情况。

（1）当弯矩使腹板自由边受拉时，T 形截面压弯构件的腹板受力反而比 T 形截面轴心受压构件的腹板更有利，可以偏安全地取 T 形截面轴心受压构件的腹板高厚比限值。

（2）当弯矩使腹板自由边受压时，腹板自由边存在弯曲压应力和轴心压应力的叠加，受力较为不利，但翼缘存在弯曲拉应力和轴心压应力的抵消，应力水平较低，可以对腹板提供较强的约束作用。按两种情况简化处理：当 $\alpha_0 \leqslant 1.0$（弯矩较小）时，取 $h_0/t_w \leqslant 15\varepsilon_k$；当 $\alpha_0 > 1.0$（弯矩较大）时，提高 20%，取 $h_0/t_w \leqslant 18\varepsilon_k$。

4. 圆管截面压弯构件的局部稳定

圆管截面很少用作压弯构件，即使用作压弯构件，也是在设计弯矩很小的情况下使用，《钢结构设计标准》GB 50017—2017 取其直径与厚度的比与轴心受压构件相同，即 $d/t \leqslant 100\varepsilon_k^2$。

【例题 6-2】 图 6-14 所示为一个两端铰接的焊接组合式工字形截面压弯构件，在三分点处各有一侧向支承点。其承受的轴线压力设计值为 $N = 1200$ kN，一端承受弯矩为 $M_1 = 350$ kN·m，另一端为 $M_2 = 200$ kN·m。该构件采用 Q235 钢材制作，翼缘为火焰切割边。验算此构件是否满足要求。

【分析】 本题要求验算构件是否满足要求，而没有明确提出需要验算哪些内容，这就相当于要求对所有的设计方面进行验算，应该包括强度、平面内稳定、平面外稳定、局部稳定验算。

【解】 ① 截面几何特性。

$A = 146.2$ cm^2，$I_x = 104997.65$ cm^4，$W_x = 3230.70$ cm^3，$i_x = 26.80$ cm，腹板边缘 $W_{1x} = 3376.13$ cm^3，$I_y = 6305.18$ m^4，$i_y = 6.57$ cm。

② 强度验算。

$$\frac{N}{A_n} + \frac{M_x}{\gamma_x W_{nx}} = \frac{1200}{146.2} \times 10 + \frac{350}{1.05 \times 3230.7} \times 10^3 \text{ N/mm}^2$$

$$= 185.26 \text{ N/mm}^2 < f = 215 \text{ N/mm}^2$$

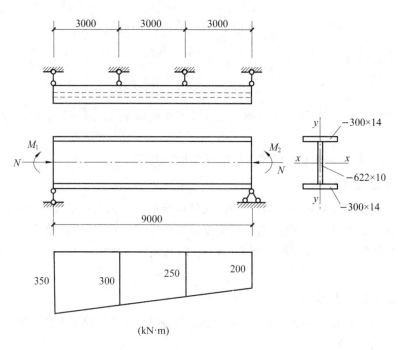

图 6-14　例题 6-2 图

③ 弯矩作用平面内稳定验算。

$\lambda_x = l_x / i_x = 900/26.80 = 33.6 < [\lambda] = 150$，按 b 类截面查附表 7-2 得 $\varphi_x = 0.923$。

$$N'_{Ex} = \frac{\pi^2 EA}{1.1\lambda_x^2} = \frac{\pi^2 \times 206000 \times 14620}{1.1 \times 33.6^2} \times 10^{-3} \text{ kN} = 23911.27 \text{ kN}$$

$$\beta_{mx} = 0.6 + 0.4 \times \frac{M_2}{M_1} = 0.6 + 0.4 \times \frac{200}{350} = 0.83$$

$$\frac{N}{\varphi_x Af} + \frac{\beta_{mx}M_x}{\gamma_x W_x (1 - 0.8N/N'_{Ex})f} = \frac{1200}{0.923 \times 146.2 \times 215} \times 10 +$$

$$\frac{0.83 \times 350 \times 10^3}{1.05 \times 3230.70 \times (1 - 0.8 \times 1200/23935.53) \times 235}$$

$$= 0.41 + 0.38 = 0.79 < 1$$

④ 弯矩作用平面外稳定验算。

$\lambda_y = l_y / i_y = 300/6.57 = 45.66 < [\lambda] = 150$，按 b 类截面查附表 7-2 得 $\varphi_y = 0.875$。

因最大弯矩在左端，而左边第一段 β_{tx} 最大，故只需验算该段。

$$\beta_{tx} = [300 + (350 - 300) \times 2/3]/350 = 0.95$$

$$\varphi_b = 1.07 - \lambda_y^2/44000 = 1.07 - 45.66^2/44000 = 1.023，取 \varphi_b = 1.0。$$

$$\frac{N}{\varphi_y Af} + \eta \frac{\beta_{tx}M_x}{\varphi_b W_x f} = \frac{1200}{0.875 \times 146.2 \times 215} \times 10 + 1.0 \times \frac{0.95 \times 350}{1.0 \times 3230.70 \times 215} \times 10^3$$

$$= 0.91 < 1$$

⑤ 局部稳定验算。

翼缘板局部稳定：$b_1/t = (300/2 - 12/2)/14 = 10.3 < 13$，满足要求，且 γ_x 可取 1.05。

腹板局部稳定：

$$\sigma_{max} = \frac{N}{A} + \frac{M_x}{W_{1x}} = \frac{1200}{146.2} \times 10 + \frac{350}{3376.13} \times 1000 = 82.08 + 103.67 = 185.75$$

$$\sigma_{\min} = \frac{N}{A} - \frac{M_x}{W_{1x}} = \frac{1200}{146.2} \times 10 - \frac{350}{3376.13} \times 1000 = 82.08 - 103.67 = -21.59$$

$$\alpha_0 = \frac{\sigma_{\max} - \sigma_{\min}}{\sigma_{\max}} = \frac{185.75 - (-21.59)}{185.75} = 1.116$$

因为 $0 \leqslant \alpha_0 \leqslant 1.6$，所以

$$h_0/t_w = 622/10 = 62.2 < 16\alpha_0 + 0.5\lambda + 25 = 16 \times 1.116 + 0.5 \times 45.66 + 25 = 65.69$$

故该压弯构件的强度、整体稳定、局部稳定均满足要求。

6.4 格构式压弯构件的稳定

格构式压弯构件的强度设计与实腹式压弯构件相同，其刚度设计与轴心受压构件相同，所以本节只讲述其稳定设计。

6.4.1 弯矩绕虚轴作用的格构式压弯构件

1. 弯矩作用平面内的稳定

格构式压弯构件一般都设计成弯矩绕虚轴作用，这是因为构件的两个分支之间的距离可以调整，能够最大限度地承受弯矩作用，如图 6-15(b)(c)所示。在计算弯矩作用平面内的稳定时，由于靠近中和轴的大部分截面是虚空的，没有承载能力，所以不考虑截面的塑性发展，按完全弹性设计。设计公式为

$$\frac{N}{\varphi_x A f} + \frac{\beta_{mx} M_x}{W_{1x}\left(1 - \varphi_x \dfrac{N}{N'_{Ex}}\right)} \leqslant 1 \tag{6-41}$$

式中的符号意义与式(6-25)基本相同，所不同的是式中的 φ_x 和 N'_{Ex} 的取值必须由构件绕虚轴的换算长细比计算，换算长细比的计算与第5章格构式轴心受压相同。计算 $W_{nx} = I_{nx}/y_0$ 时，y_0 的取值方法如图 6-15(b)(c)所示，图 6-15(b)中的 y_0 是指从轴心线到槽钢的腹板外侧，图 6-15(c)中的 y_0 是指从轴心线到工字钢的腹板中心线。

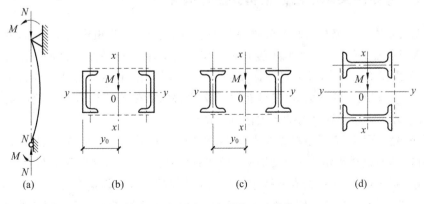

图 6-15 格构式压弯构件的计算简图

2. 分支的稳定

对弯矩绕虚轴作用的格构式压弯构件,弯矩作用可以分解为通过两个分支形心的力偶,这样构件的两个分支相当于两个轴心受力构件,如图 6-16 所示,每个分支的受力大小可以按照力矩平衡求解:

分支 1:
$$N_1 = N\frac{z_2}{a} + \frac{M}{a} \tag{6-42}$$

分支 2:
$$N_2 = N - N_1 \tag{6-43}$$

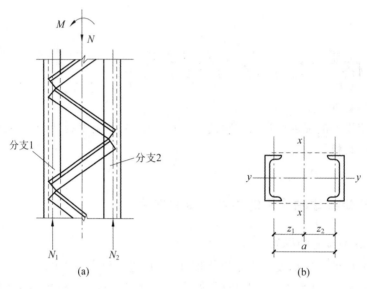

图 6-16　分支计算简图

分支 1 和分支 2 的内力得到后,对由缀条连接的格构式压弯构件,可以按照轴心受力构件进行计算,在弯矩作用平面内,单支的计算长度取缀条之间的距离,在弯矩作用平面外,单支的计算长度取整个构件的侧向支撑点之间的距离。对由缀板连接的格构式压弯构件,单支除了承受轴心作用力外,还应考虑由剪力引起的局部弯矩,按压弯构件验算单支的稳定性。单支在两个方向上的计算长度取值方法同缀条连接的压弯构件。

6.4.2　弯矩绕实轴作用的格构式压弯构件

弯矩绕实轴作用的格构式压弯构件如图 6-15(d)所示,在弯矩作用平面内,两个单支各自承受总弯矩和轴力的一半,按照实腹式压弯构件计算单支的平面内稳定。在弯矩作用平面外,仍按照式(6-28)计算,只不过在计算 λ_y 和 φ 时,采用格构式轴心受力构件的换算长细比进行计算。计算缀材的剪力时,应该按照第 5 章格构式轴心受压构件的缀材剪力的计算方法,取该剪力和实际受到剪力的最大值进行计算。

【**例题 6-3**】　图 6-17 所示的框架柱为格构式压弯构件,两个分支均为⊏22a,缀条采用 ∟ 45×4,由 Q235B 钢材制作。其承受的轴心压力设计值为 $N = 580$ kN,弯矩 $M = \pm 100$ N·m。在弯矩作用平面内,构件上端为有侧移的弹性支承,下端固定,计算长度为 $l_{0x} = 9.0$ m,在弯矩作用外,构件两端铰接,计算长度 $l_{0y} = 6.5$ m。所有的连接焊缝满足要求。试验算此柱的稳定性和刚度。

【解】 ① 截面的几何特性计算。

查型钢规格表知以下几何特性。

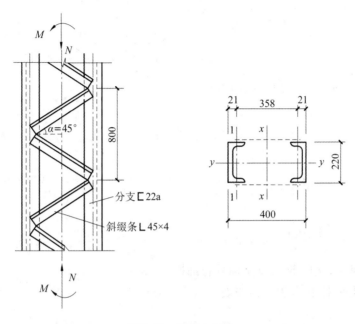

图 6-17 例题 6-3 图

〔22a 的几何特性:$A_{1z}=31.85$ cm²,$I_{1z}=158$ cm⁴(为型钢表中的 I_y),$I_y=2390$ cm⁴(为型钢表中的 I_x),$W_{1z}=28.2$ cm³(为型钢表中的 W_y),$W_y=218$ cm³(为型钢表中的 W_x),$z_0=2.1$ cm。

L45×4 的几何特性:$A_{11}=3.49$ cm²,$I_x=6.65$ cm⁴。两侧斜缀条的面积之和 $A_1=2A_{11}=6.98$ cm²。

整个截面:$A=2A_{1z}=2×31.85$ cm² $=63.70$ cm²。

$$I_x = 2\left[I_{1z} + A_{1z} \times \left(\frac{b_0}{2}\right)^2\right] = 2 \times \left[158 + 31.85 \times \left(\frac{35.8}{2}\right)^2\right] \text{cm}^4 = 20726.12 \text{ cm}^4$$

$$i_x = \sqrt{\frac{20726.12}{63.70}} \text{ cm} = 18.04 \text{ cm}$$

② 验算弯矩作用平面内的整体稳定。

$$\lambda_x = l_{0x}/i_x = 900/18.04 = 49.89$$

换算长细比:$\lambda_{0x} = \sqrt{\lambda_x^2 + 27\frac{A}{A_1}} = \sqrt{49.89^2 + 27 \times \frac{63.70}{6.98}} = 52.30 < [\lambda] = 150$。

按照 b 类截面查表,$\varphi_x = 0.849$,则

$$N'_{Ex} = \frac{\pi^2 EA}{\gamma_R \lambda_{0x}^2} = \frac{\pi^2 \times 206 \times 10^3 \times 63.70 \times 10^2}{1.1 \times 52.30^2} \text{ N} = 4300 \times 10^3 \text{ N} = 4300 \text{ kN}$$

对有侧移框架柱:

$$\beta_{mx} = \left(1 - 0.36\frac{N}{N_\sigma}\right) = \left(1 - 0.36 \times \frac{580}{4300}\right) = 0.95$$

$$W_{1x} = \frac{I_x}{y} = \frac{20726.12}{20} \text{ cm}^3 = 1036.31 \text{ cm}^3$$

$$\frac{N}{\varphi_x A f} + \frac{\beta_{mx} M_x}{W_{1x}\left(1 - \frac{N}{N'_{Ex}}\right) \cdot f} = \frac{580 \times 10^3}{0.845 \times 63.70 \times 10^2 \times 215} +$$

$$\frac{0.95 \times 100 \times 10^4}{1036.31 \times 10^3 \times \left(1 - \frac{580}{4300}\right) \times 215} = 0.51 < 1$$

③ 验算分支的稳定(用第一组内力)。

最大压力：

$$N_1 = \left(\frac{100}{0.4} + \frac{580}{2}\right) \text{ kN} = 540 \text{ kN}$$

$$i_{x1} = \sqrt{\frac{I_{1z}}{A_{1z}}} = \sqrt{\frac{158}{31.85}} \text{ cm} = 2.23 \text{ cm}, \quad \lambda_{x1} = \frac{l_{01}}{i_{x1}} = \frac{80}{4.96} = 16.13 \leqslant [\lambda] = 150$$

且

$$i_{y1} = \sqrt{\frac{I_{1y}}{A_{1z}}} = \sqrt{\frac{2390}{31.85}} \text{ cm} = 8.66 \text{ cm}, \quad \lambda_{y1} = \frac{l_{0y}}{i_{y1}} = \frac{650}{75.04} = 8.66 < [\lambda] = 150$$

整体结构的平面外长细比和分支平面外长细比 λ_{y1} 相同。

分支为热轧槽钢，按 b 类截面查表，$\varphi_{\min} = 0.981$，则

$$\frac{N_1}{\varphi_{\min} A_{1z} f} = \frac{540 \times 10^3}{0.981 \times 31.85 \times 10^2 \times 205} = 0.84 < 1$$

所以此柱的整体稳定性、分支稳定性、整体结构刚度和分支刚度均满足要求。

6.5　压弯构件的柱脚设计

压弯构件的柱脚分为铰接柱脚和刚接柱脚。铰接柱脚只传递轴力和剪力，不传递弯矩，其构造和设计计算与轴心受压构件的柱脚相同，此处不再讲述。刚接柱脚与基础刚性连接可以传递轴力、剪力和弯矩。剪力的传递同铰接柱脚一样，首先考虑由柱与基础之间的摩擦传力，摩擦传力不足时，再设置抗剪连接件。本节主要讲述压弯构件刚接柱脚的轴力和弯矩计算。压弯构件的刚性柱脚有多种形式，其中的整体柱脚构造形式如图 6-18 所示，它由靴梁、横板、隔板、肋板、底板和锚栓等组成。横板的作用是承受螺栓受拉时所施加的压力，肋板的作用是增加横板的刚度，其余各部分的作用和传力途径与靴梁式轴心受压构件柱脚相同。

1. 底板设计

压弯构件的柱脚底板承受不均匀的基础反力，在设计时根据底板的最大压应力不超过基础混凝土材料抗压强度设计值确定底板长度 L 和宽度 B：

$$\sigma_{\max} = \frac{N}{BL} + \frac{6M}{BL^2} \leqslant f_{cc} \tag{6-44}$$

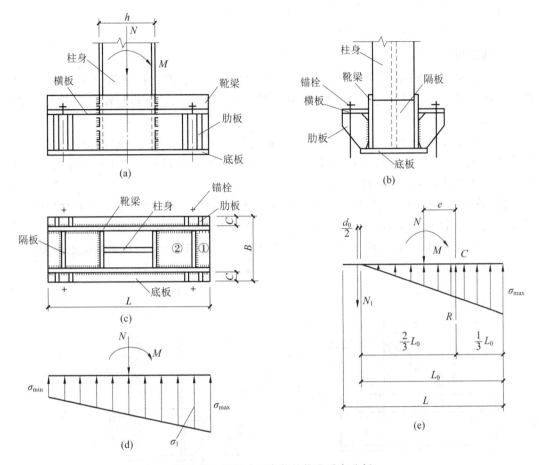

图 6-18 靴梁式压弯构件柱脚受力分析

式中：σ_{max}——基础顶面所承受的不均匀压应力的最大值（单位为 N/mm²）；

N——基础顶面的最大轴压力设计值（单位为 N）；

M——基础顶面的最大弯矩设计值（单位为 N·mm）；

f_{cc}——基础混凝土抗压强度设计值（单位为 N/mm²）。

基础的宽度 B 根据构造要求取构件的宽度加两个靴梁的厚度和锚栓连接的构造尺寸。基础宽度确定后，就可以由上式确定基础的长度 L 了。

柱脚底板厚度的确定方法与轴心受压构件基本相同，计算基础底板被隔板、横板、肋板和柱截面划分的各区格抗弯承载能力，不同之处在于压弯构件的柱底反力是不均匀的，可近似取各区格的最大弯矩值计算。

2. 柱脚锚栓

如果压弯构件的柱脚锚栓没有拉拔力作用，可以像轴心受压构件一样，按构造选用；如果锚栓受到拉拔力作用，就需要按照轴心受拉构件计算锚栓直径，计算时锚栓拉拔力 T 的大小可以按图 6-18(e)所示，通过内外力对基础不均匀压应力合力作用线的力矩平衡求得：

$$T = \frac{M - Ne}{2L_0/3 + d_0/2} \tag{6-45}$$

式中：e——构件中心线到基础不均匀压应力合力作用线的距离（单位为 mm）；

L_0——基础不均匀压应力的作用长度（单位为 mm）；

d_0——锚栓孔直径（单位为 mm）。

3. 其他设计

将横板和肋板看作悬臂梁，计算其在锚栓压力作用下的抗弯和抗剪能力，确定横板和肋板的厚度以及各连接焊缝的厚度。靴梁、隔板及其连接焊缝的计算均与轴心受压构件柱脚计算相同。

柱子传递给基础的剪力 Q 应该由基础顶面的混凝土和柱底板之间的摩擦力承受，按照 $Q \leqslant \mu N$ 计算，其中的摩擦系数 P 可以取 0.4。如果该摩擦力不能够完全承受所有的剪力，应在柱底板补充设置抗剪连接键。

【例题 6-4】 格构式压弯构件柱脚如图 6-19 所示，两个分支均由 Q235B 钢材制作。其承受的最不利设计荷载组合有两组：第一组，轴心压力 $N = 580$ kN，弯矩 $M_1 = \pm 100$ kN·m；第二组，轴心压力 $N_1 = 220$ kN，弯矩 $M_1 = \pm 185$ kN·m。基础混凝土采用 C20。试设计此柱脚。

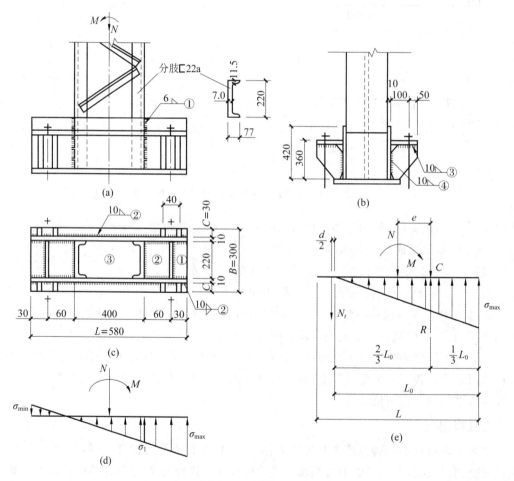

图 6-19　例题 6-4 图

【解】　（1）确定底板尺寸。

查型钢尺寸表知：匚22a 的截面高度为 220 mm，初步选取靴梁厚度 10 mm，侧边悬挑宽

度 $C=30$ mm，则底板总宽度为 $B=(220+2\times10+2\times30)$ mm$=300$ mm。

按轴压力较大的第一组设计荷载确定底板尺寸。

基础混凝土采用C20，其抗压强度设计值为 $f_c=9.6$ N/mm²。基础长度由基础混凝土的最大抗压承载力确定，即

$$\sigma_{max}=\frac{N_1}{BL}+\frac{6M_1}{BL^2}=\frac{580\times10^3}{300\times L}+\frac{6\times100\times10^6}{300\times L^2}\leqslant f_c=9.6 \text{ N/mm}^2$$

解方程得 $\quad\quad\quad\quad L=568.11$ mm。取 $L=580$ mm。

$$\sigma_{max}=\frac{N_1}{BL}+\frac{6M_1}{BL^2}=\left(\frac{580\times10^3}{300\times580}+\frac{6\times100\times10^6}{300\times580^2}\right)\text{ N/mm}^2=(3.33+5.95)\text{ N/mm}^2$$
$$=9.28\text{ N/mm}^2\leqslant f_c=9.6\text{ N/mm}^2$$
$$\sigma_{min}=\frac{N_1}{BL}-\frac{6M_1}{BL^2}=\left(\frac{580\times10^3}{300\times580}-\frac{6\times100\times10^6}{300\times580^2}\right)\text{ N/mm}^2=(3.33-5.95)\text{ N/mm}^2$$
$$=-2.62\text{ N/mm}^2$$

则基础反力分布如图 6-19(d) 所示。

底板的厚度由各区格的抗弯承载能力确定。悬臂板部分：近似取 $q=\sigma_{max}=9.28$ N/mm²。

$$M_1=q\frac{C^2}{2}=9.28\times\frac{30^2}{2}=4176\text{ N}\cdot\text{mm}$$

三边支承板部分：取区格①计算，近似取 $q=\sigma_{max}=9.28$ N/mm²，$b_1/a_1=30/220=0.14$，查第 4 章表 4-9 得

$$M_1=\beta q a_1^2=0.013\times9.28\times220^2\text{ N}\cdot\text{mm}=5838.98\text{ N}\cdot\text{mm}$$

四边支撑板部分：取区格②计算，近似取该区格右侧最大应力为

$$q=\sigma_1=\frac{\sigma_{max}+\sigma_{min}}{580}\times(580-30)-\sigma_{min}=\left(\frac{9.28+2.62}{580}\times550-2.62\right)\text{ N/mm}^2$$
$$=8.66\text{ N/mm}^2$$

$b/a=220/(60)=3.67$，查第 4 章表 4-8 得

$$M_4=\beta q a^2=0.123\times8.66\times60^2\text{ N}\cdot\text{mm}=3834.65\text{ N}\cdot\text{mm}$$

取区格③计算，近似取该区格右侧最大应力为

$$t=\sqrt{\frac{6M_{max}}{f}}=\sqrt{\frac{6\times35601.59}{205}}\text{ mm}=32.28\text{ mm}$$

取底板厚度为 34 mm。

故所选底板尺寸为 580 mm×300 mm×34 mm。

(2) 靴梁计算。

① 靴梁的高度由靴梁和柱身之间的焊缝决定。一个支柱所受到的最大轴力为

$$N=\frac{N}{2}+\frac{M}{a}=\left(\frac{580\times10^3}{2}+\frac{100\times10^6}{400}\right)\text{ N}=540\times10^3\text{ N}=540\text{ kN}$$

该力由两条角焊缝①传递，按构造要求，焊脚尺寸由其最大值和最小值确定：

$$h_{f,max}\leqslant1.2t_{min}=1.2\times7=8.4\text{ mm}, \quad h_{f,min}\leqslant1.5\sqrt{t_{max}}=1.5\sqrt{10}=4.74\text{ mm}, \quad \text{取 } h_f$$
$=6$ mm，则所需要的焊缝长度为

$$l_w=\frac{N}{2\times0.7h_f f_f^w}+2h_f=\left(\frac{540\times10^3}{2\times0.7\times6\times160}+2\times6\right)\text{ mm}=(402+12)\text{ mm}=414\text{ mm}$$

取靴梁高度为 420 mm。

② 靴梁的强度验算：靴梁悬臂长度 90 mm，其在受力最大一侧悬臂根部的剪力为

$$V_1 = \frac{\sigma_{max} + \sigma_1}{2} \times 300 \times 90 \times \frac{1}{2} = \frac{9.28 + 7.43}{2} \times 300 \times 90 \times \frac{1}{2} \text{ N} = 112792.5 \text{ N}$$

悬臂端根部的弯矩为

$$M_1 = \left\{ \frac{1}{2} \times \left(9.28 \times 300 \times \frac{1}{2} \right) \times 90^2 - \frac{1}{2} \times \left[(9.28 - 7.43) \times 300 \times \frac{1}{2} \right] \times \left(\frac{90}{3} \right)^2 \right\} \text{ N} \cdot \text{mm}$$

$$= 5512725 \text{ N} \cdot \text{mm}$$

初选靴梁板厚 10 mm，则

$$\sigma = \frac{M_1}{W} = \frac{5512725}{10 \times 420^2/6} \text{ N/mm}^2 = 18.75 \text{ N/mm}^2 \leqslant f = 215 \text{ N/mm}^2$$

$$\tau = \frac{1.5 V_1}{ht} = \frac{1.5 \times 112792.5}{10 \times 420} \text{ N/mm}^2 = 40.28 \text{ N/mm}^2 \leqslant f = 215 \text{ N/mm}^2$$

则靴梁尺寸为 580 mm×420 mm×10 mm。

③ 计算靴梁与底板的连接焊缝②，在最右侧基础反力最大，为 $\sigma_{max} = 9.28$ N/mm²，该处有四条焊缝，按单位长度的焊缝承载能力计算所需的焊脚尺寸：

$$h_{f,2} = \frac{\sigma_{max} \times 1 \times B}{4 \times 0.7 f_f^w \times 1} = \frac{9.28 \times 1 \times 300}{4 \times 0.7 \times 160 \times 1} \text{ mm} = 6.21 \text{ mm}$$

靴梁与底板之间的连接焊缝在两个支柱之间，只能在靴梁外侧施焊，两个靴梁板只有两条焊缝，尽管该处的最大应力只有 $q = 7.43$ N/mm²，也需要计算所需的焊脚尺寸：

$$h_{f,2} = \frac{\sigma_{max} \times 1 \times B}{2 \times 0.7 f_f^w \times 1} = \frac{7.43 \times 1 \times 300}{2 \times 0.7 \times 160 \times 1} \text{ mm} = 9.95 \text{ mm}$$

二者统一，取其焊脚尺寸为 $h_f = 10$ mm。

（3）柱脚锚栓设计。

柱脚锚栓承受弯矩引起的拉拔力计算简图如图 6-19（e）所示，假定锚栓直径为 $d = 24$ mm，孔 $d_0 = 25.5$ mm，则图中尺寸 $L_0 = 580 - 30 - d_0/2 = 537.25$ mm，$e = L/2 - L_0/3 =$ （580/2 − 537.25/3） mm = 110.92 mm。

$$T = \frac{M - Ne}{2L_0/3 + d_0/2} = \frac{100 \times 10^6 - 580 \times 10^3 \times 110.92}{2 \times 537.25/3 + 25.5/2} \text{ N} = 96157.45 \text{ N} = 96.16 \text{ kN}$$

选用 Q235 钢制作的锚栓，其抗拉强度为 $f_t^a = 140$ N/mm²，其计算净截面面积为 3.53 cm²，两个直径为 24 mm 的抗拉强度为

$$2N_f^w = 2 \times 3.53 \times 100 \times 140 \text{ N} = 98840 \text{ N} > T = 96157.45 \text{ N}$$

所选锚栓满足要求。

（4）横板和肋板的计算。

锚栓的拉力通过螺帽和垫圈作用于两块横板，每个横板承受 $\dfrac{T}{2} = \dfrac{96.16}{2}$ kN = 48.08 kN 的集中压力，该压力通过垫板和横板，再由两条角焊缝③传给两块肋板，然后由两条角焊缝④传给靴梁。

角焊缝③受到向下的剪力作用，取横板厚度为 10 mm，焊缝长度 $l_w = (150 - 20 - 2 \times 6)$ mm = 118 mm，则所需要的焊脚尺寸为

$$h_{f,3} = \frac{T/2}{2 \times 0.7 \times 1.22 f_f^w \times 114} = \frac{48.08 \times 10^3}{2 \times 0.7 \times 1.22 \times 160 \times 118} \text{ mm} = 1.5 \text{ mm}$$

按构造,实际取焊脚尺寸为 6 mm。

由于施焊位置限制,每块肋板只能有一条焊缝④与靴梁连接,集中力 $\frac{T}{2}$ 对焊缝④的偏心距为 100 mm,偏心弯矩 $M=48.08\times0.1$ kN·m $=4.808$ kN·m,取肋板高度为 $(360-10)$ mm $=350$ mm,肋板厚度 8 mm,按构造取焊脚尺寸为 6 mm,焊缝长度 $l_w=(350-2\times20-2\times6)$ mm $=298$ mm,则

$$\sigma_f=\frac{M}{W_f}=\frac{4.808\times10^6\times6}{2\times0.7\times6\times298^2}\ \text{N/mm}^2=38.67\ \text{N/mm}^2$$

$$V_f=\frac{V}{A_f}=\frac{48.08\times10^3}{2\times0.7\times6\times298}\ \text{N/mm}^2=19.21\ \text{N/mm}^2$$

$$\sqrt{\left(\frac{\sigma_f}{1.22}\right)^2+\tau_f^2}=\sqrt{\left(\frac{38.67}{1.22}\right)^2+19.21^2}\ \text{N/mm}^2=37.06\ \text{N/mm}^2\leqslant f_f^w=160\ \text{N/mm}^2$$

小结及学习指导

拉弯构件和压弯构件都要承受轴向力和弯矩的共同作用。本章主要探讨两种荷载同时作用时的强度和稳定计算问题。学习时应注意联系前两章的内容一起学习,这样既可以复习旧知识,又可以学习新内容。

(1) 在弯矩较小而轴心力较大时,为了方便设计,拉弯、压弯构件常常采用和轴心受力构件相同的双轴对称截面。而当弯矩较大时,为了节省材料,在弯曲受压侧采用较大的截面,在弯曲受拉侧采用较小截面,形成单轴对称截面。当构件长细比较大且又有弯矩作用时,需要较大的截面惯性矩,这时可以采用格构式构件。

(2) 拉弯构件一般在轴拉力较大而弯矩较小时使用。在框架结构中,梁通常按照受弯构件设计,柱通常按照压弯构件设计,所以拉弯和压弯构件的正常使用极限状态验算一般只进行长细比校核。如果构件的弯矩较大,或者框架梁按照压弯构件计算,则拉弯和压弯构件也是需要按照受弯构件验算挠度的。

(3) 冷弯薄壁构件和需要验算疲劳的构件以材料强度达到屈服点作为承载能力极限状态,可以采用弹性设计方法。而对于其他构件,需要按照材料截面部分塑性发展进行设计。本章在分析拉弯和压弯构件的强度设计时,先分别讲述构件的弹性设计和塑性设计,最后讲述弹塑性设计。理解的难点在于轴力和弯矩的相关关系,以及理论公式向设计公式的简化。

(4) 一个平面内承受弯矩作用的压弯构件存在平面内的弯曲失稳和平面外的弯扭失稳。理想压弯构件的面内弹性失稳分析有助于认识压弯构件的失稳原因,并可以得到设计公式中用到的平面内等效弯矩系数。实际构件由于存在初弯曲和纵向残余应力等缺陷,属于极值点失稳问题,需要用数值积分方法求解,这一部分理解难度较大。压弯构件的面外失稳理论背景较深,本书只给出了影响面外失稳的因素,并粗线条地从理论引出设计公式。压弯构件面内失稳和面外失稳的设计公式很相似,读者应注意仔细区分,可以从轴压力和弯曲应力相叠加的关系上理解。

（5）压弯构件的翼缘宽厚比限值和受弯构件一样，验算公式来源在第 5 章已经讲述。压弯构件的腹板稳定需要引入应力梯度的概念。其高厚比限值与构件的长细比和截面上的应力梯度有关。箱形截面构件的面外抗扭和抗弯刚度都很大，适合用于受力较大而面外无支撑的压弯构件。本章也给出了箱形截面构件的翼缘宽厚比和腹板高厚比限值。

（6）弯矩绕虚轴作用的格构式压弯构件在重型工业厂房结构中应用较多。其稳定设计包括弯矩作用平面内的稳定设计和分支稳定设计两部分。其弯矩作用平面外的稳定设计与分支设计相同。格构式压弯构件的面内稳定设计与实腹式压弯构件的面内稳定设计的最大区别在于格构式构件的面内稳定设计不考虑截面的部分塑性发展。二者设计公式很相似，使用时应注意它们的细微差别。

（7）压弯构件的铰接柱脚设计和轴心受力构件的铰接柱脚设计完全相同，本章没有讲述。压弯构件的刚接柱脚设计的很多内容也与轴心受力构件的柱脚设计类似，只有两处明显区别：一是底板上的压应力分布不均匀，需要近似处理；二是在柱脚出现拉应力时，需要设置抗拔螺栓，并进行螺栓设计。

思 考 题

6-1   拉弯、压弯构件的强度计算公式与轴心受力构件、受弯构件的强度计算公式有没有相同点？

6-2   对拉弯和压弯构件的设计，在什么情况下需要采用弹塑性设计？ 在什么情况下需要采用弹性设计？

6-3   如何进行拉弯、压弯构件的刚度验算？

6-4   实腹式压弯构件的失稳形式有哪些？

6-5   单向受弯的实腹式受弯构件在什么情况下发生面内失稳？ 在什么情况下发生面外失稳？

6-6   什么是压弯构件的面内等效弯矩系数？ 其作用是什么？

6-7   弯矩作用平面内的稳定设计有几种设计方法？ 各适合哪些构件？

6-8   如何防止压弯构件发生弯矩作用平面外失稳？

6-9   实腹式压弯构件的设计需要计算哪些项目？ 格构式压弯构件呢？

6-10   在压弯构件的强度和稳定计算中，符号 A、A_n、W_n、γ_x、γ_y、A、W、ϕ_x、ϕ_y、ϕ_b、β_{mx}、β_{tx} 和 N'_{Ex} 等各表示什么含义？

6-11   什么是应力梯度？ 应力梯度等于 0 和 2 时分别表示压弯构件的哪种受力状态？

6-12   压弯构件整体柱脚由哪些部分组成？ 各部分的作用是什么？

习   题

6-1 某拉弯构件选用 HN450×200 中的 $446×199×8×12$,采用 Q235B 钢材制作,截面上无开洞削弱。构件两端铰接,受力如图 6-20 所示。不考虑构件的刚度,试计算图中的 T 最大可以取多少 kN。

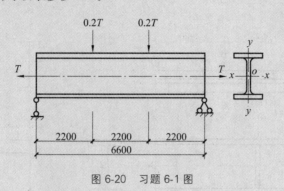

图 6-20 习题 6-1 图

6-2 图 6-21 所示双轴对称的焊接工字形截面柱,截面为 H900×400×14×20,采用 Q235B 钢材制作,翼缘具有火焰切割边,构件截面没有开洞等削弱。柱的上端作用着轴线压力 $N=2000$ kN 和水平力 $H=120$ kN。水平力作用在强轴平面内。在弱轴平面内,柱高 1/2 处有有效支撑,支撑点处可以看作平面外的固定点。柱的下端固定,上端可自由移动。验算该焊接工字形截面柱是否满足要求。

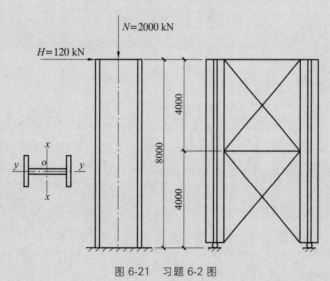

图 6-21 习题 6-2 图

6-3 图 6-22(a)所示压弯构件采用焊接工字形截面 H800×400×14×20,截面翼缘具有轧制边缘,构件截面没有开洞等削弱,采用 Q235B 钢材制作,长度为 12 m,两端部铰接,轴线压力 $N=2000$ kN,跨中横向集中荷载 $P=300$ kN,弯矩作用平面外的侧向支承点分布如图 6-22(b)所示。验算该截面是否满足要求。

6-4　某钢结构厂房缀条柱截面形式如图 6-23 所示,两边柱采用 HN650×300 中的 650×300×11×17,横缀条和斜缀条均采用 LL 125×8。构件上端为有侧移的弹性支承,下端固定。柱的计算长度 $l_{0x}=30$ m,$l_{0y}=12$ m,采用 Q235B 钢材,最大设计内力为 $N=2800$ kN,绕工轴作用的弯矩 $M_x=\pm 2000$ kN·m,验算此柱的承载能力和刚度。

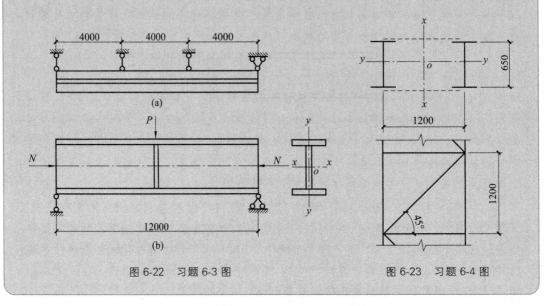

图 6-22　习题 6-3 图　　　　　　　图 6-23　习题 6-4 图

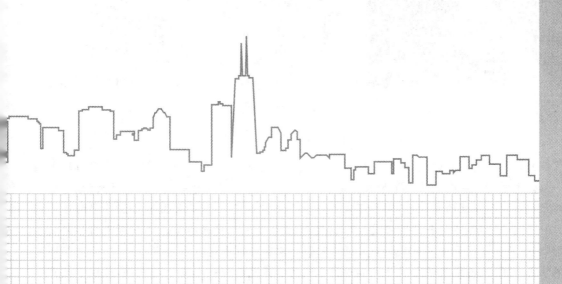

第7章

JIEDIAN LIANJIE

节点连接

美国凯悦酒店人行连廊坍塌事故

美国堪萨斯城凯悦酒店大堂吊桥坍塌事故共造成 114 人死亡、200 多人受伤,很多人因此终身残疾,这次事故是在世贸中心"9·11"事件之前,美国历史上最严重的结构性损毁灾难。最终的调查结果证明,事故的根源正是钢拉杆与箱形横梁的节点设计问题。

在四层连廊的吊挂节点处,直径约 32 mm 的钢拉杆(连续式)贯穿箱形横梁,并通过螺母在梁上紧固锁定。箱形横梁由 203 mm 高的两根槽钢通长对焊而成。从受力分析看,上段吊杆承受了两层连廊的荷载,下段吊杆仅承受了一层连廊的荷载,而横梁与吊杆的节点都只需传递一层的荷载。

由于吊杆的长度超出了常规加工长度,现场施工的承包商将吊杆截为 2 段,在四层通道的楼面横梁处搭接。具体的做法如图所示,箱形横梁(由槽钢对焊而成)的每个端部留 2 个孔洞,一个距梁端 50 mm,另一个距梁端 150 mm,上、下两根吊杆分离,并分别用螺帽紧固在横梁上,横梁内未设置加劲板。承包商提出以上设计变更,结构工程师未经复核便草草地盖了"同意"印章。

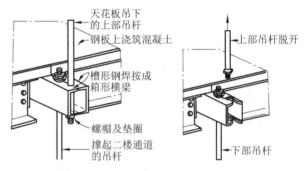

坍塌的连廊   变更设计后的节点连接   节点破环形态

美国凯悦酒店坍塌事故

虽然设计变更前后的钢吊杆拉力不变,但四层通道楼面的箱形横梁节点处的剪力增大了一倍。由槽钢对焊而成的箱形横梁翼缘板平面外承受力很弱,承受不了吊杆巨大的拉力,最终吊杆拉穿了横梁的翼缘板,形成了类似冲切的破坏形态。如果采用原始设计中的连续式拉杆节点,虽然也不符合设计规范,但至少能承受事故发生的活荷载。工程师没有尽到应有的职责,草率地同意承包商的设计变更,没有验算节点的承载能力。实际上,对这个不合理的节点形式,没有成熟的公式计算其设计承载力。正是这样一个小小的疏漏,造成了数百人死伤的灾难。

随着钢结构的迅速发展,节点的形式与复杂性也大大增加,本章仅就典型钢结构节点的设计原则与设计方法予以讲述。

钢结构节点设计应根据结构的重要性、受力特点、荷载情况和工作环境等因素选用合适的节点形式、材料与加工工艺。钢结构节点的安全性主要取决于其强度与刚度,应防止焊缝与螺栓等连接部位开裂引起节点失效,或节点变形过大造成结构内力重分配。节点设计应满足承载能力极限状态要求、传力可靠、减少应力集中。钢结构节点构造应符合结构计算的假定,使结构受力与计算简图中的刚接、铰接等假定一致,保证节点传力顺畅,尽量做到相邻构件的轴线交汇于一点。当构件在节点处偏心相交时,还应考虑局部弯矩的影响。构造复杂的重要节点应通过有限元分析,确定其承载力,并宜进行试验验证。此外,钢结构节点的构造应便于制作、运输、安装、维护,防止积水、积尘,并应采取有效的防腐与防火措施。

7.1 连接板节点

7.1.1 桁架节点板的强度

钢结构杆件端部通过节点板连接时,节点板件往往处于复杂受力状态。节点板在拉、剪共同作用下的强度计算公式是根据双角钢杆件桁架节点板的试验结果拟合而来的,如图 7-1 所示。

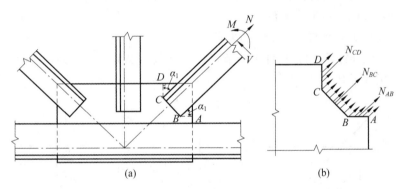

图 7-1 节点板受拉计算简图

由图 7-1 的桁架节点可知,其典型破坏特征为沿最危险的线段撕裂破坏,即沿图 7-1(a) 中的 AB-BC-CD 折线撕裂,其中 AB、CD 与节点板的边界线基本垂直。沿 AB-BC-CD 撕裂线取隔离体如图 7-1(b)所示,考虑受力过程中板件塑性发展所引起的应力重分布,假定在破坏时撕裂面上各线段的应力 σ_i' 在线段内均匀分布且平行于受拉腹杆轴力作用线,当各撕裂段截面上的折算应力同时达到钢材抗拉强度 f_u 时,板件破坏。一般桁架杆件的截面所受 M 和 V 很小,可忽略不计,根据力平衡条件有

$$\sum N_i = \sum \sigma_i' \cdot l_i \cdot t = N \tag{7-1}$$

式中:l_i——第 i 段撕裂线的长度;

t——节点板厚度。

设 α_i 为第 i 段撕裂线与腹杆轴线的夹角,则第 i 段撕裂面上的平均正应力 σ_i 和平均剪应力 τ_i 为

$$\sigma_i = \sigma_i' \sin\alpha_i = \frac{N_i}{l_i t}\sin\alpha_i \tag{7-2}$$

$$\tau_i = \sigma_i' \cos\alpha_i = \frac{N_i}{l_i t} \cos\alpha_i \tag{7-3}$$

$$\sigma_{\text{red}} = \sqrt{\sigma_i^2 + 3\tau_i^2} = \frac{N_i}{l_i t} \sqrt{\sin^2\alpha_i + 3\cos^2\alpha_i} = \frac{N_i}{l_i t} \sqrt{1 + 2\cos^2\alpha_i} \leqslant f_u \tag{7-4}$$

$$N_i \leqslant \frac{1}{\sqrt{1 + 2\cos^2\alpha_i}} l_i t f_u \tag{7-5}$$

取 $\eta_i = \dfrac{1}{\sqrt{1 + 2\cos^2\alpha_i}}$，则

$$N_i \leqslant \eta_i l_i t f_u = \eta_i A_i f_u \tag{7-6}$$

$$N = \sum N_i \leqslant \sum \eta_i A_i f_u = N_u \tag{7-7}$$

按极限状态设计法将式(7-7)中的抗拉强度 f_u 换为钢材强度设计值 f，即为《钢结构设计标准》(GB 50017—2017)所给的节点板在拉、剪共同作用下的强度计算公式：

$$\frac{N}{\sum \eta_i A_i} \leqslant f \tag{7-8}$$

式中：N——作用于板件的拉力；

A_i——第 i 段破坏面的截面积，$A_i = t l_i$，在螺栓连接时，应取净截面面积；

l_i——第 i 段破坏线的长度，应取板件中最危险的破坏线长度；

η_i——第 i 段的拉剪折算系数；

α_i——第 i 段破坏线与拉力轴线的夹角。

尽管式(7-8)是根据双角钢杆件桁架节点板的试验结果拟合而来的，它同样适用于连接节点处的其他板件，如图 7-2 所示。

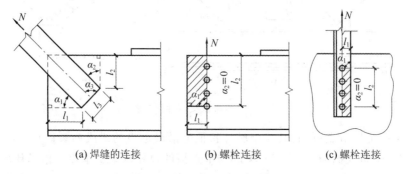

(a) 焊缝的连接　　　　(b) 螺栓连接　　　　(c) 螺栓连接

图 7-2　板件的拉、剪撕裂

考虑到桁架节点板的外形往往不规则，用式(7-8)计算比较麻烦，加之一些受力荷载的桁架需要计算节点板的疲劳时该公式更不适用，故参照国外经验，桁架节点板可采用有效宽度法进行承载力计算，所谓有效宽度即认为腹杆轴力 N 将通过连接件在节点板内按照某一个应力扩散角度传至连接件端部与 N 相垂直的一定宽度范围内，该一定宽度即称为有效宽度 b_e，如图 7-3 所示。桁架节点板的有效宽度法计算公式为：

$$\sigma = \frac{N}{b_e t} \leqslant f \tag{7-9}$$

式中：b_e——板件的有效宽度，当用螺栓(或铆钉)连接时，应减去孔径，孔径应取比螺栓(或铆钉)标称尺寸大 4 mm。

有效宽度法计算简单、概念清楚，适用于腹杆与节点板的多种连接情况，如侧焊、围焊的

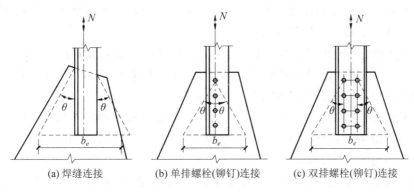

(a) 焊缝连接 　　　　(b) 单排螺栓(铆钉)连接 　　　　(c) 双排螺栓(铆钉)连接

图 7-3 板件的有效宽度

θ 为应力扩散角,焊接及单排螺栓时可取 30°,多排螺栓时可取 22°

铆钉、螺栓连接等(当采用铆钉或螺栓连接时,b_e 应取为有效净宽度)。

7.1.2 桁架节点板的稳定

现行《钢结构设计标准》(GB 50017—2017)在试验基础上给出了桁架节点板在受压斜腹杆作用下稳定计算的方法。桁架节点板稳定计算简图如图 7-4 所示,试验表明在斜腹杆轴向压力 N 的作用下,节点板内存在三个受压区,即 $\overline{AB}$ 区($FAGHB$ 板件)、$\overline{BC}$ 区($BIJC$ 板件)和 $\overline{CD}$ 区($CKMP$ 板件),当其中某一区先失稳后,其他区相继失稳,因此节点板的稳定承载力取决于其最小值,其中 $\overline{BC}$ 区往往起控制作用。通过试验结果可得出以下结论:①当节点板自由边长度 l_f 与其厚度 t 之比 $l_f/t \geqslant 60\varepsilon_k$ 时,节点板的稳定性很差,将很快失稳,故此时应沿自由边加劲;②有竖腹杆的节点板或 $l_f/t \leqslant 60\varepsilon_k$ 的无竖腹杆节点板在斜腹杆压力作用下,失稳均呈三折线($\overline{AB}$-$\overline{BC}$-$\overline{CD}$)破坏,其屈折线的位置和方向均与受拉时的撕裂线类同;③节点板的抗压性能取决于 c/t 的大小(c 为受压斜腹杆连接端面中点沿腹杆轴线方向至弦杆的净距,t 为节点板厚度)。在一般情况下,c/t 越大,节点板稳定承载力越低。对有竖腹杆的节点板,当 $c/t \leqslant 15\varepsilon_k$ 时,节点板的受压极限承载力与受拉极限承载力大致相等,破坏的安全度相同,故此时可不进行稳定性验算。

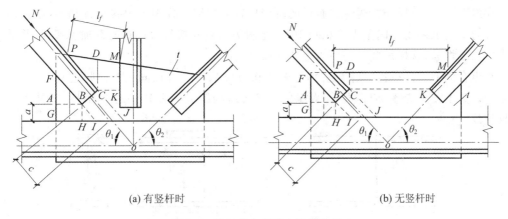

(a) 有竖杆时 　　　　　　　　　　　　(b) 无竖杆时

图 7-4 桁架节点板稳定计算简图

综上所述,现行《钢结构设计标准》(GB 50017—2017)在试验基础上给出的桁架节点板在受压斜腹杆作用下稳定性计算方法如下。

(1) 对有竖腹杆相连的节点板,当 $c/t < 15\varepsilon_k$ 时,可不计算其稳定性,应按《钢结构设计标准》(GB 50017—2017)附录 G 进行稳定性计算,在任何情况下,c/t 不得大于 $22\varepsilon_k$,c 为受压杆连接支端面中点沿腹杆轴线方向至弦杆的净距离。

(2) 对无竖腹杆相连的节点板,当 $c/t \leqslant 10\varepsilon_k$ 时,节点板的稳定承载力可取为 $0.8b_tt f$。当 $c/t \geqslant 10\varepsilon_k$ 时,应按《钢结构设计标准》(GB 50017—2017)附录 G 进行稳定性计算,但在任何情况下,c/t 不得大于 $17.5\varepsilon_k$。

需要特别指出的是,当采用以上方法计算桁架节点板的强度和稳定性时,还应符合下列规定。

(1) 节点板边缘与腹杆轴线之间的夹角不应小于 $15°$。

(2) 斜腹杆与弦杆的夹角应为 $30°\sim60°$。

(3) 节点板的自由边长度与厚度之比应满足 $l_f/t \leqslant 60\varepsilon_k$。

对其他板件连接节点的设计计算方法,在此不再讨论,用时可参见《钢结构设计标准》(GB 50017—2017)的相关规定。

7.2　梁的拼接和主次梁节点

7.2.1　梁的拼接

梁的拼接有工厂拼接和工地拼接两种。由于型材尺寸的限制,有时必须将其接长或拼大,这种拼接常在工厂中进行,称为工厂拼接。由于运输或安装条件的限制,梁必须分段运输,然后在工地拼装连接,称为工地拼接。

型钢梁的拼接可采用对接焊缝连接(见图 7-5(a)),但由于翼缘与腹板连接处不易焊透,故有时采用拼接板拼接(见图 7-5(b))。梁的拼接位置宜选在弯矩较小处。

在组合梁工厂拼接时,翼缘和腹板的拼接位置最好错开并用直对接焊缝相连,腹板的拼接焊缝与横向加劲肋之间至少应相距 $10t_w$(见图 7-6)。对接焊缝施焊时宜加引弧板,并采用一级或二级焊缝,这样焊缝可与主体金属等强。

在组合梁的工地拼接(见图 7-7)时,翼缘和腹板基本上宜在同一截面附近断开,以便分段运输。为了便于焊接,应将上、下翼缘的拼接边缘均制成向上开口的 V 形坡口,并采用引弧板施焊。

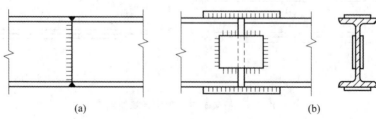

(a)　　　　　　　　　　　　　　　　(b)

图 7-5　型钢梁的拼接

为了便于在工地拼装和施焊，并减少焊接残余应力，在工厂制造时，应把拼接缝两侧各约 500 mm 范围内的上、下翼缘与腹板的焊缝待到工地拼装后再进行施焊。

为了避免焊缝集中，在同一截面可将翼缘和腹板的接头适当错开（见图 7-7（b）），但运输过程中应特别保护单元突出部分，以免碰损。

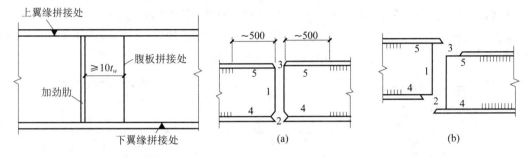

图 7-6　组合梁的工厂拼接　　　　　图 7-7　组合梁的工地拼接

由于现场施焊条件较差，焊缝质量难以保证，所以较重要或受动力荷载的大型梁的工地拼接宜采用高强度螺栓（见图 7-8）。

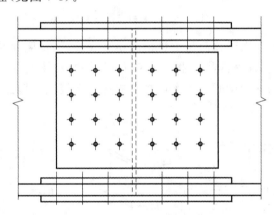

图 7-8　采用高强度螺栓的工地拼接

当梁拼接处的对接焊缝不能与主体金属等强，如采用三级对接焊缝时，应对受拉区翼缘焊缝进行计算，使拼接处弯曲拉应力不超过焊缝抗拉强度设计值。

拼接设计有两种常用方法：一种方法是按原截面的最大强度进行，使拼接与原截面等强；另一种方法是按拼接所在截面的实际最大内力设计值进行。一般情况下，工厂拼接常按等强度设计，以便在制造时根据材料的具体情况设置拼接位置；重要的工地拼接也常用等强度设计，如重要的轴心受力构件，特别是受拉构件的拼接更是如此。

对用拼接板的接头（见图 7-5（b）、图 7-8），按下述方法进行设计。

翼缘拼接板及其连接可视为与梁翼缘等强或按拼接截面外弯矩 M 作用下翼缘所需提供的内力 N 设计。腹板拼接板及其连接主要承受梁截面上的全部剪力 V，以及按刚度分配到腹板上的弯矩 M_w（式 7-10），M_w 使腹板连接螺栓群处于受扭状态。梁翼缘和腹板的拼接板及其连接螺栓群的具体计算公式参见第 3 章和第 4 章。

$$M_w = M \frac{I_w}{I} \tag{7-10}$$

式中：I_w——腹板截面惯性矩；

　　　I——梁截面的惯性矩。

7.2.2　次梁与主梁的连接节点

次梁与主梁的连接形式有叠接和平接两种。叠接(见图 7-9)是将次梁置于主梁上面,用螺栓或焊缝连接,构造简单,但结构构件占用建筑高度大,其应用常受到限制。图 7-9(a)是次梁为简支梁时与主梁连接的构造,而图 7-9(c)是次梁为连续梁时与主梁连接的构造。如次梁截面较大,则应另采取构造措施以防止支承处截面扭转。

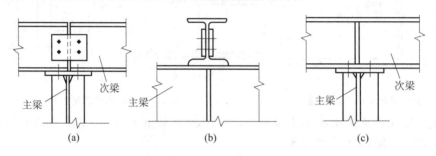

图 7-9　次梁与主梁的叠接

平接(见图 7-10)是使次梁顶面与主梁顶面相平或接近,在侧面与主梁的加劲肋或腹板上专门设置的短角钢或承托相连接。图 7-10(a)(b)(c)是次梁为简支梁时与主梁连接的构造,图 7-10(d)是次梁为连续梁时与主梁连接的构造。平接虽然构造复杂,但可降低结构高度,故在实际工程中应用较广泛。

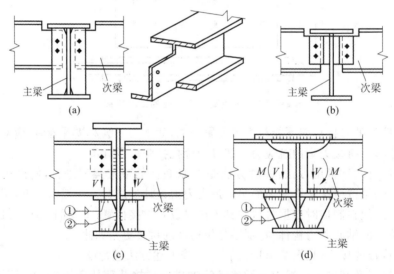

图 7-10　次梁与主梁的平接

每一种连接构造都要将次梁支座的反力传给主梁,这些支座反力实质上就是次梁的端部剪力。而梁腹板的主要作用是抗剪,所以应将次梁腹板连于主梁的腹板上,或连于与主梁腹板相连的铅垂方向抗剪刚度较大的加劲肋上或承托的竖直板上。在次梁支座反力作用下,按传力的大小计算连接焊缝或螺栓的强度。由于主、次梁翼缘及承托水平板的外伸部分在铅垂方向的抗剪强度较小,分析受力时不考虑它们传给次梁的支座反力。在图 7-10(c)(d)中,次梁支座反力 V 先由焊缝①传给支托竖直板,然后由焊缝②传给主梁腹板。在其他的连接构造中,支座反力的传递途径与此相似,不一一分析。在具体计算时,在形式上可不考虑偏心作用,而将次梁支座反力增大 20%～30%,以考虑实际上存在的偏心影响。

对于刚接构造,次梁与次梁之间还要传递支座弯矩。图 7-10(c)的次梁本身是连续的,支座弯矩可以直接传递,不必计算。图 7-10(d)主梁两侧的次梁是断开的,支座弯矩靠焊接在次梁上翼缘的盖板、下翼缘承托水平顶板传递。由于梁的翼缘承受弯矩的大部分,所以连接盖板的截面及其焊缝可按承受水平力 $H = M/h$(M 为次梁支座弯矩,h 为次梁高度)计算。承托顶板与主梁腹板的连接焊缝也按承受水平力 H 计算。

7.3　梁的支座

钢梁端支座可分为梁端部支承于砌体或混凝土构件上和支承于钢柱上,这里仅就前者做简单讲述,而梁端部支承于钢柱节点在下一节中讨论。梁端部支承于砌体或混凝土构件上的支座在工程中应用较多的有平板支座、弧形支座、辊轴支座和铰轴支座。平板支座构造简单、加工方便,适用于支座反力较小的情况;弧形支座、辊轴支座和铰轴支座的实际受力性能与力学上铰支座受力性能相吻合,受力合理,但加工制作较复杂。

7.3.1　平板支座

常用的梁的支座如图 7-11 所示,梁端反力通过支座底板直接传给下部砌体或混凝土构件。为防止平板支座底板下部砌体或混凝土被压坏,应按式(7-11)确定底板的平面尺寸。

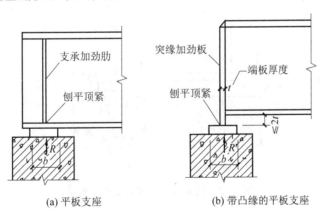

(a) 平板支座　　　　　　　　　(b) 带凸缘的平板支座

图 7-11　梁的支座

$$A = a \times b \geqslant \frac{R}{\beta_c \beta_l f_c} \tag{7-11}$$

式中:a、b——平板支座底板的长度和宽度;

　　　R——梁端支座反力;

　　　f_c——砌体或混凝土轴心受压强度设计值,按《混凝土结构设计标准》GB/T 50010—

2010 规定采用；

β_c、β_l——混凝土强度系数和混凝土局压强度提高系数,按《混凝土结构设计标准》GB/T 50010—2010 规定采用。当全截面受压时,$\beta_l=1.0$。

平板支座底板厚度应根据支座反力对底板产生的弯矩进行计算,且不宜小于 12 mm。具体计算方法与平板轴心受压铰接柱脚的底板厚度计算方法相同。

式(7-11)是假定在底板反力均匀的基础上的,如果梁端平板支座处于下部构件截面的边缘且梁端转角较大,则宜考虑底板反力沿长度不均匀分布的影响。

图 7-11(b)通过凸缘加劲板传递支座反力,其中凸缘加劲板的伸出长度不得大于其厚度的 2 倍,并宜采取限位措施。当凸缘加劲板的伸出长度大于其厚度的 2 倍时,应按轴心受压构件验算突出板件的强度和稳定性。

梁的端部支承加劲肋的下端和凸缘端面在按端面承压强度设计值进行计算时,构造上应满足刨平顶紧的要求。

7.3.2 弧形支座和辊轴支座

图 7-12 所示梁端弧形支座和辊轴支座的反力 R 的作用面积 A 应满足式(7-11)要求。

为防止弧形支座的弧形垫块和辊轴支座的辊轴在反力 R 的作用下发生劈裂破坏,其圆弧面与钢板接触面的承压力应满足式(7-12)的要求:

$$R \leqslant 40ndlf^2/E \tag{7-12}$$

式中:d——弧形表面接触点曲率半径 r 的 2 倍;

n——辊轴数目,对弧形支座 $n=1$;

l——弧形表面或滚轴与平板的接触长度;

f——钢材的强度设计值。

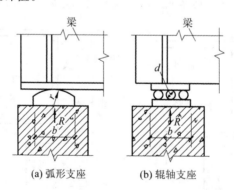

(a) 弧形支座   (b) 辊轴支座

图 7-12 弧形支座和辊轴支座示意图

7.3.3 铰轴支座

对于图 7-13 所示的铰轴支座,当两相同半径的圆形弧面自由接触面的中心角 $\theta \geqslant 90°$ 时,其圆柱形枢轴的承压应力应按下式计算:

$$\sigma = \frac{2R}{dl} \leqslant f \tag{7-13}$$

式中：d——枢轴直径；

　　　l——枢轴纵向接触面长度。

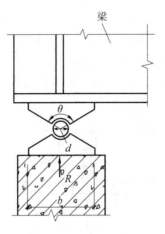

图 7-13　铰轴支座

梁端支承在混凝土或砌体上的支座除满足以上规定外，设计时还应采取可靠的构造措施保证钢梁不发生侧移或扭转。

受力复杂或大跨度结构宜采用球形支座。球形支座应根据使用条件采用固定、单向滑动或双向滑动等形式。球形支座上盖板、球芯、底座和箱体均应采用铸钢加工制作，滑动面应采取相应的润滑措施，支座整体应采取防尘及防锈措施。

7.4　梁柱节点

在钢结构中，梁与柱之间的连接节点按其受力特点可分为铰接节点、刚性节点和半刚性节点；连接方式可采用栓焊混合连接、螺栓连接、焊接连接、端板连接、顶底角钢连接等。轴心受压柱因其只承受轴心压力而不承受弯矩，故其与梁的连接应采用铰接。而框架结构中，梁与柱的连接一般采用刚接。梁柱采用刚性或半刚性节点时，节点应进行弯矩和剪力作用下的强度验算。梁柱节点的连接应遵循传力路线明确、简捷、安全可靠、构造简单、方便施工、经济合理的原则。

7.4.1　梁与柱铰接

梁与柱连接节点仅传递梁端剪力时为铰接连接（见图 7-14）。如图 7-14(a)所示，梁直接支承在柱顶上，梁端反力（截面剪力）作用于柱顶板，由顶板传给柱身。该种节点柱顶板与柱多用焊缝连接，顶板厚度一般取 16～90 mm；顶板与梁的连接多用普通螺栓连接，该螺栓只起安装固定作用。为实现梁柱节更接近铰接受力状态，可采用如图 7-14(b)所示的连接构造，即梁端反力通过其端部加劲板的凸缘传给柱顶板。当荷载较大时柱腹板两侧宜设置加劲肋，并通过加劲肋将梁端反力传给柱身。两相邻梁之间为便于安装都留一空隙，最后用填板和构造螺栓连接。为防止施工过程中梁的翻转，梁下翼缘宜与柱顶板采用普通螺栓构造连接，梁翼缘与柱顶板间宜设构造填板。

图 7-14(b)所示柱腹板每侧加劲肋应按传递 0.5 倍柱轴力 N 考虑，计算简图如图7-15所示。加劲肋与柱腹板连接焊缝应按承受剪力 $N/2$ 和弯矩 $N_a/4$ 计算，a 为加劲肋的宽度；加劲肋与柱顶板的连接焊缝宜按承受 $N/2$ 压力的正面角焊缝计算。当加劲肋与柱顶板构造上刨平顶紧时，其连接焊缝可按构造确定。

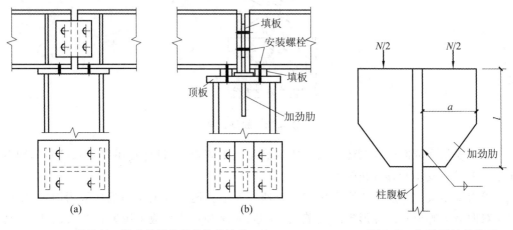

图 7-14　梁支承于柱顶的铰接连接　　　　图 7-15　加劲肋计算简图

梁端加劲板及其凸缘的设计方法同梁凸缘支座。梁直接支承在柱顶的连接方法构造简单，对梁长度方向的几何尺寸要求不高，这种连接方法的不足在于当连接的两梁跨度、荷载因素不同时，图 7-14(a)的构造易导致柱偏心受压。

在多层框架结构的中间层，柱与梁的连接只能在侧面，如图 7-16 所示，梁、柱之间通过型钢连接件或节点板连接，型钢连接件及节点板与梁腹板一般采用高强度螺栓连接，这主要是因为理论上梁腹板所受弯矩很小，进而认为腹板不传递弯矩，按铰接处理。型钢连接件及节点板与柱的连接可以采用拴接或焊接。当承受的竖向荷载较大时，宜在梁下部设置承托（见图 7-16(c)），承托可采用型钢或钢板，它与柱翼缘的连接一般用角焊缝连接，所承担的荷载是梁的竖向支座反力。当承托起临时安装作用时，竖向支座反力由螺栓承担。

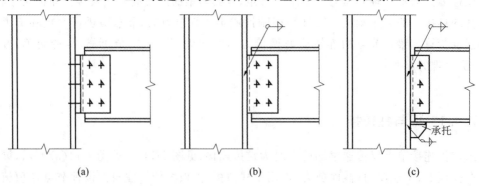

图 7-16　梁支承于柱侧面的铰接连接

7.4.2　梁与柱刚接

梁与柱刚接可以做成完全焊接、螺栓连接、栓焊混合连接三种形式。梁柱连接节点的具体计算和构造要求参见《钢结构设计标准》(GB 50017—2017)12.3 节。下面仅就几种常用梁柱刚性连接节点的受力特点作简要介绍。

梁与柱刚接时，其构造应保证梁端弯矩和剪力可靠地传到柱子，同时要保证节点的刚性，防止连接发生明显的相对转角。其次，节点构造应力求简洁以便于施工。图 7-17 是几种梁与柱的刚接。

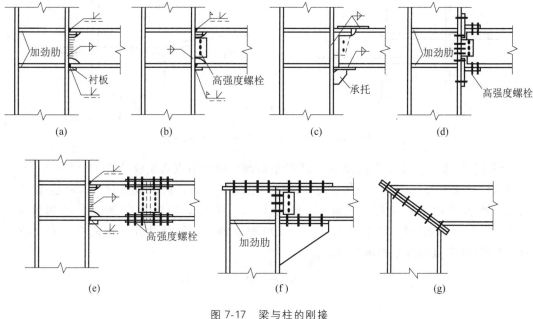

图 7-17　梁与柱的刚接

图 7-17(a)的构造是全部通过焊缝将弯矩和剪力传给柱子的，计算时可认为翼缘连接焊缝承受全部梁端弯矩，而剪力全部由腹板焊缝承担。为使梁翼缘连接焊缝能在平焊位置施焊，要在柱翼缘焊上衬板，同时在梁腹板端部预先留出槽口，上槽口是为了让出衬板的位置，下槽口是为了满足施焊的要求。梁的腹板与柱翼缘也可采用高强度螺栓连接，如图 7-17(b)所示。

图 7-17(c)是通过高强度螺栓和焊缝将梁端弯矩和剪力传给柱子的。由于梁端设有承托，故计算时可假定梁端剪力全部由其承担。

图 7-17(d)为采用 T 形连接件和高强度螺栓的梁与柱刚性连接构造。T 形连接件可由 H 型钢剖分或铸造而成，但其板厚需通过计算确定。该种连接由于要通过连接板或连接件才能将力传给柱子，故属于间接传力构造。

图 7-17(e)为梁与预先焊在柱上的牛腿（或短梁段）采用高强度螺栓相连而形成的刚性连接，梁端的弯矩和剪力是通过牛腿的焊缝传递给柱子的，而高强度螺栓传递梁与牛腿连接处的弯矩和剪力。

图 7-17(f)(g)为单层框架结构的梁与柱刚性连接构造，多见于门式钢架的梁柱节点

连接。

在节点处梁上翼缘的连接范围内,柱的翼缘可能在水平拉力的作用下向外弯曲,使连接焊缝受力不均匀;而在梁下翼缘附近,柱腹板又可能因水平压力的作用而局部失稳。因此,一般需在对应于梁的上、下翼缘处设置柱的水平加劲肋或横隔。否则,需对柱的腹板和翼缘进行强度和稳定性验算。

当框架柱两侧的梁高度不相等,或两垂直相交的梁高度不相等时,柱腹板的水平加劲肋应设在梁上、下翼缘的对应位置,也可将截面较小的梁端局部加高,如图 7-18 所示。

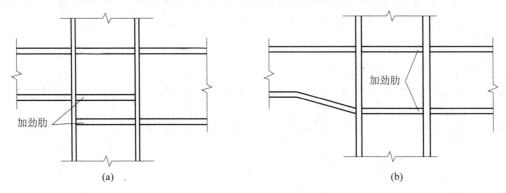

图 7-18 梁高不同时柱腹板加劲肋的设置

【**例题 7-1**】 某 H 型钢截面梁与 H 型钢截面柱刚性节点弯矩设计值 $M=350$ kN·m,剪力设计值 $V=200$ kN。节点构造为梁翼缘与柱翼缘采用焊透的坡口对接焊缝连接(设引弧板),腹板采用双面角焊缝连接,焊脚尺寸 $h_f=6$ mm,如图 7-19 所示。已知梁采用 HM500×300 型钢制作,柱采用 HW400×400 型钢制作,梁、柱及其连接板均为 Q235B 钢材,试验算该节点强度是否满足要求。

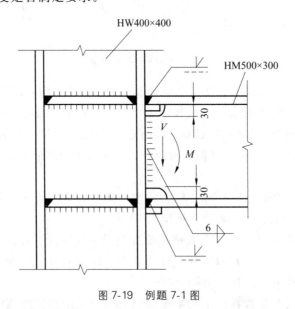

图 7-19 例题 7-1 图

【**解**】 查附表 2-1 知对接焊缝抗拉强度 $f_t^w=215$ N/mm²,角焊缝强度 $f_f^w=160$ N/mm²,Q235B 钢材的抗剪强度 $f_v=160$ N/mm²。

查型钢表知梁的截面高 $h=482$ mm,翼缘宽 $b_f=300$ mm,翼缘厚 $t_1=15$ mm,腹板厚

$t_2 = 11$ mm。

（1）翼缘对接焊缝强度验算：

$$\sigma = \frac{M}{(h-15)b_f t_1} = \frac{350 \times 10^6}{(482-15) \times 300 \times 15} \text{ N/mm}^2 = 166.55 \text{ N/mm}^2 < f_t^w = 215 \text{ N/mm}^2$$

（2）腹板角焊缝抗剪强度验算：

$$\tau = \frac{V}{2 \times 0.7 h_f l_w} = \frac{200 \times 10^3}{1.4 \times 6 \times (482 - 2 \times 15 - 2 \times 30 - 2 \times 6)} \text{ N/mm}^2$$

$$= 62.66 \text{ N/mm}^2 < f_f^w = 160 \text{ N/mm}^2$$

设计时还应以腹板净截面面积抗剪承载力的 1/2 作为焊缝所承担的剪力，则

$$\tau = \frac{A_{wn} f_v}{2 \times 2 \times 0.7 h_f l_w} = \frac{(482 - 2 \times 15 - 2 \times 30) \times 11 \times 125}{2 \times 1.4 \times 6 \times (482 - 2 \times 15 - 2 \times 30 - 2 \times 6)} \text{ N/mm}^2$$

$$= 84.43 \text{ N/mm}^2 < f_t^w = 160 \text{ N/mm}^2$$

由以上验算可知该节点强度满足要求。

7.4.3　梁与柱半刚性连接

工程中常用的梁与柱半刚性连接如图 7-20 所示，在竖向荷载作用下可以看作梁简支于柱，在水平荷载作用下起刚性节点作用。由此可见，半刚性连接必须有抵抗弯矩的能力，但无需像刚性连接那么大。如图 7-20(a)所示，可以采用端板-高强螺栓连接，端部可以外伸，也可以不伸出梁的翼缘，在弯矩作用下螺栓分别有受拉区和受压区，压力区螺栓可以少设，主要和受拉螺栓共同抵抗梁端前力。图 7-20(c)为梁端通过角钢或其他连接螺栓连接，在弯矩作用下角钢及其他连接件具有一定的可变形特性，从而实现梁与柱的半刚性连接。

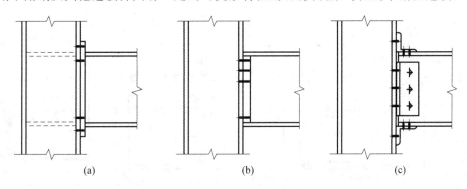

| (a) | (b) | (c) |

图 7-20　梁与柱半刚性连接

7.5　柱脚

建筑钢结构是由多个不同构件相互连接而成的空间体系，对于柱来说，其所承受的荷载主要来自与其相连接的梁，梁传来的荷载通过柱传给与其相连的基础。然而，由于基础混凝

土的强度远低于钢材,在同等压力作用下,混凝土需要较大的受压面积,所以必须把柱的底部放大形成柱脚,以增加其与混凝土基础顶部的接触面积。

柱脚的构造应使柱的内力可靠地传递给基础,并与基础有牢固的连接。在设计中柱脚是比较费料和费工的部分,所以柱脚设计时都应做到传力明确、安全可靠、经济合理、构造简单、具有足够刚度。柱脚按其与基础之间的传力不同,分为铰接和刚接两种形式。铰接柱脚主要传递轴力和剪力。刚接柱脚除传递轴力和剪力外,还应可靠地传递柱端弯矩给基础。

7.5.1　铰接柱脚

铰接柱脚与混凝土基础的连接方式主要是外露式,图 7-21 为工程中常用的外露式铰接柱脚,其中图 7-21(a)是最简单的铰接柱脚构造形式,主要应用于荷载较小的小型柱,压力由焊缝传至柱脚底板。对于荷载较大的大型柱,需要的底板尺寸较大,为减小底板的厚度,增大柱脚的刚度,一般在柱端与底板之间增设靴梁,如图 7-21(b)(c)(d)所示,柱子的轴力通过靴梁与柱子翼缘间的竖向焊缝传给靴梁,由靴梁把压力向两侧分开,然后再通过其与底板连接的水平焊缝传至底板。如果底板尺寸过大,可以在靴梁之间设置隔板,将底板分成几个区格,使底板所受弯矩减小,并提高靴梁的稳定性,为进一步提高靴梁的稳定性和底板的抗弯能力,还可以在靴梁外侧设置肋板。

外露式铰接柱脚是通过埋设在基础里的锚栓固定的,按照构造要求可采用 2~4 个直径为 20~25 mm 的锚栓。为了便于安装,底板上的锚栓孔径为锚栓直径的 1.5~2 倍。为保证锚栓对柱脚的固定作用,一般在柱脚安装定位以后,锚栓处底板上面设带标准孔垫板,并将其与底板焊牢。

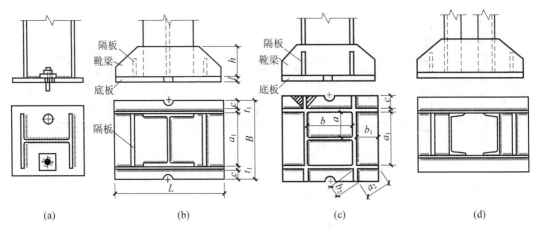

图 7-21　外露式铰接柱脚

外露式铰接柱脚的设计内容主要包括三个部分:底板尺寸、靴梁设计、隔板和肋板设计。

1. 底板尺寸

(1)底板的平面尺寸取决于基础材料的抗压能力。计算时基础对底板的压应力可近似认为是均匀分布的。这样所需的底板毛面积 A 按下式确定:

$$A = B \times L \geqslant \frac{N}{\beta_c \beta_l f_c} + A_0 \tag{7-14}$$

式中：N——作用于柱脚的压力设计值；

　　A_0——锚栓孔的面积，一般按构造要求初估；

　　β_c、β_l、f_c——符号含义见式(7-11)。

底板的宽度 B 取决于柱截面的宽度或高度、靴梁板的厚度和底板悬伸尺寸三部分，如图 7-21(b)所示，因此

$$B = a_1 + 2t_1 + 2c \tag{7-15}$$

式中：a_1——柱截面的宽度或高度；

　　t_1——靴梁板的厚度；

　　c——底板悬伸尺寸。

底板的长度为 $L = A/B$

B 与 L 宜近似相同，但不允许 L 大于 B 的两倍，因为过分狭长的柱脚会使底板下面的压力分布很不均匀。

(2) 底板的厚度由板的抗弯强度决定，所受荷载为基础与底板接触面的均匀反力。底板被靴梁、肋板、隔板和柱截面划分成不同的板区格，如果将靴梁、肋板、隔板、柱翼缘和腹板视为底板的支承构件，按边界条件的不同分为四边支承板、三边支承板、两相邻边支承板和悬臂板，如图 7-21(b)(c)所示。在均布反力作用下，各区格板单位宽度上的最大弯矩计算方法如下。

① 四边支承板，一般为双向弯曲的板，板中央的短边方向的弯矩比长边方向大，取单位宽度的板条作为计算单元，其弯矩为

$$M_4 = \alpha q a^2 \tag{7-16}$$

式中：q——作用于底板单位面积上的压力，$q = N/A$；

　　a——四边支承板的短边长度；

　　α——弯矩系数，根据板长边 b 和短边 a 的比按照表 7-1 取值。

② 三边支承板：

$$M_3 = \beta q a_1^2 \tag{7-17}$$

式中：a_1——三边支承板的自由边长度；

　　β——弯矩系数，根据 b_1/a_1 由表 7-2 查得。

③ 两相邻边支承板：

$$M_2 = \gamma q a_2^2 \tag{7-18}$$

式中：a_2——两自由边对角线长度(见图 7-21(c))；

　　γ——弯矩系数，根据 b_2/a_2 由表 7-3 查得。

表 7-1　四边简支板的弯矩系数 α

b/a	1.0	1.1	1.2	1.3	1.4	1.5	1.6	1.7	1.8	1.9	2	3	$\geqslant 4.0$
α	0.048	0.055	0.063	0.069	0.075	0.081	0.086	0.091	0.095	0.099	0.101	0.119	0.125

表 7-2　三边简支、一边自由的弯矩系数 β

b_1/a_1	0.3	0.4	0.5	0.6	0.7	0.8	0.9	1	1.2	$\geqslant 1.4$
β	0.026	0.042	0.058	0.072	0.085	0.092	0.104	0.111	0.120	0.125

表 7-3   两相邻边支承板的弯矩系数 γ

b_2/a_2	0.3	0.4	0.5	0.6	0.7	0.8	0.9	1	1.1	≥1.2
γ	0.026	0.042	0.056	0.072	0.085	0.092	0.104	0.111	0.120	0.125

④ 悬臂板：

$$M_1 = \frac{qc^2}{2} \tag{7-19}$$

式中：c——底板悬伸长度。

按最不利原则，取底板各区格最大弯矩 M_{max}，按抗弯强度确定底板的厚度 t：

$$t \geqslant \sqrt{6M_{max}/f} \tag{7-20}$$

式中：$M_{max} = \max\{M_1, M_2, M_3, M_4\}$。

在柱脚设计时，靴梁、肋板、隔板的布置位置应使底板上各区格弯矩大致相同，以免造成底板过厚而浪费材料。底板的厚度一般为 20～40 mm，且不得小于 14 mm，以确保足够的刚度，从而满足基础反力为均匀分布的假设。

2. 靴梁设计

如图 7-22 所示，靴梁的高度 h_1 主要由其与柱相连的焊缝长度决定，计算公式如下：

$$h_1 = \frac{N}{4 \times 0.7 h_f f_f^w} + 2h_f \tag{7-21}$$

靴梁的厚度不宜与柱翼缘厚度相差太大，且不宜小于 10 mm。

靴梁可视为支承于柱边的双悬臂梁，承受区格板传来的均布荷载以及隔板传来的集中力，靴梁截面在最大弯矩和剪力作用下应满足抗弯和抗剪强度要求。

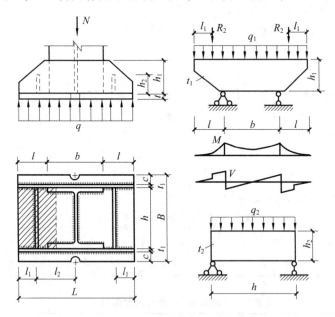

图 7-22　外露式铰接柱脚计算简图

靴梁承受的最大弯矩为

$$M = q_1 \cdot l \cdot \frac{l}{2} + R_2(l - l_1) \tag{7-22}$$

靴梁板承受的剪力为

$$V = q_1 \cdot l + R_2 \qquad (7\text{-}23)$$

式中：q_1——底板传给靴梁的线荷载；

R_2——隔板的支座反力。

3. 隔板和肋板设计

隔板作为划分底板区格的支承边界，应具有一定刚度，其厚度不得小于其宽度的 1/50，可比靴梁的厚度略小，高度由其与靴梁连接角焊缝的承载力确定，由于隔板内侧不易施焊，所以不应考虑内侧焊缝受力，隔板高度的计算公式为

$$h_2 = \frac{0.5 q_2 h}{0.7 h_{f_1} f_f^w} + 2 h_{f_1} \qquad (7\text{-}24)$$

式中：q_2——隔板承受的线荷载，如图 7-22 所示，$q_2 = q(l_1 + 0.5 l_2)$。

隔板的计算简图可视为支承于靴梁上的简支梁，在均布荷载 q_2 作用下应满足抗弯和抗剪承载力要求。

肋板可看作支承与靴梁的悬臂梁，其所承受的荷载如图 7-21(c)中所示阴影部分的底板反力。肋板与靴梁间的连接焊缝以及肋板本身的强度按其所承受的弯矩和剪力计算。

在铰接柱脚设计时不宜考虑构造锚栓的抗剪作用，柱端剪力可由底板与混凝土基础间的摩擦力或设置抗剪键承受，具体构造参见图 7-24 外露式柱脚。

【例题 7-2】 设计如图 7-23 所示轴心受压格构柱的柱脚。柱轴心压力的设计值 $N = 2700$ kN，柱脚钢材为 Q355 钢，焊条采用 E50 型，手工焊。基础混凝土的轴心抗压强度设计值 $f_c = 11.9$ N/mm²。

【解】 柱脚的具体构造形式和柱截面尺寸如图 7-23 所示。

(1) 底板尺寸。

取 $\beta_c = \beta_l = 1.0$，需要的底板净面积为

$$A_n = \frac{N}{\beta_c \beta_l f} = \frac{2700 \times 10^3}{1.0 \times 1.0 \times 11.9} \text{ mm}^2 = 226891 \text{ mm}^2$$

底板宽度为

$$B = a_1 + 2t_1 + 2c = (280 + 2 \times 12 + 2 \times 88) \text{ mm}$$
$$= 480 \text{ mm}$$

底板长度为

$$L = A_n / B = 226891/480 \text{ mm} = 473 \text{ mm}$$

取 $L = 550$ mm，底板毛面积为 $A = 480 \times 550 \text{ mm}^2 = 264000 \text{ mm}^2$，减去锚栓孔面积(约为 4000 mm²)，大于所需净面积。

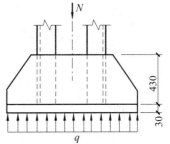
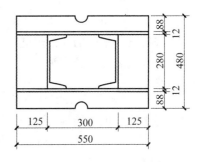

图 7-23 例题 7-2 图

基础对底板的压应力为 $q = \dfrac{N}{A_n} = \dfrac{2700 \times 10^3}{264000 - 4000}$ N/mm² $= 10.4$ N/mm² $< f_c = 11.9$ N/mm²，满足。

底板的区格有三种，分别计算其单位宽度的弯矩。

四边支承板，$b/a = 300/200 = 1.071$，查表 7-1，$a = 0.053$，则

$$M_4 = \alpha q a^2 = 0.053 \times 10.4 \times 280^2 \text{ N} \cdot \text{mm} = 43214 \text{ N} \cdot \text{mm}$$

三边支承板，$b_1/a_1 = 125/280 = 0.446$，查表 7-2，$\beta = 0.049$，则

$$M_3 = \beta q a_1^2 = 0.049 \times 10.4 \times 280^2 \text{ N} \cdot \text{mm} = 39953 \text{ N} \cdot \text{mm}$$

悬臂板：

$$M_1 = \frac{qc^2}{2} = \frac{1}{2} \times 10.4 \times 88^2 \text{ N} \cdot \text{mm} = 40269 \text{ N} \cdot \text{mm}$$

三种板区格的弯曲值相差不大，柱脚零件的布置位置比较合理，无需调整，底板单位板宽承受的最大弯矩为

$$M_{max} = M_3 = 4321 \text{ N} \cdot \text{mm}$$

底板厚度为 $t > \sqrt{6M_{max}/f} = \sqrt{6 \times 43214/295}$ mm $= 29.6$ mm，取 $t = 30$ mm。

（2）靴梁计算。

设靴梁与柱翼缘连接处焊缝的焊脚尺寸 $h_f = 12$ mm，则靴梁高度根据所需焊缝长度确定：

$$h_1 = \frac{N}{4 \times 0.7 h_f f_f^w} + 2h_f = \left(\frac{2700 \times 10^3}{4 \times 0.7 \times 12 \times 200} + 2 \times 12 \right) \text{ mm} = 426 \text{ mm}$$

取靴梁高度为 430 mm，厚度为 12 mm，截面强度验算如下。

两块靴梁板承受的线荷载为

$$qB = 10.4 \times 480 \text{ N/mm} = 4992 \text{ N/mm}$$

承受的最大弯矩：

$$M = \frac{qBl^2}{2} = \frac{4992 \times 125^2 \times 10^{-6}}{2} \text{ kN} \cdot \text{m} = 39 \text{ kN} \cdot \text{m}$$

$$\sigma = \frac{M}{W} = \frac{6 \times 39 \times 10^6}{2 \times 12 \times 430^2} \text{ N/mm}^2 = 53 \text{ N/mm}^2 < f = 295 \text{ N/mm}^2$$

剪力计算：

$$V = qBl = 4992 \times 125 \text{ N} = 624 \text{ kN}$$

$$\tau = 1.5 \frac{V}{h_1 t_1} = \frac{1.5 \times 624 \times 10^3}{2 \times 430 \times 12} \text{ N/mm}^2 = 90.7 \text{ N/mm}^2 < f_v = 170 \text{ N/mm}^2$$

按靴梁与地板的连接焊缝传递全部柱压应力考虑，设焊缝的焊脚尺寸均为 $h_f = 12$ mm，则所需焊缝总计算长度为

$$\sum l_w = \frac{N}{1.22 \times 0.7 h_f f_t^w} = \frac{2700 \times 10^3}{1.22 \times 0.7 \times 12 \times 200} \text{ mm} = 1317 \text{ mm}$$

考虑施焊的可能性，靴梁与地板的连接焊缝的实际计算长度为

$$l_w = (550 \times 2 + 125 \times 4 - 6 \times 2 \times 12) \text{ mm} = 1456 \text{ mm} > 1317 \text{ mm}$$

焊缝满足要求。

柱脚按构造采用两个直径为 20 mm 的螺栓。

7.5.2　刚接柱脚

刚接柱脚按柱脚位置分为外露式、外包式、埋入式和插入式四种。多高层结构框架柱的柱脚可采用埋入式柱脚、插入式柱脚及外包式柱脚；多层结构框架柱还可采用外露式柱脚；单层厂房刚接柱脚可采用插入式柱脚、外露式柱脚。

1. 外露式刚接柱脚

外露式刚接柱脚可分为整体式刚接柱脚(见图 7-24(a)～(d))和分离式刚接柱脚(见图 7-24(e))。整体式刚接柱脚常用于实腹柱和分支间距较小的格构柱,分离式刚接柱脚常用于分支间距较大的格构柱。

当作用于柱脚的压力和弯矩都比较小时,可采用图 7-24(a)(b)所示构造方案。图 7-24(a)和轴压柱脚构造类同,在螺栓连接处焊一角钢,以增加连接刚性。连接刚性要求较高时可采图 7-24(b)所示构造,此时螺栓通过用短加劲肋加强的短槽钢将柱脚与基础牢牢固定。

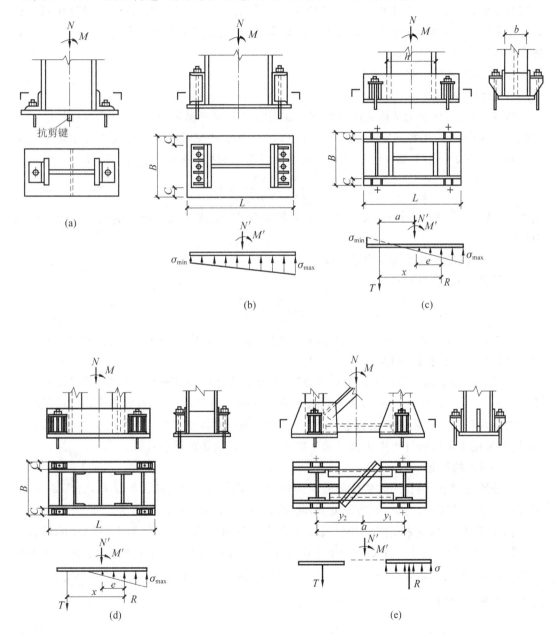

图 7-24 外露式刚接柱脚

当作用于柱脚的压力和弯矩都比较大时,可采用图 7-24(c)(d)所示带靴梁的构造方案。

由于靴梁和肋板将底板分为若干较小的区格,使底板的厚度明显减小,同时也大大提高柱脚的刚度。

对于分支间距较大的格构式柱,为节约钢材多采用分离式刚接柱脚,如图 7-24(e)所示,每个分支下的柱脚相当于一个轴心受压的铰接柱脚。但为了保证分离式刚接柱脚在运输和安装时具备一定的刚度,宜设置具有足够刚度的缀件将两个柱脚连在一起。

由于柱脚底板与基础(一般为混凝土材料)的接触面无法承受弯矩作用下产生的拉应力,因此需设置锚栓承受该拉应力的合力,故锚栓必须经过计算确定。为了便于施工中调整柱脚的位置,柱脚底板上锚栓孔的直径应是锚栓直径的 $1.5\sim2.0$ 倍,待柱子就位并调整到设计位置后,再用垫板套住锚栓并与水平板焊牢,垫板上的孔径只比锚栓直径大 $1\sim2$ mm,垫板厚度不宜小于 20 mm。

1) 整体式刚接柱脚

(1) 底板的计算。

如图 7-24(c)所示的整体式刚接柱脚的底板宽度 B 可根据构造要求确定,悬伸长度 C 一般取 $20\sim30$ mm。在弯矩与轴心压力作用下,底板与基础接触面上的压应力分布是不均匀的。底板在弯矩作用平面内的长度 L 应由基础混凝土的抗压强度条件定,即

$$\sigma_{\max} = \frac{N}{BL} + \frac{6M}{BL_2} \leqslant f_c \qquad (7\text{-}25)$$

式中:N、M——柱脚所承受的最不利弯矩和轴心压力,取使基础一侧产生最大压应力的内力组合;

f_c——混凝土的受压强度设计值。

底板另一侧的压应力为

$$\sigma_{\min} = \frac{N}{BL} - \frac{6M}{BL_2} \qquad (7\text{-}26)$$

显然,如果 $\sigma_{\min}$ 为压应力,说明底板范围内无受拉区,而当 $\sigma_{\min}$ 为拉应力时,柱脚底板范围内的受拉区合力由锚栓承担。

底板的厚度由压应力产生的弯矩计算确定,计算方法同外露式铰接柱脚,其厚度不宜小于 16 mm。对于偏心受压柱脚,由于底板压应力分布不均匀,计算时可偏安全地取底板各区格下的最大压应力。需要注意的是,此种方法仅适用于底板全部受压的情况。若 $\sigma_{\min}$ 为拉应力,则应采用下面锚栓计算中所算得的基础压应力进行底板的厚度计算。

(2) 锚栓的计算。

如前所述,锚栓的作用是使柱脚能牢固地固定于基础并承受拉力。显然,若弯矩较大,由式(7-26)所得的 $\sigma_{\min}$ 为负,即为拉应力,此拉应力的合力由柱脚锚栓承受。

在计算锚栓时,应采用使其产生最大拉力的组合内力 N' 和 M'。为求得锚栓的最大拉力,通常取 N' 偏小而 M' 偏大的一组最不利内力。一般情况下,可不考虑锚栓和混凝土基础的弹性性质,近似地按式(7-25)和式(7-26)计算底板两侧的应力 $\sigma_{\max}$ 和 $\sigma_{\min}$。由 $\sum M = 0$ 即可求得锚栓拉力为

$$T = \frac{M' - N'(x-a)}{x} \qquad (7\text{-}27)$$

式中:a——锚栓至轴力 N' 作用点的距离;

x——锚栓至基础受压区合力作用点的距离。

按此锚栓拉力即可计算出或按附录 8 查出底板一侧所需锚栓的个数和直径。

由于式(7-27)是建立在底板绝对刚性基础上得出的,理论上不够严谨,并且算出的 T 往往偏大。因此,当按式(7-27)的拉力所确定的锚栓直径大于 60 mm 时,宜考虑锚栓和混凝土基础的弹性性质,按下述方法计算锚栓的拉力。

假定变形符合平截面假定,在 N' 和 M' 的共同作用下,底板应力和应变如图 7-25 所示,则

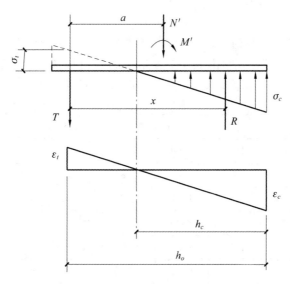

图 7-25　底板应力和应变

$$\frac{\sigma_t}{\sigma_c} = \frac{E\varepsilon_t}{E\varepsilon_c} = n_0\frac{h_0 - h_c}{h_c} \tag{7-28}$$

式中:σ_t——锚栓的拉应力;

　　σ_c——底板边缘混凝土的最大压应力;

　　n_0——钢和混凝土的弹性模量之比;

　　h_0——锚栓至底板最大受压边缘的距离;

　　h_c——底板受压区高度。

由力和力矩平衡条件得

$$N' + N_t = \frac{1}{2}\sigma_c bh_c \tag{7-29}$$

$$N'a + M' = \frac{1}{2}\sigma_c bh_c\left(h_0 - \frac{h_c}{3}\right) \tag{7-30}$$

式中:b——底板宽度;

　　N_t——锚栓拉力。

将式(7-28)、式(7-29)两式消去 σ_c,并令 $h_c = \alpha h_0$,由式(7-30)得

$$\alpha^2\left(\frac{3 - \alpha}{1 - \alpha}\right) = \frac{6(M' + N'a)}{bh_0^2}\cdot\frac{n_0}{\sigma_t} \tag{7-31}$$

令

$$\beta = \frac{6(M' + N'a)}{bh_0^2}\cdot\frac{n_0}{\sigma_t} \tag{7-32}$$

则

$$\alpha^2 \left(\frac{3-\alpha}{1-\alpha} \right) = \beta \tag{7-33}$$

再由式(7-29)、式(7-30)两式消去 σ_c，得

$$N_t = k \frac{M' + N'a}{h_0} - N' \tag{7-34}$$

上式中系数 k 与 α 值有关，即

$$k = 3/(3-\alpha) \tag{7-35}$$

为便于计算，将 β、k 系数列于表 7-4 中。具体计算步骤为：①由式(7-32)算出 β，取 σ_t 等于锚栓的抗拉强度设计值 f_t^b；②由表 7-4 查出最为接近的 k 值(不必用插入法)；③按式 (7-34)求出锚栓拉力 N_t；④由附录 8 确定一侧锚栓的直径和个数。

表 7-4　系数 β、k

β	0.068	0.098	0.134	0.176	0.225	0.279	0.340	0.407	0.482
k	1.05	1.06	1.07	1.08	1.09	1.10	1.11	1.12	1.13
β	0.565	0.656	0.755	0.864	0.981	1.110	1.250	1.403	1.567
k	1.14	1.15	1.16	1.17	1.18	1.19	1.20	1.21	1.22
β	1.748	1.944	2.160	2.394	2.653	2.935	3.248	3.592	3.977
k	1.23	1.24	1.25	1.26	1.27	1.28	1.29	1.30	1.31
β	4.407	4.888	5.461	6.047	6.756	7.576	8.532	9.663	10.02
k	1.32	1.33	1.34	1.35	1.36	1.37	1.38	1.39	1.40

锚栓的拉应力：

$$\sigma_t' = \frac{N_t}{nA_e} \leqslant f_t^b \tag{7-36}$$

由于锚栓的直径一般较大，对粗大的螺栓，受拉时不能忽略螺纹处应力集中的不利影响；此外，锚栓是保证柱脚刚性连接的最主要部件，应使其弹性伸长不致过大，所以《钢结构设计标准》(GB 50017—2017)取了较低的抗拉强度设计值。例如，对 Q235 钢锚栓，取 $f_t^b =$ 140 N/mm²；对 Q355 钢锚栓，取 $f_t^b = 180$ N/mm²，分别相当于受拉构件强度设计值(第二组钢材)的 0.7 倍和 0.6 倍。

柱脚锚栓不宜承受柱脚底部的水平剪力，此水平剪力宜由底板与混凝土基础间的摩擦力(摩擦系数可取 0.4)或设置抗剪键承受(见图 7-24(a))。

柱脚锚栓的工作环境变化较大，露天和室内工作的腐蚀情况不尽相同，对于容易锈蚀的环境，锚栓应按计算面积为基准预留适当腐蚀量。此外，柱脚锚栓应有足够的埋置深度，当埋置深度受限或锚栓在混凝土中的锚固较长时，可设置锚板或锚梁。

由于底板平面外刚度不足，锚栓不宜直接连于底板上，以免锚栓不能可靠受拉。锚栓通常支承在焊于靴梁的肋板上，肋板上同时搁置水平板和垫板，如图 7-24 所示。

肋板顶部的水平焊缝以及肋板与靴梁的连接焊缝(此焊缝为偏心受力)应根据每个锚栓的拉力计算确定。锚栓支承垫板的厚度根据其抗弯强度计算。

(3)靴梁、隔板及其连接焊缝的计算。

靴梁与柱身的连接焊缝应按可能产生的最大内力 N_1 计算，并由焊缝所需要的长度确定

靴梁的高度。其中：

$$N_1 = \frac{N}{2} + \frac{M}{h} \tag{7-37}$$

靴梁按支承于柱边缘的悬伸梁验算其截面强度。靴梁的悬伸部分与底板间的连接焊缝（共有 4 条）应按整个底板宽度下的最大基础反力计算。在柱身范围内，靴梁内侧不便施焊，只考虑外侧两条焊缝受力，可按该范围内最大基础反力计算。

隔板的计算同轴心受压柱脚，其所承受的基础反力均偏安全地取该计算段内的最大值计算。

2）分离式刚接柱脚

分离式刚接柱脚的每个分支柱脚可按轴压柱脚设计，其轴向压力取分支可能产生的最大压力，但锚栓应由计算确定。如果分支 1 受压较大，则分支 1 柱脚所承受的最大压力按下式计算：

$$N_1 = \frac{Ny_2 + M}{a} \tag{7-38}$$

式中：N、M——对分支最不利的内力组合值；

$\qquad y_2$——分支 2 轴线到柱轴线的距离（见图 7-24(e)）；

$\qquad a$——两分支轴线距离。

每个分支柱脚的锚栓也按各自最不利组合内力换算成的最大拉力计算。

2. 外包式柱脚

外包式柱脚属于钢和混凝土组合结构，内力传递复杂，影响因素多。

分析表明，混凝土外包式柱脚的钢柱弯矩大致上在外包柱脚顶部钢筋位置处最大，在底板处约为零，即在外包混凝土刚度较大且充分配置顶部钢筋的条件下，假定钢柱从外包柱脚顶部开始向外包钢筋混凝土传递内力，如图 7-26 所示。

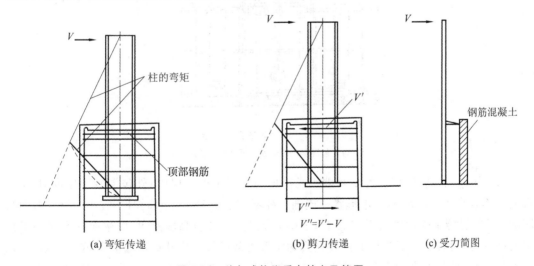

图 7-26 外包式柱脚受力特点及简图

外包式柱脚典型的破坏模式有：①钢柱的压力导致顶部混凝土压坏；②外包混凝土剪力引起的斜裂缝；③主筋在外包混凝土锚固区破坏；④主筋弯曲屈服（见图 7-27）。其中，前三种破坏模式会导致承载力急剧下降，变形能力较差。因此外包混凝土顶部应配置足够的抗剪补强钢筋,通常集中配置三道构造箍筋,以防止顶部混凝土被压碎和保证水平剪力传递。随着外包柱脚加高,外包混凝土上作用的剪力相应变小,但主筋锚固力变大,可有效提高破坏承载力。

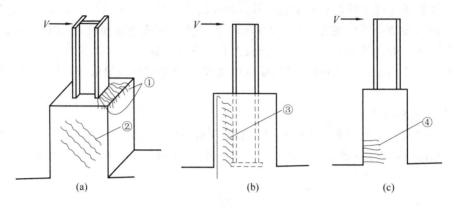

图 7-27   外包式柱脚的破坏模式

由于外包式柱脚钢柱向外包混凝土传递内力在顶部钢筋处实现,因此外包混凝土部分可按钢筋混凝土悬臂梁设计。

外包式柱脚的计算与构造(见图 7-28)应符合下列规定。

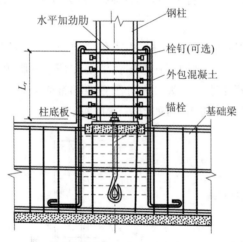

图 7-28   外包式柱脚的构造

L_r 为外包混凝土顶部箍筋至柱底板的距离

（1）外包式柱脚底板应位于基础梁或筏板的混凝土保护层内;外包混凝土厚度对 H 形截面柱不宜小于 160 mm,对矩形管柱或圆管柱不宜小于 180 mm,同时不宜小于钢柱截面高度的 30%;混凝土强度等级不宜低于 C30;柱脚混凝土外包高度对 H 形截面柱不宜小于柱截面高度的 2 倍,对矩形管柱或圆管柱宜为矩形管截面长边尺寸或圆管直径的 2.5 倍;当没有地下室时,外包宽度和高度宜增大 20%;当仅有一层地下室时,外包宽度宜增大 10%。

（2）柱脚底板尺寸和厚度应按结构安装阶段荷载作用下轴心力、底板的支承条件计算确定,其厚度不宜小于 16 mm。

（3）柱脚锚栓应按构造要求设置,直径不宜小于 16 mm,锚固长度不宜小于其直径的 20 倍。

（4）柱在外包混凝土的顶部箍筋处应设置水平加劲肋或横隔板，其宽厚比应符合受弯构件横向加劲肋的相关规定。

（5）当框架柱为圆管柱或矩形管柱时，应在管内浇灌混凝土，强度等级不应小于基础混凝土，浇灌高度应高于外包混凝土，且不宜小于圆管直径或矩形管的长边。

（6）外包钢筋混凝土的受弯和受剪承载力验算及受拉钢筋和箍筋的构造要求应符合现行国家标准《混凝土结构设计标准》GB/T 50010—2010 的有关规定，主筋伸入基础内的长度不应小于 25 倍直径，四角主筋两端应加弯钩，下弯长度不应小于 150 mm，下弯段宜与钢柱焊接，顶部箍筋应加强加密，并不应小于 3 根直径 12 mm 的 HRB335 级热轧钢筋。

3. 埋入式柱脚

将钢柱直接埋入混凝土构件（如地下室墙、基础梁等）中的柱脚称为埋入式柱脚，如图 7-29 所示。

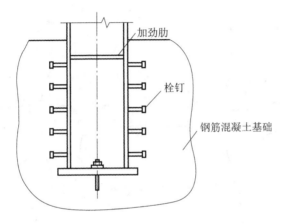

图 7-29 外包式柱脚

埋入式柱脚应符合下列规定。

（1）钢柱埋入部分四周设置的主筋、箍筋应根据柱脚底部弯矩和剪力按现行国家标准《混凝土结构设计标准》GB/T 50010—2010 计算确定，并应符合相关的构造要求。柱翼缘或管柱外边缘混凝土保护层厚度（见图 7-30）、边列柱的翼缘或管柱外边缘至基础梁端部的距离不应小于 400 mm，中间柱翼缘或管柱外边缘至基础梁梁边相交线的距离不应小于 250 mm；基础梁梁边相交线的夹角应做成钝角，其坡度不应大于 1∶4 的斜角；在基础护筏板的边部，应配置水平 U 形箍筋抵抗柱的水平冲切。

（2）柱脚端部及底板、锚栓、水平加劲肋或横隔板的构造要求同外包式柱脚的有关规定。

（3）圆管柱和矩形管柱应在管内浇灌混凝土。

（4）对于有拔力的柱，宜在柱埋入混凝土部分设置栓钉。

为保证钢柱与混凝土基础间传力可靠，埋入式柱脚埋入钢筋混凝土的深度 d 应符合下列公式的要求与表 7-5 的规定。

H 形、箱形截面柱：

$$\frac{V}{b_f d} + \frac{2M}{b_f d^2} + \frac{1}{2}\sqrt{\left(\frac{2V}{b_f d} + \frac{4M}{b_f d^2}\right)^2 + \frac{4V^2}{b_f^2 d^2}} \leqslant f_c \tag{7-39}$$

圆管柱：

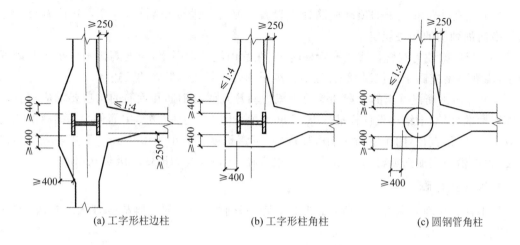

(a) 工字形柱边柱　　　　(b) 工字形柱角柱　　　　(c) 圆钢管角柱

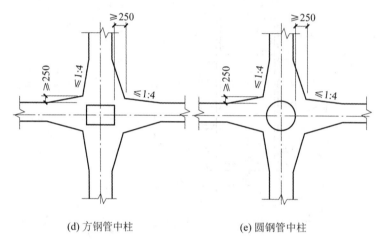

(d) 方钢管中柱　　　　(e) 圆钢管中柱

图 7-30　埋入式柱脚翼缘或管柱外边缘混凝土保护层厚度

$$\frac{V}{Dd} + \frac{2M}{Dd^2} + \frac{1}{2}\sqrt{\left(\frac{2V}{Dd} + \frac{4M}{Dd^2}\right)^2 + \frac{4V^2}{D^2d^2}} \leqslant 0.8f_c \qquad (7\text{-}40)$$

式中：M、V——柱脚底部的弯矩和剪力设计值；

d——柱脚埋深；

b_f——柱翼缘宽度；

D——钢管外径；

f_c——混凝土抗压强度设计值。

4. 插入式柱脚

插入式柱脚是指钢柱直接插入已浇筑好的混凝土杯口基础内，经校准后用细石混凝土浇灌至基础顶面，使钢柱与基础刚性连接（见图 7-31）。其作用力的传递机理与埋入式柱脚基本相同。

插入式柱脚中钢柱插入混凝土基础杯口的深度应符合表 7-5 的规定。实腹式截面柱的柱脚还应满足式（7-39）或式（7-40）的计算要求，双支格构柱的柱脚插入深度应按下式计算：

$$d \geqslant \frac{N}{f_tS} \qquad (7\text{-}41)$$

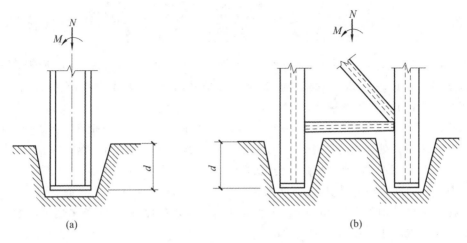

图 7-31　插入式柱脚

式中：N——柱支轴向拉力设计值；

　　　f_t——杯口内二次浇筑层细石混凝土抗拉强度设计值；

　　　S——柱支外轮廓线的周长，对圆管柱，$S＝\pi(D＋100)$。

表 7-5　钢柱插入杯口的最小深度

柱截面形式	实腹柱	双支格构柱（单杯口或双杯口）
最小插入深度 d_{min}	$1.5h_c$ 或 $1.5D$	$0.5h_c$ 和 $1.5b_c$（或 D）的较大值

思 考 题

7-1　简述桁架节点板的受力特点及其稳定计算方法。

7-2　按加工工艺不同，钢梁的拼接分几类？各自特点如何？

7-3　如何合理确定钢梁拼接焊缝的位置？

7-4　简述主次梁连接形式有哪些？各自特点如何？

7-5　试述支承于砌体或混凝土构件上的钢梁支座有哪些？各自的受力性能如何？

7-6　梁柱节点按其刚度的不同分为哪几种？

7-7　按传力种类不同，钢柱脚分为哪几类？其应用范围如何？

7-8　钢结构工程中常用的刚接柱脚有哪些？

7-9　简述外露式铰接柱脚的设计内容和步骤。

7-10　简述外露式刚接柱脚的传力途径。

7-11　试述外包式柱脚的主要构造有哪些？

7-12　试述埋入式柱脚的主要构造如何？

习　题

7-1　已知主梁截面为 HW450×200 型钢,次梁截面为 HW400×200 型钢,次梁端部支座反力 $R=210$ kN。钢材为 Q235B,焊条采用 E43 型,手工焊,高强度螺栓为 10.9 级,试设计该主次梁连接。

7-2　已知截面为 HW450×200 型的钢梁,截面最不利内力设计值 $M=290$ kN·m, $V=110$ kN,拼接处翼缘熔透对焊,腹板采用高强度螺栓拼接板连接。钢材为 Q235B,焊条采用 E43 型,手工焊,高强度螺栓为 10.9 级,试设计该梁的拼接连接。

7-3　试设计轴心受压柱外露式铰接柱脚。钢柱截面为 HW400×400 型钢,承受轴心压力的设计值为 $N=2500$ kN,$V=85$ kN。钢材为 Q235B,焊条采用 E43 型,手工焊。基础混凝土强度等级为 C30。

7-4　试设计框架柱外露式刚接柱脚,并绘制柱脚施工详图。钢柱截面为 HM488×300 型钢,柱底端截面内力设计值为 $N=2000$ kN,$M=290$ kN·m,$V=110$ kN。钢材为 Q355B,焊条采用 E50 型,手工焊。基础混凝土强度等级为 C30。

7-5　试设计框架柱外包式刚接柱脚,并绘制柱脚施工详图。钢柱截面为 HM488×300 型钢,柱底端截面内力设计值为 $N=2000$ kN,$M=290$ kN·m,$V=110$ kN。钢材为 Q355B,焊条采用 E50 型,手工焊。基础及外包混凝土强度等级为 C30。

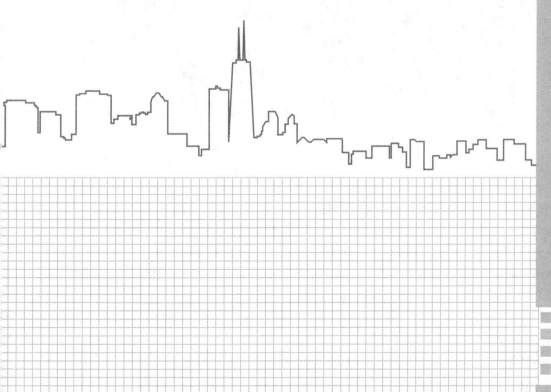

第8章

钢结构设计软件简介

GANGJIEGOU SHEJI RUANJIAN JIANJIE

新质生产力与建筑智能

　　北京大兴国际机场是党中央、国务院决策的国家重大标志性工程,是国家发展的一个新的动力源,将引领中国民航机场的建设发展方向。北京大兴国际机场航站楼工程是机场建设的核心工程,无论是工程的规模体量,还是技术的复杂程度,均为国际类似工程之最。它是目前世界最大的单体航站楼,世界最大的单体减隔震建筑,世界首座实现高铁下穿的机场航站楼,世界首座实现便捷"三进两出"的航站楼。

　　主航站楼屋盖钢结构跨度大、曲线变化复杂、位形控制精度要求高、下方混凝土结构错层复杂。通过多方案比选,对施工工况采用有限元计算软件进行受力和变形分析,确定了"分区安装,分区卸载,位形控制,变形协调,总体合拢"的施工原则。此外,针对屋盖钢结构杆件多的特点,研究了基于 BIM 模型与物联网的钢结构预制装配技术,将 BIM 模型、三维激光扫描、物联网传感器等集成智能虚拟安装系统,开发 APP 应用移动平台和二维码识别系统,实现了在 BIM 模型里实时显示构件状态。在施工过程中,还参照 BIM 模型采用三维激光扫描技术与放样机器人结合,建立了高精度三维工程控制网,严格控制网架拼装、提升等各阶段位形,确保了最终位形与设计模型吻合。钢结构加工、安装方案的关键创新是屋架四个月成功安装的关键。

 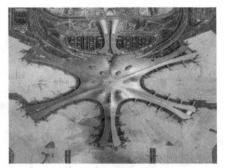

北京大兴国际机场航站楼钢结构图　　　　北京大兴国际机场航站楼俯瞰图

北京大兴国际机场

　　在北京大兴国际机场航站楼建设中,面对史无前例的建造难题,建设团队致力于技术创新,解决了超大平面混凝土结构施工关键技术、超大平面层间隔震综合技术、超大平面复杂空间曲面钢网格结构屋盖施工技术、超大平面不规则曲面双层节能型金属屋面施工技术、超大平面航站楼屋盖大吊顶装修施工关键技术、超大型多功能航站楼机电工程综合安装技术等技术难题,为解决机场建设的世界级难题交上了完美的"中国方案",取得了令人瞩目的施工成果。

　　了解 SAP2000 的发展及特点、图形用户界面的组成、一些基本概念和常用单元,掌握 SAP2000 应用的基本工作流程及其图形用户界面的功能和使用方法。

8.1　SAP2000 简介

SAP2000 是由美国 CSI(Computers and Structures,Inc.)公司开发的通用建筑结构分析与设计软件。时至今日,SAP2000 已有四十余年的发展历史,服务于全球数十万工程师并得到了一致的认可与好评,已然成为建筑结构分析与设计领域的业界翘楚。

1963 年,美国加州大学伯克利分校的 Wilson 和 Clough 在教授结构静力与动力分析课程时,利用 FORTRAN 语言自主开发了 SMIS(Symbolic Matrix Interpretive System)程序。SMIS 程序的开发目的在于消除传统手算在应用矩阵位移法时遇到的计算困难,该程序被免费发放给各大高校用于教授现代结构分析课程。目前,SMIS 的最终版本 CAL91 仍广泛应用于众多高校。

1969 年,Wilson 教授原创性地开发了第一个基于小型机的 SAP(Structural Analysis Program)程序。自此以后,SAP 就成为结构有限元分析的代名词,更为后续许多有限元软件提供了初始的源代码。SAP 具有通用的结构分析功能,既可用于各种形式的工程结构,也便于工程师学习和使用。

1973 年,Bathe 博士进一步优化了 SAP 的动力分析模块,同时更新为 SAP-IV。在当时,SAP-IV 是世界上计算速度最快、分析功能最强的结构有限元软件。

1978 年,Wilson 教授的学生 Ashraf 成立了 CSI 公司,致力于包括 SAP2000 在内的多款结构分析与设计软件(如 ETABS、SAFE、CSIBridge)的开发与推广。CSI·公司的软件开发人员多为 Wilson 教授的学生,而 Wilson 教授本人也是 CSI 公司的高级技术发展顾问。因此,CSI 公司的众多产品代表着 Wilson 教授及其学生在建筑结构有限元分析领域内的最新研究成果。

1996 年,CSI 公司发布了第一个完全集成于 Windows 的版本 SAP2000,并广泛应用于结构工程、岩土工程、水利水电工程、道路与桥梁工程以及机械工程。SAP2000 具有集成化的工作环境、高效稳定的求解器,以及方便、快捷的交互式设计,目前已更新至 SAP2000v19。

自 1979 年开始,从美国学成归来的张之勇、董平教授等在国内陆续开办了一系列关于有限元分析的专题讲座。在此基础上,来自全国各地高校、科研机构以及企事业单位的专家学者、科研人员得以学习最前沿的有限元理论。与此同时,第一个在国内得到广泛推广和使用的有限元程序是张之勇教授带回国内的 SAP-V 程序。SAP-V 程序在当时的学术界和工程界引起了极大的轰动,同时获得了第三届中国工业大奖。

北京筑信达工程咨询有限公司是美国 CSI 公司在中国大陆地区唯一的合作伙伴,致力于打造更符合国内工程师需求的 SAP2000 中文版。除英文版的全部功能外,SAP2000 中文版还支持国内常用的建筑结构设计规范,具体包括《建筑结构荷载规范》(GB 50009—2012)、《混凝土结构设计标准》(GB/T 50010—2010)、《钢结构设计标准》(GB 50017—2017)等。此外,借助 SAP2000 的二次开发功能,SAP2000 中文版还为国内工程师们提供了"筑信达工具箱",用以提高软件操作的专业性和便捷性。

近年来,从 CCTV(中央电视台)总部大楼到国家体育场(鸟巢)、国家游泳中心(水立方),再到"一带一路"海外市场的开拓,一大批的国家重点项目无不凝聚和体现了 SAP2000 强大的分析和设计功能,也必将带动 SAP2000 在国内的进一步推广和使用。

8.1.1　集成化的工作环境

利用 SAP2000 集成化的工作环境,用户可以在同一个操作界面中完成几何建模、属性定义、荷载施加、设置并运行分析、结果后处理以及结构设计等各种操作。同时,SAP2000 还提供交互式的数据库编辑功能,用于高效的批量化操作或二次处理。SAP2000 的集成化工作环境主要包括以下 14 个方面。

(1) 强大的图形显示功能:快速切换二维视图、三维视图、透视图或轴测图。

(2) 丰富的内置模型模板:快速创建常见模型以供后续进一步修改和完善。

(3) 多轴网系统和捕捉功能:利用轴网线、参考点以及对象捕捉功能,高效、准确地进行几何建模。

(4) 灵活的几何绘制和编辑功能:对几何模型进行高效和快捷的分割、合并、移动、复制以及拉伸等操作。

(5) 基于对象的几何建模技术:基于实际的结构构件进行建模,无需烦琐的网格剖分操作。

(6) 完全集成的 SD 截面设计器:定义任意复杂的组合截面或钢筋布置形式。

(7) 自动边约束:自动处理相邻面对象交界处的网格不匹配问题,保证交界处的位移协调性和构件之间的可靠连接。

(8) 自动风荷载:基于隔板或面对象自动施加规范相关的风荷载。

(9) 自动地震荷载:利用底部剪力法自动对结构施加侧向地震荷载。

(10) 交互式混凝土结构设计和钢结构设计:无需重新运行分析即可修改设计选项、更新设计结果。

(11) 分析或设计结果的图形显示:包括变形图、振形图、应力云图、支座反力等。

(12) 分析或设计结果的表格输出:便于数据导出及后续进一步的二次处理。

(13) 多步静力分析或时程分析的绘图函数:可用于绘制结构的荷载-位移曲线、构件的滞回曲线以及各种各样的动力时程曲线。

(14) 各种模型转换接口:导入或导出各种格式的模型文件,实现与第三方软件无缝对接。

8.1.2　高效、稳定的求解器

利用 SAP2000 国际领先且高效、稳定的求解器 SAPFire®,用户可以采用多种单元类型运行各种结构分析。从线性分析到非线性分析,从静力分析到动力分析,从移动荷载分析到施工分析,SAP2000 均能游刃有余地为用户提供最可靠的分析结果。

首先,SAP2000 具有丰富的单元库(包括一维、二维以及三维单元),可用于模拟各种形状和力学性能的结构构件,具体如下。

(1) 框架单元:多用于模拟梁、柱、支撑等各种杆件,也可用于模拟悬索、拉索等柔性构件。

（2）壳单元：用于模拟墙、板、壳等薄壁类构件。

（3）实体单元：用于模拟地基、路堤、水坝等三维的块体结构或构件的细节模型。

（4）连接单元：用于模拟两点之间或单点与地面之间特殊的连接关系，包括阻尼器、隔震器、BRB支撑等。

（5）悬链索单元：用于模拟悬链索的单拉、应力刚化以及大位移效应。

（6）钢束单元：用于模拟混凝土构件内嵌的预应力钢筋。

（7）平面单元：用于处理平面应力或平面应变问题。

（8）轴对称单元：用于模拟几何和荷载均具有轴对称特性的结构。

其次，SAP2000强大的求解器可用于解决建筑结构领域中绝大多数复杂的结构分析问题。例如，Pushover分析、非线性稳定性分析、减隔震分析、P-Delta分析等。具体来讲，SAP2000涉及的结构分析类型如下。

（1）静力分析：线性静力分析为最常规的结构分析类型，多用于结构的弹性设计。非线性静力分析通过考虑不同的非线性因素，广泛应用于稳定性分析、静力弹塑性分析等。

（2）模态分析：特征向量法多用于计算结构固有的动力学特性，包括固有频率、基本振型等。里兹向量法可以考虑动力荷载的空间分布形式，主要用于反应谱分析和模态时程分析。

（3）反应谱分析：振型分解反应谱法是目前结构抗震计算的基本分析方法，SAP2000支持多种类型的振型组合及方向组合。

（4）时程分析：针对随时间变化的动力荷载进行逐步求解，多用于不规则建筑、甲类建筑或超高超限建筑的补充计算。模态时程分析多用于线性分析，也可以用于部分非线性分析（FNA分析），如减隔震分析。直接积分时程分析可同时用于线性或非线性分析，如动力弹塑性分析。

（5）稳态分析：用于在频域范围内求解简谐荷载作用下的结构动力问题，如汽机基础的动力计算。

（6）功率谱密度分析：同样用于在频域范围内求解简谐荷载作用下的结构动力问题。不同的是，稳态分析属于确定性分析，功率谱密度分析属于非确定性随机分析。

（7）屈曲分析：用于计算结构或构件出现分支点失稳的临界荷载和屈曲模态。在此基础上，后续非线性稳定性分析可利用屈曲模态引入结构的初始几何缺陷。

（8）移动荷载分析：用于计算结构在移动荷载作用下最不利的荷载效应和最不利的荷载位置，包括桥梁结构的汽车荷载、厂房结构的吊车荷载等。

（9）阶段施工分析：用于计算分阶段施工的荷载效应以及材料的时变属性，如混凝土的收缩、蠕变以及龄期效应。

（10）多步静力分析：通过定义车辆荷载的起始位置、起始时间、行驶方向和行驶速度，计算不同时间点上结构的线性静力响应，通常与移动荷载分析配合使用。

8.1.3 方便、快捷的交互式设计

利用SAP2000方便、快捷的交互式设计功能，用户可进行混凝土结构设计、钢结构设计、冷弯薄壁型钢结构设计以及铝结构设计。除此之外，SAP2000还可以采用欧洲标准EN

1992-1-1:2004 推荐的方法进行混凝土壳的配筋计算。SAP2000 的结构设计功能具有以下 5 个特点。

（1）多国（地区）设计规范：SAP2000 支持包含中国在内的多个国家（地区）的设计规范，如美国规范、俄罗斯规范、印度规范以及欧洲规范等。因此，对于承接海外工程项目的国内设计单位，采用 SAP2000 进行结构设计往往是最佳选择。

（2）交互式结构设计：在无需重新进行结构分析的情况下，用户可以根据需要修改设计选项和参数，实时查看更新后的设计结果。

（3）钢结构自动优化设计：对钢结构构件指定自动选择截面列表，SAP2000 即可根据用户指定的位移目标或周期目标进行自动截面优化，帮助用户筛选出同时满足目标值和应力比要求的最优截面。

（4）详细的设计细节：针对每一个构件输出详细的设计细节，包括材料设计属性、截面几何属性、中间设计参数等各种数据。

（5）设计结果的图形显示：除设计细节和表格输出外，用户还可以在视图中以图形化的方式形象、直观地显示各种设计结果，如应力比、轴压比、配筋面积、配筋率等。

8.2　图形用户界面

SAP2000 具有集成化的图形用户界面（Graphical User Interface，GUI），用户可在同一视图窗口中进行几何建模、属性定义、荷载施加以及结果后处理等操作。同时，SAP2000 采用三维空间的图形显示与界面操作，用户既可以灵活切换平面视图、立面视图和三维视图，也可以对几何模型进行平移、缩放、旋转等视图控制。这里主要介绍 SAP2000 图形用户界面的各个组成部分及其功能和使用方法。

8.2.1　界面组成

如图 8-1 所示，SAP2000 采用标准的 Windows 操作界面，利用鼠标即可完成移动、缩放、关闭、最大/最小化等操作。整体来讲，SAP2000 的图形用户界面可分为 5 个区域，即标题栏、菜单栏、工具栏、状态栏以及视图窗口。

标题栏位于操作界面的最顶部，用于显示程序的名称、版本号、功能版本以及当前模型的文件名。需要注意的是，版本号（类似于"v24.1.0"的标识）与程序的更新时间有关，功能版本分为基本版（Basic）、增强版（Plus）、高级版（Advanced）、巅峰版（Ultimate）。功能版本不同的程序具有不同的功能限制。例如，自动波浪荷载和材料的时变属性只能在巅峰版（Ultimate）中使用。

菜单栏位于标题栏下方，共包含 13 个主菜单：文件、编辑、视图、定义、绘制、选择、指定、分析、显示、设计、选项、工具、帮助。以上主菜单包含 SAP2000 中全部的操作命令，部分命令也可以通过工具栏或键盘快捷键执行。

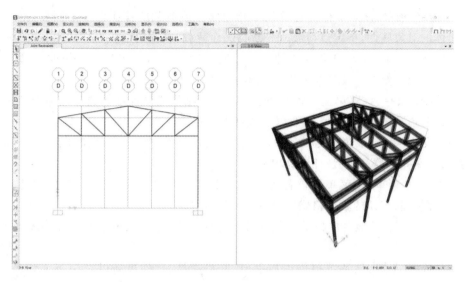

图 8-1　SAP2000 图形用户界面

菜单栏下方水平布置的工具栏称为主工具栏,操作界面左侧竖向布置的工具栏称为侧工具栏。工具栏中的按钮可视为主菜单下常用命令的快捷方式,如绘制、捕捉、显示以及编辑等。

SAP2000 操作界面中最大的内部区域称为视图窗口。在默认情况下,左、右并列的两个视图窗口分别用于显示模型的平面视图和三维视图。当然,用户也可以根据需要添加或删除视图窗口,但视图窗口的数量必须介于 1~4 个之间。

SAP2000 操作界面的底部条形区域称为状态栏。状态栏的左侧用于显示视图状态、对象统计等信息,右侧用于显示光标位置、坐标系和单位制。

8.2.2　主菜单

如前文所述,SAP2000 中全部的操作命令共集成于 13 个主菜单中。具体来讲,各个主菜单的主要功能如下。

(1)"文件"菜单:该菜单提供各种文件相关的操作命令。例如,新建/保存模型、导入/导出模型、打印表格、输出报告以及创建视频等。

(2)"编辑"菜单:该菜单提供各种与几何编辑相关的操作命令。例如,复制/粘贴、移动、拉伸、几何分割以及交互式数据库编辑等。

(3)"视图"菜单:该菜单提供各种与视图控制或视图显示相关的操作命令。例如,设置2D/3D 视图、平移/缩放模型、控制轴网和坐标轴的显示以及设置视图选项等。

(4)"定义"菜单:该菜单提供各种用于定义的操作命令。例如,材料/截面属性、截面切割、广义位移、荷载模式、荷载工况、荷载组合以及各种命名属性集等。

(5)"绘制"菜单:该菜单提供各种与几何建模相关的操作命令。例如,绘制点、线、面及连接单元,快速绘制次梁、支撑、面对象,绘制参考点、参考线以及立面展开图等。

(6)"选择"菜单:该菜单提供各种与对象选择相关的操作命令。例如,快速选择、移除选择、反转选择、表格选择以及清除选择等。

（7）"指定"菜单：该菜单提供各种用于指定属性或荷载的操作命令。例如，指定点、框架、面、实体的对象属性，指定点荷载、框架荷载、面荷载，以及指定节点样式和对象组等。

（8）"分析"菜单：该菜单提供各种用于控制结构分析的操作命令。例如，设置分析选项、创建分析模型、修改未变形几何以及显示运行日志等。

（9）"显示"菜单：该菜单提供各种用于显示分析结果或设计结果的操作命令。例如，变形图、内力图、虚功图、Pushover 曲线以及数据表格等。

（10）"设计"菜单：该菜单提供各种用于结构设计的操作命令。例如，混凝土结构设计、钢结构设计、侧向支撑、框架设计覆盖项等。

（11）"选项"菜单：该菜单提供各种与软件设置有关的选项。例如，对象颜色、图形模式、自动保存模型、默认的数字格式以及键盘快捷键等。

（12）"工具"菜单：该菜单提供运行外部插件的接口，用户在添加 API 插件后即可快速调用。

（13）"帮助"菜单：该菜单提供用户手册、联机文档、软件更新以及中英文切换等操作命令。

如果主菜单下的命令显示为黑色字体，则表示该命令当前处于激活状态，用户可直接点击以执行命令。如果显示为灰色字体，则表示该命令当前处于非激活状态，用户暂时无法使用。如果需激活灰色的菜单命令，用户往往需要先完成切换视图状态、选择几何对象或运行结构分析等相关操作。

上述菜单命令除用点击鼠标左键的方式直接执行外，也可利用键盘组合键实现快速访问。如图 8-2 所示，菜单名称右侧括弧中的字母表示同时按下 Alt 键与该字母即可打开相应菜单。例如，"绘制（R）"表示同时按下 Alt 键和 R 键即可打开"绘制"菜单。在此基础上，继续按下各个菜单命令右侧括弧中的字母即可进一步执行相应命令。例如，在同时按下 Alt 键和 R 键后继续按下 F 键，即可执行"绘制框架/索/钢束"命令。

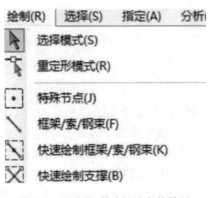

图 8-2　键盘组合键与键盘快捷键

8.2.3　工具栏

对于常用的菜单命令，用户也可直接点击工具栏中的按钮，避免烦琐的多级菜单操作。如图 2-3 所示，默认的主工具栏包括标准工具条、显示工具条和设计工具条；默认的侧工具栏包括绘制工具条、选择工具条和捕捉工具条。移动光标至工具栏按钮上并停留数秒即可显示菜单命令的名称,如保存、结构变形图、快速绘制次梁等。

用户可以根据需要添加或隐藏工具条或快捷按钮。在工具栏空白处击鼠标右键即可弹出工具条列表,如图 8-3 所示。工具条名称左侧的"✓"标志表示该工具条目前为显示状态,点击工具条名称即可切换显示和隐藏状态。同理,点击工具条右端或下端的倒三角按钮"▾"可弹出快捷按钮列表,点击按钮名称也可切换显示状态。

图 8-3　工具栏的设置与显示

除默认的顶部工具栏和左侧工具栏之外,用户也可以将工具条停靠在操作界面的底部和右侧,甚至悬浮在视图窗口中。移动光标至工具条的左端或上端后按住鼠标左键即可任意拖动工具条,当工具条靠近操作界面四周时将自动固定至相应区域。如果需将工具栏恢复为默认状态,则点击"选项""重置工具栏"命令即可。

8.2.4　视图窗口

SAP2000 操作界面中最大的区域即视图窗口,可用于显示几何模型、选择几何对象、查看分析或设计结果等。用户可根据需要同时打开 1~4 个视图窗口,各个窗口中的操作相互独立、互不影响。例如,用户可以在 4 个视图窗口分别显示计算模型的平面图、立面图、三维视图以及结构变形图。

用户的每次操作只能针对一个视图窗口,该视图窗口称为激活窗口。用户只需移动光标至视图窗口中并点击鼠标左键即可激活该窗口,同时左上角的标题将以蓝色高亮显示。视图窗口左上角的标题用于标识当前的视图状态、荷载工况或分析/设计结果等信息。移动光标至标题处并按住鼠标左键即可拖动视图窗口,然后根据屏幕提示对多个视图窗口进行层叠或平铺。

点击视图窗口右上角的倒三角按钮"▾",可在弹出的下拉列表中切换或添加视图窗口。同理,点击关闭按钮"×"即可关闭当前视图窗口。

8.2.5　状态栏

SAP2000 操作界面底部的状态栏可视为程序与用户之间进行互动或反馈的提示区,在不同的使用环境中将提示不同的信息。在默认情况下,状态栏左侧显示当前窗口的视图状态,例如,3D View、X-Y Plane@Z=0 等。如果用户完成对象选择操作,该区域将显示当前选中对象的类型和数目,例如,8Points 15 Frames 8 Areas 32 Edges Selected。基于这些对象信息,用户可以初步判断对象选择是否正确。

如图 8-4 所示,在完成结构分析并显示结构变形图时,状态栏左侧将显示操作提示,例如,Right Click on any joint for displacement values(在节点上右击可显示位移值)。同时,状态栏右侧将自动添加"开始动画"按钮和用于切换的左右控制箭头。

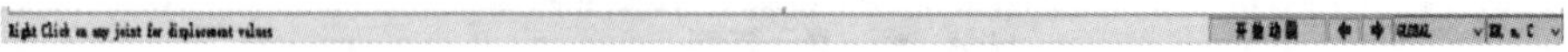

Right Click on any joint for displacement values　　　　　　　　　开始动画　◆　◆　GLOBAL　▼　KH a, C　▼

图 8-4　状态栏信息 1

如图 8-5 所示,在通常情况下,状态栏右侧从左到右依次显示光标坐标值、当前坐标系和当前单位制。利用坐标系下拉列表,用户可以任意切换现有坐标系。坐标系的改变也会影响坐标值的显示,如图 8-5 所示的直角坐标系切换为柱坐标系的坐标值"X12 Y-3 213 Z-1 626"。

X-Y Plane @ Z=0　　　　　　　　　　　　　　　X12　Y-0.213　Z-1.626　GLOBAL　▼　KH a, C　▼

图 8-5　状态栏信息 2

在默认情况下,SAP2000 采用模型初始化时用户选择的单位制。为了便于数据的输入与显示,用户也可以随时切换当前单位制。

8.2.6　鼠标操作

SAP2000 提供 7 种鼠标操作方式,具体如表 8-1 所示。其中,斜向箭头的光标代表选择模式,多用于对象选择或点击菜单命令和快捷按钮。竖向箭头的光标代表绘图模式,主要用于绘制几何对象。如果需退出绘图模式,则可点击左侧工具栏顶部的"选择模式"按钮或按下键盘左上角的 Esc 键即可。除此之外,用户也可以通过点击"选择"菜单下的命令来退出绘图模式。

表 8-1　鼠标操作方式

鼠标操作	功能
单击鼠标左键	应用于菜单和工具栏:执行命令;应用于选择对象:点选对象
单击鼠标右键	应用于各种对象:显示对象信息、分析结果或设计结果;应用于视图窗口空白区:弹出快捷菜单;应用于工具栏空白区:弹出工具条列表
Ctrl+单击鼠标左键	应用于位置重合的对象:弹出对象列表;应用于对话框:(相邻或不相邻)多选
Ctrl+单击鼠标右键	应用于位置重合的对象:弹出对象列表
Shift+单击鼠标左键	应用于对话框:(相邻)连续选择
双击鼠标左键	应用于绘制操作:结束操作(Enter 键);应用于工具栏:快速切换停靠和悬浮状态
按住鼠标左键+拖动	应用于视图控制:框选局部放大;应用于选择操作:框选对象;应用于重定形模式:改变几何形状或平移几何对象

8.2.7　自定义键盘快捷键

自定义键盘快捷键的命令路径："选项""键盘快捷键"。

用户也可以根据个人操作习惯修改默认快捷键或添加新快捷键,以期最大限度地提高工作效率。

如图 8-6 所示,"菜单"列表中显示主菜单及各级子菜单,"命令"列表中显示各级菜单下的菜单命令。如果高亮显示的菜单命令已指定快捷键,该快捷键将以灰色字体在"当前快捷键"中显示。如果需修改或添加快捷键,则用户只需在"新快捷键"输入框中点击鼠标,然后同时按下 Ctrl、Shift、Alt 与字母或数字的组合键即可。

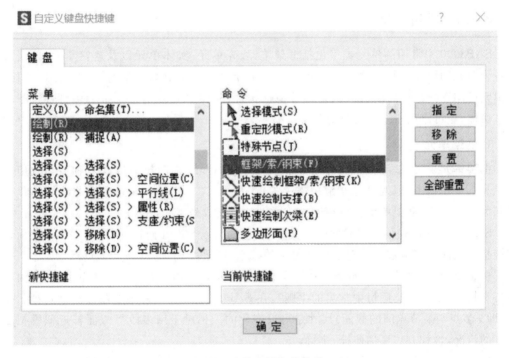

图 8-6　自定义键盘快捷键

以"绘制""框架/索/钢束"命令为例,首先在左侧"菜单"列表中高亮选择"绘制(R)"菜单,然后在右侧"命令"列表中高亮选择"框架/索/钢束(F)"命令。接下来,点击"新快捷键"输入框并同时按下 Alt 键和 A 键,输入框中将显示"Alt＋A"。在此基础上,点击对话框右侧的"指定"按钮,即可在"当前快捷键"中显示"Alt＋A"。最后,点击"确定"按钮,关闭对话框,完成新快捷键的指定。至此,在后续操作过程中,用户只需同时按下"Alt＋A"快捷键即可执行"绘制""框架/索/钢束"命令。

另外,"移除"按钮可用于移除当前菜单命令的快捷键,"重置"按钮用于恢复当前菜单命令的默认快捷键,"全部重置"按钮用于恢复全部菜单命令的默认快捷键。

8.3   快速入门

本章主要介绍 SAP2000 应用的一些基本概念和常用单元,并通过操作实例演示基本的工作流程。以钢框架结构为例,详细介绍 SAP2000 建模、加载、分析及设计的具体步骤,旨在帮助初学者在短时间内快速入门。

8.3.1   常用单元

SAP2000 中常用的单元类型包括框架单元、壳单元、实体单元以及连接单元等,组合使用各种单元即可模拟复杂的实际结构。框架单元可用于模拟结构中的梁、柱、支撑等杆件;壳单元可用于模拟剪力墙、楼板、仓壁等薄壁构件;实体单元多用于模拟大坝、路堤、基坑等三维块体,也可以用于结构细部分析。

1. 框架单元

框架单元采用三维的梁、柱理论计算双轴弯曲、扭转、轴向拉压以及双轴剪切效应。在二维和三维模型中,框架单元通常用来模拟梁、柱、支撑等杆件。如果考虑非线性的单拉属性和大位移效应,框架单元也可用于模拟柔性的拉索或悬索。

SAP2000 提供多种框架截面的定义方式,包括输入截面几何尺寸、导入型钢库截面以及直接指定截面几何常数等。对于形状复杂的截面,可通过 SD 截面设计器进行绘制。

框架单元的几何位置由起点 i 和终点 j 确定。常规结构中的杆件多为等截面,但对于一些特殊构件(如工业类厂房中常见的牛腿),在 SAP2000 中可以采用变截面属性模拟。变截面(即 i 节点与 j 节点间的截面)尺寸是可以变化的。相对于用多段等截面杆近似模拟变截面杆的情况,这种方式更加便捷、准确。

框架单元可以承受自重荷载、集中荷载、分布荷载以及温度荷载。框架单元的内力包括 P(轴力)、V_2(在 1-2 平面的剪力)、V_3(在 1-3 平面的剪力)、T(扭矩)、M_2(绕 2 轴弯矩)、M_3(绕 3 轴弯矩)。

2. 壳单元

SAP2000 中壳单元截面可分为膜、板及壳三种类型。其中,膜属性和板属性可视为壳属性的简化和近似。具体来讲,膜属性的壳单元只具有平面内的薄膜刚度,承受面内荷载,可用于模拟框架结构中用于导荷的楼板。板属性的壳单元只具有平面外的抗弯刚度,承受横向荷载,可模拟扁梁或者地基梁等。壳属性的壳单元同时具有平面内的薄膜刚度和平面外的抗弯刚度,故可视为"膜属性+板属性"。

在工程上,一般将厚宽比 h/l 小于 1/10 的壳称为薄壳,将厚宽比 h/l 在 1/10～1/5 范围内的壳称为中厚壳。对于薄壳而言,横向剪应力对变形的影响较小,中厚壳中横向剪应力对变形的影响较大。

3. 实体单元

实体单元用来模拟三维实体,由 6 个四边形面和 8 个节点组成,实体单元基于包含 9 个可选择的非协调弯曲模式的等参公式。使用非协调弯曲模式可显著地改善形状为规则六面体(如长方体)的单元在平面内的弯曲性能,对于非规则单元(如楔体、四面体等)也有所改善,但效果不太明显。

实体单元的节点只有 3 个方向的平动自由度,对于所有的平动自由度贡献刚度,但不贡献转动刚度。此单元可以承受自重荷载、表面压力、孔隙压力、温度荷载等。

8.3.2　基本概念

1. 单位制

SAP2000 内部以模型初始化时用户选择的单位制作为基础单位制,后续操作中可根据需要任意切换单位制。以非基础单位制输入的数据将自动转换为基础单位制下的数据,例如,对以国际米制创建的几何模型,用户在实际操作中可根据需要切换为英制输入数据,程序内部自动将英制数据转换为国际米制数据。在通常情况下,用户无需在意程序内部的单位换算,只需根据当前单位制进行适当的输入、输出即可。

SAP2000 提供多种单位制,包括公制、英制、国际单位制等。在默认情况下,SAP2000 以初始单位制显示数据;切换单位制后将自动换算数据。

SAP2000 单位制中包含的物理量为力、长度、温度。以国内工程师常用的"kN,m,℃"为例,力的单位为 kN,长度的单位为 m,温度的单位为 ℃。质量单位通过力和加速度的单位进行换算,"N,m,℃"对应的质量单位为 kg,"kN,m,℃"对应的质量单位为 t。

2. 对象和单元

SAP2000 作为一款通用的建筑结构分析和设计软件,各种类型的结构构件均采用"对象"进行模拟。例如,梁、柱、支撑等杆件采用框架对象,楼板、剪力墙等构件采用面对象,地基、挡水坝等块体采用实体对象。由各种对象组成的用于模拟整个结构的集合体称为对象模型。用户在视图窗口中进行的绘制、编辑、选择以及指定等操作均基于对象模型。

SAP2000 在运行结构分析过程中,自动将对象模型转换为分析模型。分析模型是由单元和节点组成的数值计算模型,也称为有限元模型。在模型转换的过程中,对象模型中的点对象、框架对象、面对象、实体对象将分别转换为分析模型中的节点、框架单元、壳/平面/轴对称单元、实体单元。

如果对几何对象指定自动剖分选项,则 SAP2000 还会在对象内部增加单元和节点,不过对象模型中的连接单元在模型转换前后是没有区别的,分析模型中的连接单元与对象模型的连接单元一一对应。通常来讲,对象模型中的几何对象往往对应于实际结构中的结构构件。SAP2000 在输出和显示分析或设计结果时也采用对象模型,以便用户直观地查看和处理结果。

3. 对象组

对象组是由用户定义和指定的对象集合,它可以包含任何对象类型且具有唯一的可供识别的名称。SAP2000 中的任何一个对象都可以是一个或多个对象组的成员,内置对象组 ALL 包含模型中的全部对象。

对象组可以帮助用户高效、便捷地管理模型,具体用途包括快速选择、钢框架截面优化设计、定义截面切割、控制结果输出等。除此之外,定义阶段施工工况中各个阶段的操作往往也会用到对象组。

4. 对象属性

SAP2000 中的几何对象只有在指定对象属性之后,才能真正模拟实际结构中的构件。这里的对象属性包括命名属性和非命名属性,命名属性即用户预定义供后续调用的属性,如材料属性、截面属性、节点约束等;非命名属性即直接指定给几何对象的属性,如框架对象的端部释放、插入点、端部偏移,以及面对象的节点偏移、局部轴等。从这个意义上讲,荷载也可以视为对象的一种非命名属性。

5. 荷载模式

荷载模式用于指定作用于结构上的各种荷载的空间分布,其本身不会在结构上产生任何荷载响应。只有在荷载工况中调用荷载模式,基于荷载模式指定的荷载才能作用在结构上。用户在 SAP2000 中指定任何类型的荷载均需选择相应的荷载模式,荷载模式的类型包括恒载、活载、地震荷载、风荷载等。

如图 8-7 所示,荷载模式包括模式名称、类型、自重乘数以及自动侧向荷载模式。对于地震荷载、风荷载、波浪荷载以及车辆荷载,用户还可以进一步定义侧向荷载或车辆荷载的作用范围或分布形式。

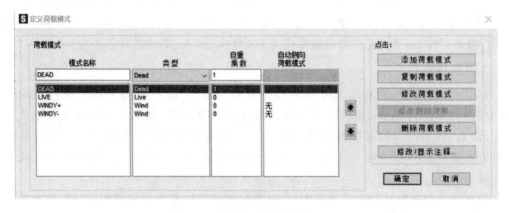

图 8-7　荷载模式

6. 荷载工况

荷载工况用于指定荷载的作用方式(静力或动力)、结构的响应方式(线性或非线性)以及分析求解的具体方法(振形叠加法、直接积分法等)。用户可以根据需要在同一个计算模型中定义任意数量或类型的荷载工况,也可以有选择性地运行部分工况或删除工况结果。

如图 8-8 所示,对于线性静力荷载工况,用户需要定义结构刚度、施加荷载以及分析类型。其中,施加荷载可通过荷载模式将荷载作用于结构上并产生荷载效应。

图 8-8 线性静力荷载工况

8.3.3 典型的操作流程

采用 SAP2000 进行建筑结构分析与设计的典型操作流程包括建立模型、结构分析和结构设计三大部分，基本操作流程如图 8-9 所示。

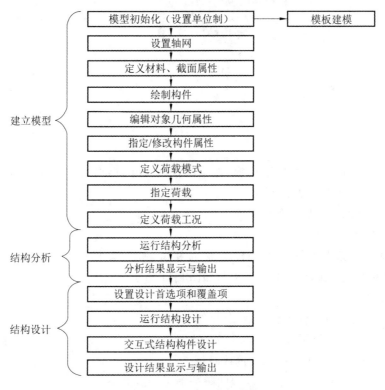

图 8-9 SAP2000 基本操作流程

8.3.4　操作实例：钢框架结构

1. 模型概况

模型为一个钢框架结构（见图 8-10）。X 向为 4 跨，轴间距 6 m；Y 向为 2 跨，轴间距 8 m。结构共 3 层，层高均为 4 m，屋脊处层高 5 m。型钢柱截面 H 5000 mm×300 mm× 12 mm×20 mm，型钢梁截面为 H 400 mm×300 mm×10 mm×16 mm，均采用 Q235 钢。楼面恒载 3 kN/m²，楼面活载 2 kN/m²；边梁线荷载 6 kN/m²。地震烈度 8 度，仅考虑 Y 向地震，不考虑风荷载。

图 8-10　模型概况

2. 创建模型

在该步骤中，用户将定义以下内容：框架的轴网尺寸、钢材的材料属性，以及梁、柱和楼板的截面属性。具体操作如下。

（1）启动 SAP2000，显示程序界面。

（2）进行初始化设置。

点击界面左上角工具条中的"新建模型"按钮口，弹出"新模型"对话框，点击"单位制"下拉列表，设置初始化单位制为"kN,m,C"，如图 8-11 所示。

（3）定义轴网数据。

① 点击"轴网"按钮，设置轴网数据（见图 8-12）。

② X、Y、Z 向轴线数量分别为 5、3、5。结构共 3 层，故 Z 方向应输入 4 条轴网线；由于屋脊处层高变为 5 m，故多设一条轴网线备用。

③ 设置轴网间距。X、Y、Z 向轴线间距分别为 6 m、8 m、4 m。

④ 点击"确定"按钮，程序自动生成轴网并在视图窗口中显示。

⑤ 点击"定义""坐标系统/轴网"命令，在弹出的"坐标/轴网系统"对话框中点击"修改/

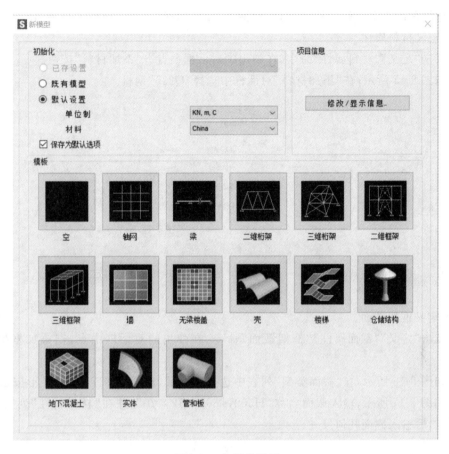

图 8-11　初始化模型

显示系统"按钮。如图 8-13 所示,修改编号为 Z5 的 Z 坐标,由 16 m 修改为 13 m,以便绘制第三层的屋脊部分。

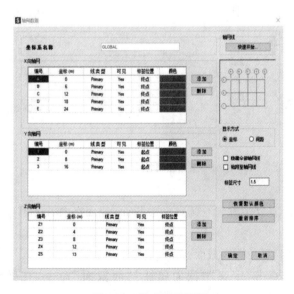

图 8-12　设置轴网数据　　　　　图 8-13　修改轴网数据

⑥ 连续两次点击"确定"按钮,退出对话框,完成轴网的定义,如图 8-14 所示。

（4）定义材料属性。

① 点击"定义""材料属性"命令,在弹出的对话框中点击"添加材料"按钮。

② 如图 8-15 所示,在"添加材料"对话框中选择"Q235"钢材。

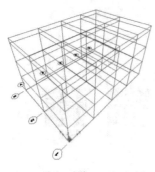

图 8-14　生成轴网

图 8-15　钢材料定义

（5）定义框架截面。

① 点击"定义""截面属性""框架截面"命令,在弹出的对话框中点击"添加框架截面"按钮。

② 如图 8-16 所示,在"截面类型"列表中选择"Steel",然后点击工字形/H 形按钮。

③ 如图 8-17 所示,输入截面名称"H500×300×12×20",并在"材料属性"列表中选择"Q235",然后输入截面几何尺寸。

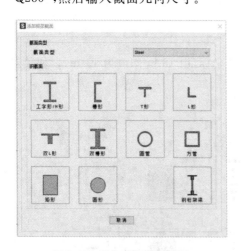

图 8-16　添加框架截面属性

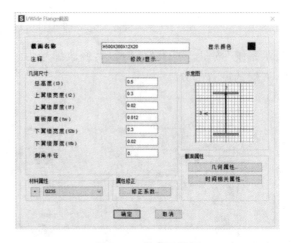

图 8-17　柱截面数据

④ 重复步骤①～③定义梁截面,截面名称 H400×300×10×16,梁截面参数如图 8-18 所示。

（6）定义楼板截面。

① 点击"定义""截面属性""面截面"命令,在弹出的对话框中选择"截面类型"为"Shell",然后点击"添加面截面"按钮。

② 如图 8-19 所示,选择类型为"薄壳",截面厚度中膜和板均输入"0.1"。

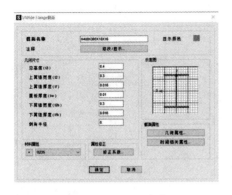

图 8-18　梁截面参数　　　　　　　　　　　　图 8-19　壳截面数据

3. 绘制构件

该步骤中将完成模型中所有构件的绘制,包括梁、柱及楼板。具体操作如下。

(1)激活左侧窗口,命令路径:"视图""设置 2D 视图",设置显示 $Y\text{-}Z$ 平面 $X=0$ 立面视图。分别绘制模型中的梁和柱。

(2)点击"绘制框架/索/钢束"按钮" / ",在"截面属性"下拉列表中选择"H500×300× 12×20"(见图 8-20)。

(3)沿竖向轴线按层以两点连线方式绘制柱(见图 8-21)。

图 8-20　对象属性浮动窗　　　　　　　　　　图 8-21　绘制柱

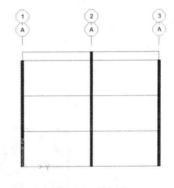

(4)将"截面属性"切换为"H400×300×10×16"。

(5)沿水平向轴线以两点连线方式绘制一、二层梁及屋面斜梁(见图 8-22)。

(6)点击"选择模式"按钮" ",退出当前的绘图状态。

(7)点击左侧工具条"全选"按钮" ",选中所有构件。

(8)命令路径:"编辑""带属性复制",选择线性复制方式,坐标增量 $dx=6$ m,数量输入 4。利用带属性复制功能,快速生成其余 4 榀框架对象。在右侧三维视图中可以看到 5 榀框架。

(9)再次确认视图显示为 YZ 立面($X=0$),并框选所有梁柱节点(见图 8-22)。

(10)点击"编辑""拉伸""拉伸:点→线"命令,在弹出的"拉伸:点→线"对话框中,选择"对象属性"为"H400×300×10×16","增量数据"下"dx"输入"6","数量"输入"4",如图 8-23 所示。点击"确定"按钮,即可通过点拉伸生成线的方式快速生成纵梁。

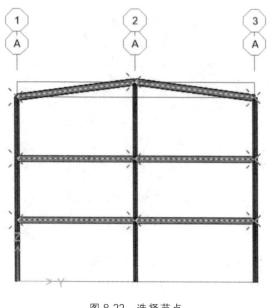

图 8-22　选择节点

图 8-23　拉伸点成线

（11）点击"XY 视图"按钮"**xy**"，使左侧窗口显示 XY 平面视图。

（12）使用"下移一层"按钮"❤"，切换至 8 m 标高位置。

（13）点击"快速绘制面单元"按钮，在每块楼板区域内单击鼠标左键，即可快速生成面对象，如图 8-24 所示。

（14）切换平面至 4m 标高处，重复步骤（13），完成该层楼板的绘制。

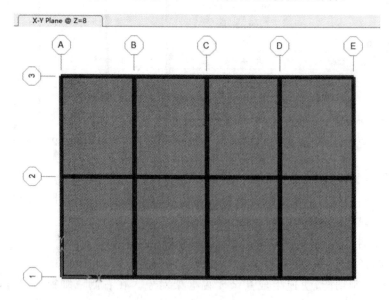

图 8-24　绘制楼板

4. 指定属性

该步骤对模型作进一步的完善，包括施加柱底约束的边界条件、对使用壳单元模拟的楼板指定网格剖分,以保证后续楼面荷载的正确传递。具体操作如下。

1)设置柱底支座

(1)将 Z 坐标值切换到 0 m 位置,框选轴线范围内的所有节点。此时,状态栏左侧提示"共 15 个节点被选中"。

(2)点击"指定""节点""支座"命令,在弹出的"指定节点支座"对话框中勾选全部 6 个节点自由度(即固定支座),如图 8-25 所示。当前几何模型如图 8-26 所示。

图 8-25　节点支座

图 8-26　几何模型

2)面对象剖分

(1)点击"选择""属性""面截面"命令,在弹出的对话框中选择"ASEC1",即可快速选择全部楼板对象。

(2)点击"指定""面""剖分选项"命令,选择"最大的单元尺寸"选项并在两个输入框均输入 2 m,如图 8-27 所示。

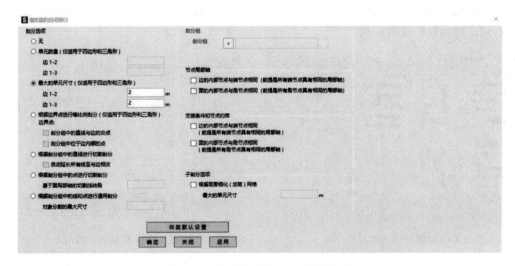

图 8-27　指定面对象的自动剖分选项

5. 施加荷载

1)定义荷载模式

命令路径:"定义""荷载模式"。

程序默认存在名称为"DEAD"的恒载荷载模式,其自重乘数为 1,用于自动考虑结构自重。下面补充定义活荷载模式 LIVE 及 Y 向地震荷载模式 EQ-Y。

（1）在"模式名称"输入框中输入"LIVE",类型选择"Live","自重乘数"为"0"。

（2）点击右侧"添加荷载模式"按钮,完成 LIVE 荷载模式定义。

（3）在"模式名称"输入"EQ-Y","类型"选择"Quake","自重乘数"为"0","自动侧向荷载模式"选择"Chinese 2010",点击右侧"添加荷载模式"按钮（见图 8-28）。

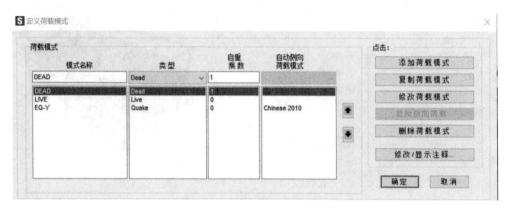

图 8-28　定义荷载模式

（4）荷载模式 EQ-Y 处于高亮状态,点击右侧"修改侧向荷载"按钮,"地震方向"选择"全局 Y 方向"（见图 8-29）。

（5）点击"确定"按钮,退出对话框,完成荷载模式定义。

2）施加荷载

（1）选中模型中所有边梁,命令路径:"指定""框架荷载""分布荷载"。如图 8-30 所示,在"荷载模式"下拉列表中选择"DEAD",在"均布荷载"输入框中输入 6 kN/m,点击"确定"按钮,完成边梁线荷载的施加。

图 8-29　中国规范地震荷载模式

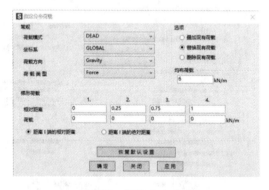

图 8-30　框架均布荷载

（2）选中所有楼板,命令路径为"指定""面荷载""均匀面荷载（壳）"。如图 8-30 所示,在"荷载模式"列表中选择"DEAD",在"坐标系"列表中选择"GLOBAL",在"荷载方向"列表中选择"Gravity"（即重力方向）,在"荷载"输入框中输入 3 kN/m²,点击"应用"按钮。

（3）点击"恢复选择"按钮" ",再次选中所有楼板。

（4）如图 8-31 所示,在"荷载模式"列表中选择"LIVE",在"荷载"输入框中输入 2 kN/

m²,点击"确定"按钮。

　　3）定义质量源

　　命令路径:"定义""质量源"。

　　(1) 仅勾选"荷载模式"选项。

　　(2) 在"荷载模式"下拉列表中选择"DEAD","乘数"输入"1",点击"添加"按钮。

　　(3) 在"荷载模式"下拉列表中选择"LIVE","乘数"输入"0.5",点击"添加"按钮。

　　(4) 点击"确定"按钮,完成质量源的定义,如图 8-32 所示。

图 8-31　楼面均布面活荷载　　　　　　　图 8-32　定义质量源

6. 运行分析

　　(1) 点击界面上部工具条中"运行分析"按钮,设置运行所有工况。

　　(2) 点击"运行分析"按钮" ▶ ",开始结构分析。

7. 结果后处理

　　1）显示变形图

　　命令路径:"显示""显示变形形状"。

　　(1) 在"工况/组合名称"中选择"EQ-Y",显示结构在地震作用下的变形结果。

　　(2) 勾选"在对象上绘制等值线"选项,等值线分量选择"Resultant",点击"确定"按钮。

　　(3) 在视图中移动光标至节点位置,将显示该处位移信息(见图 8-33)。

　　2）显示内力图

　　命令路径为"显示""显示力/应力""框架/索/钢束"。

　　(1)"工况/组合"名称选择"DEAD"。

　　(2)"显示类型"选择"内力",在"分量"区域选择"弯矩 3-3"。

　　(3) 在"内力图/应力图"区域选择"显示数值",即可在视图中显示各个构件的内值,如图 8-34 所示。

　　(4) 将当前视图切换至立面视图显示框架对象的弯矩图,如图 8-35 所示。

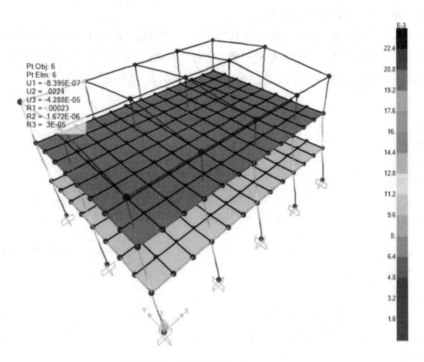

图 8-33　节点位移信息

图 8-34　框架构件受力图

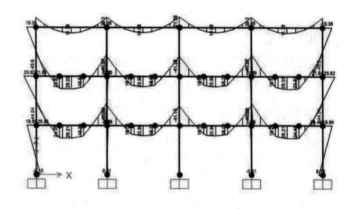

图 8-35　框架对象的弯矩图（单位：kN·m）

8. 结构设计

（1）点击"开始结构设计/校核"按钮" I "，运行设计。

（2）在设计完成后，当前窗口中将显示构件的设计截面信息（见图 8-36）。

（3）显示构件应力比，命令路径为"设计""钢框架设计""显示设计信息"。

① "设计输出"选择"P-M Ratio colors & values"。

② 点击"确定"按钮。

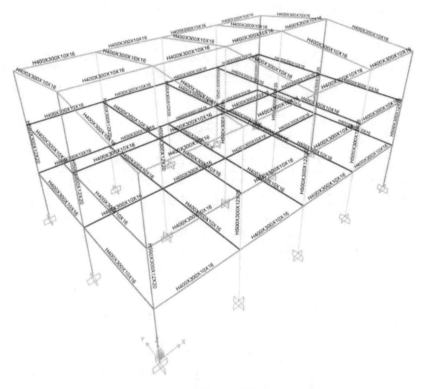

图 8-36 截面设计信息

（4）构件交互式设计。

① 在构件位置单击鼠标右键，弹出"构件交互式设计"对话框（见图 8-37）。该对话框显示所选构件的设计信息，列表中给出所有设计组合下各个测站对应的应力比数值，高亮显示为控制组合。

② 点击"修改/显示覆盖项"，可修改该构件设计参数。点击"确定"按钮退出。

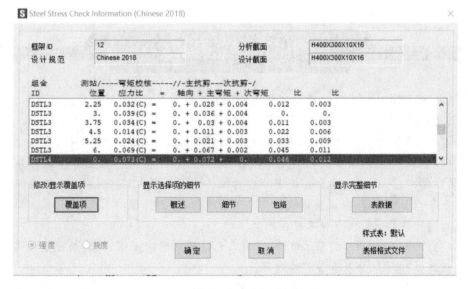

图 8-37 "构件交互式设计"对话框

（5）点击"细节"按钮，显示该构件详细的设计信息（见图 8-38）。

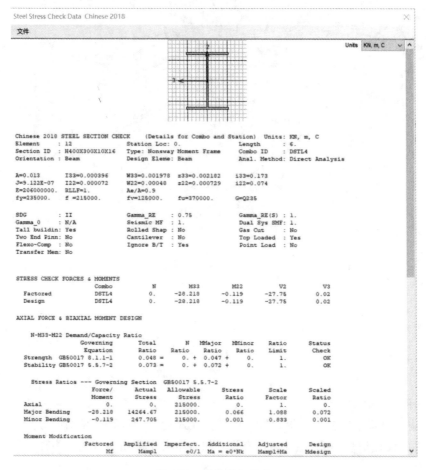

图 8-38　构件详细信息

小结及学习指导

（1）SAP2000 作为一款通用的结构分析与设计软件，广泛应用于建筑结构、工业设计、市政工程、桥梁工程、港口运输等不同行业和不同类型的结构分析与设计。其主要功能包括集成化的工作环境、高效稳定的求解器，以及方便、快捷的交互式设计。

（2）SAP2000 具有集成化的图形用户界面，用户可在同一视图窗口进行几何建模、属性定义、荷载施加以及后处理等各种操作。同时，SAP2000 采用三维空间的图形显示与界面操作，用户既可以灵活切换平面视图、立面视图和三维视图，也可以对几何模型进行平移、缩放、旋转等视图控制。

（3）了解 SAP2000 的基本概念、常用单元以及典型的操作流程，通过操作实例独立完成建模、加载、分析和设计全过程。

附　　录

附录内容扫描下方二维码

参 考 文 献

[1] 中华人民共和国国家标准.钢结构设计标准 GB 50017—2017[S].北京:中国建筑工业出版社,2018.

[2] 中华人民共和国国家标准.公路钢结构桥梁设计规范 JTG D64—2015.北京:人民交通出版社,2015.

[3] 陈绍蕃,顾强.钢结构(上册)钢结构基础[M].3 版.北京:中国建筑工业出版社,2014.

[4] 沈祖炎,陈扬骥,陈以一.钢结构基本原理[M].2 版.北京:中国建筑工业出版社,2005.

[5] 李帼昌,张曰果,赵赤云.钢结构设计原理[M].2 版.北京:中国建筑工业出版社,2023.

[6] 高等学校土木工程学科专业指导委员会.高等学校土木工程本科指导性专业规范[M].北京:中国建筑工业出版社,2011.

[7] 周奇境,姜维山,潘泰华.钢与混凝土结构设计施工手册[M].北京:中国建筑工业出版社,1991.

[8] 崔佳.钢结构基本原理[M].北京:中国建筑工业出版社,2008.

[9] 吴冲.现代钢桥(上)[M].北京:人民交通出版社,2009.

[10] 苏明周.钢结构[M].北京:中国建筑工业出版社,2004.

[11] 赵熙元.钢结构设计手册(上、下册)[M].北京:冶金工业出版社,1995.

[12] 魏明钟.钢结构[M].2 版.武汉:武汉理工大学出版社,2002.

[13] 夏志斌,姚谏.钢结构[M].杭州:浙江大学出版社,1996.

[14] 何若全.钢结构基本原理[M].北京:中国建筑工业出版社,2019.

[15] 王国周,瞿履谦.钢结构原理与设计[M].北京:清华大学出版社,1993.

[16] 江见鲸,王元清,龚晓南,等.建筑工程事故分析和处理[M].3 版.北京:中国建筑工业出版社,2006.

[17] 董军,曹平周.钢结构原理与设计[M].北京:中国建筑工业出版社,2008.

[18] 雷宏刚.钢结构事故分析与处理[M].北京:中国建材工业出版社,2003.

[19] 刘声扬.钢结构[M].5 版.北京:中国建筑工业出版社,2011.

[20] 周远,徐君兰.钢桥[M].北京:人民交通出版社,1991.

[21] 中华人民共和国国家标准.建筑结构荷载规范 GB 50009—2012[S].北京:中国建筑工业出版社,2012.

[22] 中华人民共和国国家标准.碳素结构钢 GB/T 700—2006[S].北京:中国标准出版社,2007.

[23] 中华人民共和国国家标准.低合金高强度结构钢 GB/T 1591—2018[S].北京:中国标准出版社,2007.

[24] 中华人民共和国国家标准.热轧型钢 GB/T 706—2016[S].北京:中国标准出版社,2009.

[25] 北京筑信达工程咨询有限公司.SAP2000 技术指南及工程应用[M].北京:人民交通出版社,2019.